Word/Excel/PPT

2019 办公应用

龙马高新教育

◎ 编著

从入门到精通

北京大学出版社

PEKING UNIVERSITY PRESS

内 容 提 要

本书通过精选案例引导读者深入学习，系统地介绍使用 Word/Excel/PPT 2019 办公应用的相关知识。

本书分为 5 篇，共 21 章。第 1 篇"Word 办公应用篇"主要介绍 Office 2019 的安装与设置、Word 的基本操作、使用图和表格美化 Word 文档，以及长文档的排版等；第 2 篇"Excel 办公应用篇"主要介绍 Excel 的基本操作、Excel 表格的美化、初级数据处理与分析、图表、数据透视表和数据透视图，以及公式和函数的应用等；第 3 篇"PPT 办公应用篇"主要介绍 PPT 的基本操作、图形和图表的应用、动画和多媒体的应用，以及放映幻灯片等；第 4 篇"行业应用篇"主要介绍在人力资源管理、行政文秘、财务管理及市场营销中的应用；第 5 篇"办公秘籍篇"主要介绍办公中必备的技能及 Office 组件间的协作等。

在本书附赠的学习资源中，包含 13 小时与图书内容同步的教学视频和所有案例的配套素材及结果文件。此外，还赠送了大量相关学习内容的教学视频及扩展学习电子书等。

本书不仅适合计算机初、中级用户学习，也可以作为各类院校相关专业学生和计算机培训班学员的教材或辅导用书。

图书在版编目（CIP）数据

Word/Excel/PPT 2019 办公应用从入门到精通 / 龙马高新教育编著 . — 北京：北京大学出版社，2019.3
ISBN 978-7-301-30072-5

Ⅰ . ① W… Ⅱ . ①龙… Ⅲ . ①办公自动化 — 应用软件 Ⅳ . ① TP317.1

中国版本图书馆 CIP 数据核字 (2018) 第 261028 号

书　　　名	Word/Excel/PPT 2019 办公应用从入门到精通
	Word/Excel/PPT 2019 BANGONG YINGYONG CONG RUMEN DAO JINGTONG
著作责任者	龙马高新教育　编著
责 任 编 辑	吴晓月
标 准 书 号	ISBN 978-7-301-30072-5
出 版 发 行	北京大学出版社
地　　　址	北京市海淀区成府路 205 号　100871
网　　　址	http://www.pup.cn　　　新浪微博：@ 北京大学出版社
电 子 信 箱	pup7@pup.cn
电　　　话	邮购部 010-62752015　发行部 010-62750672　编辑部 010-62570390
印 　刷 　者	三河市博文印刷有限公司
经 销 者	新华书店
	787 毫米 ×1092 毫米　16 开本　30.5 印张　760 千字
	2019 年 3 月第 1 版　2021 年 4 月第 6 次印刷
印　　　数	19001—22000 册
定　　　价	69.00 元

前言

Word/Excel/PPT 2019 很神秘吗？

不神秘！

学习 Word/Excel/PPT 2019 难吗？

不难！

阅读本书能掌握 Word/Excel/PPT 2019 的使用方法吗？

能！

为什么要阅读本书

Office 是现代公司日常办公中不可或缺的工具，主要包括 Word、Excel、PowerPoint 等组件，被广泛地应用于财务、行政、人事、统计和金融等众多领域。本书从实用的角度出发，结合应用案例，模拟了真实的办公环境，介绍 Word/Excel/PPT 2019 的使用方法与技巧，旨在帮助读者全面、系统地掌握 Word/Excel/PPT 2019 在办公中的应用。

本书内容导读

本书分为 5 篇，共 21 章，内容如下。

第 0 章　共 5 段教学视频，主要介绍 Word/Excel/PPT 的最佳学习方法，使读者在阅读本书之前对 Word/Excel/PPT 有初步了解。

第 1 篇（第 1 ~ 4 章）为 Word 办公应用篇，共 34 段教学录像，主要介绍 Word 中的各种操作。通过对该篇的学习，读者可以掌握 Office 2019 的安装与设置，在 Word 中进行文字输入、文字调整、图文混排及在文档中添加表格和图表等操作。

第 2 篇（第 5 ~ 10 章）为 Excel 办公应用篇，共 51 段教学录像，主要介绍 Excel 中的各种操作。通过对该篇的学习，读者可以掌握如何在 Excel 中输入内容和编辑工作表、美化工作表，以及 Excel 中数据的处理与分析等。

第 3 篇（第 11 ~ 14 章）为 PPT 办公应用篇，共 38 段教学录像，主要介绍 PPT 中的各种操作。通过对该篇的学习，读者可以掌握 PPT 的基本操作、图形和图表的应用及幻灯片的放映与控制等。

第 4 篇（第 15 ~ 18 章）为行业应用篇，共 16 段教学录像，主要介绍 Word/Excel/PPT 在人力资源管理、行政文秘、财务管理及市场营销中的应用等。

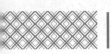

第 5 篇（第 19 和第 20 章）为办公秘籍篇，共 12 段教学录像，主要介绍计算机办公中常用的技能，如打印机的使用及 Office 组件间的协作等。

📘 选择本书的 *N* 个理由

❶ 简单易学，案例为主

以案例为主线，贯穿知识点，实操性强，与读者的需求紧密结合，模拟真实的工作环境，帮助读者解决在工作中遇到的问题。

❷ 高手支招，高效实用

本书的"高手支招"板块提供了大量实用技巧，既能满足读者的阅读需求，也能解决在工作、学习中遇到的一些常见问题。

❸ 举一反三，巩固提高

本书的"举一反三"板块提供与本章知识点有关或类型相似的综合案例，帮助读者巩固所学内容，提高操作水平。

❹ 海量资源，实用至上

赠送大量的实用模板、实用技巧及学习辅助资料等，便于读者结合赠送资料学习。另外，本书赠送《手机办公10招就够》手册，在强化读者学习的同时，也可为其在工作中提供便利。

☢ 配套资源

❶ 13 小时名师视频指导

教学视频涵盖本书所有知识点，详细讲解每个案例的操作过程和关键点。读者可以更轻松地掌握 Word/Excel/PPT 2019 办公应用软件的使用方法和技巧，而且扩展性讲解部分可使读者获得更多的知识。

❷ 超多、超值资源大奉送

随书奉送本书素材和结果文件、通过互联网获取学习资源和解题方法、办公类手机 APP 索引、Word/Excel/PPT 2019 常用快捷键查询手册、Office 十大实战应用技巧、1000 个 Office 常用模板、Excel 函数查询手册、Windows 10 操作教学视频、《微信高手技巧随身查》电子书、《QQ 高手技巧随身查》电子书、《高效能人士效率倍增手册》电子书等超值资源，以方便读者扩展学习。

配套资源下载

为了方便读者学习，本书配备了多种学习方式，供读者选择。

❶ 下载方式

（1）扫描下方二维码，关注微信公众号"博雅读书社"，找到资源下载模块，根据提示即可下载本书配套资源。

资源下载

（2）扫描下方二维码或在浏览器中输入下载链接 http://v.51pcbook.cn/download/30072.html，即可下载本书配套资源。

❷ 使用方法

下载配套资源到计算机端，打开相应的文件夹可查看对应的资源。每一章所用到的素材文件均在"本书实例的素材文件、结果文件 \ 素材 \ch*"文件夹中。读者在操作时可随时取用。

❸ 扫描二维码观看同步视频

使用微信"扫一扫"功能，扫描每节中对应的二维码，根据提示进行操作，关注"千聊"公众号，点击"购买系列课　0"按钮，支付成功后返回视频页面，即可观看相应的教学视频。

本书读者对象

（1）没有任何办公软件应用基础的初学者。

（2）有一定办公软件应用基础，想精通 Word/Excel/PPT 2019 的人员。

（3）有一定办公软件应用基础，没有实战经验的人员。

（4）大专院校及培训学校的老师和学生。

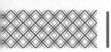 **创作者说**

　　本书由龙马高新教育策划，左琨任主编，李震、赵源源任副主编，为您精心呈现。您读完本书后，会惊奇地发现"我已经是 Office 办公达人了"，这也是让编者最欣慰的结果。

　　在编写过程中，我们竭尽所能地为您呈现最好、最全的实用功能，但仍难免有疏漏和不妥之处，敬请广大读者不吝指正。若您在学习过程中产生疑问或有任何建议，可以通过 E-mail 与我们联系。

　　读者邮箱：2751801073@qq.com

　　投稿邮箱：pup7@pup.cn

目录 CONTENTS

第 0 章　Word/Excel/PPT 最佳学习方法

第 1 篇　Word 办公应用篇

第 1 章　快速上手——Office 2019 的安装与设置

第 2 章　Word 的基本操作

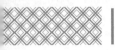

第 3 章　使用图和表格美化 Word 文档

本章 8 段教学视频

　　一篇图文并茂的文档，不仅看起来生动形象、充满活力，而且更加美观。在 Word 中可以通过插入艺术字、图片、自选图形、表格等展示文本或数据内容。本章以制作个人求职简历为例，介绍使用图和表格美化 Word 文档的操作。

第 4 章　Word 高级应用——长文档的排版

本章 10 段教学视频

　　在办公与学习中，经常会遇到包含大量文字的长文档，如毕业论文、个人合同、公司合同、企业管理制度、公司内部培训资料、产品说明书等，使用 Word 提供的创建和更改样式、插入页眉和页脚、插入页码、创建目录等操作，可以方便地对这些长文档排版。本章以排版公司内部培训资料为例，介绍长文档的排版技巧。

第 2 篇　Excel 办公应用篇

第 5 章　Excel 的基本操作

🎬 本章 11 段教学视频

　　Excel 2019 提供了创建工作簿、工作表、输入和编辑数据、插入行与列、设置文本格式、页面设置等基本操作，可以方便地记录和管理数据。本章以制作客户联系信息表为例，介绍 Excel 表格的基本操作。

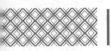
第 6 章　Excel 表格的美化

📷 本章 7 段教学视频

　　工作表的管理和美化是制作表格的一项重要内容，在公司管理中，有时需要创建装修预算表、人事变更表、采购表等，使用 Excel 提供的设计艺术字效果、设置条件格式、添加数据条、应用样式及应用主题等操作，可以快速地对这类表格进行编辑与美化。本章以制作装修预算表为例，介绍 Excel 表格的美化。

📷 高手支招

第 7 章　初级数据处理与分析

📷 本章 8 段教学视频

　　在工作中，经常需要对各种类型的数据进行统计和分析。Excel 具有统计各种数据的能力，使用排序功能可以

将数据表中的内容按照特定的规则排序；使用筛选功能可以将满足用户条件的数据单独显示；设置数据的有效性可以防止输入错误数据；使用条件格式功能可以直观地突出显示重要值；使用合并计算和分类汇总功能可以对数据进行分类或汇总。本章以统计公司员工销售报表为例，介绍如何使用 Excel 对数据进行处理和分析。

📷 高手支招

第 8 章　中级数据处理与分析——图表

📷 本章 7 段教学视频

　　在 Excel 中使用图表不仅能使数据的统计结果更直

观、更形象，还能够清晰地反映数据的变化规律和发展趋势。使用图表可以制作产品统计分析表、预算分析表、工资分析表、成绩分析表等。本章以制作商品销售统计分析图表为例，介绍创建图表、图表的设置和调整、添加图表元素及创建迷你图等操作。

处理大量数据的效率。本章以制作公司财务分析透视报表为例，介绍数据透视表和数据透视图的使用。

第 9 章 中级数据处理与分析——数据透视表和数据透视图

🎬 本章 9 段教学视频

数据透视可以将筛选、排序和分类汇总等操作依次完成，并生成汇总表格，对数据的分析和处理有很大的帮助。熟练掌握数据透视表和数据透视图的运用，可以大大提高

第 10 章 高级数据处理与分析——公式和函数的应用

🎬 本章 9 段教学视频

公式和函数是 Excel 的重要组成部分，有着强大的计

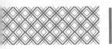
算能力，为用户分析和处理工作表中的数据提供了很大的方便，使用公式和函数可以节省处理数据的时间，降低在处理大量数据时的出错率。本章通过制作企业员工工资明细表，介绍公式和函数的使用。

第 3 篇　PPT 办公应用篇

第 11 章　PPT 的基本操作

📽 本章 11 段教学视频

　　在职业生涯中，会遇到包含文字、图片和表格的演示文稿，如个人述职报告 PPT、公司管理培训 PPT、论文答辩 PPT、产品营销推广方案 PPT 等。使用 PowerPoint 2019 提供的为演示文稿应用主题、设置格式化文本、图文混排、添加数据表格、插入艺术字等操作，可以方便地对包含图片的演示文稿进行设计制作。本章以制作个人述职报告 PPT 为例，介绍 PPT 的基本操作。

第 12 章　图形和图表的应用

🎬 本章 9 段教学视频

　　在职业生涯中，会遇到包含自选图形、SmartArt 图形和图表的演示文稿，如年终总结 PPT、企业发展战略 PPT、设计公司管理培训 PPT 等，使用 PowerPoint 2019 提供的自定义幻灯片母版、插入自选图形、插入 SmartArt 图形、插入图表等操作，可以方便地对这些包含图形和图表的幻灯片进行设计制作。本章以制作年度总结 PPT 为例，介绍图形和图表的应用。

第 13 章　动画和多媒体的应用

🎬 本章 10 段教学视频

　　动画和多媒体是演示文稿的重要元素，在制作演示文稿的过程中，适当地加入动画和多媒体可以使演示文稿变得更加精彩。演示文稿提供了多种动画样式，支持对动画效果和视频的自定义播放。本章以制作 ×× 公司宣传 PPT 为例，介绍动画和多媒体在演示文稿中的应用。

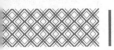
第 14 章　放映幻灯片

本章 8 段教学视频

完成商务会议礼仪 PPT 设计制作后，需要放映幻灯片。放映前要做好准备工作，选择合适的 PPT 放映方式，并控制放映幻灯片的进度。使用 PowerPoint 2019 提供的排练计时、自定义幻灯片放映、放大幻灯片局部信息、使用画笔来做标记等操作，可以方便地放映幻灯片。本章以商务会议礼仪 PPT 的放映为例，介绍如何放映幻灯片。

第 4 篇　行业应用篇

第 15 章　Word/Excel/PPT 2019 在人力资源管理中的应用

本章 4 段教学视频

人力资源管理是一项系统又复杂的组织工作，使用 Word/Excel/PPT 2019 系列组件可以帮助人力资源管理者轻松、快速地完成各种文档、数据报表及演示文稿的制作。本章主要介绍员工入职登记表、员工加班情况记录表、员工入职培训 PPT 的制作方法。

第 16 章　Word/Excel/PPT 2019 在行政文秘中的应用

本章 4 段教学视频

　　行政文秘涉及相关制度的制定和执行推动、日常办公事务管理、办公物品管理、文书资料管理、会议管理等，经常需要使用 Office 办公软件。本章主要介绍 Word/Excel/PPT 2019 在行政办公中的应用，包括排版公司奖惩制度文件、制作工作进度计划表、制作年会方案 PPT 等。

第 17 章　Word/Excel/PPT 2019 在财务管理中的应用

本章 4 段教学视频

　　本章主要介绍 Word/Excel/PPT 2019 在财务管理中的应用，主要包括使用 Word 制作报价单、使用 Excel 制作现金流量表、使用 PowerPoint 制作财务支出分析报告 PPT 等。通过本章的学习，读者可以掌握 Word/Excel/PPT 2019 在财务管理中的应用。

第 18 章　Word/Excel/PPT 2019 在市场营销中的应用

本章 4 段教学视频

　　本章主要介绍 Word/Excel/PPT 2019 在市场营销中的应用，主要包括使用 Word 制作产品使用说明书、使用 Excel 分析员工销售业绩、使用 PowerPoint 制作市场调查 PPT 等。通过本章的学习，读者可以掌握 Word/Excel/PPT 2019 在市场营销中的应用。

第 5 篇　办公秘籍篇

第 19 章　办公中必备的技能

本章 8 段教学视频

　　打印机是自动化办公中不可缺少的组成部分，是重要的输出设备之一。具备办公管理所需的知识与经验，能够熟练操作常用的办公器材是十分必要的。本章主要介绍连接并设置打印机、打印 Word 文档、打印 Excel 表格、打印 PowerPoint 演示文稿的方法。

第 20 章　Office 组件间的协作

 本章 4 段教学视频

　　在办公过程中，经常会遇到如在 Word 文档中使用表格等相似的情况，而 Office 组件之间可以很方便地进行相互调用，提高工作效率。使用 Office 组件间的协作进行办公，会发挥 Office 办公软件的强大功能。

第0章
Word/Excel/PPT 最佳学习方法

📖 本章导读

Word 2019、Excel 2019、PowerPoint 2019 是办公人士常用的 Office 系列办公组件，受到广大办公人士的喜爱，本章介绍 Word/Excel/PPT 的最佳学习方法。

📖 思维导图

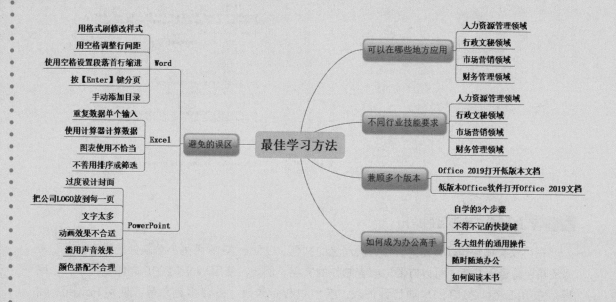

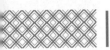

 0.1 Word/Excel/PPT 都可以在哪些地方应用

Word 2019 可以实现文档的编辑、排版和审阅，Excel 2019 可以实现表格的设计、排序、筛选和计算，PowerPoint 2019 主要用于设计和制作演示文稿。

Word、Excel、PPT 主要应用于人力资源管理、行政文秘、市场营销和财务管理等领域。

1. 在人力资源管理领域的应用

人力资源管理是一项系统又复杂的组织工作。使用 Office 2019 系列办公软件可以帮助人力资源管理者轻松、快速地完成各种文档、数据报表及幻灯片的制作。例如，可以使用 Word 2019 制作各类规章制度、招聘启事、工作报告、培训资料等；使用 Excel 2019 制作绩效考核表、工资表、员工基本信息表、员工入职记录表等；使用 PowerPoint 2019 制作公司培训 PPT、述职报告 PPT、招聘简章 PPT 等。下图所示为使用 Word 2019 制作的公司培训资料文档。

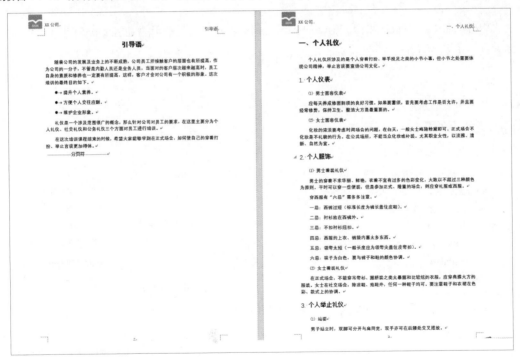

2. 在行政文秘领域的应用

在行政文秘管理领域需要制作各类严谨的文档。Office 2019 系列办公软件提供有批注、审阅及错误检查等功能，可以方便地核查制作的文档。例如，使用 Word 2019 制作委托书、合同等；使用 Excel 2019 制作项目评估表、会议议程记录表、差旅报销单等；使用 PowerPoint 2019 制作公司宣传 PPT、商品展示 PPT 等。下图所示为使用 PowerPoint 2019 制作的公司宣传 PPT。

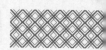

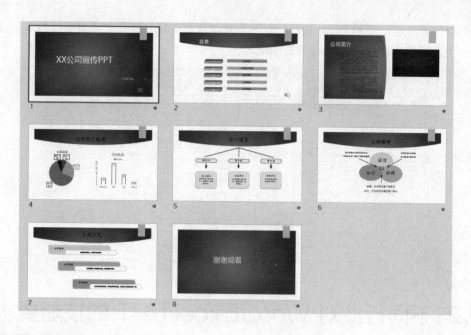

3. 在市场营销领域的应用

在市场营销领域，可以使用 Word 2019 制作项目评估报告、企业营销计划书等；使用 Excel 2019 制作产品价目表、进销存管理系统等；使用 PowerPoint 2019 制作投标书 PPT、市场调研报告 PPT、产品营销推广方案 PPT、企业发展战略 PPT 等。下图所示为使用 Excel 2019 制作的销售业绩工作表。

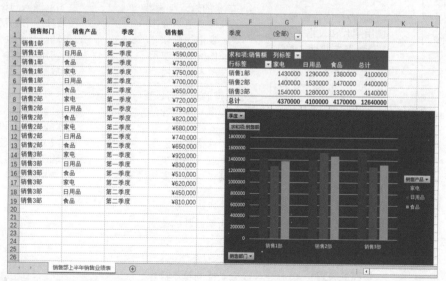

4. 在财务管理领域的应用

财务管理是一项涉及面广、综合性和制约性都很强的系统工程，是通过价值形态对资金活动进行决策、计划和控制的综合性管理，是企业管理的核心内容。在财务管理领域，可以使用 Word 2019 制作询价单、公司财务分析报告等；使用 Excel 2019 制作企业财务查询表、成本统

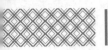

计表、年度预算表等；使用 PowerPoint 2019 制作年度财务报告 PPT、项目资金需求 PPT 等。下图所示为使用 Excel 2019 制作的凭证明细表。

	A	B	C	D	E	F	G	H	I	J
1	月份	工资支出	招待费用	差旅费用	公车费用	办公用品费用	员工福利费用	房租费用	其他	合计
2	1月	¥35,700.0	¥15,000.0	¥4,000.0	¥1,200.0	¥800.0	¥0.0	¥9,000.0	¥0.0	¥65,700.0
3	2月	¥36,800.0	¥15,000.0	¥6,000.0	¥2,500.0	¥800.0	¥6,000.0	¥9,000.0	¥0.0	¥76,100.0
4	3月	¥36,700.0	¥15,000.0	¥3,500.0	¥1,200.0	¥800.0	¥0.0	¥9,000.0	¥800.0	¥67,000.0
5	4月	¥35,600.0	¥15,000.0	¥4,000.0	¥4,000.0	¥800.0	¥0.0	¥9,000.0	¥0.0	¥68,400.0
6	5月	¥34,600.0	¥15,000.0	¥4,800.0	¥1,200.0	¥800.0	¥0.0	¥9,000.0	¥0.0	¥65,400.0
7	6月	¥35,100.0	¥15,000.0	¥6,200.0	¥800.0	¥800.0	¥4,000.0	¥9,000.0	¥0.0	¥70,900.0
8	7月	¥35,800.0	¥15,000.0	¥4,000.0	¥1,200.0	¥800.0	¥0.0	¥9,000.0	¥1,500.0	¥67,300.0
9	8月	¥35,700.0	¥15,000.0	¥1,500.0	¥1,200.0	¥800.0	¥0.0	¥9,000.0	¥1,600.0	¥64,800.0
10	9月	¥36,500.0	¥15,000.0	¥4,000.0	¥3,200.0	¥800.0	¥4,000.0	¥9,000.0	¥0.0	¥72,500.0
11	10月	¥35,800.0	¥15,000.0	¥3,800.0	¥1,200.0	¥800.0	¥0.0	¥9,000.0	¥0.0	¥65,600.0
12	11月	¥36,500.0	¥15,000.0	¥3,000.0	¥1,500.0	¥800.0	¥0.0	¥9,000.0	¥0.0	¥65,800.0
13	12月	¥36,500.0	¥15,000.0	¥1,000.0	¥1,200.0	¥800.0	¥25,000.0	¥9,000.0	¥5,000.0	¥93,500.0
14										

0.2 不同行业对 Word/Excel/PPT 的技能要求

不同行业的从业人员对办公技能的要求不同，下面就以人力资源管理、行政文秘、市场营销和财务管理等行业为例，介绍不同行业必备的 Word、Excel 和 PPT 技能，如下表所示。

	Word	Excel	PPT
人力资源	文本的输入与格式设置 使用图片和表格 Word 基本排版 审阅和校对	内容的输入与设置 表格的基本操作 表格的美化 条件格式的使用 图表的使用	文本的输入与设置 图表和图形的使用 设置动画及切换效果 使用多媒体 放映幻灯片
行政文秘	页面的设置 文本的输入与格式设置 使用图片、表格、艺术字 使用图表 Word 高级排版 审阅和校对	内容的输入与设置 表格的基本操作 表格的美化 条件格式的使用 图表的使用 制作数据透视图和数据透视表 数据验证 排序和筛选 简单函数的使用	文本的输入与设置 图表和图形的使用 设置动画及切换效果 使用多媒体 放映幻灯片
市场营销	页面的设置 文本的输入与格式设置 使用图片、表格、艺术字 使用图表 Word 高级排版 审阅和校对	内容的输入与设置 表格的基本操作 表格的美化 条件格式的使用 图表的使用 制作数据透视图和数据透视表 排序和筛选 简单函数的使用	文本的输入与设置 图表和图形的使用 设置动画及切换效果 使用多媒体 放映幻灯片

续表

	Word	Excel	PPT
财务管理	文本的输入与格式设置 使用图片、表格、艺术字 使用图表 Word 高级排版 审阅和校对	内容的输入与设置 表格的基本操作 表格的美化 条件格式的使用 图表的使用 制作数据透视图和数据透视表 排序和筛选 财务函数的使用	文本的输入与设置 图表和图形的使用 设置动画及切换效果 使用多媒体 放映幻灯片

0.3 万变不离其宗：兼顾 Word/Excel/PPT 多个版本

Office 的版本由 2003 更新到 2019，新版本的软件可以直接打开由低版本软件创建的文件。如果要使用低版本软件打开高版本软件创建的文档，可以先将高版本软件创建的文档另存为低版本类型，再使用低版本软件打开，从而进行文档编辑。下面以 Word 2019 为例介绍。

1. Office 2019 打开低版本文档

使用 Office 2019 可以直接打开 Office 2003、Office 2007、Office 2010、Office 2013、Office 2016 版本的文件。将 Word 2003 版本的文件在 Word 2019 文档中打开时，标题栏中会显示出"兼容模式"字样，如下图所示。

2. 低版本 Office 软件打开 Office 2019 文档

使用低版本 Office 软件也可以打开 Word 2019 创建的文档，只需要将其类型更改为低版本类型即可，具体操作步骤如下。

第 1 步 使用 Word 2019 创建一个 Word 文档，选择【文件】选项卡，在左侧选择【另存为】选项，在右侧【这台电脑】选项下单击【浏览】按钮，如下图所示。

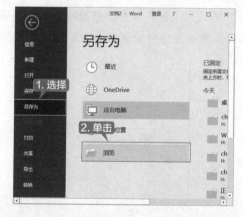

第 2 步 弹出【另存为】对话框，在【保存类型】下拉列表中选择【Word 97-2003 文档】选项，单击【保存】按钮即可将其转换为低版本。之后，即可使用 Word 2003 打开文档，如下图所示。

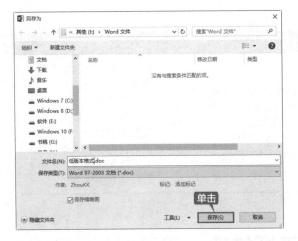

0.4 必须避免的 Word/Excel/PPT 办公使用误区

在使用 Word/Excel/PPT 办公软件办公时，一些错误的操作不仅耽误文档制作的时间，影响办公效率，而且使版面看起来不美观，再次编辑时也不容易修改。下面介绍一些办公中必须避免的 Word/Excel/PPT 使用误区。

1. Word

① 长文档中使用格式刷修改样式。在编辑长文档，特别是多达几十页或上百页的文档时，使用格式刷应用样式统一是不正确的。一旦需要修改该样式，就需要重新刷一遍，影响文档编辑速度。这时可以使用样式来管理，再次修改时，只需要修改样式，应用该样式的文本就会自动更新为新的样式，如下图所示。

② 用空格调整行间距。调整行间距或段间距时，可以通过【段落】对话框【缩进和间距】选项卡下的【间距】选项区域来设置行间距或段间距，如下图所示。

③ 使用空格设置段落首行缩进。在编辑文档时，段前默认情况下需要首行缩进 2 个字符，切忌不可使用空格调整，可以在【段落】对话框【缩进和间距】选项卡的【缩进】选项区域中来设置缩进，如下图所示。

④ 按【Enter】键分页。使用【Enter】键添加换行符可以达到分页的目的，但如果在分页前的文本中删除或添加文字，添加的换行符就不能起到正确分页的作用。可以单击【插入】选项卡【页面】组中的【分页】按钮或单击【布局】选项卡【页面设置】组中的【分隔符】按钮，在下拉列表中添加分页符，也可以直接按【Ctrl+Enter】组合键进行分页，如下图所示。

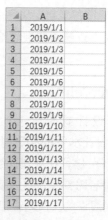

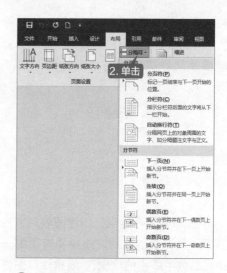

⑤ 手动添加目录。Word 提供了自动提取目录的功能，只需要为需要提取的文本设置大纲级别并为文档添加页码，即可自动生成目录，而不需要手动添加，如下图所示。

2. Excel

① 一个一个输入大量重复或有规律的数据。在使用 Excel 时，经常需要输入一些重复或有规律的大量数据，一个一个输入会浪费时间，可以使用快速填充功能输入，如下图所示。

	A	B
1	2019/1/1	
2	2019/1/2	
3	2019/1/3	
4	2019/1/4	
5	2019/1/5	
6	2019/1/6	
7	2019/1/7	
8	2019/1/8	
9	2019/1/9	
10	2019/1/10	
11	2019/1/11	
12	2019/1/12	
13	2019/1/13	
14	2019/1/14	
15	2019/1/15	
16	2019/1/16	
17	2019/1/17	

② 使用计算机计算数据。Excel 提供了

求和、平均值、最大值、最小值、计数等简单易用的函数，满足用户对数据的简单计算，不需要使用计算机即可准确计算，如下图所示。

③ 图表使用不恰当。创建图表时首先要掌握每一类图表的作用，如果要查看每一个数据在总数中所占的比例， 创建柱形图就不太合适。因此，选择合适的图表类型很重要，如下图所示。

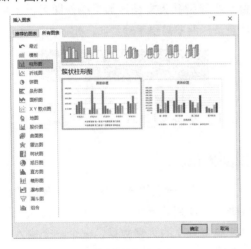

④ 不善用排序或筛选功能。排序和筛选功能是 Excel 的强大功能之一，能够对数据快速按照升序、降序或自定义序列进行排序。使用筛选功能可以快速并准确筛选出满足条件的数据。

3. PowerPoint

① 过度设计封面。一个用于演讲的PPT，封面的设计水平和内页保持一致即可。因为第 1 页 PPT 停留在观众视线里的时间不会很久，演讲者需要尽快进入演说的开场白部分，然后是演讲的实质内容部分， 封面不是 PPT 要呈现的重点。

② 把公司 LOGO 放到每一页。制作PPT 时要避免把公司 LOGO 以大图标的形式放到每一页幻灯片中，这样不仅干扰观众的视线，还容易引起观众的反感情绪。

③ 文字太多。PPT 页面中放置大量的文字，不仅不美观，还容易引起观众的视觉疲劳，给观众留下在念 PPT 而不是演讲的印象。因此，制作 PPT 时可以使用图表、图片、表格等展示文字，以引起观众的注意，如下图所示。

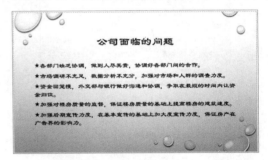

④ 选择不合适的动画效果。使用动画是为了使重点内容等显得醒目，引导观众的思路，引起观众的重视，因此可以在幻灯片中添加醒目的效果。如果选择的动画效果不合适， 就会起到相反的作用。因此，使用动画的时候， 要遵循动画的醒目、自然、适当、简化及创意原则。

⑤ 滥用声音效果。进行长时间的演讲时，可以在幻灯片中添加声音效果，用来吸引观众的注意力，防止听觉疲劳。但滥用声音效果，不仅不能使观众注意力集中，还会引起观众的厌烦。

⑥ 颜色搭配不合理或过于艳丽。文字颜色与背景色过于近似，如下图中描述部分的文字颜色不够清晰。

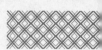

0.5 如何成为 Word/Excel/PPT 办公高手

1. Word/Excel/PPT 自学的 3 个步骤

学习 Word/Excel/PPT 办公软件，可以按照下面的 3 步进行学习。

第 1 步：入门。

① 熟悉软件界面。

② 学习并掌握每个按钮的用途及常用的操作。

③ 结合参考书能够制作出案例。

第 2 步：熟悉。

① 熟练掌握软件大部分功能的使用。

② 能不使用参考书制作出满足工作要求的办公文档。

③ 掌握大量实用技巧，节省时间。

第 3 步：精通。

① 掌握 Word/Excel/PPT 的全部功能，能熟练制作各类美观、实用的文档。

② 掌握 Word/Excel/PPT 软件在不同设备中的使用，随时随地办公。

2. 快人一步：不得不记的快捷键

掌握 Word、Excel 及 PowerPoint 2019 中常用的快捷键可以提高文档编辑速度。

① Word 2019 中的常用快捷键如下表所示。

按键	说明
Ctrl+N	创建新文档
Ctrl+O	打开文档
Ctrl+W	关闭文档
Ctrl+S	保存文档
Ctrl+C	复制文本
Ctrl+V	粘贴文本
Ctrl+X	剪切文本
Ctrl+Shift+C	复制格式
Ctrl+Shift+V	粘贴格式
Ctrl+Z	撤销上一个操作
Ctrl+Y	恢复上一个操作
Ctrl+Shift+>	增大字号
Ctrl+Shift+<	减小字号
Ctrl+]	逐磅增大字号
Ctrl+[	逐磅减小字号
Ctrl+D	打开【字体】对话框更改字符格式
Ctrl+B	应用加粗格式

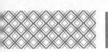

续表

按键	说明
Ctrl+U	应用下画线
Ctrl+I	应用倾斜格式
←或→	向左或向右移动一个字符
Ctrl+ ←	向左移动一个字词
Ctrl+ →	向右移动一个字词
Shift+ ←	向左选取或取消选取一个字符
Shift+ →	向右选取或取消选取一个字符
Ctrl+Shift+ ←	向左选取或取消选取一个单词
Ctrl+Shift+ →	向右选取或取消选取一个单词
Shift+Home	选择从插入点到条目开头之间的内容
Shift+End	选择从插入点到条目结尾之间的内容
Ctrl+F12 或 Ctrl+O	显示【打开】对话框
F12	显示【另存为】对话框
Esc	取消操作

② Excel 2019 中的常用快捷键如下表所示。

按键	说明
Ctrl+Shift+:	输入当前时间
Ctrl+;	输入当前日期
Ctrl+1	显示【单元格格式】对话框
Ctrl+A	选择整个工作表
Ctrl+B	应用或取消加粗格式设置
Ctrl+C	复制选定的单元格
Ctrl+D	使用【向下填充】命令，将选定范围内最顶层单元格的内容和格式复制到下面的单元格中
Ctrl+F	显示【查找和替换】对话框，其中的【查找】选项卡处于选中状态
Ctrl+G	显示【定位】对话框
Ctrl+H	显示【查找和替换】对话框，其中的【替换】选项卡处于选中状态
Ctrl+I	应用或取消倾斜格式设置
Ctrl+K	为新的超链接显示【插入超链接】对话框，或者为选定的现有超链接显示【编辑超链接】对话框
Ctrl+N	创建一个新的空白工作簿
Ctrl+O	显示【打开】对话框以打开或查找文件； 按【Ctrl+Shift+O】组合键可选择所有包含批注的单元格
Ctrl+R	使用【向右填充】命令，将选定范围最左边单元格的内容和格式复制到右边的单元格中
Ctrl+S	使用其当前文件名、位置和文件格式保存活动文件
F1	显示【Excel 帮助】任务窗格； 按【Ctrl+F1】组合键将显示或隐藏功能区； 按【Alt+F1】组合键可创建当前区域中数据的嵌入图表； 按【Alt+Shift+F1】组合键可插入新的工作表
F2	编辑活动单元格并将插入点放在单元格内容的结尾，如果禁止在单元格中进行编辑，它也会将插入点移到编辑栏中； 按【Shift+F2】组合键可添加或编辑单元格批注

续表

按键	说明
F3	显示【粘贴名称】对话框，仅当工作簿中存在名称时才可用； 按【Shift+F3】组合键将显示【插入函数】对话框
F4	重复上一个命令或操作（如有可能）； 按【Ctrl+F4】组合键可关闭选定的工作簿窗口； 按【Alt+F4】组合键可关闭 Excel
F11	在单独的图表工作表中创建当前范围内数据的图表； 按【Shift+F11】组合键可插入一个新工作表
F12	显示【另存为】对话框
箭头键	在工作表中上移、下移、左移或右移一个单元格
Backspace	在编辑栏中删除左边的一个字符，也可清除活动单元格的内容； 在单元格编辑模式下，按该键将会删除插入点左边的字符
Delete	从选定单元格中删除单元格内容（数据和公式），而不会影响单元格格式或批注
Enter	从单元格或编辑栏中完成单元格输入，并（默认）选择下面的单元格，在对话框中，按该键可执行对话框中默认命令按钮的操作； 按【Alt+Enter】组合键可在同一单元格中另起一个新行； 按【Ctrl+Enter】组合键可使用当前条目填充选定的单元格区域； 按【Shift+Enter】组合键可完成单元格输入并选择上面的单元格

③ PowerPoint 2019 中的常用快捷键，如下表所示。

按键	说明
N、Enter、Page Down、向右键（→）、向下键（↓）、Space	执行下一个动画或换页到下一张幻灯片
P、Page Up、向左键（←）、向上键（↑）、Backspace	执行上一个动画或返回到上一个幻灯片
B 或。（句号）	黑屏或从黑屏返回幻灯片放映
W 或，（逗号）	白屏或从白屏返回幻灯片放映
S 或 +（加号）	停止或重新启动自动幻灯片放映
Esc、Ctrl+Break、连字符 (–)	退出幻灯片放映
E	擦除屏幕上的注释
H	到下一张隐藏幻灯片
T	排练时设置新的时间
O	排练时使用原设置时间
M	排练时使用鼠标单击切换到下一张幻灯片
Ctrl+P	重新显示隐藏的指针或将指针改变成绘图笔
Ctrl+A	重新显示隐藏的指针和将指针改变成箭头
Ctrl+H	立即隐藏指针和按钮
Shift+F10(相当于右击)	显示右键快捷菜单

3.　各大组件间的通用操作

　　Word、Excel 和 PowerPoint 中含有很多通用的命令操作，如复制、剪切、粘贴、撤销、恢复、查找和替换等。下面以 Word 为例进行介绍。

　　① 复制命令。选择要复制的文本，单击【开始】选项卡【剪贴板】选项区域中的【复制】按钮，或按【Ctrl+C】组合键都可以复制选择的文本。

② 剪切命令。选择要剪切的文本，单击【开始】选项卡【剪贴板】选项区域中的【剪切】按钮，或按【Ctrl+X】组合键都可以剪切选择的文本。

③ 粘贴命令。复制或剪切文本后，将鼠标指针定位至要粘贴文本的位置，单击【开始】选项卡【剪贴板】组中的【粘贴】下拉按钮，在弹出的下拉列表中选择相应的粘贴选项，或按【Ctrl+V】组合键都可以粘贴复制或剪切的文本。

> **提示**
>
> 【粘贴】下拉列表中的各项含义如下。
>
> 【保留源格式】选项：被粘贴内容保留原始内容的格式。
>
> 【匹配目标格式】选项：被粘贴内容取消原始内容格式，并应用目标位置的格式。
>
> 【仅保留文本】选项：被粘贴内容清除原始内容和目标位置的所有格式，仅保留文本。

④ 撤销命令。当执行的命令有错误时，可以单击【快速访问工具栏】中的【撤销】按钮 ，或按【Ctrl+Z】组合键撤销上一步的操作。

⑤ 恢复命令。执行撤销命令后，可以单击【快速访问工具栏】中的【恢复】按钮 ，或按【Ctrl+Y】组合键恢复撤销的操作。

> **提示**
>
> 输入新的内容后，【恢复】按钮 会变为【重复】按钮 ，单击该按钮，将重复输入新输入的内容。

⑥ 查找命令。需要查找文档中的内容时，单击【开始】选项卡【编辑】组中的【查找】下拉按钮，在弹出的下拉列表中选择【查找】或【高级查找】选项，或按【Ctrl+F】组合键查找内容，如下图所示。

> **提示**
>
> 选择【查找】选项或按【Ctrl+F】组合键，可以打开【导航】窗格查找，如下图所示。选择【高级查找】选项可以弹出【查找和替换】对话框查找内容。

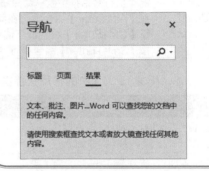

⑦ 替换命令。需要替换某些内容或格式时，可以使用【替换】命令。单击【开始】选项卡【编辑】组中的【替换】按钮，即可打开【查找和替换】对话框，在【查找内容】和【替换为】文本框中输入要查找和替换为的内容，单击【替换】按钮即可，如下图所示。

4. 在办公室、路上或家里，随时随地办公

随着移动信息产品的快速发展和移动通信网络的普及，人们只需要一部智能手机或平板电脑就可以随时随地进行办公，工作

变得更简单、更方便了。使用 OneDrive 即可实现文件在计算机和手持设备之间的随时传送。

① 在计算机中使用 OneDrive，具体操作步骤如下。

第1步 在【此电脑】窗口中选择【OneDrive】选项，或者在任务栏的【OneDrive】图标上右击，在弹出的快捷菜单中选择【打开 OneDrive 文件夹】选项，都可以打开【OneDrive】窗口，如下图所示。

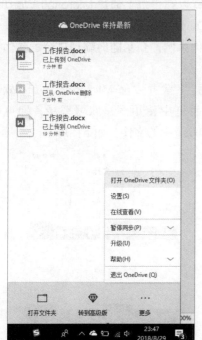

提示

第一次使用"OneDrive"，需要根据提示登录 Microsoft账户。

第2步 选择要上传的文档"工作报告.docx"，将其复制并粘贴至【OneDrive】文件夹或直接拖曳文件至【OneDrive】文件夹中，如下图所示。

第3步 在该文件的状态栏中显示刷新图标，表明文档正在同步，如下图所示。

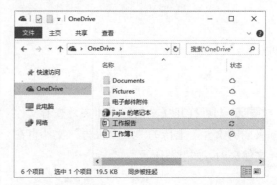

第4步 上载成功后，文件表会显示同步成功的标志，效果如下图所示。

② 在手机上使用 OneDrive。OneDrive 不仅可以在 Windows Phone 手机中使用，还可以在 iPhone、Android 手机中使用。下面以在 iOS 系统设备中使用 OneDrive 为例，介绍在手机设备上使用 OneDrive 的具体操作

步骤。

第1步 在手机中安装并登录 OneDrive，即可进入 OneDrive 界面。选择要查看的文件，如选择【文档】文件夹，如下图所示。

第2步 即可打开【文档】文件夹，查看文件夹内的文件，上传的"工作报告"文件也在文件夹内，如下图所示。

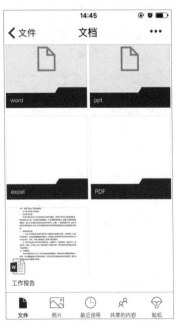

第3步 长按【工作报告】图标，即可选中文

件并调出对文件可进行的操作命令，如下图所示。

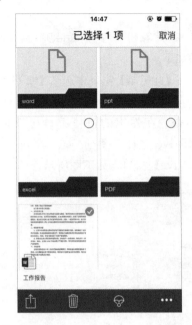

③ 在手机中打开 OneDrive 中的文档。下面就以在手机上通过 Microsoft Word 打开 OneDrive 中保存的文件并进行编辑、保存的操作为例，介绍随时随地办公的具体操作步骤。

第1步 下载并安装 Microsoft Word 软件，并在手机中使用同一账号登录，即可显示 OneDrive 中的文件，如下图所示。

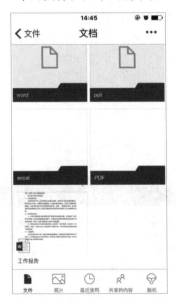

第 2 步 点击"工作报告 .docx"文档，即可将其下载至手机，如下图所示。

第 3 步 下载完成后会自动打开该文档，效果如下图所示。

第 5 步 编辑完成后，点击左上角的【返回】按钮，即可自动保存文档至 OneDrive，如下图所示。

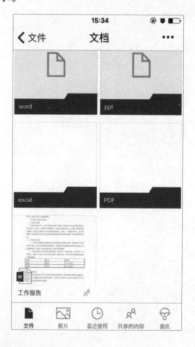

第 4 步 对文件中的字体进行简单的编辑，并插入工作表，效果如下图所示。

5. 如何阅读本书

本书以学习 Word/Excel/PPT 的最佳结构

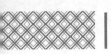

来分配章节。第 0 章可以使读者了解 Word/Excel/PPT 的应用领域及如何学习 Word/Excel/PPT。第 1 篇可使读者掌握 Word 2019 的使用方法，包括 Office 2019 的安装与设置、Word 的基本操作、使用图和表格美化 Word 文档及长文档的排版。第 2 篇可使读者掌握 Excel 2019 的使用方法，包括 Excel 的基本操作、Excel 表格的美化、数据处理与分析、图表、数据透视图与数据透视表、公式和函数的应用等。第 3 篇可使读者掌握 PPT 的使用方法，包括 PPT 的基本操作、图表和图形的应用、动画和多媒体的应用、放映幻灯片等。第 4 篇通过行业案例介绍 Word/Excel/PPT 在人力资源管理、行政文秘、财务管理及市场营销中的应用。第 5 篇可使读者掌握办公秘籍，包括办公设备的使用及 Office 组件间的协作。

第**1**篇

Word 办公应用篇

　　本篇主要介绍 Word 中的各种操作，通过对本篇的学习，读者可以掌握如何在 Word 中进行文字输入、文字调整、图文混排及在文档中添加表格和图表等操作。

第1章
快速上手——Office 2019 的安装与设置

⊜ 本章导读

使用 Office 2019 软件之前，首先要掌握 Office 2019 的安装与基本设置。本章主要介绍软件的安装与卸载、启动与退出、Microsoft 账户、修改默认设置等操作。

⌁ 思维导图

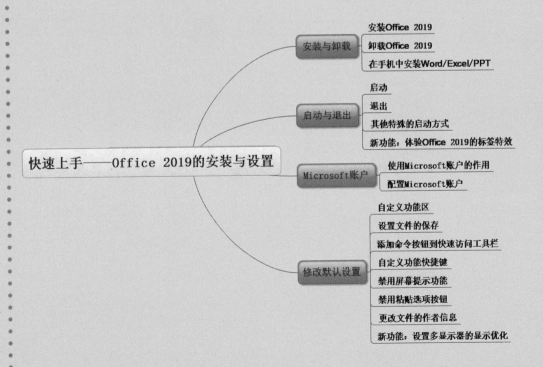

快速上手——Office 2019的安装与设置

- 安装与卸载
  - 安装Office 2019
  - 卸载Office 2019
  - 在手机中安装Word/Excel/PPT

- 启动与退出
  - 启动
  - 退出
  - 其他特殊的启动方式
  - 新功能：体验Office 2019的标签特效

- Microsoft账户
  - 使用Microsoft账户的作用
  - 配置Microsoft账户

- 修改默认设置
  - 自定义功能区
  - 设置文件的保存
  - 添加命令按钮到快速访问工具栏
  - 自定义功能快捷键
  - 禁用屏幕提示功能
  - 禁用粘贴选项按钮
  - 更改文件的作者信息
  - 新功能：设置多显示器的显示优化

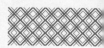

1.1 Office 2019 的安装与卸载

软件使用之前，首先要将软件移植到计算机中，此过程为安装；如果不想使用此软件，可以将软件从计算机中清除，此过程为卸载。本节介绍 Office 2019 三大组件的安装与卸载。

1.1.1 安装 Office 2019

在使用 Office 2019 之前，首先需要掌握 Office 2019 的安装操作。安装 Office 2019 时，计算机硬件和软件的配置要达到以下要求。

处理器	1GHz 或更快的 x86、x64 位处理器（采用 SSE2 指令集）
内存	1GB RAM（32 位）；2GB RAM（64 位）
硬盘	3.0 GB 可用空间
显示器	图形硬件加速需要 DirectX10 显卡和 1024 像素 x 576 像素分辨率
操作系统	目前只支持 Windows 10 操作系统
浏览器	Microsoft Internet Explorer 8、9 或 10；Mozilla Firefox 10.x 或更高版本；Apple Safari 5；Google Chrome 17.x
.NET 版本	3.5、4.0 或 4.5
多点触控	需要支持触摸的设备才能使用任何多点触控功能，但始终可以通过键盘、鼠标或其他标准输入设备或可访问的输入设备使用所有功能

计算机配置达到要求后就可以安装 Office 2019软件。安装 Office 2019比较简单，双击 Office 2019 的安装程序，首先会接连弹出如下图所示的两个界面。

接着弹出"正在安装 Office"界面，系统自动安装 Office 2019，如下图所示。

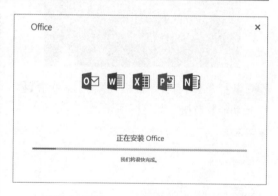

稍等一段时间，即可弹出提示 Office 已安装成功的界面，单击【关闭】按钮，即可完成安装，如下图所示。

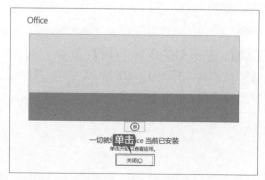

1.1.2 卸载 Office 2019

如果在使用 Office 2019 的过程中程序出现问题，可以修复 Office 2019，不需要使用时可以将其卸载。

1. 修复 Office 2019

安装 Office 2019 后，当 Office 使用过程中出现异常情况，可以对其进行修复，具体操作步骤如下。

第1步 选择【开始】→【Windows 系统】→【控制面板】命令，如下图所示。

第2步 打开【所有控制面板项】窗口，单击【程序和功能】链接，如下图所示。

第3步 打开【程序和功能】窗口，选择【Microsoft Office Professional Plus 2019 - zh-cn】选项，单击【更改】按钮，如下图所示。

第4步 在弹出的【Office】对话框中选中【快速修复】单选按钮，单击【修复】按钮，如下图所示。

第5步 在【准备好开始快速修复？】界面单击【修复】按钮，即可自动修复 Office 2019，如下图所示。

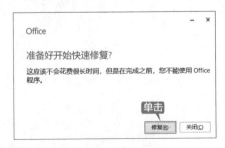

2. 卸载 Office 2019

第1步 打开【程序和功能】窗口，选择【Microsoft Office Professional Plus 2019 - zh-cn】选项，单击【卸载】按钮，如下图所示。

第 2 步 在弹出的对话框中单击【卸载】按钮，即可开始卸载 Office 2019，如下图所示。

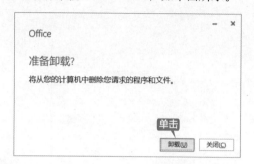

1.1.3 在手机中安装 Word/Excel/PPT

Office 2019 推出了手持设备版本的 Office 组件，支持 Android 手机、Android 平板电脑、iPhone、iPad、Windows Phone、Windows 平板电脑。下面就以在安卓手机中安装 Word 组件为例进行介绍，具体操作步骤如下。

第 1 步 在 Android 手机中打开任意一个下载软件的应用商店，如腾讯应用宝、360 手机助手、百度手机助手等，这里打开 360 手机助手程序，并在搜索框中输入"Word"，点击【搜索】按钮，即可显示搜索结果，如下图所示。

第 3 步 下载完成后将打开安装界面，点击【安装】按钮，如下图所示。

第 2 步 在搜索结果中点击【Microsoft Word】后面的【下载】按钮，即可开始下载 Microsoft Word 组件，如下图所示。

第4步 安装完成，在【安装成功】界面点击【打开】按钮，如下图所示。

第5步 即可打开并进入手机 Word 界面，选择【OneDrive - 个人版】选项，如下图所示。

第6步 进入 Microsoft 账户登录界面，输入账户名称，点击【下一步】按钮，如下图所示。

第7步 输入密码，点击【登录】按钮，如下图所示。

第8步 即可进入 Word 界面，点击【新建】按钮，如下图所示。

第 9 步 在【新建】页面中选择【空白文档】选项，如下图所示。

第 10 步 即可新建一个空白文档，如下图所示。

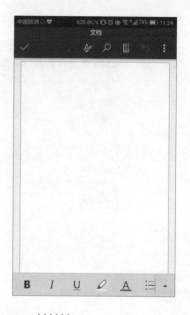

提示

　　使用手机版本 Office 组件时需要登录 Microsoft 账户。

1.2 Word/Excel/PPT 的启动与退出

　　使用 Office 办公软件编辑文档之前，首先需要启动软件，使用完毕后还需要退出软件。本节以 Word 2019 为例，介绍启动与退出 Office 2019 的操作。

1.2.1 启动

　　使用 Word 2019 编辑文档，首先需要启动 Word 2019，具体操作步骤如下。

第 1 步 选择【开始】→【Word】命令，如下图所示。

第 2 步 即可启动 Word 2019，在打开的界面中选择【空白文档】选项，如下图所示。

第3步 即可新建一个空白文档，如下图所示。

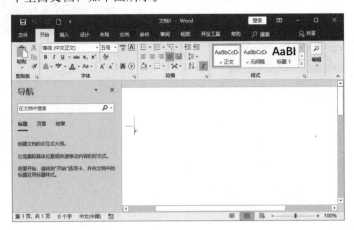

1.2.2 退出

不使用 Word 2019 时可以退出软件。退出 Word 2019 有以下 4 种方法。

① 单击窗口右上角的【关闭】按钮，如下图所示。

② 在文档标题栏上右击，在弹出的快捷菜单中选择【关闭】命令，如下图所示。

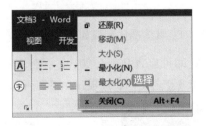

③ 选择【文件】选项卡下的【关闭】选项，如下图所示。

④ 直接按【Alt+F4】组合键。

1.2.3 其他特殊的启动方式

除了使用正常的方法启动 Word 2019 外，还可以在 Windows 桌面或文件夹的空白处右击，在弹出的快捷菜单中选择【新建】选项，在弹出的级联菜单中选择【Microsoft Word 文档】命令。执行该命令后即可创建一个 Word 文档，用户可以直接重新命名新建文档。双击新建文档，Word 2019 就会打开这篇新建的空白文档，如下图所示。

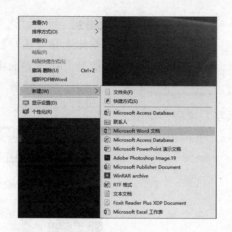

此外，双击计算机中存储的".docx"格式文档，也可以快速启动 Word 2019 软件并打开该文档。

1.2.4 新功能：体验 Office 2019 的标签特效

标签特效是 Office 2019 的一大功能特点，为了配合 Windows 10 系统窗口淡入淡出的动画效果，Office 2019 中也加入了许多类似的动画效果，体现在各个选项卡的切换及对话框的打开和关闭操作中。例如，在 Word 中单击【开始】选项卡【字体】选项区域中的【字体】按钮，调用【字体】对话框，在打开和关闭【字体】对话框时，可以看到一种淡入淡出的动画效果。

1.3 随时随地办公的秘诀——Microsoft 账户

使用 Office 2019 登录 Microsoft 账户可以实现通过 OneDrive 同步文档，便于文档的共享与交流。

 使用 Microsoft 账户的作用

① 使用 Microsoft 账户登录微软相关的所有网站，可以和朋友在线交流，向微软的技术人员或者微软 MVP 提出技术问题，并得到他们的解答。

② 利用微软账户注册微软 OneDrive（云服务）等应用。

③ 在 Office 2019 中登录 Microsoft 账户并在线保存 Office 文档、图像和视频等，可以随时通过其他 PC、手机、平板电脑中的 Office 2019 对它们进行访问、修改及查看。

2. 配置 Microsoft 账户

登录 Office 2019 不仅可以随时随地处

理工作，还可以联机保存 Office 文件，但前提是需要拥有一个 Microsoft 账户并登录，具体操作步骤如下。

第1步 打开 Word 文档，单击软件界面右上角的【登录】链接。弹出【登录】界面，在文本框中输入账户名称，单击【下一步】按钮，如下图所示。

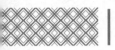
| 提示 |

若没有 Microsoft 账户，单击"创建一个"链接，根据提示创建账户即可。

第2步 在打开的界面中输入账户密码，单击【登录】按钮，即可登录账户，如下图所示。

第3步 登录后选择【文件】选项卡，在界面左侧选择【账户】选项，在右侧将显示账户信息。在该界面中可进行更改照片、注销、切换账户、设置背景及主题等操作，如下图所示。

1.4 提高你的办公效率——修改默认设置

Office 2019 各组件可以根据需要修改默认的设置，设置的方法类似。本节以 Word 2019 软件为例来讲解 Office 2019 修改默认设置的操作。

1.4.1 自定义功能区

功能区中的各个选项卡可以由用户自定义设置，包括命令的添加、删除、重命名、次序调整等，具体操作步骤如下。

第1步 在功能区的空白处右击，在弹出的快捷菜单中选择【自定义功能区】选项，如下图所示。

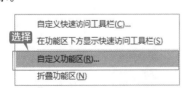

第2步 打开【Word 选项】对话框，单击【自定义功能区】选项区域中的【新建选项卡】按钮，如下图所示。

第3步 系统会自动创建一个【新建选项卡】选项和一个【新建组】选项，如下图所示。

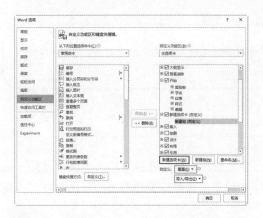

第4步 选择【新建选项卡】选项,单击【重命名】按钮,弹出【重命名】对话框。在【显示名称】文本框中输入"附加选项卡",单击【确定】按钮,如下图所示。

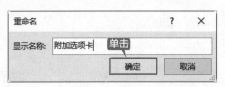

第5步 选择【新建组】选项,单击【重命名】按钮,弹出【重命名】对话框。在【显示名称】文本框中输入"学习",单击【确定】按钮,如下图所示。

第6步 返回【Word 选项】对话框,即可看到选项卡和选项组已被重命名,单击【从下列位置选择命令】右侧的下拉按钮,在弹出的列表中选择【所有命令】选项,在列表框中选择【词典】选项,单击【添加】按钮,如下图所示。

第7步 此时就将其添加至新建的【附加选项卡】下的【学习】组中,单击【确定】按钮,如下图所示。

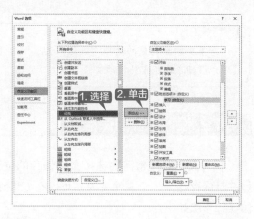

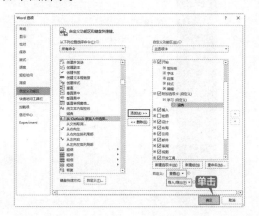

| 提示 |

单击【上移】或【下移】按钮可以改变选项卡和选项组的顺序和位置。

第8步 返回 Word 界面,即可看到新增加的选项卡、选项组及按钮,如下图所示。

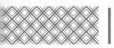

> **| 提示 |** ┊┊┊┊┊┊
>
> 如果要删除新建的选项卡或选项组，只需要选择要删除的选项卡或选项组并右击，在弹出的快捷
> 菜单中选择【删除】选项即可。

1.4.2 设置文件的保存

保存文档时经常需要选择文件保存的位置及保存类型，如果需要经常将文档保存为某一类型并且保存在某一个文件夹内，可以在 Office 2019 中设置文件默认的保存类型及保存位置，具体操作步骤如下。

第1步 在打开的 Word 2019 文档中选择【文件】选项卡，选择【选项】选项，如下图所示。

第2步 打开【Word 选项】对话框，在左侧选择【保存】选项，在右侧【保存文档】选项区域单击【将文件保存为此格式】后的下拉按钮，在弹出的下拉列表中选择【Word 文档】选项，将默认保存类型设置为"Word 文档（*.docx）"格式，如下图所示。

第3步 单击【默认本地文件位置】文本框后的【浏览】按钮，如下图所示。

第4步 打开【修改位置】对话框，选择文档要默认保存的位置，单击【确定】按钮，如下图所示。

第5步 返回【Word 选项】对话框后即可看到已经更改了文档的默认保存位置，单击【确定】

按钮，如下图所示。

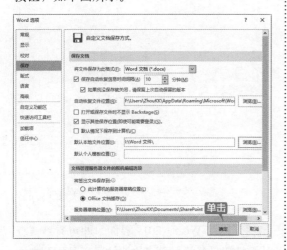

第 6 步 在 Word 文档中选择【文件】选项卡，

在页面左侧选择【保存】选项，并在右侧单击【浏览】按钮，即可打开【另存为】对话框。在对话框中可以看到自动设置为默认的保存类型并自动打开默认的保存位置，如下图所示。

1.4.3 添加命令按钮到快速访问工具栏

Word 2019 的快速访问工具栏在软件界面的左上方，默认情况下包含【保存】【撤销】和【恢复】几个按钮。用户可以根据需要将命令按钮添加至快速访问工具栏，具体操作步骤如下。

第 1 步 单击快速访问工具栏右侧的【自定义快速访问工具栏】按钮，在弹出的下拉列表中可以看到有【新建】【打开】等多个选项，选择要添加至快速访问工具栏的选项，这里选择【新建】选项，如下图所示。

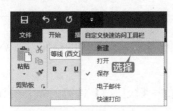

第 2 步 即可将【新建】按钮添加至【快速访问工具栏】，并且选项前将显示"√"符号，如下图所示。

| 提示 | ::::::

使用同样的方法可以添加【自定义快速访问工具栏】列表中的其他按钮，如果要取消按钮在快速访问工具栏中的显示，只需取消选择【自定义快速访问工具栏】列表中的选项即可。

第 3 步 此外，还可以根据需要添加其他命令按钮至快速访问工具栏，单击快速访问工具栏右侧的【自定义快速访问工具栏】按钮，在弹出的下拉列表中选择【其他命令】选项，如下图所示。

第4步 打开【Word选项】对话框，在【从下列位置选择命令】下拉列表中选择【常用命令】选项，在下方的列表框中选择要添加至【快速访问工具栏】的按钮，这里选择【查找】选项，单击【添加】按钮，如下图所示。

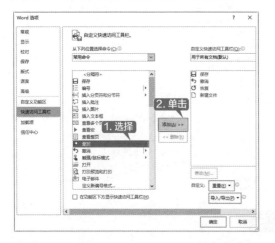

第5步 即可将【查找】按钮添加至右侧的列表框中，单击【确定】按钮，如下图所示。

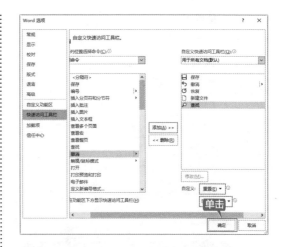

第6步 返回 Word 2019 界面，即可看到【查找】按钮已经添加至【快速访问工具栏】中，如下图所示。

提示

在【快速访问工具栏】中选择【查找】按钮并右击，在弹出的快捷菜单中选择【从快速访问工具栏删除】选项，即可将其从【快速访问工具栏】删除。

1.4.4 自定义功能快捷键

在 Word 2019 中可以根据需要自定义功能快捷键，便于执行某些常用的操作，在 Word 中设置添加"☞"符号快捷键的具体操作步骤如下。

第1步 单击【插入】选项卡【符号】组中的【符号】下拉按钮，在弹出的下拉列表中选择【其他符号】选项，如下图所示。

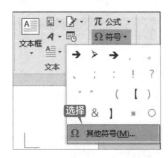

第2步 打开【符号】对话框，选择要插入的"☞"

符号，单击【快捷键】按钮，如下图所示。

第3步 弹出【自定义键盘】对话框，将鼠标指针定位在【请按新快捷键】文本框内，在

键盘上按要设置的快捷键，这里按【Alt+W】组合键，单击【指定】按钮，如下图所示。

第4步 即可将设置的快捷键添加至【当前快捷键】列表框内，单击【关闭】按钮，如下图所示。

第5步 返回【符号】对话框，即可看到设置的快捷键，单击【插入】按钮，如下图所示。

第6步 在 Word 文档中按【Alt+W】组合键，即可输入" ☞ "符号，如下图所示。

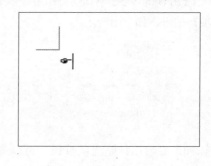

1.4.5 禁用屏幕提示功能

在 Word 2019 中将鼠标指针放置在某个按钮上，将提示按钮的名称及作用。通过设置可以禁用这些屏幕提示功能，具体操作步骤如下。

第1步 将鼠标指针放在任意一个按钮上，例如，放在【开始】选项卡【字体】组中的【加粗】按钮上，稍等片刻，将显示按钮的名称及作用，如下图所示。

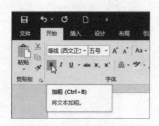

第2步 选择【文件】选项卡中的【选项】选项，打开【Word 选项】对话框。在该对话框中选择【常规】选项卡，在右侧的【用户界面选项】选项区域中单击【屏幕提示样式】后的下拉按钮，在弹出的下拉列表中选择【不显示屏幕提示】选项，单击【确定】按钮，如下图所示。

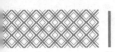

第3步 即可禁用屏幕提示功能，如下图所示。

1.4.6 禁用粘贴选项按钮

默认情况下使用粘贴功能后，将会在文档中显示粘贴选项按钮 ，方便选择粘贴选项，通过设置可以禁用粘贴选项按钮，具体操作步骤如下。

第1步 在 Word 文档中复制一段内容后，按【Ctrl+V】组合键，将在 Word 文档中显示【粘贴选项】按钮，如下图所示。

第2步 如果要禁用粘贴选项按钮，可以选择【文件】选项卡中的【选项】选项，打开【Word 选项】对话框，在该对话框中选择【高级】选项卡，在右侧的【剪切、复制和粘贴】选

项区域中取消选中【粘贴内容时显示粘贴选项按钮】复选框，单击【确定】按钮，即可禁用粘贴选项按钮，如下图所示。

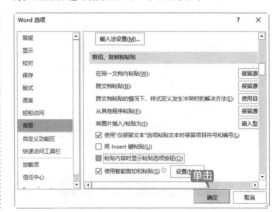

1.4.7 更改文件的作者信息

使用 Word 2019 制作文档时，文档会自动记录作者的相关信息，可以根据需要更改文件的作者信息，具体操作步骤如下。

第1步 在打开的 Word 文档中选择【文件】选项卡中的【信息】选项，即可在右侧【相关人员】区域显示作者信息，如下图所示。

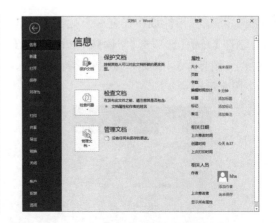

第 2 步 在作者名称上右击，在弹出的快捷菜单中选择【编辑属性】命令，如下图所示。

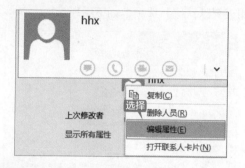

第 3 步 弹出【编辑人员】对话框，在【输入姓名或电子邮件地址】文本框中输入要更改的作者名称，单击【确定】按钮，如下图所示。

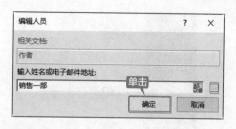

第 4 步 返回 Word 界面，即可看到作者信息已经更改了，如下图所示。

1.4.8 新功能：设置多显示器的显示优化

在实际的办公过程中，可能很多人需要使用多个显示器同时办公，但是当显示器的分辨率不一致时，文档在不同显示器上的显示效果会有所差异。针对这一问题，Office 2019 中加入了"多显示器显示优化"功能，满足用户的多屏显示需求。

这里以 Word 为例来介绍如何解决文档多屏显示时的显示优化问题。

首先用 Word 2019 打开文档，选择【文件】选项卡，在左侧选择【选项】选项，调出【Word 选项】对话框。在其左侧列表中选择【常规】选项，在右侧的【用户界面选项】选项区域中选中【在使用多个显示时】下的【优化实现最佳显示】单选按钮即可，如下图所示。

◇ 修复损坏的 Excel 2019 工作簿

在使用 Excel 打开已损坏的工作簿时，默认情况下 Excel 会自动启动"文件恢复"功能，重新打开文件的同时修复文件；若打开失败，可以尝试手动修复。具体操作步骤如下。

第 1 步 启动 Excel 2019，创建一个空白工作簿，然后选择【文件】选项卡，在左侧选择【打开】选项，在【打开】页面中单击【这台电脑】→【浏览】按钮，如下图所示。

第2步 弹出【打开】对话框，选择损坏的工作簿，单击【打开】下拉按钮，在弹出的下拉列表中选择【打开并修复】选项，如下图所示。

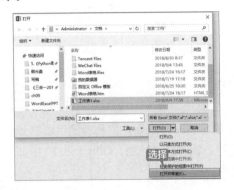

第3步 弹出【Microsoft Excel】对话框，单击【修复】按钮，即可将损坏的 Excel 工作簿修复并打开，如下图所示。

◇ 设置 Word 默认打开的扩展名

用户可以根据需要设置 Word 默认打开的扩展名，具体操作步骤如下。

第1步 单击【开始】按钮，选择【设置】选项，打开【设置】窗口，单击【应用】链接，如下图所示。

第2步 进入【应用】页面，在左侧列表中选择【默认应用】选项，并在右侧选择【按应用设置默认值】选项，如下图所示。

第3步 进入【按应用设置默认值】页面，在列表中选择【Word】选项，然后单击【管理】按钮，如下图所示。

第4步 进入 Word 的【文件类型和协议关联】页面，在其中就可以设置 Word 默认打开的扩展名。如为".docx"扩展名设置默认打开程序，单击其后的"Word"，则会弹出【选择应用】选项列表，在其中选择一种应用，即可将此应用设置为".docx"格式文件的默认打开程序，如下图所示。

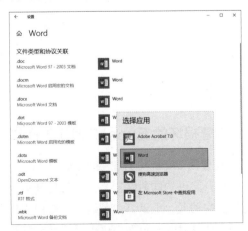

第2章
Word 的基本操作

本章导读

　　Word 最常用的操作就是记录各类文本内容，不仅修改方便，还能够根据需要设置文本的字体和段落样式，从而制作各类说明性文档。常见的文档类型有租赁协议、总结报告、请假条、邀请函、思想汇报等。本章以制作房屋租赁合同为例，介绍 Word 的基本操作。

思维导图

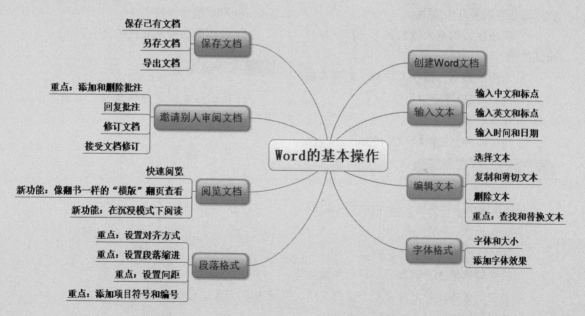

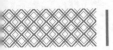

2.1 房屋租赁合同

　　房屋租赁合同是指房屋出租人和承租人双方签订的关于转让出租房屋的占有权和使用权的协议，是最常见的协议类型之一。

案例名称：房屋租赁合同		
案例目的：学习如何制作房屋租赁合同		
	素材	素材 \ch02\ 房屋租赁合同内容 .docx
	结果	结果 \ch02\ 房屋租赁合同内容 .docx
	视频	视频教学 \02 第 2 章

2.1.1 案例概述

　　房屋租赁合同的主要内容是出租人将房屋交给承租人使用，承租人定期向出租人支付约定的租金，并于约定期限届满或终止租约时将房屋完好地归还给出租人。作为财产租赁合同的一种重要形式，房屋租赁合同对协议内容及文档格式有着严格的要求。

1. 内容要求

　　内容上，房屋租赁合同要求描述准确、无歧义，权利和义务明确。完整的房屋租赁合同应包含以下几个方面。

　　① 房屋租赁当事人的姓名（名称）和身份证信息。

　　② 房屋的位置、面积、结构、附属设施状况，家具和家电等室内设施状况。

　　③ 租赁期限。

　　④ 租金和押金的数额和支付方式。

　　⑤ 租赁用途和房屋使用要求。

　　⑥ 房屋和室内设施的安全性能。

　　⑦ 物业服务、水、电、燃气等相关费用的缴纳。

　　⑧ 房屋维修责任。

　　⑨ 争议解决办法和违约责任。

2. 格式要求

　　完整的房屋租赁合同在格式上要求条理清晰、易读。

2.1.2 设计思路

　　制作房屋租赁合同可以按照以下思路进行。

　　① 输入内容。

　　② 编辑文本并设置字体格式。

　　③ 设置段落格式、添加项目符号和编号等。

　　④ 邀请他人审阅并批注文档、修订文档，保证内容准确、无歧义。

　　⑤ 根据需要设计封面，并保存文档。

2.1.3 涉及知识点

本案例主要涉及以下知识点。

① 输入标点符号、项目符号、项目编号和时间日期等。

② 编辑、复制、剪切和删除文本等。

③ 设置字体格式、添加字体效果等。

④ 设置段落对齐、段落缩进、段落间距等。

⑤ 阅读房屋租赁合同。

⑥ 添加和删除批注、回复批注、接受修订等。

⑦ 添加新页面。

2.2 创建 Word 文档

创建"房屋租赁合同"，首先需要打开 Word 2019，创建一份新文档，具体操作步骤如下。

第1步 单击屏幕左下角的【开始】按钮，选择【W】→【Word】命令，如下图所示。

第2步 打开 Word 2019 主界面，在模板区域 Word 提供了多种可供创建的新文档类型，这里单击【空白文档】图标，如下图所示。

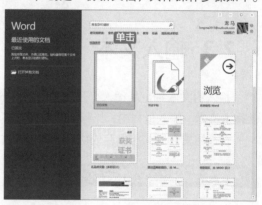

第3步 即可创建一个新的空白文档，如下图所示。

第4步 选择【文件】选项卡，在左侧选择【保存】选项，在右侧的【另存为】选项区域单击【浏

览】按钮，弹出【另存为】对话框，在该对话框中选择保存位置，在【文件名】文本框中输入文档名称，单击【保存】按钮即可，如下图所示。

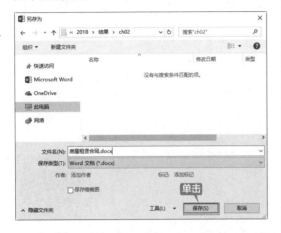

2.3 输入文本

输入的文本都是从插入点开始的，闪烁的垂直光标就是插入点。光标定位后，即可在光标处输入文本。输入过程中，光标会不断向右移动。

房屋租赁合同文档保存成功后，即可在文档中输入文本内容。

2.3.1 输入中文和标点

由于 Windows 的默认语言是英语，语言栏显示的是英文键盘图标英，所以如果不进行中 / 英文切换就以汉语拼音的形式输入，那么在文档中输出的文本就是英文。

在 Word 文档中，输入数字时不需要切换中 / 英文输入法，但输入中文时，需要先将英文输入法切换为中文输入法，再进行中文输入。输入中文和中文标点符号的具体操作步骤如下。

第1步 单击任务栏中的美式键盘图标M，在弹出的快捷菜单中选择中文输入法，如这里选择【搜狗拼音输入法】选项，如下图所示。

| 提示 |

在 Windows 10 系统中可以按【Ctrl+Shift】组合键切换输入法，也可以按住【Ctrl】键，然后使用【Shift】键切换。

第2步 此时在 Word 文档中用户即可使用拼音拼写输入中文内容。在输入的过程中，当文字到达一行的最右端时，输入的文本将自动跳转到下一行，如下图所示。

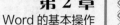

第3步 如果在未输入完一行时想要换行输入，则可按【Enter】键来结束一个段落，这样会产生一个段落标记"↵"。然后输入"出租方"，按【Shift+9】组合键即可输入"（）"，并且光标会自动定位至小括号内，如下图所示。

第4步 输入"甲方"，然后将光标定位在当前行右括号外，按【Shift+；】组合键，即可在文档中输入一个中文的"："，如下图所示。

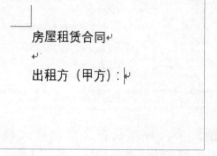

> | 提示 |
>
> 单击【插入】选项卡【符号】组中的【符号】下拉按钮，在弹出的下拉列表中选择标点符号，也可以将标点符号插入文档中。

2.3.2 输入英文和标点

在编辑文档时，有时也需要输入英文和英文标点符号，按【Shift】键即可在中文和英文输入法之间切换。下面以使用搜狗拼音输入法为例，介绍输入英文和英文标点符号的方法，具体操作步骤如下。

第1步 在中文输入法的状态下，按【Shift】键，即可切换至英文输入法状态，然后在键盘上按相应的英文按键，即可输入英文，如下图所示。

> 房屋租赁合同书↵
> 出租方（以下简称甲方）：↵
> Microsoft word

第2步 输入英文标点和输入中文标点的方法相同，如按【Shift+1】组合键，即可在文档

中输入一个英文的"！"，如下图所示。

> 房屋租赁合同书↵
> 出租方（以下简称甲方）：↵
> Microsoft word！

> | 提示 |
>
> 输入的英文内容不是房屋租赁合同的内容，可以将其删除。

2.3.3 输入时间和日期

文档编写完成后，可以在末尾处加上文档创建的时间和日期，具体操作步骤如下。

第1步 打开"素材 \ch02\ 房屋租赁合同内容 .docx"文档，将内容复制到文档中，如下图所示。

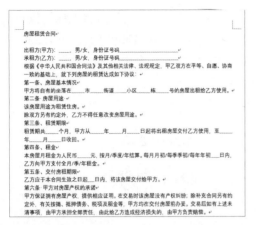

第 2 步 将光标定位在文档最后一行，按
【Enter】键执行换行操作，如下图所示。

第 3 步 单击【插入】选项卡【文本】组中的【日
期和时间】按钮，如下图所示。

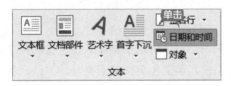

第 4 步 弹出【日期和时间】对话框，单击【语言】
下拉按钮，选择【中文】选项，在【可用格式】
列表框中选择一种格式，单击【确定】按钮，
如下图所示。

第 5 步 在"乙方"签字下面插入日期和时间，
并调整至合适的位置。效果如下图所示。

2.4 编辑文本

输入房屋租赁合同内容之后，即可利用 Word 编辑文本。编辑文本包括选择文本、复制和
剪切文本及删除文本等。

2.4.1 选择文本

选择文本时既可以选择单个字符，也可以选择整篇文档。选择文本的方法主要有以下几种。

1. 使用鼠标选择文本

使用鼠标选择文本是最常见的一种选择
文本的方法，具体操作步骤如下。

第 1 步 将光标定位在想要选择的文本之前，
如下图所示。

第2步 按住鼠标左键的同时并拖曳，直到第1行和第2行全被选中，完成后释放鼠标左键，即可选择文字内容，如下图所示。

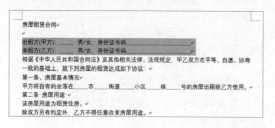

① 选中区域。将鼠标光标定位在要选择的文本的开始位置，按住鼠标左键并拖曳，这时选中的文本会以阴影的形式显示。选择完成后，释放鼠标左键，鼠标光标经过的文字就被选中了。

② 选中词语。将鼠标光标定位到某个词语或单词中间并双击，即可选中该词语或单词。

③ 选中单行。将鼠标指针移动到需要选择的行的左侧空白处，当鼠标指针变为箭头形状⏴时单击，即可选中该行。

④ 选中段落。将鼠标指针移动到需要选择的段落的左侧空白处，当鼠标指针变为箭头形状⏴时双击，即可选中该段落。也可以在要选择的段落中，快速单击3次鼠标左键即可选中该段落。

⑤ 选中全文。将鼠标指针移动到文档左侧的空白处，当鼠标指针变为箭头形状⏴时，单击鼠标左键3次，则选中全文。也可以单击【开始】选项卡【编辑】选项区域中的【选择】按钮，在弹出的下拉列表中选择【全选】命令，即可选中全文。

2. 使用键盘选择文本

在不使用鼠标的情况下，用户也可以利用键盘组合键来选择文本。使用键盘选择文本时，需先将插入点定位到将要选择文本的开始位置，然后按相关的组合键即可，如下表所示。

组合键	功能
【Shift+ ←】	选择鼠标指针左边的一个字符
【Shift+ →】	选择鼠标指针右边的一个字符
【Shift+ ↑】	选择至鼠标指针上一行同一位置之间的所有字符
【Shift+ ↓】	选择至鼠标指针下一行同一位置之间的所有字符
【Ctrl+ Home】	选择至文档的开始位置
【Ctrl+ End】	选择至文档的结束位置
【Ctrl+A】	选择全部文档
【Ctrl+Shift+ ↑】	选择至当前段落的开始位置
【Ctrl+Shift+ ↓】	选择至当前段落的结束位置
【Ctrl+Shift+Home】	选择至文档的开始位置
【Ctrl+Shift+End】	选择至文档的结束位置

2.4.2 复制和剪切文本

复制文本和剪切文本的不同之处在于，前者是把一个文本信息放到剪贴板以供复制出更多文本信息，但原来的文本还在原来的位置。后者也是把一个文本信息放入剪贴板以复制出更多信息，但原来的文本已经不在。

1. 复制文本

当需要多次输入同样的文本时，使用复制文本可以使原文本产生更多同样的信息，具体操作步骤如下。

第1步 选择文档中需要复制的文字并右击，在弹出的快捷菜单中选择【复制】选项，如下图所示。

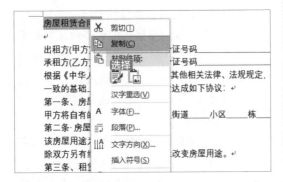

第2步 此时所选内容已被放入剪贴板，将鼠标指针定位至要粘贴的位置，单击【开始】选项卡【剪贴板】选项区域中的【剪贴板】按钮，在打开的【剪贴板】窗格中即可看到复制的内容，如下图所示。

第3步 单击复制的内容，即可将复制的内容插入文档中鼠标指针所在的位置，此时文档中已被插入刚刚复制的内容，但原来的文本信息还在原来的位置，如下图所示。

| 提示 |

用户也可以按【Ctrl+C】组合键复制内容，按【Ctrl+V】组合键粘贴内容。

2. 剪切文本

如果用户需要修改文本的位置，可以使用剪切文本来完成，具体操作步骤如下。

第1步 选择文档中需要修改的文字并右击，在弹出的快捷菜单中选择【剪切】选项，如下图所示。

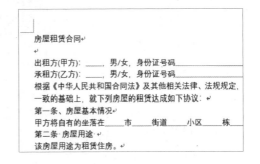

第2步 选择的文本已经被剪切掉，并且剪切的内容被放入剪贴板，之后使用同样的方法在合适的位置粘贴文本即可，如下图所示。

| 提示 |

用户可以按【Ctrl+X】组合键剪切文本，再按【Ctrl+V】组合键将文本粘贴到需要的位置。

2.4.3 删除文本

如果不小心输错了内容，可以选择删除文本，具体操作步骤如下。

第1步 将鼠标指针定位在文本一侧，按住鼠标左键拖曳，选择需要删除的文字，如下图所示。

第2步 在键盘上按【Delete】键，即可将选择的文本删除，如下图所示。

2.4.4 重点：查找和替换文本

查找功能可以帮助用户查找到要查找的内容，用户也可以使用替换功能将查找到的文本或文本格式替换为新的文本或文本格式。

1. 查找

使用查找功能可以帮助用户定位到目标位置，以便快速找到想要的信息。查找分为查找和高级查找。在【导航】任务窗格中，可以使用查找功能，定位查找的内容，具体操作步骤如下。

第1步 单击【开始】选项卡【编辑】选项区域中的【查找】下拉按钮，在弹出的下拉列表中选择【查找】命令，如下图所示。

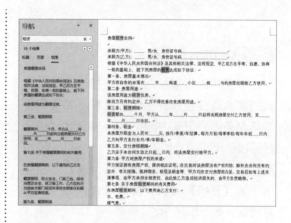

第2步 在文档的左侧打开【导航】任务窗格，在文本框中输入要查找的内容，这里输入"租赁"，此时在文本框的下方提示"16 个结果"，并且在文档中查找到的内容都会以黄色背景显示，如下图所示。

第3步 单击任务窗格中的【下一条】按钮，定位到第 2 个匹配项。再次单击【下一条】按钮，就可以快速查找到下一条符合的匹配项，如下图所示。

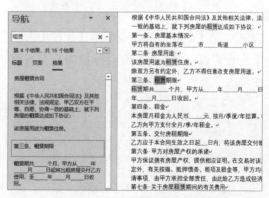

提示

在【查找】下拉列表中选择【高级查找】命令，可弹出【查找和替换】对话框来查找内容，如下图所示。

提示

仅在【查找内容】文本框中输入""（空格），在【替换为】文本框中输入"、"，会将文档中所有的""（空格）替换为"、"，加入"条"可以缩小查找范围，替换更精准。

第3步 单击【查找下一处】按钮，定位到从当前指针所在位置起，第1个满足查找条件的文本位置，并以灰色背景显示，如下图所示。

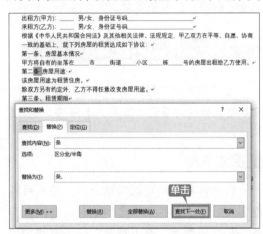

2. 使用替换功能

替换功能可以帮助用户快捷地更改查找到的文本或批量修改相同的内容。如果需要将第 N 条后的所有"空格"统一更改为"、"，就可以使用替换功能。

第1步 单击【开始】选项卡【编辑】选项区域中的【替换】按钮，弹出【查找和替换】对话框，如下图所示。

第4步 单击【替换】按钮就可以将查找到的内容替换为新的内容，并跳转至第2个查找的内容，如下图所示。

第2步 在【替换】选项卡中的【查找内容】文本框中输入"条"，在【替换为】文本框中输入"条、"，如下图所示。

第5步 如果用户需要将文档中所有相同的内

容都替换掉，单击【全部替换】按钮，Word就会自动将整个文档内所有查找到的内容替换为新的内容，并弹出相应的提示框，显示完成替换的数量。单击【确定】按钮关闭提示框，如下图所示。

第6步 即可全部替换文档中查找到的文本，

如下图所示。

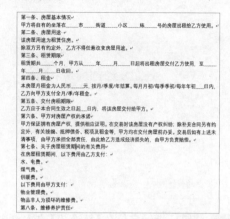

3. 查找和替换的高级应用

Word 2019 不仅能根据指定的文本查找和替换，还能根据指定的格式进行查找和替换，以满足复杂的查询条件。在进行查找时，各种通配符的作用如下表所示。

通配符	功能
?	任意单个字符
*	任意字符串
<	单词的开头
>	单词的结尾
[ ]	指定字符之一
[–]	指定范围内任意单个字符
[! ×–z]	括号范围中的字符以外的任意单字符
{n}	n 个重复的前一字符或表达式
{n,}	至少 n 个重复的前一字符或表达式
{n,m}	n~m 个前一字符或表达式
@	一个或一个以上的前一字符或表达式

| 提示 |

使用通配符时，应展开"更多"选项，选中【使用通配符】复选框，如下图所示。

除了使用通配符替换外，还可进行特殊格式的替换，如将文档中的段落标记统一替换为手动换行符，具体操作步骤如下。

第1步 单击【开始】选项卡【编辑】选项区域中的【替换】按钮，弹出【查找和替换】对话框。在【查找和替换】对话框中单击【更多】按钮，将鼠标指针定位在【查找内容】文本框中，然后在【替换】选项区域中单击【特殊格式】按钮，在弹出的菜单中选择【段落标记】命令，如下图所示。

第2步 将鼠标指针定位在【替换为】文本框中，然后在【替换】选项区域中单击【特殊格式】按钮，在弹出的菜单中选择【手动换行符】命令，如下图所示。

第3步 即可看到输入段落标记和手动换行符后的效果，单击【全部替换】按钮，如下图所示。

第4步 即可将文档中的所有段落标记替换为手动换行符。此时弹出提示框，显示替换总数。单击【确定】按钮即可完成文档的替换，如下图所示。

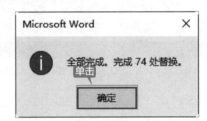

> **提示**
>
> 按【Ctrl+Z】组合键可撤销上一步的替换操作。

2.5 字体格式

在文档中将内容编辑完成后，用户即可根据需要设置文档中的字体格式，并给字体添加效果，使文档看起来层次分明、结构工整。

2.5.1 字体和大小

下面介绍为文档中的内容选用合适的字体和大小，具体操作步骤如下。

第1步 选中文档中的标题，单击【开始】选项卡【字体】选项区域中的【字体】按钮 ，如下图所示。

第 2 步 在弹出的【字体】对话框中选择【字体】选项卡，单击【中文字体】文本框后的下拉按钮 ∨ ，在弹出的下拉列表中选择【微软雅黑】选项，在【字形】列表框中选择【加粗】选项，在【字号】列表框中选择【二号】选项，单击【确定】按钮，如下图所示。

第 3 步 选择标题下的两行文本，单击【开始】选项卡【字体】组中的【字体】按钮 ▫ ，如下图所示。

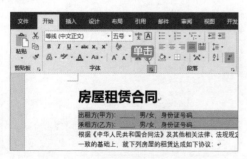

第 4 步 在弹出的【字体】对话框中设置【中文字体】为"微软雅黑"，设置【字号】为"四号"，【字形】设置为"加粗"效果。设置完成，单击【确定】按钮，如下图所示。

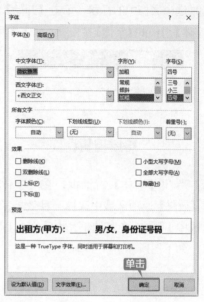

第 5 步 使用同样的方法，根据需要设置其他内容的字体，设置完成后效果如下图所示。

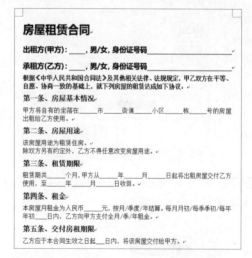

| 提示 |

单击【开始】选项卡【字体】组中的【字体】下拉按钮，也可以设置字体格式，单击【字号】下拉按钮，在弹出的字号列表中也可以选择字号大小。

2.5.2 添加字体效果

有时为了突出文档标题，也可以给字体添加效果，具体操作步骤如下。

第1步 选中文档中的标题，单击【开始】选项卡【字体】组中的【字体】按钮，如下图所示。

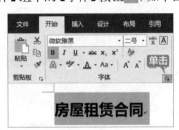

第2步 弹出【字体】对话框，在【字体】对话框【效果】选项区域中选择一种效果样式，这里选中【删除线】复选框，然后单击【确定】按钮，如下图所示。

第3步 即可看到文档中的标题已被添加上了文字效果，如下图所示。

第4步 单击【开始】选项卡【字体】组中的【字体】按钮，弹出【字体】对话框，在【效果】选项区域中取消选中【删除线】复选框，单击【确定】按钮，即可取消对标题添加的字体效果，如下图所示。

第5步 取消字体效果后的效果如下图所示。

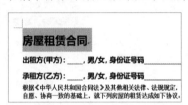

| 提示 |

若要为文字添加艺术效果，可以先选择要添加艺术效果的文本，然后单击【开始】选项卡【字体】组中的【文字效果和版式】下拉按钮，在弹出的下拉列表中也可以根据需要设置文本的字体效果，如下图所示。

 段落格式

　　段落格式是指以段落为单位的格式设置。设置段落格式主要是指设置段落的对齐方式、段落缩进、段落间距及为段落添加项目符号或编号等。Word 2019 的段落格式命令适用于整个段落，即无须选中整段文本，只需将光标定位至要设置段落格式的段落中，即可设置整个段落的格式。

2.6.1 重点：设置对齐方式

　　下面介绍设置段落对齐的方法，具体操作步骤如下。

第1步　将光标定位至文档标题文本段落中的任意位置，单击【开始】选项卡【段落】组中的【段落】按钮，如下图所示。

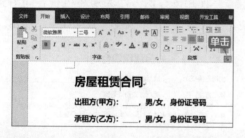

第2步　在弹出的【段落】对话框中选择【缩进和间距】选项卡，在【常规】选项区域中单击【对齐方式】右侧的下拉按钮，在弹出的下拉列表中选择【居中】选项，单击【确定】按钮，如下图所示。

第3步　即可将文档标题设置为居中对齐，效果如下图所示。

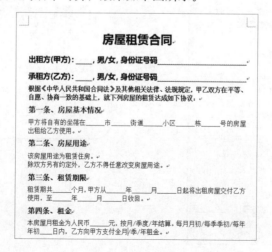

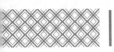

2.6.2 重点：设置段落缩进

段落缩进是指段落到左、右页边距的距离。根据中文的书写形式，通常情况下，正文中的每个段落都会首行缩进两个字符。设置段落缩进的具体操作步骤如下。

第1步 选择文档中正文第一段内容，单击【开始】选项卡【段落】组中的【段落】按钮▣，如下图所示。

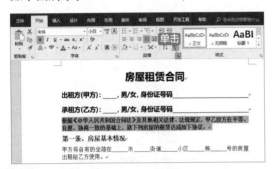

第2步 弹出【段落】对话框，单击【特殊格式】文本框后的下拉按钮，在弹出的下拉列表中选择【首行缩进】选项，并设置【缩进值】为"2字符"。可以单击其后的微调按钮设置，也可以直接输入。设置完成，单击【确定】按钮，如下图所示。

第3步 即可看到为所选段落设置段落缩进后的效果，如下图所示。

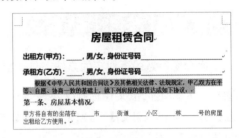

第4步 使用同样的方法为房屋租赁合同中其他正文段落设置首行缩进，效果如下图所示。

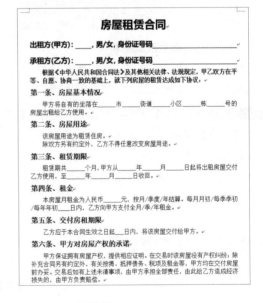

提示

在【段落】对话框中除了设置首行缩进外，还可以设置文本的悬挂缩进。

2.6.3 重点：设置间距

设置间距指的是设置段落间距和行距，段落间距是指文档中段落与段落之间的距离，行距是指行与行之间的距离。设置段落间距和行距的具体操作步骤如下。

第1步 选中标题文本，单击【开始】选项卡【段落】组中的【段落】按钮，如下图所示。

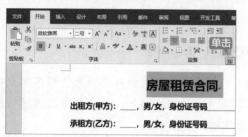

第2步 在弹出的【段落】对话框中选择【缩进和间距】选项卡，在【间距】选项区域中分别设置【段前】和【段后】为"1行"，在【行距】下拉列表中选择【1.5倍行距】选项，单击【确定】按钮，如下图所示。

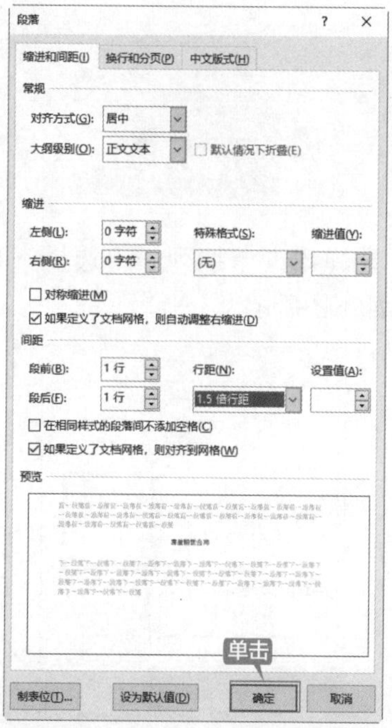

第3步 即可将选中文本设置为指定段落格式，效果如下图所示。

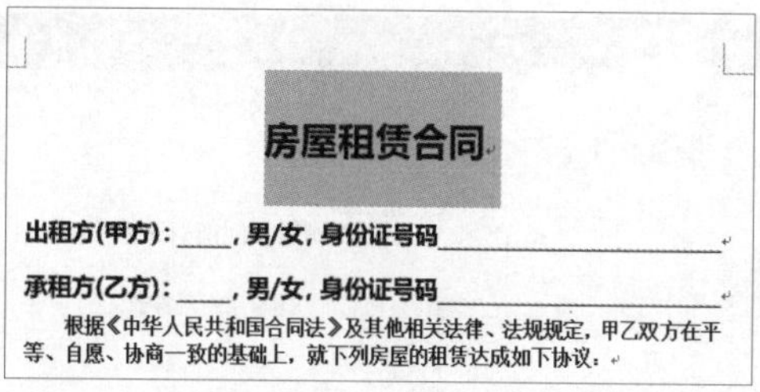

第4步 使用同样的方法设置其他段落的格式，最终效果如下图所示。

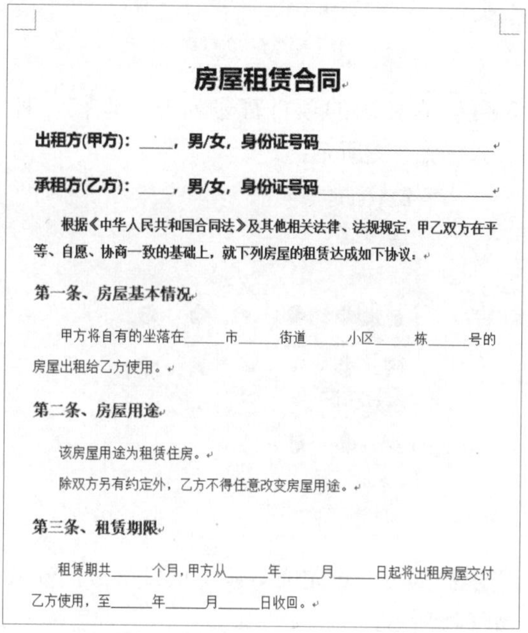

2.6.4 重点：添加项目符号和编号

在文档中使用项目符号和编号，可以突出显示文档中的重点内容，使文档结构清晰。

1. 添加项目符号

项目符号就是在段落前加上完全相同的符号。添加项目符号的具体操作步骤如下。

第1步 选中需要添加项目符号的内容，单击【开始】选项卡【段落】组中的【项目符号】下拉按钮，如下图所示。

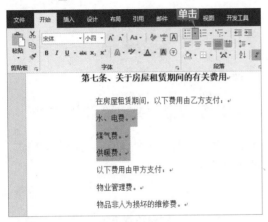

第2步 在弹出的项目符号列表中选择一种样式，如下图所示。

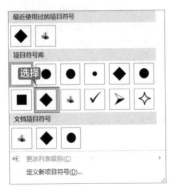

第3步 即可为选定文本添加项目符号，效果如下图所示。

第七条、关于房屋租赁期间的有关费用

在房屋租赁期间，以下费用由乙方支付：

◆ 水、电费。

◆ 煤气费。

◆ 供暖费。

第4步 使用同样的方法为其他文本内容添加项目符号，效果如下图所示。

第七条、关于房屋租赁期间的有关费用

在房屋租赁期间，以下费用由乙方支付：

◆→水、电费。

◆→煤气费。

◆→供暖费。

以下费用由甲方支付：

◆→物业管理费。

◆→物品非人为损坏的维修费。

2. 添加编号

文档编号是按照从小到大的顺序为文档中的段落添加的编号。在文档中添加编号的具体操作步骤如下。

第1步 选中要添加编号的段落，单击【开始】选项卡【段落】组中的【编号】下拉按钮，如下图所示。

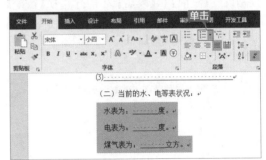

第2步 在弹出的下拉列表中选择一种编号样式，如下图所示。

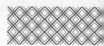

第3步 即可看到编号添加完成后的效果，如下图所示。

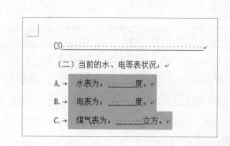

2.7 阅览房屋租赁合同

在 Word 2019 之前的版本中，用户可以使用【阅读视图】模式阅览文档，但在 Word 2019 中新增了翻页查看文档及在沉浸模式下阅读文档的功能，可以给用户带来不一样的阅读体验。

2.7.1 快速阅览

【阅读视图】是为了方便阅读文档而设计的视图模式，该模式默认仅保留【导航】窗格，隐藏功能区，从而扩大了 Word 的显示区域。

第1步 单击【视图】选项卡【视图】组中的【阅读视图】按钮，如下图所示。

第2步 即可进入阅读视图模式，如下图所示。

第3步 单击左、右两侧的箭头，或者直接按键盘上的左、右方向键，就可以分屏切换文档显示，如下图所示。

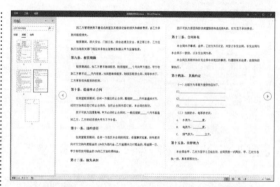

第4步 如果要结束阅读视图，选择【视图】→【编辑文档】选项即可，如下图所示。

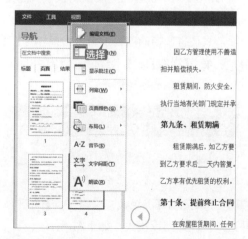

2.7.2 新功能：像翻书一样的"横版"翻页查看

Word 2019提供了"翻页"功能，类似于翻阅纸质书籍或在手机上使用阅读软件的翻页效果。使用翻页功能后，Word 文档页面可以像图书一样左右翻页。上、下滚动鼠标中间的滚轮即可实现翻页，并且在该模式下允许直接编辑文档，具体操作步骤如下。

第1步 单击【视图】选项卡【页面移动】组中的【翻页】按钮，如下图所示。

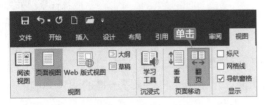

第2步 即可进入翻页查看模式，如下图所示。

第3步 滚动鼠标滚轮，即可像翻书一样"横版"

翻页查看，如下图所示。

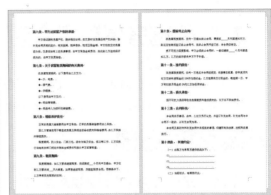

第4步 如果要结束翻页视图，单击【视图】选项卡【页面移动】组中的【垂直】按钮即可，如下图所示。

2.7.3 新功能：在沉浸模式下阅读

Word 2019新增的沉浸式阅读模式的主要作用是提高阅读的舒适度，以及方便有阅读障碍的人进行阅读。在该模式下可以调整文档列宽、页面色彩、文字间距等，还能使用微软"讲述人"功能，直接将文档的内容读出来，具体操作步骤如下。

第1步 单击【视图】选项卡【沉浸式】组中的【学习工具】按钮，如下图所示。

第2步 即可显示【沉浸式－学习工具】选项卡，并进入沉浸式阅读模式，如下图所示。

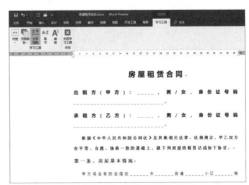

第 3 步 单击【沉浸式－学习工具】选项卡【学习工具】组中的【列宽】下拉按钮，在弹出的下拉列表中选择【窄】选项，如下图所示。

第 4 步 即可看到将【列宽】设置为"窄"后的效果，如下图所示。

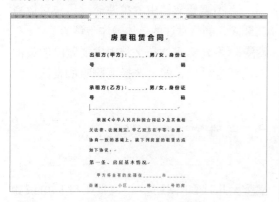

第 5 步 单击【沉浸式－学习工具】选项卡下【学习工具】组中的【页面颜色】下拉按钮，在弹出的下拉列表中选择【棕褐】选项，即可看到页面的颜色显示为棕褐色，如下图所示。

第 6 步 单击【沉浸式－学习工具】选项卡【学习工具】组中的【文字间距】按钮，取消【文字间距】按钮的选中状态，如下图所示。

第 7 步 即可看到以小间距显示文字的效果，如下图所示。

第 8 步 定位光标后，单击【沉浸式－学习工具】选项卡【学习工具】组中的【朗读】按钮，如下图所示。

| 提示 |

选择部分文字，单击【朗读】按钮，可仅朗读选中的文字。

第 9 步 即可显示朗读工具栏，并从选择的位置开始朗读文档，如下图所示。

| 提示 |

朗读工具栏中各按钮的作用如下。

【上一个】按钮：返回当前段落开始位置重新阅读。

【暂停】按钮：暂停阅读。

【下一个】按钮：从下一个段落开始阅读。

【设置】按钮：设置阅读速度和选择语音。

【停止】按钮：停止朗读。

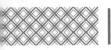

第10步 如果要结束沉浸式阅读模式，单击【沉浸式－学习工具】选项卡【关闭】组中的【关闭学习工具】按钮即可，如下图所示。

2.8 邀请别人审阅文档

使用 Word 编辑文档之后，通过审阅才能递交出一份完整的房屋租赁合同。

2.8.1 重点：添加和删除批注

批注是文档的审阅者为文档添加的注释、说明、建议和意见等信息。

1. 添加批注

添加批注的具体操作步骤如下。

第1步 在文档中选择需要添加批注的文字，单击【审阅】选项卡【批注】组中的【新建批注】按钮，如下图所示。

第2步 在文档右侧的批注框中输入批注的内容即可，如下图所示。

第3步 选中文档中其他要添加批注的地方，再次单击【新建批注】按钮，即可在文档中的其他位置添加批注内容，如下图所示。

2. 删除批注

当不需要文档中的批注时，用户可以将其删除，删除批注的具体操作步骤如下。

第1步 将光标定位在文档中需要删除的批注框内任意位置，即可选择要删除的批注，如下图所示。

第2步 此时【审阅】选项卡【批注】组中的【删除】按钮处于激活状态，单击【删除】按钮，如下图所示。

第3步 即可将所选中的批注删除，如下图所示。

2.8.2 回复批注

如果需要对批注内容进行对话，也可以直接在文档中进行回复，具体操作步骤如下。

第1步 选择需要回复的批注，单击文档中批注框内的【答复】按钮，如下图所示。

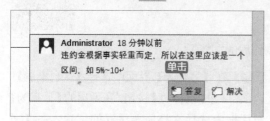

第2步 在批注内容下方输入回复内容即可，如下图所示。

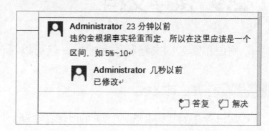

2.8.3 修订文档

修订时显示文档中所做的诸如删除、插入或其他编辑更改的标记。修订文档的具体操作步骤如下。

第1步 单击【审阅】选项卡【修订】组中的【修订】下拉按钮，在弹出的下拉列表中选择【修订】选项，如下图所示。

第2步 即可使文档处于修订状态，此时文档中所做的所有修改内容将被记录下来，如下图所示。

2.8.4 接受文档修订

如果修订的内容是正确的，这时即可接受修订。接受修订的具体操作步骤如下。

第1步 将光标定位在需要接受修订的地方。

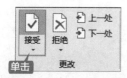

第2步 单击【审阅】选项卡【更改】组中的【接受】按钮，如下图所示。

第3步 即可看到接受文档修订后的效果，如下图所示。

| 提示 |

如果所有修订都是正确的，需要全部接受。单击【审阅】选项卡【更改】组中的【接受】下拉按钮，在弹出的列表中选择【接受所有修订】选项即可，如下图所示。

2.9 保存文档

房屋租赁合同文档制作完成后，就可以保存制作后的文档了。

1. 保存已有文档

对已存在的文档有3种方法可以保存更新。

① 选择【文件】选项卡，在左侧的列表中选择【保存】选项，如下图所示。

② 单击快速访问工具栏中的【保存】图标 🖫 。

③ 按【Ctrl+S】组合键可以实现快速保存。

2. 另存文档

如果需要将房屋租赁合同文档另存至其他位置或以其他的名称另存，可以使用【另存为】命令。将文档另存的具体操作步骤如下。

第1步 在已修改的文档中选择【文件】选项卡，在左侧选择【另存为】选项，如下图所示。

第2步 在【另存为】界面中选择【这台电脑】选项，并单击【浏览】按钮。在弹出的【另存为】对话框中选择文档所要保存的位置，在【文件名】文本框中输入要另存的名称，单击【保存】按钮，即可完成文档的另存操作，如下图所示。

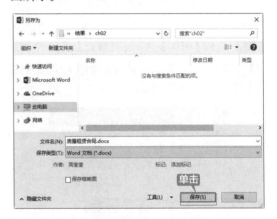

3. 导出文档

还可以将文档导出为其他格式。将文档导出为 PDF 文档的具体操作操作步骤如下。

第1步 在打开的文档中选择【文件】选项卡，在左侧选择【导出】选项。在【导出】选项区域中选择【创建 PDF/XPS 文档】选项，并单击右侧的【创建 PDF/XPS】按钮，如下图所示。

第2步 弹出【发布为 PDF 或 XPS】对话框，在【文件名】文本框中输入要保存的文档名称，在【保存类型】下拉列表框中选择【PDF（*.pdf）】选项。单击【发布】按钮，即可将 Word 文档导出为 PDF 文件，如下图所示。

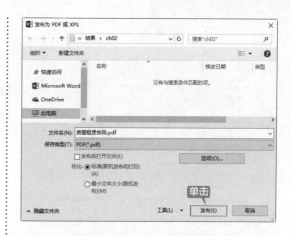

制作公司聘用协议

与房屋租赁合同类似的文档还有公司聘用协议、个人工作总结、公司合同、产品转让协议等。制作这类文档时，除了要求内容准确，没有歧义外，还要求条理清晰，最好能以列表的形式表明双方应承担的义务及享有的权利，以方便查看。下面就以制作公司聘用协议为例进行介绍。

第1步 创建并保存文档

新建空白文档，并将其保存为"公司聘用协议.docx"文档，根据需求输入公司聘用协议内容，如下图所示。

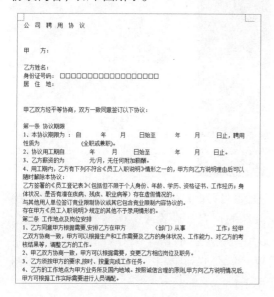

第2步 设置字体格式

根据需求修改文本内容的字体和字号，并在需要填写内容的区域添加下画线，如下图所示。

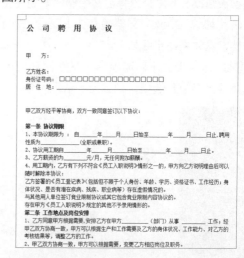

第3步 设置段落格式

设置段落对齐方式、段落缩进、行间距等格式，并添加编号，如下图所示。

　　将制作完成的公司聘用协议发给其他人审阅，并根据批注修订文档，确保内容无误后，保存文档，如下图所示。

◇ 将 Word 文档保存为 PDF 格式的文档

　　在 Word 2019 中可以将 Word 文档保存为 PDF 格式，可以保护 Word 原稿内容和格式不被修改。下面介绍将上文中制作好的"公司聘用协议 .docx"文档另存为 PDF 格式的文档，具体操作步骤如下。

第1步 选择【文件】选项卡，在左侧列表中选择【另存为】选项，如下图所示。

第2步 在【另存为】界面中选择【这台电脑】选项，然后选择【浏览】选项，如下图所示。

第3步 打开【另存为】对话框，选择文档要保存的位置，设置【保存类型】为"PDF*.pdf"。然后单击【保存】按钮，即可将 Word 文档另存为 PDF 格式的文件，如下图所示。

◇ 输入上标和下标

在编辑文档的过程中，输入一些公式、单位或数学符号时，经常需要输入上标或下标。下面介绍输入上标和下标的方法。

1. 输入上标

输入上标的具体操作步骤如下。

第1步 在文档中输入一段文字，例如，这里输入"A2+B=C"。选择字符中的数字"2"，单击【开始】选项卡【字体】组中的【上标】按钮 x^2，如下图所示。

第2步 即可将数字"2"变成上标格式，如下图所示。

$$A^2+B=C$$

2. 输入下标

输入下标的方法与输入上标的方法类似，具体操作步骤如下。

第1步 在文档中输入"H2O"，选择字符中的数字"2"，单击【开始】选项卡【字体】组中的【下标】按钮 x_2，如下图所示。

H2O

第2步 即可将数字"2"变成下标格式，如下图所示。

$$H_2O$$

◇ 批量删除文档中的空白行

如果 Word 文档中包含大量不连续的空白行，手动删除既麻烦又浪费时间。下面介绍一个批量删除空白行的方法，具体操作步骤如下。

第1步 单击【开始】选项卡【编辑】组中的【替换】按钮 替换，如下图所示。

第2步 在弹出的【查找和替换】对话框中选择【替换】选项卡，在【查找内容】文本框中输入"^p^p"字符，在【替换为】文本框中

输入 "^p" 字符, 单击【全部替换】按钮即可, 如下图所示。

◇ 如何对文档进行加密保存

若不希望他人随意查看 Word 文档中的内容, 可以为文档设置加密保护。下面将对上文制作好的"房屋租赁合同 .docx"文档进行加密保护, 具体操作步骤如下。

第1步 选择【文件】选项卡, 在左侧列表中选择【信息】选项, 在【信息】界面中单击【保护文档】按钮, 在弹出的下拉列表中选择【用密码进行加密】选项, 如下图所示。

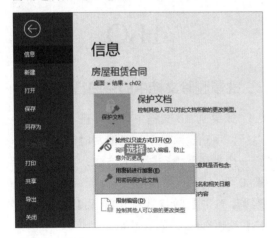

第2步 弹出【加密文档】对话框, 在【密码】文本框中输入密码, 这里输入 "123456", 然后单击【确定】按钮, 如下图所示。

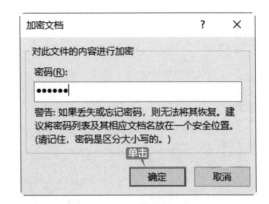

第3步 弹出【确认密码】对话框, 再次输入密码进行确认, 然后单击【确定】按钮, 如下图所示。

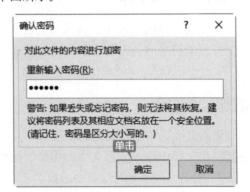

第4步 即可完成对文档的加密保护。当再次打开文档时, 会弹出【密码】对话框, 只有输入正确的密码时才能打开该文档, 如下图所示。

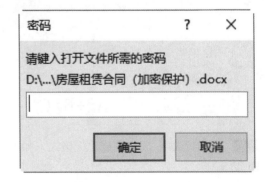

第3章
使用图和表格美化 Word 文档

📁 本章导读

　　一篇图文并茂的文档，不仅看起来生动形象、充满活力，而且更加美观。在 Word 中可以通过插入艺术字、图片、自选图形、表格等展示文本或数据内容。本章以制作个人求职简历为例，介绍使用图和表格美化 Word 文档的操作。

🧭 思维导图

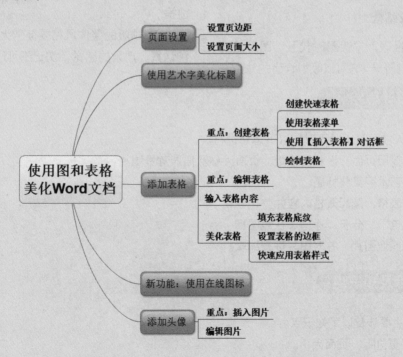

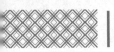

 **个人求职简历**

制作个人求职简历要求做到格式统一、排版整齐，简洁大方，以便给 HR 留下深刻印象，赢得面试机会。

案例名称: 个人求职简历	
案例目的: 掌握使用图和表格美化 Word 文档的方法	
素材	素材 \ch03\ 背景 .png、图像 .jpg
结果	结果 \ch03\ 个人求职简历 .docx
视频	视频教学 \03 第 3 章

3.1.1 案例概述

在制作个人求职简历时，不仅要进行页面设置，还要使用艺术字美化标题，在主题部分要插入表格、头像、图标等完善个人简历，在具体制作时需要注意以下几点。

1. 格式要统一

① 相同级别的文本内容要使用同样的字体和字号。

② 段落间距要恰当，避免内容太拥挤。

2. 图文结合

现在已经进入"读图时代"，图形是人类通用的视觉符号，它可以吸引读者的注意。图片、图形运用恰当，可以为简历增加个性化色彩。

3. 编排简洁

① 确定简历的开本大小是进行编排的前提。

② 排版的整体风格要简洁大方，给人一种认真、严肃的感觉，切记不可过于花哨。

3.1.2 设计思路

制作个人求职简历时可以按以下思路进行。

① 制作简历页面，设置页边距、页面大小及插入背景图片。

② 插入艺术字美化标题。

③ 添加表格，编辑表格内容并美化表格。

④ 插入电子、分析、通信等在线图标。

⑤ 插入头像图片，并对图片进行编辑。

3.1.3 涉及知识点

本案例主要涉及以下知识点。

① 设置页边距、页面大小。

② 插入艺术字。

③ 插入表格。

④ 插入图标。

⑤ 插入图片。

3.2 页面设置

在制作个人求职简历时，首先要设置简历页面的页边距和页面大小，并插入背景图片来确定简历的色彩主题。

3.2.1 设置页边距

页边距的设置可以使简历更加美观。设置页边距包括上、下、左、右边距及页眉和页脚距页边界的距离，使用该功能来设置页边距十分精确。

第 1 步 打开 Word 2019 软件，新建一个 Word 空白文档，如下图所示。

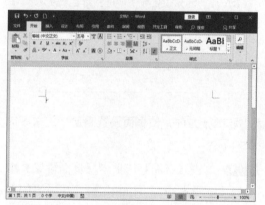

第 2 步 选择【文件】选项卡，在左侧列表中选择【另存为】选项，在【另存为】界面中选择【这台电脑】→【浏览】选项，如下图所示。

第 3 步 在弹出的【另存为】对话框中选择文件要保存的位置，在【文件名】文本框中输入"个人求职简历"，并单击【保存】按钮，如下图所示。

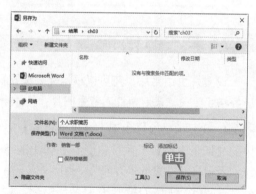

第 4 步 单击【布局】选项卡【页面设置】组中的【页边距】下拉按钮，在弹出的下拉列表中选择【窄】选项，如下图所示。

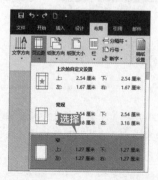

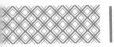
| 提示 |

用户还可以在【页边距】下拉列表中选择【自定义页边距】选项，在弹出的【页面设置】对话框中对上、下、左、右边距进行自定义设置，如下图所示。

第5步 即可完成页边距的设置，效果如下图所示。

| 提示 |

页边距太窄会影响文档的装订，而太宽不仅影响美观还浪费纸张。一般情况下，如果使用 A4 纸，可以采用 Word 提供的默认值；如果使用 B5 或 16K 纸，上、下边距在2.4 厘米左右为宜，左、右边距在 2 厘米左右为宜。具体设置可根据用户的要求设定。

3.2.2 设置页面大小

设置好页边距后，还可以根据需要设置页面大小和纸张方向，使页面设置满足个人求职简历的格式要求，最后再插入背景图片，具体操作步骤如下。

第1步 单击【布局】选项卡【页面设置】组中的【纸张方向】下拉按钮，在弹出的下拉列表中可以设置纸张方向为"横向"或"纵向"，Word默认的纸张方向是"纵向"，如下图所示。

| 提示 |

也可以在【页面设置】对话框的【页边距】选项卡中，在【纸张方向】选项区域设置纸张的方向。

第2步 单击【布局】选项卡【页面设置】组中的【纸张大小】下拉按钮，在弹出的下拉列表中选择【A4】选项，如下图所示。

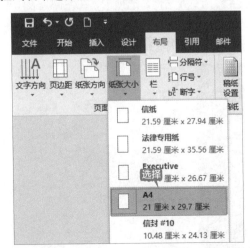

用户还可以在【纸张大小】下拉列表中
选择【其他纸张大小】选项，调用【页面设置】
对话框，在该对话框的【纸张】选项卡中选
择【纸张大小】下拉列表中的【自定义大小】
选项，自定义纸张大小，如下图所示。

第3步 即可完成纸张大小的设置，效果如下
图所示。

3.3 使用艺术字美化标题

使用 Word 2019 提供的艺术字功能，可以制作出精美的艺术字，丰富简历的内容，使个人
求职简历更加鲜明醒目。具体操作步骤如下。

第1步 单击【插入】选项卡【文本】组中的【艺
术字】按钮 ，在弹出的下拉列表中选择一
种艺术字样式，如下图所示。

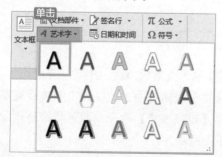

第2步 文档中即可弹出【请在此放置您的文
字】文本框，如下图所示。

第3步 单击文本框内的文字，输入标题内容
"个人简历"，如下图所示。

第4步 选中艺术字，单击【绘图工具－格式】
选项卡【艺术字样式】组中的【文本效果】
按钮 Ａ 文本效果、，在弹出的下拉列表中选择【阴

影】→【外部】中的【偏移：右下】选项，
如下图所示。

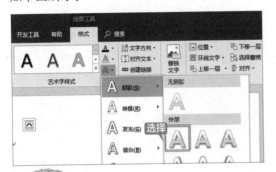

3.4 添加表格

表格由多个行或列的单元格组成，用户在使用 Word 创建个人简历时，可以使用表格编排简历内容，通过对表格的编辑、美化，来提升个人求职简历的品质。

3.4.1 重点：创建表格

Word 2019 提供了多种插入表格的方法，用户可以根据需要选择。

1. 创建快速表格

可以利用 Word 2019 提供的内置表格模型来快速创建表格，但提供的表格类型有限，只适用于建立特定格式的表格，具体操作步骤如下。

第1步 将光标定位至需要插入表格的地方。单击【插入】选项卡【表格】组中的【表格】按钮，在弹出的下拉列表中选择【快速表格】选项，在弹出的级联列表中选择需要的表格类型，这里选择"带副标题 1"，如下图所示。

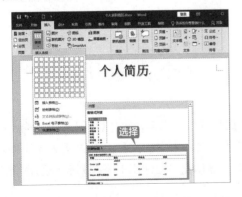

第5步 选中艺术字，将鼠标指针放在艺术字的边框上，当鼠标指针变为形状时拖曳鼠标，即可改变文本框的大小。使艺术字处于文档的正中位置，如下图所示。

第2步 即可插入选择的表格类型，用户可以根据需要替换模板中的数据，如下图所示。

第3步 插入表格后，单击表格左上角的按钮，选择整个表格并右击，在弹出的快捷菜单中选择【删除表格】命令，即可将表格删除，如下图所示。

2. 使用表格菜单创建表格

使用表格菜单适合创建规则的、行数和列数较少的表格。最多可以创建 8 行 10 列的表格。将光标定位在需要插入表格的地方，单击【插入】选项卡【表格】组中的【表格】按钮，在【插入表格】区域内选择要插入表格的行数和列数，即可在指定位置插入表格。选中的单元格将以橙色显示，并在名称区域显示选中的行数和列数，如下图所示。

3. 使用【插入表格】对话框创建表格

使用表格菜单创建表格固然方便，可是由于菜单所提供的单元格数量有限，所以只能创建有限的行数和列数。而使用【插入表格】对话框，则不受数量限制，并且可以对表格的宽度进行调整。在本案例个人求职简历中，使用【插入表格】对话框创建表格，具体操作步骤如下。

第 1 步 将鼠标光标定位至需要插入表格的地方。单击【插入】选项卡【表格】组中的【表格】按钮，在其下拉列表中选择【插入表格】选项，如下图所示。

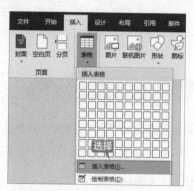

第 2 步 在弹出的【插入表格】对话框中设置表格尺寸，设置【列数】为 "4"，【行数】为 "13"，单击【确定】按钮，如下图所示。

> **提示**
>
> 【"自动调整"操作】选项区域中各个单选项的含义如下。
>
> 【固定列宽】单选按钮：设定列宽的具体数值，单位是厘米。当选择为自动时，表示表格将自动在窗口填满整行，并平均分配各列为固定值。
>
> 【根据内容调整表格】单选按钮：根据单元格的内容自动调整表格的列宽和行高。
>
> 【根据窗口调整表格】单选按钮：根据窗口大小自动调整表格的列宽和行高。

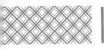

第3步 即插入一个4列13行的表格，效果如下图所示。

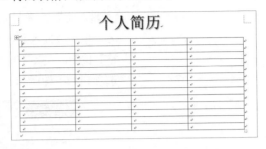

3.4.2 重点：编辑表格

表格创建完成后，根据需要对表格进行编辑，这里主要是根据内容调整表格的布局，如插入新行和新列、单元格的合并和拆分等。

1. 插入新行和新列

有时在文档中插入表格后，发现表格少了一行或一列，那么该如何快速再插入一行或一列呢？

第1步 单击表格中要插入新列的左侧列的任意一个单元格，弹出【表格工具】功能选项卡，选择【表格工具－布局】选项卡【行和列】组中的【在右侧插入】选项，如下图所示。

第2步 即可在指定位置插入新的列，如下图所示。

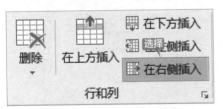

第3步 若要删除列，可以先选中要删除的列，在其上右击，在弹出的快捷菜单中选择【删除列】选项，如下图所示。

| 提示 |

选择要删除列中的任意一个单元格并右击，在弹出的快捷菜单中选择【删除】按钮，在弹出的下拉列表中选择【删除列】选项，同样可以删除列，如下图所示。

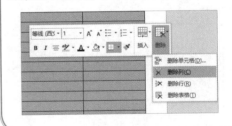

第4步 即可将选择的列删除，如下图所示。

2. 单元格的合并与拆分

表格插入完成后，在输入表格内容之前，可以先根据内容，对单元格进行合并或拆分，调整表格的布局。

第1步 选择要合并的单元格，单击【表格工具－布局】选项卡【合并】组中的【合并单元格】按钮，如下图所示。

第2步 即可将选中的单元格合并，如下图所示。

第3步 若要拆分单元格，可以先选中要拆分的单元格，单击【表格工具－布局】选项卡【合并】组中的【拆分单元格】按钮，如下图所示。

第4步 弹出【拆分单元格】对话框，设置要拆分的"列数"和"行数"，单击【确定】按钮，如下图所示。

第5步 即可按指定的行数和列数拆分单元格，如下图所示。

第6步 使用同样的方法，将其他需要合并单元格的地方进行合并，最终效果如下图所示。

3.4.3 输入表格内容

表格布局调整完成后，即可根据个人实际情况，输入简历内容。

第1步 输入表格内容，效果如下图所示。

第2步 表格内容输入完成后，单击表格左上角的按钮田，选中表格中所有内容，单击【开始】选项卡【字体】组中的【字体】下拉按钮，在弹出的下拉列表中选择【宋体】选项，如下图所示。

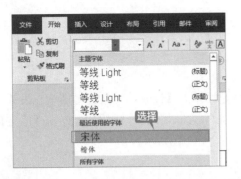

第3步 然后将"实习经历""项目实践""职场技能"3个标题字体均设置为【微软雅黑】，将其字号设置为"小二"，并设置"加粗"效果，如下图所示。

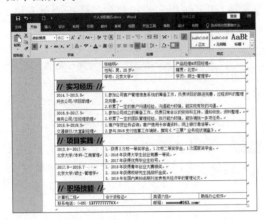

第4步 然后再根据内容设置其他字体的字号，并为部分文本设置加粗效果，如下图所示。

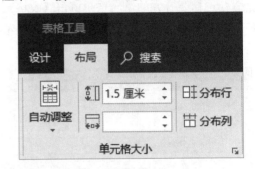

第5步 表格字号调整完成后，发现表格内容整体看起来比较拥挤，这时可以适当调整表格的行高。将鼠标指针定位至要调整行高的

单元格中，选择【表格工具－布局】选项卡，在【单元格大小】组的【表格行高】文本框中输入表格的行高，或者单击文本框右侧的微调按钮，调整表格行高。如这里输入"1.5厘米"，按【Enter】键，如下图所示。

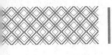

第6步 即可调整表格行高，如下图所示。

第7步 使用同样的方法，为表格中的其他行调整行高。调整后的效果如下图所示。

第8步 接着设置表格内容的对齐方式。选择要设置对齐方式的单元格，单击【表格工具－布局】选项卡，单击【对齐方式】组中的【中部两端对齐】按钮，如下图所示。

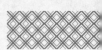
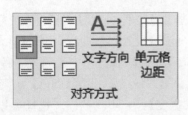

第 9 步 即可将选中的单元格中的内容对齐。

第 10 步 使用同样的方法，为其他文本内容设置对齐方式，效果如下图所示。

3.4.4 美化表格

在 Word 2019 中将表格制作完成后，可对表格的边框、底纹进行美化设置，使个人求职简历看起来更加美观。

1. 填充表格底纹

为了突出表格内的某些内容，可以为其填充底纹，以便查阅者能够清楚地看到要突出的数据。填充表格底纹的具体操作步骤如下。

第 1 步 选择要填充底纹的单元格，单击【表格工具－设计】选项卡【表格样式】组中的【底纹】下拉按钮，在弹出的下拉列表中选择一种底纹颜色，如下图所示。

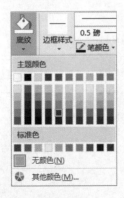

第 2 步 即可看到设置底纹后的效果，如下图所示。

所示。

> **提示**
>
> 选择要设置底纹的表格，单击【开始】选项卡【段落】组中的【底纹】按钮，在弹出的下拉列表中也可以填充表格底纹。

第 3 步 选中刚才设置了底纹的单元格，单击【表格工具－设计】选项卡【表格样式】组中的【底纹】下拉按钮，在弹出的下拉列表中选择【无颜色】选项，如下图所示。

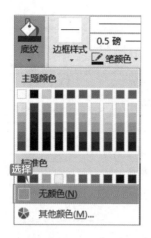

第4步 即可删除刚才设置的底纹颜色，如下图所示。

2. 设置表格的边框类型

如果用户对默认的表格边框设置不满意，可以重新进行设置。为表格添加边框的具体操作步骤如下。

第1步 选择整个表格，单击【表格工具－布局】选项卡【表】组中的【属性】按钮 属性。弹出【表格属性】对话框，选择【表格】选项卡，单击【边框和底纹】按钮，如下图所示。

第2步 弹出【边框和底纹】对话框，在【边框】选项卡选择【设置】选项区域中的【自定义】选项。在【样式】列表框中任意选择一种线型。这里选择第一种线型，设置【颜色】为"橙色"，设置【宽度】为"0.5磅"。选择要设置的边框位置，即可看到预览效果，如下图所示。

> **提示**
>
> 还可以在【表格工具－设计】选项卡【边框】组中更改边框的样式。

第3步 单击【底纹】选项卡中的【填充】下拉按钮，在弹出的下拉列表的【主题颜色】选项区域中选择【蓝－灰，文字2，淡色80%】选项，如下图所示。

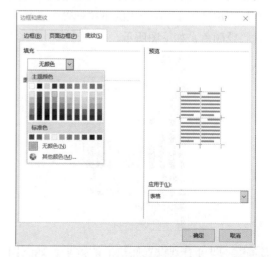

第4步 在【预览】区域即可看到设置底纹后的效果，单击【确定】按钮，如下图所示。

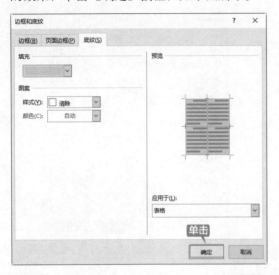

第5步 返回【表格属性】对话框，单击【确定】按钮，如下图所示。

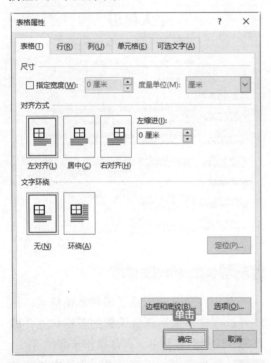

第6步 在个人求职简历文档中即可看到设置表格边框类型后的效果，如下图所示。

取消表格颜色、底纹、边框的具体步骤如下。

第1步 选择整个表格，单击【表格工具-布局】选项卡【表】组中的【属性】按钮 属性。弹出【表格属性】对话框，单击【边框和底纹】按钮，如下图所示。

第2步 弹出【边框和底纹】对话框，在【边框】选项卡选择【设置】选项区域中的【无】选项，在【预览】区域即可看到取消边框后的效果，如下图所示。

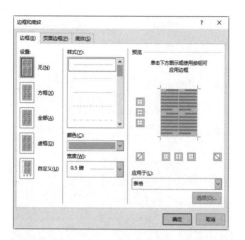

第3步 单击【底纹】选项卡中的【填充】下拉按钮，在弹出的下拉列表中选择【无颜色】选项，如下图所示。

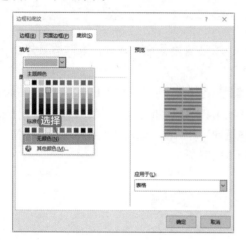

第4步 在【预览】区域即可看到取消底纹后的效果，单击【确定】按钮，如下图所示。

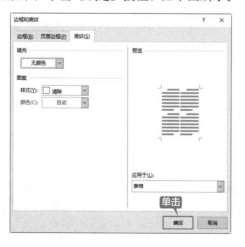

第5步 返回【表格属性】对话框，单击【确定】按钮，如下图所示。

第6步 在个人求职简历文档中即可查看取消边框和底纹后的效果，如下图所示。

3. 快速应用表格样式

Word 2019 中内置了多种表格样式，用户可以根据需要选择要设置的表格样式，即可将其应用到表格中，具体操作步骤如下。

第1步 将光标定位于要设置样式的表格的任意位置（也可以在创建表格时直接应用自动套用格式）或选中表格。单击【表格工具－设计】选项卡【表格样式】组中的某种表格样式图标，文档中的表格即会以预览的形式

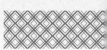

显示所选表格的样式。这里单击【其他】按钮，在弹出的下拉列表中选择一种表格样式，即可将选择的表格样式应用到表格中，如下图所示。

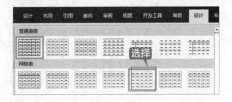

第2步 应用表格样式后的效果如下图所示。

第3步 若要取消表格样式，单击【表格工具－设计】选项卡【表格样式】组中的【其他】按钮，在弹出的下拉列表中选择【清除】选项，如下图所示。

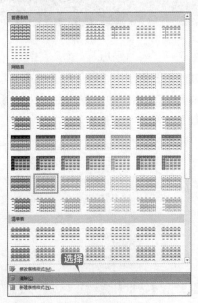

第4步 即可将所有的样式清除，效果如下图所示。

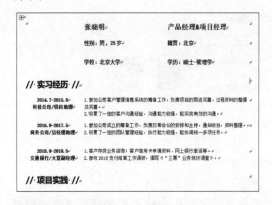

第5步 最后根据需要，调整文本的对齐方式，最终效果如下图所示。

本案例通过插入背景图片及设置表格的边框类型来美化表格，具体操作步骤如下。

第1步 单击【插入】选项卡【插图】组中的【图片】按钮，如下图所示。

第2步 弹出【插入图片】对话框，选择要插入的图片，单击【插入】按钮，如下图所示。

第3步 即可将图片插入文档中。选中图片，单击【图片工具－格式】选项卡【排列】组中的【环绕文字】按钮 ，在弹出的下拉列表中选择【衬于文字下方】选项，如下图所示。

第4步 然后调整图片大小，使其布满整个页面，再全选表格，将字体颜色设置为"白色"，效果如下图所示。

第5步 选中"实习经历""项目实践""职场技能"等文本，文本所在的单元格，单击【开

始】选项卡【字体】选项区域中的【字体颜色】按钮的下拉按钮，在弹出的下拉列表中选择【橙色】，如下图所示。

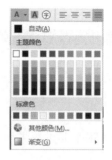

第6步 调整背景图片的位置，效果如下图所示。

第7步 选中"实习经历"文本所在的单元格，单击【开始】选项卡【段落】组中的【边框】下拉按钮，在弹出的下拉列表中选择【边框和底纹】选项，如下图所示。

第8步 弹出【边框和底纹】对话框，选择【边

框】选项卡，在【设置】选项区域中选择【自定义】选项，在【样式】列表中选择一种边框样式，将其【颜色】设置为"白色"，【宽度】设置为"0.5磅"，在【预览】区域中选择边框应用的位置，然后单击【确定】按钮，如下图所示。

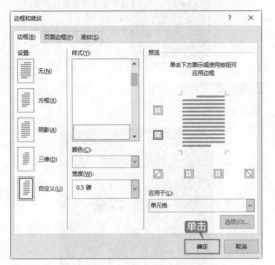

第9步 即可看到添加的边框效果，如下图所示。

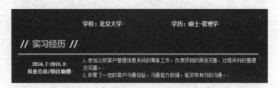

第10步 使用同样的方法，为表格中的其他单元格添加边框，效果如下图所示。

3.5 新功能：使用在线图标

在制作简历时，有时会用到图标。大部分图标结构简单，表达力强，但在网上搜索时却很难找到合适的。Office 2019 增加了在线插入图标的新功能。在 Word 2019 中单击【插入】选项卡【插图】组中的【图标】按钮，调用【插入图标】对话框，在该对话框中可以看到所有的图标被分为"人物""技术和电子""通讯"等十多种类型，并且这些图标还支持填充颜色及图标拆分后分块填色。

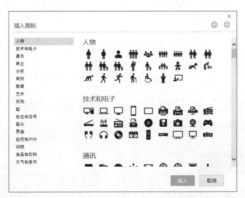

下面根据需要在"职场技能"栏中插入 4 个图标，具体操作步骤如下。

第1步 将光标定位至"计算机二级"前，单击【插入】选项卡【插图】组中的【图标】按钮，如下图所示。

第2步 弹出【插入图标】对话框，分别在"技术和电子""通讯""分析"类型中选择合适的图标，单击【插入】按钮，如下图所示。

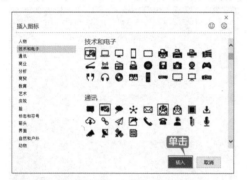

第3步 即可将选中的图标插入文档中，然后再将插入的4个图标放置在相应的单元格中，效果如下图所示。

第4步 选中一个图标，则会弹出【图形工具】功能选项卡，单击【图形工具－格式】选项卡【图形样式】组中的【图形填充】下拉按钮，

在弹出的下拉列表中选择"白色"，如下图所示。

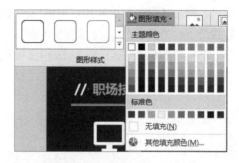

第5步 即可将选中的图标颜色更改为"白色"，效果如下图所示。

第6步 使用同样的方法，将其他3个图标的颜色也更改为"白色"，效果如下图所示。

3.6 添加头像

　　在个人简历中添加头像时会遇到各种问题，如头像显示不完整，无法调整头像大小等。本节通过介绍插入图片和编辑图片的方法，帮助用户解决在简历中插入头像的问题。

3.6.1 重点：插入图片

　　Word 2019 支持更多的图片格式，如".jpg"".jpeg"".jfif"".jpe"".png"".bmp"".dib"和".rle"等。在个人简历中添加图片的具体操作步骤如下。

第1步 将光标定位至要插入头像的位置，单击【插入】选项卡【插图】组中的【图片】按钮，如下图所示。

第2步 调用【插入图片】对话框，选择要插入的图片，单击【插入】按钮，如下图所示。

第3步 即可将头像插入进来，如下图所示。

第4步 将鼠标指针放置在图片的 4 个角上，当鼠标指针变为 形状时，按住鼠标左键进行拖曳，即可等比例缩放图片，图片大小调

整后的效果，如下图所示。

第5步 选中图片，单击【图片工具－格式】选项卡【排列】组中的【环绕文字】按钮，在弹出的下拉列表中选择【浮于文字上方】选项，如下图所示。

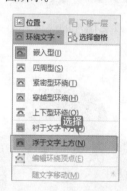

第6步 然后将鼠标指针放在图片上，当鼠标指针变为 形状时，按住鼠标左键进行拖曳，调整图片的位置，最终效果如下图所示。

3.6.2 编辑图片

对插入的图片进行样式、更正、调整、添加艺术效果等的编辑，可以使图片更好地融入个人简历的氛围中，具体操作步骤如下。

第1步 选择插入的图片，单击【图片工具－格式】选项卡【调整】组中的【校正】下拉按钮，在弹出的下拉列表中选择【亮度/对比度】选项区域中的一种，如下图所示。

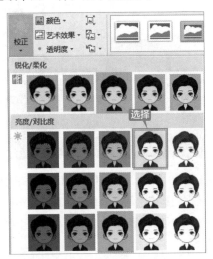

第2步 即可改变图片的亮度和对比度，如下图所示。

第3步 选中图片，单击【调整】组中的【颜色】下拉按钮 颜色▾，在弹出的下拉列表中选择【重新着色】选项区域中的一种颜色，如下图所示。

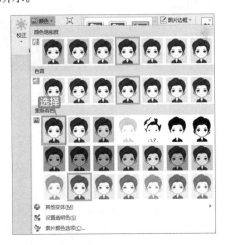

第4步 即可为图片重新着色，如下图所示。

第5步 选中图片，单击【调整】组中的【艺术效果】下拉按钮▾，在弹出的下拉列表中选择一种艺术效果，如下图所示。

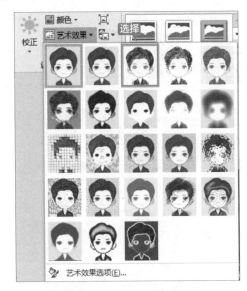

第6步 即可改变图片的艺术效果，如下图所示。

第7步 选中图片，单击【图片工具－格式】选项卡【图片样式】组中的【其他】按钮▾，

在弹出的下拉列表中选择【棱台形椭圆，黑色】选项，如下图所示。

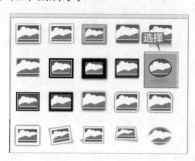

第8步 即可看到图片样式更改后的效果，如下图所示。

第9步 选中图片，单击【图片工具－格式】选项卡【图片样式】组中的【图片边框】下拉按钮，在弹出的下拉列表中选择【无轮廓】选项，如下图所示。

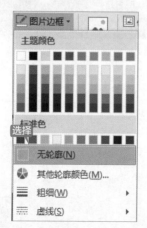

第10步 即可看到图片边框设置后的效果，如下图所示。

下面进行图片效果设置，具体操作步骤如下。

第1步 单击【图片工具－格式】选项卡【图片样式】组中的【图片效果】下拉按钮，在弹出的下拉列表中选择【预设】→【预设3】选项，如下图所示。

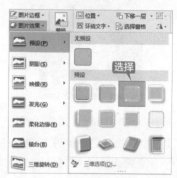

第2步 即可看到图片预设后的效果，如下图所示。

| 提示 |

在【图片效果】列表中还可以为图片设置"阴影""映像""发光""柔化边缘""棱台""三维旋转"效果，有兴趣的用户可根据需要自行设置。

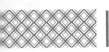

本案例仅更改图片样式，可以先清除设置的校正、颜色及艺术效果，重置图片并设置图片样式的具体操作步骤如下。

第1步 选中图片，单击【图片工具－格式】选项卡【调整】组中的【重置图片】按钮，如下图所示。

第2步 即可删除前面对图片添加的各种格式，恢复至最原始的只调整过大小的图片，如下图所示。

第3步 选中图片，单击【图片工具－格式】选项卡【图片样式】组中的【其他】按钮，在弹出的下拉列表中选择【柔化边缘椭圆】选项，如下图所示。

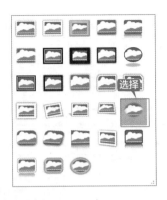

第4步 即可完成图片样式的更改。到此，个人求职简历就制作完成了，最终效果如下图所示。

制作报价单

与个人求职简历类似的文档还有报价单、企业宣传单、培训资料、产品说明书等。制作这类文档时，都要求做到色彩统一、图文结合，编排简洁，使读者能把握重点并快速获取需要的信息。

下面就以制作报价单为例进行介绍。

1.设置页面

新建空白文档，设置报价单的页面边距、页面大小等，并将文档名称命名为"报价单"，

如下图所示。

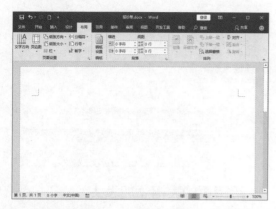

2. 插入表格并合并单元格

选择【插入】选项【表格】组中的【插入表格】选项，调用【插入表格】对话框，插入 8 列 31 行的表格。根据需要对单元格进行合并和拆分，如下图所示。

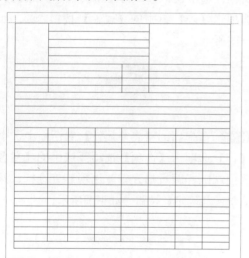

3. 输入表格内容，并设置字体效果及行高和列宽

输入报价单内容，并根据需要设置字体效果，调整行高和列宽，如下图所示。

（右栏上图：报价单表格）

企业 LOGO	公司名称：				报价单		
	公司地址：						
	Tel 固定电话：						
	Fax 传真：						
	Emall：						
客户名称：				报价单号：			
客户电话：				开单日期：			
联系人：				列印日期：			
客户地址：				更改日期：			
1.报价事项说明							
2.报价事项说明							
3.报价事项说明							
4.报价事项说明							
5.报价事项说明							
序号	物品名称	规格	单位	数量	单价	总价	币别
1	手机	A1586	部	20	4888	97760	RMB
2	笔记本电脑	KU025	台	10	7860	78600	RMB
3	打印机	BO224	台	15	3800	57000	RMB
4	A4 纸	WD102	箱	40	150	6000	RMB
					总价	239360	RMB

4. 美化表格

对表格进行底纹填充等操作，美化表格，如下图所示。

（右栏下图：美化后的报价单表格）

企业 LOGO	公司名称：				报价单		
	公司地址：						
	Tel 固定电话：						
	Fax传真：						
	Emall：						
客户名称：				报价单号：			
客户电话：				开单日期：			
联系人：				列印日期：			
客户地址：				更改日期：			
1. 报价事项说明							
2. 报价事项说明							
3. 报价事项说明							
4. 报价事项说明							
5. 报价事项说明							
序号	物品名称	规格	单位	数量	单价	总价	币别
1	手机	A1586	部	20	4888	97760	RMB
2	笔记本电脑	KU025	台	10	7860	78600	RMB
3	打印机	BO224	台	15	3800	57000	RMB
4	A4 纸	WD102	箱	40	150	6000	RMB
					总价	239360	RMB

◇ 从 Word 中导出清晰的图片

Word 中的图片可以单独导出并保存到计算机中，方便用户使用，具体操作步骤如下。

第1步 打开"素材 \ch03\ 导出清晰图片 .docx"文档，选中文档中的图片，如下图所示。

第2步 在图片上右击，在弹出的快捷菜单中选择【另存为图片】选项，如下图所示。

第3步 弹出【保存文件】对话框，在【文件名】文本框中输入名称"导出清晰的图片"，设置【保存类型】为"JPEG 文件交换格式（*.jpg）"，单击【保存】按钮，如下图所示。

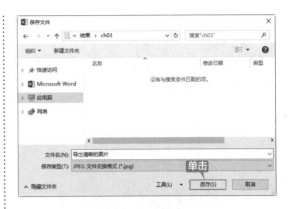

◇ 给跨页的表格添加表头

如果表格的内容较多，会自动在下一个 Word 页面显示表格内容，但是表头却不会在下一页显示，可以通过设置使表格跨页时，自动在下一页添加表头，具体操作步骤如下。

第1步 打开"素材 \ch03\ 跨页表格 .docx"文档，选中表格，单击【图表工具－布局】选项卡【表】组中的【属性】按钮，如下图所示。

第2步 在弹出的【表格属性】对话框中选中【行】选项卡【选项】选项区域中的【在各页顶端以标题行形式重复出现】复选框，然后单击【确定】按钮，如下图所示。

第3步 返回 Word 文档中，即可看到每一页的表格前均添加了表头，如下图所示。

◇ 新功能：使用 Office 新增的主题颜色

Office 2019 中新增了一款"黑色"的主题颜色，这里以 Word 为例来体验一下 Office 新增的黑色主题。

第1步 启动 Word，新建一个空白文档，单击【文件】选项卡，在左侧列表中选择【账户】选项，在"账户"界面中单击【Office 主题】下拉按钮，在弹出的下拉列表中选择【黑色】选项，如下图所示。

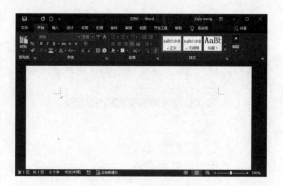

第2步 返回 Word 工作界面，即可看到应用"黑色"主题后的界面效果，如下图所示。

◇ 新功能：插入 3D 模型

Office 2019 不仅新增了插入图标的功能，还支持插入 3D 模型。在制作 Word 文档、Excel 表格及 PPT 演示文稿时，利用这些新增功能，可以提升整个文件的水平和质量。下面以 Word 为例来认识一下"插入 3D 模型"新功能，具体操作步骤如下。

第1步 新建一个空白文档，单击【插入】选项卡【插图】组中的【3D 模型】按钮，如下图所示。

第2步 弹出【插入 3D 模型】对话框，选择要插入的 3D 模型，单击【插入】按钮，如下图所示。

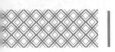

|提示|

Word 支持的 3D 模型文件格式有 .fbx、.obj、.3mf、.ply、.stl、.glb，如下图所示。

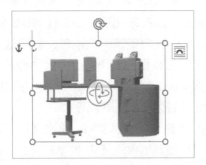

第3步 即可将选择的 3D 模型插入 Word 文档中，如下图所示。

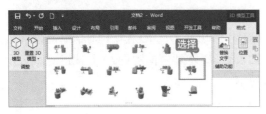

第4步 选中插入的 3D 模型，则会弹出【3D 模型工具】功能选项卡，单击【3D 模型工具－格式】选项卡【3D 模型视图】组中的【其他】按钮，在弹出的下拉列表中选择【上前左视图】选项，如下图所示。

第5步 即可更改 3D 模型的视图，效果如下图所示。

◇ 新功能：将文字转换为语音"朗读"出来

Word 2019 中新增的"朗读"功能是使用了 Windows 10 的语音转换技术，由微软"讲述人"直接将文档中的内容朗读出来，并突出显示朗读的每个词语。

第1步 打开"素材 \ch03\ 语音朗读 .docx"文件，将光标定位在要朗读的文本前，单击【审阅】选项卡【语音】组中的【朗读】按钮，如下图所示。

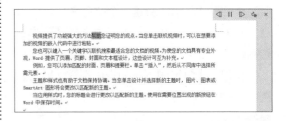

第2步 即可从光标位置处开始朗读文本，朗读到的文本会处于选中状态，突出显示出来，并在右上角显示语音朗读工具，控制朗读的播放、暂停、阅读速度以及语言选择等，如下图所示。

第3步 在朗读工具中单击【暂停】按钮，即可停止朗读，如下图所示。

第4章
Word 高级应用——长文档的排版

本章导读

在办公与学习中，经常会遇到包含大量文字的长文档，如毕业论文、个人合同、公司合同、企业管理制度、公司内部培训资料、产品说明书等。使用 Word 提供的创建和更改样式、插入页眉和页脚、插入页码、创建目录等操作，可以方便地对这些长文档排版。本章以排版公司内部培训资料为例，介绍长文档的排版技巧。

思维导图

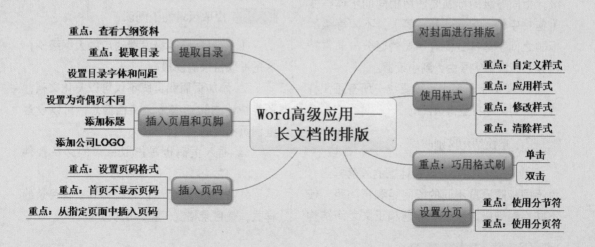

4.1 公司内部培训资料

　　每个公司都有其独特的公司文化和行为要求，新员工进入公司会经过一个简单的礼仪培训。公司内部培训资料作为公司培训中经常使用的文档资料，可以帮助员工更好地完成礼仪培训。

案例名称：公司内部培训资料	
案例目的：掌握 Word 长文档的排版方法	
素材	素材 \ch04\ 公司内部培训资料 .docx
结果	结果 \ch04\ 公司内部培训资料 .docx
视频	视频教学 \04 第 4 章

4.1.1 案例概述

　　良好的礼仪能使客户对公司有一个积极的印象，公司内部培训资料的版面也需要赏心悦目。制作一份格式统一、工整的公司内部培训资料，不仅能够使培训资料美观，还方便培训者阅读，使其把握培训重点并快速掌握培训内容，起到事半功倍的效果。公司内部培训资料的排版需要注意以下几点。

1. 格式统一

　　① 公司内部培训资料内容分为若干等级，相同等级的标题要使用相同的字体样式（包括字体、字号、颜色等），不同等级的标题之间字体样式要有明显的区分。通常按照等级高低将字号由大到小设置。

　　② 正文字号最小且需要统一所有正文样式，否则文档将显得杂乱。

2. 层次结构区别明显

　　① 可以根据需要设置标题的段落样式，为不同标题设置不同的段间距和行间距，使不同标题等级之间或是标题和正文之间结构区分更明显，便于阅读者查阅。

　　② 使用分页符将公司内部培训资料中需要单独显示的页面另起一页显示。

3. 提取目录便于阅读

　　① 根据标题等级设置对应的大纲级别，这是提取目录的前提。

　　② 添加页眉和页脚不仅可以美化文档，还能快速向阅读者传递文档信息，可以设置奇偶页不同的页眉和页脚。

　　③ 插入页码也是提取目录的必备条件之一。

　　④ 提取目录后可以根据需要设置目录的样式，使目录格式工整、层次分明。

4.1.2 设计思路

　　排版公司内部培训资料时可以按以下思路进行。

　　① 制作公司内部培训资料封面，包含培训项目名称、培训时间等，可以根据需要对封面进

行美化。

② 设置培训资料的标题、正文格式，根据需要设计培训资料的标题及正文样式，包括文本样式及段落样式等，并根据需要设置标题的大纲级别。

③ 使用分隔符或分页符设置文本格式，将重要内容另起一页显示。

④ 插入页码、页眉和页脚并根据要求提取目录。

4.1.3 涉及知识点

本案例主要涉及以下知识点。

① 使用样式。

② 使用格式刷工具。

③ 使用分隔符、分页符。

④ 插入页码。

⑤ 插入页眉和页脚。

⑥ 提取目录。

4.2 对封面进行排版

首先为公司内部培训资料添加封面，具体操作步骤如下。

第1步 打开"素材 \ch04\ 公司内部培训资料 .docx"文档，将光标定位至文档最前的位置，单击【插入】选项卡【页面】组中的【空白页】按钮，如下图所示。

第2步 即可在文档中插入一个空白页面，将光标定位于页面最开始的位置，如下图所示。

第3步 按【Enter】键换行，并输入文字"XX公司礼仪培训资料"，按【Enter】键换行，输入"内部资料"，然后输入日期，效果如下图所示。

第4步 选中"XX公司礼仪培训资料"文本，单击【开始】选项卡【字体】组中的【字体】按钮，打开【字体】对话框，在【字体】选项卡设置【中文字体】为"黑体"，【西文字体】为"（使用中文字体）"，【字形】为"常规"，【字号】为"二号"，单击【确

定】按钮，如下图所示。

第5步 单击【开始】选项卡【段落】组中的【段落】按钮 ，打开【段落】对话框，在【缩进和间距】选项卡的【常规】选项区域中设置【对齐方式】为"居中"，在【间距】选项区域中设置【段前】为"0.5行"，【段后】为"0.5行"，设置【行距】为"单倍行距"，单击【确定】按钮，如下图所示。

第6步 设置完成后的效果如下图所示。

第7步 选中"内部资料"和日期文本，在【开始】选项卡【字体】组中设置【字体】为"黑体"，【字号】为"三号"，在【段落】组中设置【对齐方式】为"右对齐"，在【段落】对话框的【缩进和间距】选项卡中设置【间距】的【段前】为"0.5行"，【段后】为"0.5行"，设置【行距】为"单倍行距"。效果如下图所示。

为封面设置背景，具体操作步骤如下。

第1步 单击【插入】选项卡【页眉和页脚】组中的【页眉】按钮 ，在弹出的下拉列表中选择【编辑页眉】选项，如下图所示。

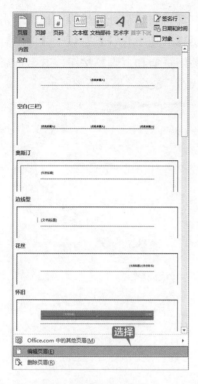

第 5 步 即可将图片插入文档中，然后选中图片，单击【图片工具－格式】选项卡【排列】组中的【环绕文字】按钮 环绕文字▾，在弹出的下拉列表中选择【衬于文字下方】选项，如下图所示。

第 2 步 进入页眉和页脚编辑状态，选中【页眉和页脚工具－设计】选项卡【选项】组中的【首页不同】复选框，如下图所示。

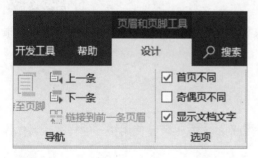

第 3 步 单击【页眉和页脚工具－设计】选项卡【插入】组中的【图片】按钮 ，如下图所示。

第 6 步 调整背景图片的大小，使其布满整个页面，调整完成后的效果如下图所示。

第 4 步 弹出【插入图片】对话框，选择要插入的图片，单击【插入】按钮，如下图所示。

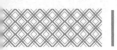

第7步 选中页眉处的段落标记，单击【开始】选项卡【段落】组中的【边框】下拉按钮，在弹出的下拉列表中选择【无框线】选项，如下图所示。

第8步 即可将页眉处的横线去掉，单击【页眉和页脚工具－设计】选项卡【关闭】组中的【关闭页眉和页脚】按钮，退出页眉页脚编辑状态。最终效果如下图所示。

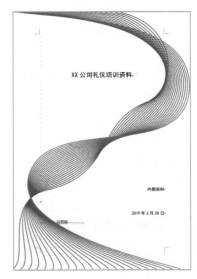

4.3 使用样式

样式是字体格式和段落格式的集合。在对长文档的排版中，可以对相同性质的文本进行重复套用特定样式，以提高排版效率。

4.3.1 重点：自定义样式

在对公司培训资料这类长文档的排版中，相同级别的文本一般会使用统一的样式，具体操作步骤如下。

第1步 选中"一、个人礼仪"文本，单击【开始】选项卡【样式】组中的【样式】按钮，如下图所示。

第2步 弹出【样式】任务窗格，单击【新建样式】按钮，新建样式，如下图所示。

第3步 弹出【根据格式化创建新样式】对话框，在【属性】选项区域中设置【名称】为"培训资料一级标题"，在【格式】选项区域中设置【字体】为"宋体"，【字号】为"三号"，并设置"加粗"效果，如下图所示。

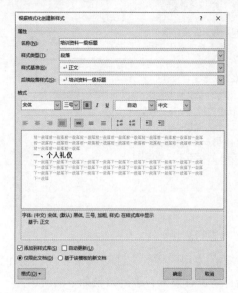

第4步 单击左下角的【格式】按钮，在弹出的列表中选择【段落】选项，如下图所示。

在【间距】选项区域中设置【段前】为"0.5行"，【段后】为"0.5行"，然后单击【确定】按钮，如下图所示。

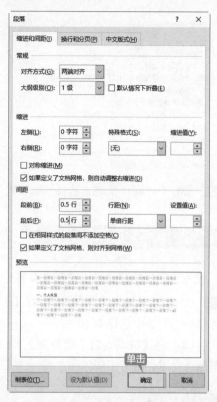

第6步 返回【根据格式化创建新样式】对话框，在预览窗口可以看到设置的效果，单击【确定】按钮，如下图所示。

第5步 弹出【段落】对话框，在【缩进和间距】选项卡的【常规】选项区域中设置【对齐方式】为"两端对齐"，【大纲级别】为"1级"，

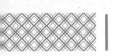

第7步 即可创建名称为"培训资料一级标题"的样式，所选文字将会自动应用自定义的样式，如下图所示。

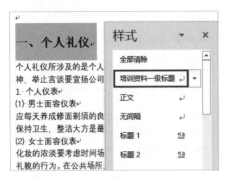

第8步 重复上述操作步骤，选择"1．个人仪

表"文本，设置样式的【名称】为"培训资料二级标题"，并设置【字体】为"黑体"、【字号】为"四号"、【对齐方式】为"两端对齐"，【大纲级别】为"2级"，如下图所示。

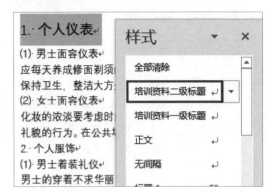

4.3.2 重点：应用样式

使用创建好的样式可以对需要设置相同样式的文本进行套用。

第1步 选中"二、社交礼仪"文本，在【样式】任务窗格的列表中选择【培训资料一级标题】样式，即可将【培训资料一级标题】样式应用至所选文本，如下图所示。

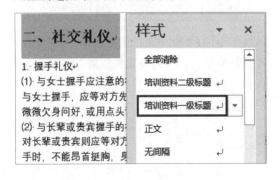

第2步 使用同样的方法对其余一级标题和二级标题进行设置，最终效果如下图所示。

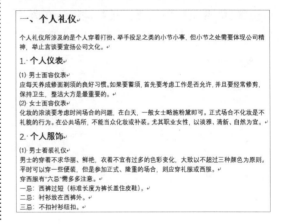

4.3.3 重点：修改样式

如果排版的要求在原来样式的基础上发生了一些变化，可以对样式进行修改，相应地，应用该样式的文本的样式也会对应发生改变，具体操作步骤如下。

第1步 单击【开始】选项卡【样式】组中的【样式】按钮 ，弹出【样式】任务窗格，如下图所示。

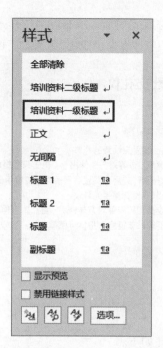

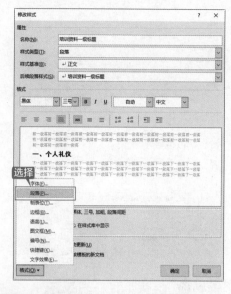

第2步 选中要修改的样式，如"培训资料一级标题"样式，单击【培训资料一级标题】样式右侧的下拉按钮，在弹出的下拉列表中选择【修改】选项，如下图所示。

第4步 弹出【段落】对话框，将【间距】选项区域中的【段前】和【段后】都改为"1行"，单击【确定】按钮，如下图所示。

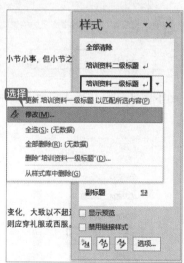

第3步 弹出【修改样式】对话框，将【格式】选项区域中的【字体】改为"黑体"，单击左下角的【格式】按钮，在弹出的列表中选择【段落】选项，如下图所示。

第5步 返回【修改样式】对话框，在预览窗口查看设置效果，单击【确定】按钮，如下图所示。

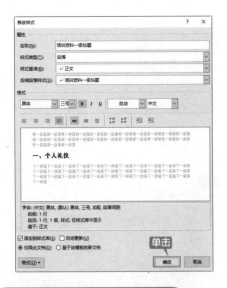

第6步 修改完成后，所有应用该样式的文本样式也相应地发生了变化，效果如下图所示。

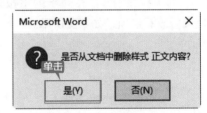

4.3.4 重点：清除样式

如果不再需要某些样式，可以将其清除，具体操作步骤如下。

第1步 创建【字体】为"楷体"，【字号】为"11"，【首行缩进】"2字符"的名为"正文内容"的样式，并将其应用到正文文本中，如下图所示。

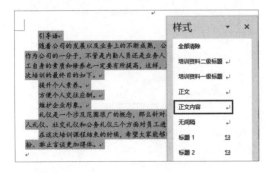

第2步 选中【正文内容】样式，单击【正文内容】样式右侧的下拉按钮，在弹出的下拉列表中选择【删除"正文内容"】选项，如下图所示。

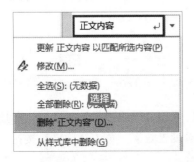

第3步 在弹出的确认删除窗口中单击【是】按钮即可将该样式删除，如下图所示。

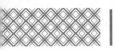

第4步 如下图所示，该样式已被从样式列表中删除。

第 5 步 使用该样式的文本样式也相应地发生了变化，如下图所示。

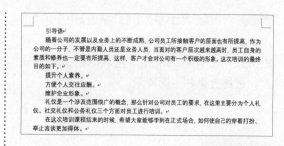

4.4 重点：巧用格式刷

除了对文本套用创建好的样式之外，还可以使用格式刷工具对相同性质的文本进行格式的设置。设置正文的样式并使用格式刷的具体操作步骤如下。

第 1 步 选择要设置正文样式的段落，如下图所示。

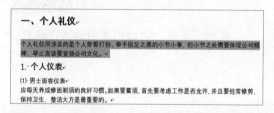

第 2 步 在【开始】选项卡【字体】组中设置【字体】为"黑体"，【字号】为"11"，如下图所示。

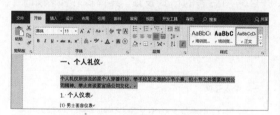

第 3 步 单击【开始】选项卡【段落】组中的【段落】按钮，弹出【段落】对话框，在【缩进和间距】选项卡设置【缩进】选项区域中的【特殊格式】为"首行缩进"，【缩进值】为"2字符"，设置【间距】选项区域中的【段前】为"0.5 行"，【段后】为"0.5 行"，【行距】为"单倍行距"。设置完成后单击【确定】按钮，如下图所示。

第 4 步 设置后的效果如下图所示。

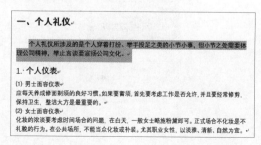

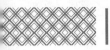

第5步 双击【开始】选项卡【剪贴板】组中的【格式刷】按钮 ✔，可重复使用格式刷工具。使用格式刷工具对其余正文内容的格式进行设置，最终效果如下图所示。

4.5 设置分页

在公司内部培训资料中有些文本内容需要进行分页显示。下面介绍如何使用分节符和分页符进行分页。

4.5.1 重点：使用分节符

分节符是指为表示节的结尾插入的标记。分节符包含节的格式设置元素，如页边距、页面的方向、页眉和页脚，以及页码的顺序。分节符起着分隔其前面文本格式的作用，如果删除了某个分节符，它前面的文字会合并到后面的节中，并且采用后者的格式设置，具体操作步骤如下。

第1步 将光标定位在任意段落末尾，单击【布局】选项卡【页面设置】组中的【分隔符】按钮，在弹出的下拉列表中选择【分节符】选项区域中的【下一页】选项，如下图所示。

第2步 即可在段落末尾添加一个分节符，后面的内容被放置在下一页，效果如下图所示。

一、个人礼仪

个人礼仪所涉及的是个人穿着打扮、举手投足之类的小节小事，但小节之处需要体现公司精神，举止言谈要宣扬公司文化。————分节符(下一页)———

第3步 如果要删除分节符，可以将光标定位在插入的分节符位置，按【Delete】键删除，效果如下图所示。

一、个人礼仪

个人礼仪所涉及的是个人穿着打扮、举手投足之类的小节小事，但小节之处需要体现公司精神，举止言谈要宣扬公司文化。

1. 个人仪表

(1) 男士面容仪表

应每天养成修面剃须的良好习惯。如果要蓄须，首先要考虑工作是否允许，并且要经常修剪，保持卫生，整洁大方是最重要的。

4.5.2 重点：使用分页符

引导语可以让读者大致了解资料内容，作为概述性语言，可以单独放在一页，具体操作步骤如下。

第1步 选中"引导语"文本，单击【开始】选项卡【样式】组中的【样式】按钮，在弹出的【样式】任务窗格中选择【培训资料一级标题】样式，然后再将其"居中"显示，如下图所示。

第2步 将光标定位在"引导语"内容的末尾，单击【布局】选项卡【页面设置】组中的【分隔符】按钮，在弹出的下拉列表中选择【分页符】选项，如下图所示。

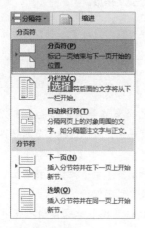

第3步 即可将光标所在位置以下的文本移至下一页，效果如下图所示。

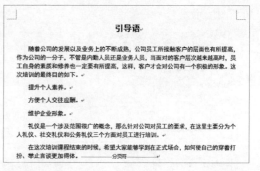

第4步 选中"提升个人素养。方便个人交往应酬。维护企业形象。"文本内容，单击【开始】选项卡【段落】组中的【项目符号】下拉按钮，在弹出的下拉列表中选择一种项目符号，如下图所示。

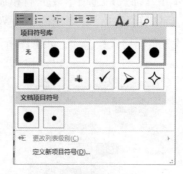

第5步 最终效果如下图所示。

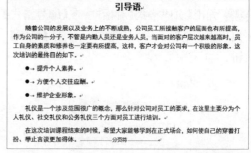

4.6 插入页码

对于公司内部培训资料这种篇幅较长的文档，页码可以帮助阅读者记住阅读的位置，阅读起来会更加方便。

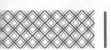

第1步 单击【插入】选项卡【页眉和页脚】组中的【页码】按钮，在弹出的下拉列表中选择【页面底端】→【普通数字3】选项，如下图所示。

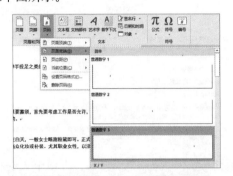

第2步 即可在文档中插入页码，效果如下图所示。

4.6.1 重点：设置页码格式

为了使页码达到最佳的显示效果，可以对页码的格式进行简单的设置，具体操作步骤如下。

第1步 单击【插入】选项卡【页眉和页脚】组中的【页码】按钮，在弹出的下拉列表中选择【设置页码格式】选项，如下图所示。

第2步 弹出【页码格式】对话框，在【编号格式】下拉列表中选择一种编号格式，单击【确定】按钮，如下图所示。

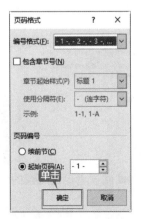

第3步 设置完成后的效果如下图所示。

| 提示 |

【包含章节号】复选框：可以将章节号插入页码中，可以选择章节起始样式和分隔符。

【续前节】单选按钮：接着上一节的页码连续设置页码。

【起始页码】单选按钮：选中此单选按钮后，可以在后方的微调框中输入起始页码数。

4.6.2 重点：首页不显示页码

公司内部培训资料的首页是封面，一般不显示页码，使首页不显示页码的具体操作步骤如下。

第1步 单击【插入】选项卡【页眉和页脚】组中的【页码】按钮，在弹出的下拉列表中选择【设置页码格式】选项，如下图所示。

第2步 弹出【页码格式】对话框，在【页码编号】选项区域选中【起始页码】单选按钮，在微调框中输入"0"，单击【确定】按钮，如下图所示。

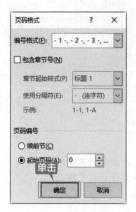

第3步 将光标定位在页码位置并右击，在弹出的快捷菜单中选择【编辑页脚】选项，如

下图所示。

第4步 选中【页眉和页脚工具－设计】选项卡【选项】组中的【首页不同】复选框，如下图所示。

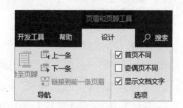

第5步 设置完成，单击【关闭页眉和页脚】按钮，如下图所示。

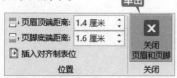

第6步 即可取消首页页码的显示，效果如下图所示。

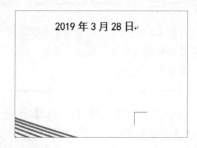

4.6.3 重点：从指定页面中插入页码

对于某些文档，由于说明性文字或与正文无关的文字篇幅较多，需要从指定的页面开始添加页码，具体操作步骤如下。

第1步 将光标定位在"引导语"段落文本末尾，按【Delete】键，将之前插入的"分页符"删除。单击【布局】选项卡【页面设置】组中的【分隔符】按钮，在弹出的下拉列表中选择【分节符】选项区域中的【下一页】选项，如下图所示。

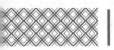

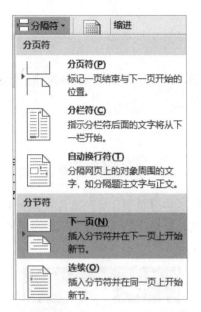

第4步 单击【页眉和页脚】组中的【页码】按钮，在弹出的下拉列表中选择【设置页码格式】选项，弹出【页码格式】对话框，设置起始页码为"2"，如下图所示。

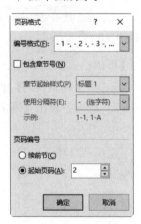

第2步 此时光标在下一页显示，双击此页页脚位置，进入页脚编辑状态。单击【页眉和页脚工具－设计】选项卡【导航】组中的【链接到前一条页眉】按钮，取消此功能，如下图所示。

第5步 单击【关闭页眉和页脚】按钮，效果如下图所示。

| 提示 |

　　取消【链接到前一条页眉】后，不同节的页眉将不再有联系，删除或修改一节的页眉，其他节不受影响。

第3步 选中背景图片，按【Delete】键将其删除。单击【页眉和页脚工具－设计】选项卡【页眉和页脚】组中的【页码】按钮，在弹出的下拉列表中选择【页面底端】→【普通数字3】样式，如下图所示。

| 提示 |

　　从指定页面插入页码的操作在长文档的排版中会经常遇到。排版时不需要此操作，可以将其删除，并重新插入符合要求的页码样式。

4.7 插入页眉和页脚

在页眉和页脚中可以输入创建文档的基本信息，例如，在页眉中输入文档名称、章节标题或作者名称等信息，在页脚中输入文档的创建时间、页码等，不仅能使文档更美观，还能向读者快速传递文档所要表达的信息。

> **| 提示 |** ::::::::::
>
> 插入和设置页眉和页脚的方法类似，在本案例中没有设置页脚，在这里就不再过多介绍了。

4.7.1 设置为奇偶页不同

页眉和页脚都可以设置为奇偶页显示不同内容以传达更多信息。下面以设置页眉奇偶页不同效果为例来介绍，具体操作步骤如下。

第1步 单击【插入】选项卡【页眉和页脚】组中的【页眉】按钮，在弹出的下拉列表中选择【空白】选项，即可插入页眉，如下图所示。

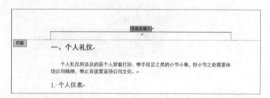

第2步 输入"XX公司"，然后选中"XX公司"文本内容，在【开始】选项卡【字体】组中设置【字体】为"黑体"，【字号】为"五号"，在【段落】组中设置对齐方式为"左对齐"。单击【段落】组中的【边框】下拉按钮，在弹出的下拉列表中选择【无框线】选项，效果如下图所示。

第3步 选中【页眉和页脚工具－设计】选项卡【选项】组中的【奇偶页不同】复选框，如下图所示。

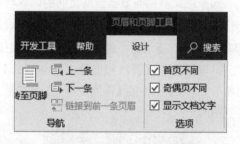

第4步 页面会自动跳转至页眉编辑页面，在偶数页文本编辑栏中输入"礼仪培训资料"文本，将其【字体】设置为"黑体"，【字号】设置为"五号"，其【对齐方式】设置为"右对齐"，效果如下图所示。

第5步 单击【页眉和页脚工具－设计】选项卡【页眉和页脚】组中的【页码】按钮，在弹出的下拉列表中选择【页面底端】→【普通数字2】选项，如下图所示。

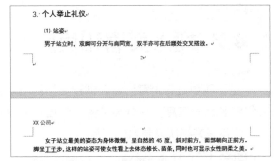

第6步 即可为偶数页重新设置页码，双击空白处，退出页眉和页脚编辑状态，效果如下图所示。

提示

设置奇偶页不同效果后，需要重新设置奇数页和偶数页样式。

4.7.2 添加标题

如果正文页眉要显示当前页面的内容标题，如在页眉处显示"个人礼仪""社交礼仪""公务礼仪"标题，则可以使用 StyleRef 域来设置，具体操作步骤如下。

第1步 在页眉处双击，进入页眉和页脚编辑状态，取消选中【页眉和页脚工具－设计】选项卡【选项】组中的【奇偶页不同】复选框，如下图所示。

第2步 即可取消奇偶页不同页眉的显示，将所有页眉统一显示为奇数页的页眉，如下图所示。

第3步 单击【页眉和页脚工具－设计】选项卡【插入】组中的【文档部件】按钮，在弹出的下拉列表中选择【域】选项，如下图所示。

第4步 弹出【域】对话框，在【域名】列表框中选择【StyleRef】选项，在【样式名】列表框中选择【培训资料一级标题】选项，单击【确定】按钮，如下图所示。

第5步 即可在文档的页眉处插入相应的标题，如下图所示。

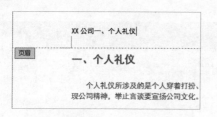

第6步 将光标定位在"XX 公司"和"一、个

人礼仪"之间，按【Enter】键，将"一、个人礼仪"文本内容换到下一行，并将其设置为"右对齐"。双击空白处，退出页眉和页脚编辑状态，如下图所示。

4.7.3 添加公司 LOGO

在公司内部培训资料中加入公司 LOGO 的具体操作步骤如下。

第1步 在页眉处双击，进入页眉和页脚编辑状态。单击【页眉和页脚工具－设计】选项卡【插入】组中的【图片】按钮，如下图所示。

第2步 弹出【插入图片】对话框，选择"素材 \ch04\LOGO.jpg"图片，单击【插入】按钮，如下图所示。

第3步 即可插入图片至页眉，调整图片大小。然后选中图片，选择【图片工具－格式】选项卡【排列】组中的【环绕文字】按钮，在

弹出的下拉列表中选择【浮于文字上方】选项，如下图所示。

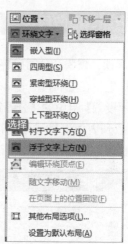

第4步 调整图片的位置，双击空白处，退出页眉和页脚编辑状态，效果如下图所示。

4.8 提取目录

目录是公司内部培训资料的重要组成部分，目录可以帮助阅读者更方便地阅读资料，使读者更快地找到自己想要阅读的内容。

4.8.1 重点: 通过导航查看公司内部培训资料大纲

对文档应用了标题样式或设置标题级别之后,可以在【导航】窗格中查看设置后的效果并可以快速切换至所要查看的章节。显示【导航】窗格的方法如下。

选中【视图】选项卡【显示】组中的【导航窗格】复选框,即可在屏幕左侧显示【导航】窗格,如下图所示。

4.8.2 重点: 提取目录

为方便阅读,需要在公司内部培训资料中加入目录,具体操作步骤如下。

第1步 将光标定位在"引导语"前,单击【布局】选项卡【页面设置】组中的【分隔符】按钮,在弹出的下拉列表中选择【分页符】选项区域中的【分页符】选项,如下图所示。

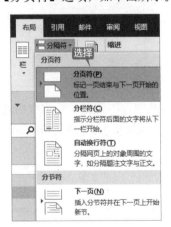

第2步 将光标定位于新插入的页面,在空白页输入"目录"文本,如下图所示。

第3步 将光标定位在"目录"文本后,按【Enter】键换行,然后单击【开始】选项卡【字体】组中的【清除所有格式】按钮,如下图所示。

第4步 将光标所在行的格式清除,然后单击【引用】选项卡【目录】组中的【目录】按钮,在弹出的下拉列表中选择【自定义目录】选项,如下图所示。

第 5 步 弹出【目录】对话框，在【常规】选项区域的【格式】下拉列表中选择【正式】选项，将【显示级别】设置为"2"，在预览区域可以看到设置后的效果，单击【确定】按钮确认设置，如下图所示。

第 6 步 建立目录后的效果如下图所示。

第 7 步 将鼠标指针移动至目录上，按住【Ctrl】键，鼠标指针会变为形状，单击相应链接即可跳转至相应标题，如下图所示。

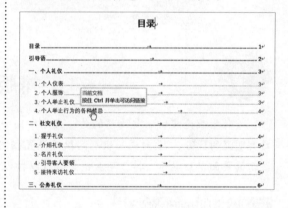

4.8.3 设置目录字体和间距

目录是文章的导航型文本，合适的字体和间距会方便阅读者快速找到需要的信息。设置目录字体和间距的具体操作步骤如下。

第 1 步 选中除"目录"文本外的所有目录，选择【开始】选项卡，在【字体】组中设置【字体】为"黑体"，【字号】为"五号"，如下图所示。

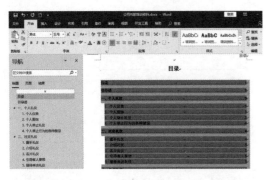

第2步 单击【段落】组中的【行和段落间距】按钮 ，在弹出的下拉列表中选择【1.5】选项，如下图所示。

第3步 设置后的效果如下图所示。

目录

至此，就完成了内部培训资料的排版。

举一反三

排版毕业论文

排版毕业论文时需要注意的是，文档中同一类别的文本的格式要统一，层次要有明显的区分，要对同一级别的段落设置相同的大纲级别，还需要将需要单独显示的页面单独显示。排版毕业论文时可以按以下思路进行。

第1步 设计毕业论文首页

第1步制作论文封面，包含题目、个人相关信息、指导教师和日期等，如下图所示。

第2步 设计毕业论文格式

在撰写毕业论文的时候，学校会统一毕业论文的格式，需要根据要求，设计毕业论文的格式，如下图所示。

第3步 设置页眉并插入页码

在毕业论文中可能需要插入页眉，使文档看起来更美观，此外还需要插入页码，如下图所示。

◇ 为样式设置快捷键

在创建样式时，可以为样式指定快捷键，只需要选择要应用样式的段落并按快捷键即可应用样式，具体操作步骤如下。

第1步 在【样式】任务窗格中单击要指定快捷键的样式后的下拉按钮 ，在弹出的下拉列表中选择【修改】选项，如下图所示。

第2步 打开【修改样式】对话框，单击左下角【格式】按钮，在弹出的列表中选择【快捷键】选项，如下图所示。

第4步 提取目录

毕业论文完成格式设置，添加页眉与页脚后，还需要为毕业论文提取目录，如下图所示。

第3步 弹出【自定义键盘】对话框，将光标定位至【请按新快捷键】文本框中，并在键盘上按要设置的快捷键，这里按【Alt+C】组合键，单击【指定】按钮，如下图所示。

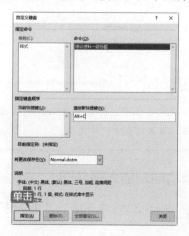

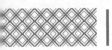

第4步 即可将此快捷键添加至【当前快捷键】列表框中，单击【关闭】按钮，即完成了指定样式快捷键的操作，如下图所示。

◇ 解决 Word 目录中"错误！未定义书签"问题

如果在 Word 目录中遇到"错误！未定义书签"的提示，出现这种错误可能由于原来的标题被无意修改了，可以采用下面的方法来解决。

第1步 在目录的任意位置右击，在弹出的快捷菜单中选择【更新域】选项，如下图所示。

第2步 弹出【更新目录】对话框，选中【更新整个目录】单选按钮，单击【确定】按钮，完成目录的更新，即可解决目录中"错误！未定义书签"的问题，如下图所示。

┃ **提示** ┃

提取目录后，按【Ctrl+Shift+F9】组合键可以取消目录中的超链接。

◇ 新功能：插入漏斗图

在 Word 2019 中新增了"漏斗图"图表

类型。漏斗图一般用于业务流程比较规范、周期长、环节多的流程分析，通过各个环节业务数据的对比，发现并找出问题所在。

第1步 启动 Word 2019 软件，新建一个空白文档，单击【插入】选项卡【插图】组中的【图表】按钮，如下图所示。

第2步 弹出【插入图表】对话框，在左侧列表中选择【漏斗图】选项，单击【确定】按钮，如下图所示。

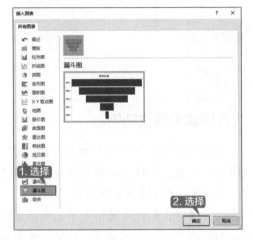

第3步 即可完成"漏斗图"的创建，如下图所示。

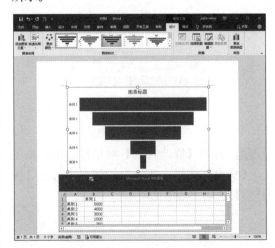

第 **2** 篇

Excel 办公应用篇

本篇主要介绍 Excel 中的各种操作。通过对本篇的学习，读者可以掌握 Excel 的基本操作，表格的美化，初级数据处理与分析，图表、数据透视表和数据透视图，以及公式和函数的应用等操作。

第 5 章
Excel 的基本操作

🔘 本章导读

　　Excel 2019提供了创建工作簿、工作表、输入和编辑数据、插入行与列、设置文本格式、页面设置等基本操作，可以方便地记录和管理数据。本章以制作客户联系信息表为例，介绍 Excel 表格的基本操作。

🔘 思维导图

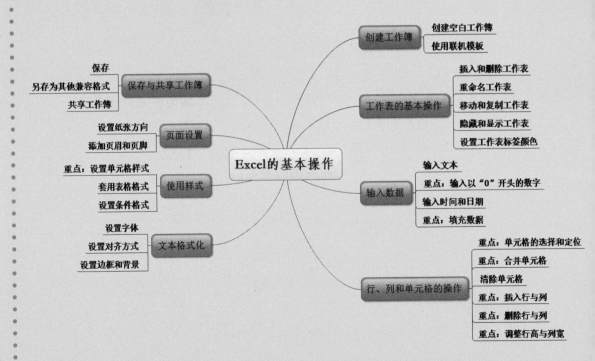

5.1 客户联系信息表

制作客户联系信息表要做到数据计算准确、层次分明、重点突出，便于公司快速统计客户信息。

案例名称：客户联系信息表	
案例目的：制作出数据计算准确、层次分明、重点突出的客户联系信息表	
素材	素材 \ch05\ 客户联系信息表 .xlsx
结果	结果 \ch05\ 客户联系信息表 .xlsx
视频	视频教学 \05 第 5 章

5.1.1 案例概述

客户联系信息表记录了客户的编号、公司名称、姓名、性别、城市、电话号码、通信地址等情况，制作客户联系信息表时，需要注意以下几点。

1. 数据准确

① 制作客户联系信息表时，选择单元格要准确，合并单元格时要安排好合并的位置，插入的行和列要定位准确，来确保客户联系信息表中数据计算的准确。

② Excel 中的数据分为数字型、文本型、日期型、时间型、逻辑型等，要分清客户联系信息表中的数据是哪种数据类型，做到数据输入准确。

2. 重点突出

① 把客户联系信息表的内容在 Excel 中用边框和背景区分开，使读者的注意力集中到客户联系信息表上。

② 使用条件样式使职务高的联系人得以突出显示，可以使信息表更加完善。

3. 分类简洁

① 确定客户联系信息表的布局，避免多余数据。

② 合并需要合并的单元格，为单元格内容保留合适的位置。

③ 字体不宜过大，表格的标题行可以适当加大、加粗字体，以快速传达表格的内容。

5.1.2 设计思路

制作客户联系信息表时可以按以下思路进行。
① 创建空白工作簿，并将工作簿命名和保存。
② 合并单元格，并调整行高与列宽。
③ 在工作簿中输入文本与数据，并设置文本格式。
④ 设置单元格样式并设置条件格式。

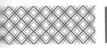
⑤ 设置纸张方向，并添加页眉和页脚。
⑥ 另存为兼容格式，共享工作簿。

5.1.3 涉及知识点

本案例主要涉及以下知识点。
① 创建空白工作簿。
② 合并单元格。
③ 插入与删除行和列。
④ 设置文本段落格式。
⑤ 页面设置。
⑥ 设置条件样式。
⑦ 保存与共享工作簿。

5.2 创建工作簿

在制作客户联系信息表时，首先要创建空白工作簿，并对创建的工作簿进行保存与命名。

5.2.1 创建空白工作簿

工作簿是指在 Excel 中用来存储并处理工作数据的文件，在 Excel 2019 中，其扩展名是".xlsx"。通常所说的 Excel 文件指的就是工作簿文件。在使用 Excel 时，首先需要创建一个工作簿，具体创建方法有以下几种。

 启动自动创建

使用自动创建，可以快速地在 Excel 中创建一个空白的工作簿，在制作本案例的客户联系信息表时，可以使用自动创建的方法创建一个工作簿，具体操作步骤如下。

第1步 启动 Excel 2019 后，在界面右侧选择【空白工作簿】选项，如下图所示。

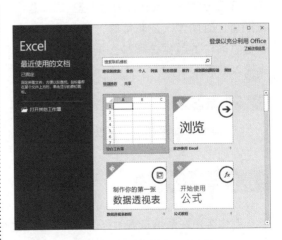

第2步 系统会自动创建一个名称为"工作簿1"的工作簿，如下图所示。

第3步 选择【文件】→【另存为】选项，在【另存为】界面中单击【这台电脑】→【浏览】按钮，在弹出的【另存为】对话框中选择文件要保存的位置，并在【文件名】文本框中输入"客户联系信息表"，单击【保存】按钮，如下图所示。

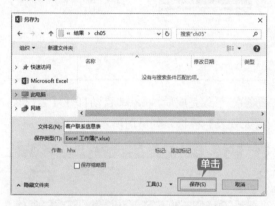

2. 使用【文件】选项卡

如果已经启动 Excel 2019，也可以再次新建一个空白的工作簿。

选择【文件】→【新建】选项，在右侧选择【空白工作簿】选项，即可创建一个空白工作簿，如下图所示。

3. 使用快速访问工具栏

使用快速访问工具栏也可以新建空白工作簿。

单击【自定义快速访问工具栏】按钮 ，在弹出的下拉菜单中选择【新建】选项。将【新建】按钮固定显示在快速访问工具栏中，然后单击【新建】按钮，即可创建一个空白工作簿，如下图所示。

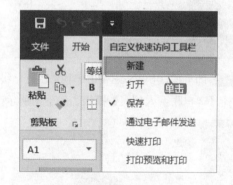

4. 使用快捷键

使用快捷键可以快速地新建空白工作簿。

在打开的工作簿中按【Ctrl+N】组合键即可新建一个空白工作簿。

5.2.2 使用联机模板创建客户联系信息表

启动 Excel 2019 后，可以使用联机模板创建客户联系信息表，具体操作步骤如下。

第1步 选择【文件】→【新建】选项，在右侧出现【搜索联机模板】搜索框，如下图所示。

第2步 在【搜索联机模板】搜索框中输入"客户联系信息表"，单击【搜索】按钮 🔍，如下图所示。

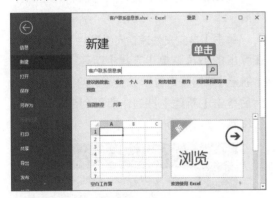

第3步 即可搜索出 Excel 2019 中的联机模板，选择【客户联系人列表】模板，如下图所示。

第4步 在弹出的【客户联系人列表】模板界面，

单击【创建】按钮，如下图所示。

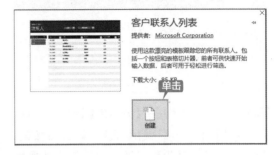

第5步 弹出【正在下载您的模板】界面，如下图所示。

第6步 下载完成后，Excel 自动打开【客户联系人列表】模板，如下图所示。

第7步 单击功能区右上角的【关闭】按钮 ✕，即可直接关闭该模板，如下图所示。

5.3 工作表的基本操作

工作表是工作簿中的一个表。Excel 2019 的一个工作簿默认有一个工作表，用户可以根据需要添加工作表，每一个工作簿最多可以包括 255 个工作表。在工作表的标签上显示了系统默

认的工作表名称 Sheet1、Sheet2、Sheet3……本节主要介绍客户联系信息表中工作表的基本操作。

5.3.1 插入和删除工作表

除了新建工作表外，还可以插入新的工作表来满足多工作表的需求。下面介绍几种插入工作表的方法。

1. 插入工作表

方法 1：使用功能区

第1步 在打开的 Excel 文件中，单击【开始】选项卡【单元格】组中的【插入】下拉按钮，在弹出的下拉列表中选择【插入工作表】选项，如下图所示。

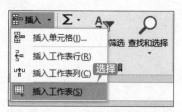

第2步 即可在工作表的前面创建一个新工作表，如下图所示。

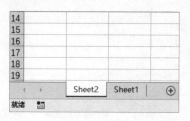

方法 2：使用快捷菜单

第1步 在【Sheet1】工作表标签上右击，在弹出的快捷菜单中选择【插入】选项，如下图所示。

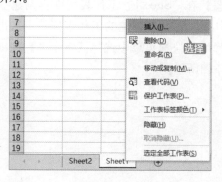

第2步 弹出【插入】对话框，选择【工作表】选项，单击【确定】按钮，如下图所示。

第3步 即可在当前工作表的前面插入一个新工作表，如下图所示。

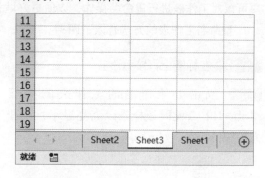

2. 删除工作表

方法 1：使用快捷菜单

第1步 在要删除的工作表标签上右击，在弹出的快捷菜单中选择【删除】选项，如下图所示。

第2步 在 Excel 中即可看到删除工作表后的效果，如下图所示。

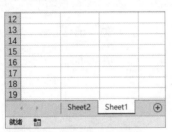

方法 2：使用功能区

选择要删除的工作表，单击【开始】选项卡【单元格】组中的【删除】下拉按钮，在弹出的下拉列表中选择【删除工作表】选项，即可将选择的工作表删除，如下图所示。

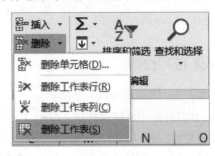

5.3.2 重命名工作表

每个工作表都有自己的名称，默认情况下以 Sheet1、Sheet2、Sheet3……命名工作表。用户可以对工作表进行重命名操作，以便更好地管理工作表。

重命名工作表的方法有以下两种。

1. 在标签上直接重命名

第1步 双击要重命名的工作表的标签【Sheet1】（此时该标签以高亮显示），进入可编辑状态，如下图所示。

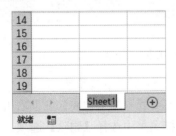

第2步 输入新的标签名，按【Enter】键即可完成对该工作表的重命名操作，如下图所示。

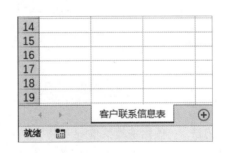

2. 使用快捷菜单重命名

第1步 在"Sheet1"工作表后面再创建一个工作表，并在新创建的工作表标签上右击，在弹出的快捷菜单中选择【重命名】选项，如下图所示。

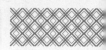

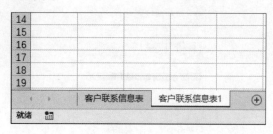

的标签名，即可完成工作表的重命名，如下图所示。

第2步 此时的工作表标签会高亮显示，输入新

5.3.3 移动和复制工作表

在 Excel 中插入多个工作表后，可以复制和移动工作表。

1. 移动工作表

移动工作表最简单的方法是使用鼠标操作，在同一个工作簿中移动工作表的方法有以下两种。

方法 1：直接拖曳

第1步 选择要移动的工作表的标签，按住鼠标左键不放，如下图所示。

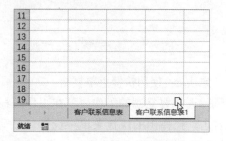

第2步 拖曳鼠标指针到工作表的新位置，黑色倒三角形会随鼠标指针移动而移动，如下图所示。

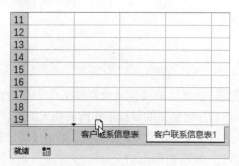

第3步 释放鼠标左键，工作表即可被移动到新的位置，如下图所示。

方法 2：使用快捷菜单法

第1步 在要移动的工作表标签上右击，在弹出的快捷菜单中选择【移动或复制】选项，如下图所示。

第2步 在弹出的【移动或复制工作表】对话框中选择要插入的位置，单击【确定】按钮，

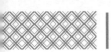

如下图所示。

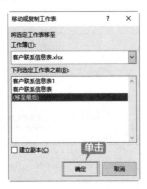

第3步 即可将当前工作表移动到指定的位置，如下图所示。

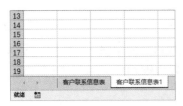

提示

另外，不但可以在同一个 Excel 工作簿中移动工作表，还可以在不同的工作簿中移动。若要在不同的工作簿中移动工作表，则要求这些工作簿必须是打开的。调出【移动或复制工作表】对话框，在【将选定工作表移至工作簿】下拉列表中选择要移动的目标位置，单击【确定】按钮，即可将当前工作表移动到指定的位置，如下图所示。

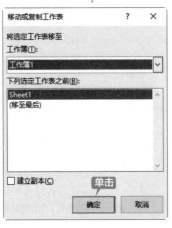

2. 复制工作表

用户可以在一个或多个 Excel 工作簿中复制工作表，有以下两种方法。

方法 1：使用鼠标复制

用鼠标复制工作表的步骤与移动工作表的步骤相似，只是在拖曳鼠标的同时按住【Ctrl】键即可。

第1步 选择要复制的工作表，按住【Ctrl】键的同时按住鼠标左键拖曳选中的工作表，如下图所示。

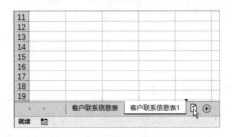

第2步 拖曳鼠标指针到工作表的新位置，黑色倒三角形会随鼠标指针移动而移动，释放鼠标左键，工作表即被复制到新的位置，如下图所示。

方法 2：使用快捷菜单复制

第1步 选择要复制的工作表，在工作表标签上右击，在弹出的快捷菜单中选择【移动或复制】选项，如下图所示。

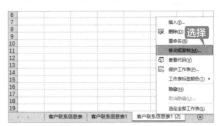

第2步 在弹出的【移动或复制工作表】对话框中选择要复制的目标工作簿或插入的位置，然后选中【建立副本】复选框，单击【确定】按钮，如下图所示。

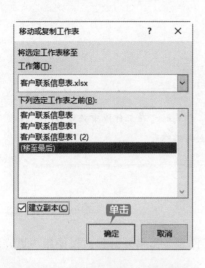

第3步 即可完成复制工作表的操作，如下图所示。

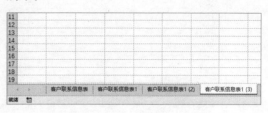

5.3.4 隐藏和显示工作表

用户可以对工作表进行隐藏和显示操作，以便更好地管理工作表，具体操作步骤如下。

第1步 选择要隐藏的工作表，在工作表标签上右击，在弹出的快捷菜单中选择【隐藏】选项，如下图所示。

第2步 在 Excel 中即可看到"客户联系信息表"工作表已被隐藏，如下图所示。

第3步 在任意一个工作表标签上右击，在弹出的快捷菜单中选择【取消隐藏】选项，如下图所示。

第4步 在弹出的【取消隐藏】对话框中，选择【客户联系信息表】选项，单击【确定】按钮，如下图所示。

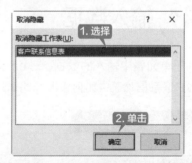

第5步 在 Excel 中即可看到"客户联系信息表"工作表已重新显示，然后将其他的工作表都删除，只保留"客户联系信息表"工作表，如下图所示。

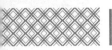

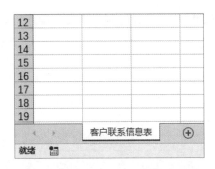

| 提示 |

　　隐藏工作表时，在工作簿中必须有两个或两个以上的工作表。

5.3.5 设置工作表标签的颜色

　　Excel 中可以对工作表的标签设置颜色，以使该工作表显得格外醒目，以便用户更好地管理工作表，具体操作步骤如下。

第 1 步 选择要设置标签颜色的工作表，在工作表标签上右击，在弹出的快捷菜单中选择【工作表标签颜色】选项，在弹出的级联菜单中选择【标准色】选项区域中的【深蓝色】选项，如下图所示。

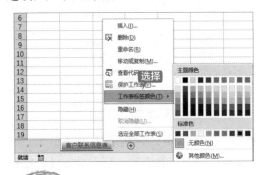

第 2 步 即可看到工作表的标签颜色已经更改为深蓝色，如下图所示。

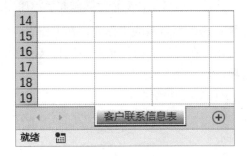

5.4 输入数据

　　对于单元格中输入的数据，Excel 会自动地根据数据的特征进行处理并显示出来。本节介绍在客户联系信息表中如何输入和编辑这些数据。

5.4.1 输入文本

　　单元格中的文本包括汉字、英文字母、数字和符号等。每个单元格最多可包含 32 767 个字符。在单元格中输入文字和数字，Excel 会将它显示为文本形式；若输入文字，Excel 则会作为文本处理，若输入数字，Excel 会将数字作为数值处理。

　　选择要输入的单元格，输入数据后按【Enter】键，Excel 会自动识别数据类型，并将单元格对齐方式默认设置为"左对齐"。

如果单元格列宽无法容纳文本字符串，多余字符串会在相邻单元格中显示，若相邻的单元格中已有数据，就截断显示，如下图所示。

在客户联系信息表中输入文本数据，如下图所示。

> **提示**
>
> 如果在单元格中输入的是多行数据，在换行处按【Alt+Enter】组合键，可以实现换行。换行后在一个单元格中将显示多行文本，行的高度也会自动增大。

5.4.2 重点：输入以"0"开头的员工编号

在客户联系信息表中，输入以"0"开头的客户 ID，来对客户联系信息表进行规范管理。输入以"0"开头的数字有以下两种方法。

1. 使用英文单引号

第1步 如果输入以数字"0"开头的数字串，Excel 将自动省略 0。如果要保持输入的内容不变，可以先输入英文单引号（'），再输入以 0 开头的数字，如下图所示。

第2步 按【Enter】键，即可确定输入的数字内容，如下图所示。

2. 使用功能区

第1步 选中要输入以"0"开头的数字的单元格，单击【开始】选项卡【数字】组中的【数字格式】下拉按钮，在弹出的下拉列表中选择【文本】选项，如下图所示。

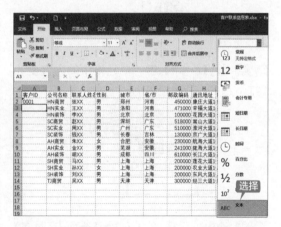

第2步 输入数值"0002"，如下图所示。

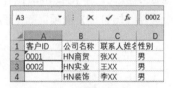

第3步 按【Enter】键确定输入数据后，数值前的"0"并没有消失，完成输入以"0"开头的数字，如下图所示。

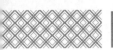
5.4.3 输入时间和日期

在客户联系信息表中输入日期或时间时，需要用特定的格式定义。Excel 内置了一些日期与时间的格式。当输入的数据与这些格式相匹配时，Excel 会自动将它们识别为日期或时间数据。

1. 输入日期

在客户联系信息表中需要输入当前月份的日期，以便归档管理客户联系信息表。在输入日期时，可以用左斜线或短线分隔日期的年、月、日。例如，可以输入"2019/1"或"2019-1"，具体操作步骤如下。

第1步 将光标定位至要输入日期的单元格，输入"2019/1"，如下图所示。

第2步 按【Enter】键，单元格中的内容变为"Jan-19"，如下图所示。

第3步 选中单元格，单击【开始】选项卡【数字】组中的【数字格式】下拉按钮，在弹出的下拉列表中选择【短日期】选项，如下图所示。

第4步 在 Excel 中即可看到单元格的数字格式设置后的效果，如下图所示。

第5步 单击【开始】选项卡【数字】组中的【数字格式】下拉按钮，在弹出的下拉列表中选择【长日期】选项，如下图所示。

第6步 在 Excel 中即可看到单元格的数字格式设置后的效果，如下图所示。

> **| 提示 |**∷∷∷∷∷∷∷∷∷
>
> 如果要输入当前的日期，按【Ctrl +；】组合键即可。

第7步 在本例中，选择 M2:M14 单元格区域，单击【开始】选项卡【数字】组中的【数字格式】下拉按钮，在弹出的下拉列表中选择【其他数字格式】选项，如下图所示。

第8步 弹出【设置单元格格式】对话框，在【分类】列表框中选择【日期】选项，在【类型】列表框中选择一种日期类型，单击【确定】按钮，如下图所示。

第9步 在 M2 单元格中输入"2016/5/21"，按【Enter】键，即可看到设置的日期类型，如下图所示。

M	N
合作日期	
2016-05-21	

2. 输入时间

第1步 在输入时间时，小时、分、秒之间用冒号（：）作为分隔符，即可快速地输入时间。例如，输入"8:40"，如下图所示。

| M18 | × ✓ fx | 8:40:00 |

	M	N	O
16			
17			
18	8:40		
19			

第2步 如果按 12 小时制输入时间，需要在时间的后面空一格再输入字母 am（上午）或 pm（下午）。例如，输入"5:00pm"，按【Enter】键后的时间结果是"5:00PM"，如下图所示。

| M20 | × ✓ fx | 17:00:00 |

	M	N	O	P
19				
20	5:00 PM			
21				
22				

第3步 如果输入当前的时间，按【Ctrl+Shift+；】组合键即可，如下图所示。

| M22 | × ✓ fx | 16:26:00 |

	M	N	O
22	16:26		
23			
24			

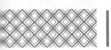
5.4.4 重点: 填充数据

在客户联系信息表中, 用 Excel 的自动填充功能可以方便快捷地输入有规律的数据。有规律的数据是指等差、等比、系统预定义的数据填充序列和用户自定义的序列。

1. 填充编号

使用填充柄可以快速填充"客户 ID", 具体的操作步骤如下。

第1步 选中 A2:A3 单元格区域, 将鼠标指针移动至 A3 单元格的右下角, 可以看到鼠标指针变为 ╋ 形状, 如下图所示。

	A	B
1	客户ID	公司名称
2	0001	商贸
3	0002	HN实业
4		装饰
5		SC商贸
6		SC实业

第2步 此时按住鼠标左键向下填充至 A14 单元格, 结果如下图所示。

	A	B	C
1	客户ID	公司名称	联系人姓名
2	0001	HN商贸	张XX
3	0002	HN实业	王XX
4	0003	HN装饰	李XX
5	0004	SC商贸	赵XX
6	0005	SC实业	周XX
7	0006	SC装饰	钱XX
8	0007	AH商贸	朱XX
9	0008	AH实业	金XX
10	0009	AH装饰	胡XX
11	0010	SH商贸	马XX
12	0011	SH实业	孙XX
13	0012	SH装饰	刘XX
14	0013	TJ商贸	吴XX
15			

2. 填充日期

使用填充柄不仅可以按日填充日期, 还可以按月填充, 具体操作步骤如下。

第1步 选中 M2 单元格, 将鼠标指针移动至 M2 单元格的右下角, 可以看到鼠标指针变为 ╋ 形状, 如下图所示。

第2步 此时按住鼠标左键向下填充至 M14 单元格, 即可进行 Excel 2019 中默认的等差序列的填充, 即按日填充, 如下图所示。

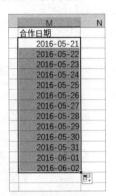

第3步 单击【自动填充选项】按钮, 在弹出的下拉列表中选中【以月填充】单选按钮, 如下图所示。

第4步 即可将日期按月填充, 效果如下图所示。

M	N
合作日期	
2016-05-21	
2016-06-21	
2016-07-21	
2016-08-21	
2016-09-21	
2016-10-21	
2016-11-21	
2016-12-21	
2017-01-21	
2017-02-21	
2017-03-21	
2017-04-21	
2017-05-21	

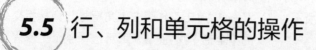

单元格是工作表中行列交会处的区域，它可以保存数值、文字和声音等数据。在 Excel 中，单元格是编辑数据的基本元素。下面介绍客户联系信息表中行、列、单元格的基本操作。

5.5.1 重点：单元格的选择和定位

对客户联系信息表中的单元格进行编辑操作，首先要选择单元格或单元格区域（启动 Excel 并创建新的工作簿时，单元格 A1 处于自动选定状态）。

1. 选择一个单元格

单击某一单元格，若单元格的边框线变成青粗线，则此单元格处于选定状态。当前单元格的地址显示在名称框中，在工作表表格区内鼠标指针会呈白色 ✛ 形状，如下图所示。

| 提示 |

　　在名称框中输入目标单元格的地址，如"G1"，按【Enter】键即可选定第 G 列和第 1 行交会处的单元格。此外，使用键盘上的上、下、左、右 4 个方向键，也可以选定单元格。

2. 选择连续的单元格区域

在客户联系信息表中，若要对多个单元格进行相同的操作，可以先选择单元格区域。

单击该区域左上角的单元格 A2，按住【Shift】键的同时单击该区域右下角的单元格 C6。此时即可选定单元格区域 A2:C6，结果如下图所示。

| 提示 |

　　将鼠标指针移到该区域左上角的单元格 A2 上，按住鼠标左键不放，向该区域右下角的单元格 C6 拖曳，或者在名称框中输入单元格区域名称"A2:C6"，按【Enter】键，均可选定 A2:C6 单元格区域。

3. 选择不连续的单元格区域

选择不连续的单元格区域也就是选择不相邻的单元格或单元格区域，具体操作步骤如下。

第1步 选择第 1 个单元格区域后（例如，选择 A2:C3 单元格区域），按住【Ctrl】键不放，如下图所示。

第2步 拖曳鼠标选择第2个单元格区域（例如，选择 C6:E8 单元格区域），如下图所示。

	A	B	C	D	E	F
1	客户ID	公司名称	联系人姓名	性别	城市	省/市
2	0001	HN商贸	张XX	男	郑州	河南
3	0002	HN实业	王XX	男	洛阳	河南
4	0003	HN装饰	李XX	男	北京	北京
5	0004	SC商贸	赵XX	男	深圳	广东
6	0005	SC实业	周XX	男	广州	广东
7	0006	SC装饰	钱XX	男	长春	吉林
8	0007	AH商贸	朱XX	女	合肥	安徽
9	0008	AH实业	金XX	男	芜湖	安徽
10	0009	AH装饰	胡XX	男	成都	四川
11	0010	SH商贸	马XX	男	上海	上海

第3步 使用同样的方法可以选择多个不连续的单元格区域，如下图所示。

	A	B	C	D	E	F
1	客户ID	公司名称	联系人姓名	性别	城市	省/市
2	0001	HN商贸	张XX	男	郑州	河南
3	0002	HN实业	王XX	男	洛阳	河南
4	0003	HN装饰	李XX	男	北京	北京
5	0004	SC商贸	赵XX	男	深圳	广东
6	0005	SC实业	周XX	男	广州	广东
7	0006	SC装饰	钱XX	男	长春	吉林
8	0007	AH商贸	朱XX	女	合肥	安徽
9	0008	AH实业	金XX	男	芜湖	安徽
10	0009	AH装饰	胡XX	男	成都	四川
11	0010	SH商贸	马XX	男	上海	上海
12	0011	SH实业	孙XX	女	上海	上海
13	0012	SH装饰	刘XX	男	上海	上海
14	0013	TJ商贸	吴XX	男	天津	天津
15						

4. 选择所有单元格

选择所有单元格，即选择整个工作表的方法有以下两种。

① 单击工作表左上角行号与列标相交处的【全选】按钮 ，即可选择整个工作表，如下图所示。

② 按【Ctrl+A】组合键也可以选择整个表格，如下图所示。

提示

选中非数据区域中的任意一个单元格，按【Ctrl+A】组合键选中的是整个工作表；选择数据区域中的任意一个单元格，按【Ctrl+A】组合键选中的是所有带数据的连续单元格区域。

5.5.2 重点：合并单元格

合并与拆分单元格是最常用的单元格操作，它不仅可以满足用户编辑表格中数据的需求，也可以使表格整体更加美观。

1. 合并单元格

合并单元格是指在 Excel 工作表中将两个或多个选定的相邻单元格合并成一个单元格。在客户联系信息表中合并单元格的具体操作步骤如下。

第1步 选择要合并的单元格区域，如下图所示。

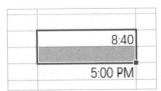

第2步 单击【开始】选项卡【对齐方式】组中的【合并后居中】下拉按钮，在弹出的下拉列表中选择【合并后居中】选项，如下图所示。

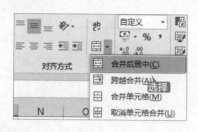

第3步 即可合并且居中显示该单元格，如下图所示。

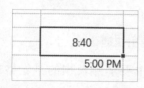

┃**提示**┃

　合并单元格后，将使用原始区域左上角的单元格地址来表示合并后的单元格地址。

2. 拆分单元格

　在 Excel 工作表中还可以将合并后的单元格拆分成多个单元格，具体操作步骤如下。

第1步 选择合并后的单元格，如下图所示。

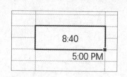

第2步 单击【开始】选项卡【对齐方式】组中的【合并后居中】下拉按钮，在弹出的下拉列表中选择【取消单元格合并】选项，如下图所示。

第3步 即可取消单元格的合并，如下图所示。

┃**提示**┃

　按【Ctrl+Z】组合键可以撤销上一步的操作。

　使用右键快捷菜单也可以拆分单元格，具体操作步骤如下。

第1步 在合并后的单元格上右击，在弹出的快捷菜单中选择【设置单元格格式】选项，如下图所示。

第2步 弹出【设置单元格格式】对话框，在【对齐】选项卡取消选中【合并单元格】复选框，然后单击【确定】按钮，如下图所示。

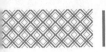

第3步 也可以将合并后的单元格拆分，如下图所示。

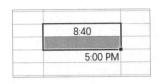

5.5.3 清除单元格

清除单元格中的内容，使客户联系信息表中的数据修改更加简便快捷。清除单元格的内容有以下3种方法。

1. 使用【清除】按钮

第1步 选中要清除数据的单元格，如下图所示。

	M
16	
17	
18	8:40
19	
20	5:00 PM
21	
22	16:26

第2步 单击【开始】选项卡【编辑】组中的【清除】按钮 ，在弹出的下拉列表中选择【清除内容】选项，如下图所示。

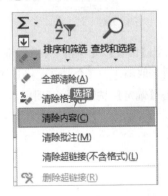

第3步 即可清除所选单元格中的内容，如下图所示。

	M
16	
17	
18	
19	
20	5:00 PM
21	
22	16:26

2. 使用快捷菜单

第1步 选中要清除数据的单元格，如下图所示。

M20		× ✓ fx	17:00:00	
	M	N	O	P
16				
17				
18				
19				
20	5:00 PM			
21				
22	16:26			
23				

第2步 右击，在弹出的快捷菜单中选择【清除内容】选项，如下图所示。

第3步 即可清除所选单元格中的内容，如下图所示。

	M
16	
17	
18	
19	
20	
21	
22	16:26

3. 按【Delete】键

第1步 选中要清除数据的单元格，如下图所示。

	M
16	
17	
18	
19	
20	
21	
22	16:26
23	

第2步 按【Delete】键，即可清除单元格中的内容，如下图所示。

	M
16	
17	
18	
19	
20	
21	
22	
23	

5.5.4 重点：插入行与列

在客户联系信息表中用户可以根据需要插入行与列。插入行与列有以下两种方法，其具体操作步骤如下。

1. 使用快捷菜单

第1步 如果要在第5行上方插入行，可以选择第5行的任意单元格或选择第5行，例如这里选择 A5 单元格并右击，在弹出的快捷菜单中选择【插入】命令，如下图所示。

第2步 弹出【插入】对话框，选中【整行】单选按钮，单击【确定】按钮，如下图所示。

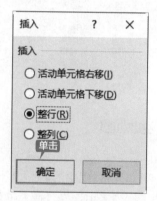

第3步 可以在刚才选中的表格所在行的上方插入新的行，如下图所示。

	A	B	C	D	E	F
1	客户ID	公司名称	联系人姓名	性别	城市	省/市
2	0001	HN商贸	张XX	男	郑州	河南
3	0002	HN实业	王XX	男	洛阳	河南
4	0003	HN装饰	李XX	男	北京	北京
5						
6	0004	商贸	赵XX	男	深圳	广东
7	0005	SC实业	周XX	男	广州	广东
8	0006	SC装饰	钱XX	男	长春	吉林
9	0007	AH商贸	朱XX	女	合肥	安徽
10	0008	AH实业	金XX	男	芜湖	安徽

第4步 如果要插入列，可以选择某列或某列中的任意单元格并右击，在弹出的快捷菜单中选择【插入】选项，在弹出的【插入】对话框中选中【整列】单选按钮，单击【确定】按钮，如下图所示。

第5步 则可以在刚才选中的单元格所在列的左侧插入新的列，如下图所示。

	A	B	C	D	E
1		客户ID	公司名称	联系人姓名	性别
2		0001	HN商贸	张XX	男
3		02	HN实业	王XX	男
4		0003	HN装饰	李XX	男
5					
6		0004	SC商贸	赵XX	男
7		0005	SC实业	周XX	男
8		0006	SC装饰	钱XX	男
9		0007	AH商贸	朱XX	女
10		0008	AH实业	金XX	男
11		0009	AH装饰	胡XX	男
12		0010	SH商贸	马XX	男
13		0011	SH实业	孙XX	女
14		0012	SH装饰	刘XX	男
15		0013	TJ商贸	吴XX	男

2. 使用功能区

第1步 选择需要插入行的单元格A7，单击【开始】选项卡【单元格】组中的【插入】下拉按钮，在弹出的下拉列表中选择【插入工作表行】选项，如下图所示。

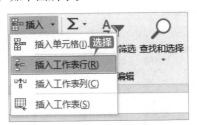

第2步 则可以在第7行的上方插入新的一行，如下图所示。

	A	B	C	D	E	F	G
1		客户ID	公司名称	联系人姓名	性别	城市	省/市
2		0001	HN商贸	张XX	男	郑州	河南
3		0002	HN实业	王XX	男	洛阳	河南
4		0003	HN装饰	李XX	男	北京	北京
5							
6		0004	SC商贸	赵XX	男	深圳	广东
7							
8		05	SC实业	周XX	男	广州	广东
9		0006	SC装饰	钱XX	男	长春	吉林
10		0007	AH商贸	朱XX	女	合肥	安徽
11		0008	AH实业	金XX	男	芜湖	安徽
12		0009	AH装饰	胡XX	男	成都	四川
13		0010	SH商贸	马XX	男	上海	上海

第3步 单击【开始】选项卡【单元格】组中的【插入】下拉按钮，在弹出的下拉列表中选择【插入工作表列】选项，则可在所选单元格的左侧插入新的列，如下图所示。

	A	B	C	D	E	F
1			客户ID	公司名称	联系人姓名	性别
2			0001	HN商贸	张XX	男
3			0002	HN实业	王XX	男
4			0003	HN装饰	李XX	男
5						
6			0004	SC商贸	赵XX	男
7						
8			0005	SC实业	周XX	男
9			0006	SC装饰	钱XX	男
10			0007	AH商贸	朱XX	女
11			0008	AH实业	金XX	男
12			0009	AH装饰	胡XX	男
13			0010	SH商贸	马XX	男
14			0011	SH实业	孙XX	女
15			0012	SH装饰	刘XX	男
16			0013	TJ商贸	吴XX	男

| 提示 |

在工作表中插入新行时，当前行向下移动，而插入新列时，当前列则向右移动。选中单元格的名称会相应变化。

5.5.5 重点：删除行与列

删除多余的行与列可以使客户联系信息表更加美观、准确。删除行与列有以下两种方法，其具体操作步骤如下。

1. 使用快捷菜单

第1步 选择要删除的行中的一个单元格，例如，选择A7单元格，右击，在弹出的快捷菜单中选择【删除】选项，如下图所示。

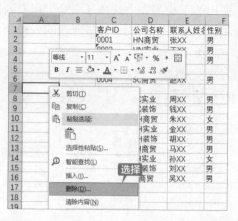

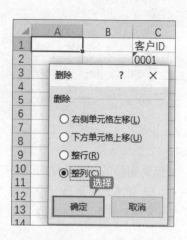

第2步 在弹出的【删除】对话框中选中【整行】单选按钮，然后单击【确定】按钮，如下图所示。

第5步 即可删除选中单元格所在的列，如下图所示。

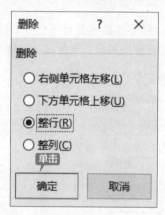

第3步 则可以删除选中单元格所在的行，如下图所示。

	A	B	C	D	E	F
1			客户ID	公司名称	联系人姓名	性别
2			0001	HN商贸	张XX	男
3			0002	HN实业	王XX	男
4			0003	HN装饰	李XX	男
5						
6			0004	SC商贸	赵XX	男
7			0005	SC实业	周XX	男
8			0006	SC装饰	钱XX	男
9			0007	AH商贸	朱XX	女
10			0008	AH实业	金XX	男
11			0009	AH装饰	胡XX	男
12			0010	SH商贸	马XX	男
13			0011	SH实业	孙XX	女
14			0012	SH装饰	刘XX	男
15			0013	TJ商贸	吴XX	男

第4步 选择要删除的列中的一个单元格，例如，选择 A1 单元格，右击，在弹出的快捷菜单中选择【删除】选项，在弹出的【删除】对话框中选中【整列】单选按钮，然后单击【确定】按钮，如下图所示。

	A	B	C	D	E
1		客户ID	公司名称	联系人姓名	性别
2		0001	HN商贸	张XX	男
3		0002	HN实业	王XX	男
4		0003	HN装饰	李XX	男
5					
6		0004	SC商贸	赵XX	男
7		0005	SC实业	周XX	男
8		0006	SC装饰	钱XX	男
9		0007	AH商贸	朱XX	女
10		0008	AH实业	金XX	男
11		0009	AH装饰	胡XX	男
12		0010	SH商贸	马XX	男
13		0011	SH实业	孙XX	女
14		0012	SH装饰	刘XX	男
15		0013	TJ商贸	吴XX	男

2. 使用功能区

第1步 选择要删除的行所在的任意一个单元格，例如，选择 A5 单元格，单击【开始】选项卡【单元格】组中的【删除】下拉按钮，在弹出的下拉列表中选择【删除工作表行】选项，如下图所示。

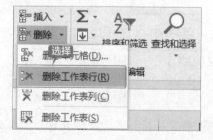

第2步 即可将选中的单元格所在的行删除，如下图所示。

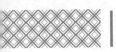
	A	B	C	D	E
1		客户ID	公司名称	联系人姓名	性别
2		0001	HN商贸	张XX	男
3		0002	HN实业	王XX	男
4		0003	HN装饰	李XX	男
5		0004	SC商贸	赵XX	男
6		0005	SC实业	周XX	男
7		0006	SC装饰	钱XX	男
8		0007	AH商贸	朱XX	女
9		0008	AH实业	金XX	男

第3步 选择要删除的列所在的任意一个单元格，例如，选择 A1 单元格，单击【开始】选项卡【单元格】组中的【删除】下拉按钮，

在弹出的下拉列表中选择【删除工作表列】选项，即可将选中的单元格所在的列删除，如下图所示。

	A	B	C	D
1	客户ID	公司名称	联系人姓名	性别
2	0001	HN商贸	张XX	男
3	0002	HN实业	王XX	男
4	0003	HN装饰	李XX	男
5	0004	SC商贸	赵XX	男
6	0005	SC实业	周XX	男
7	0006	SC装饰	钱XX	男
8	0007	AH商贸	朱XX	女

5.5.6 重点：调整行高与列宽

在客户联系信息表中，当单元格的宽度或高度不足时，会导致数据显示不完整。这时就需要调整列宽和行高，使客户联系信息表的布局更加合理，外表更加美观，具体操作步骤如下。

1. 调整单行或单列

第1步 将鼠标指针移动到第 1 行与第 2 行的行号之间，当鼠标指针变成 ✚ 形状时，按住鼠标左键向上拖曳使行高变小，向下拖曳使行高变大，如下图所示。

高度: 20.25 (27 像素)

	客户ID	公司名称
1	0001	HN商贸
2	0002	HN实业
3	0003	HN装饰
4		

第2步 向下拖曳到合适位置时，松开鼠标左键，即可增加行高，如下图所示。

	A	B	C
1	客户ID	公司名称	联系人姓名
2	0001	HN商贸	张XX
3	0002	HN实业	王XX
4	0003	HN装饰	李XX

第3步 将鼠标指针移动到 C 列与 D 列两列的列标之间，当鼠标指针变成 ✚ 形状时，按住鼠标左键向左拖曳可以使列变窄，向右拖曳

则可使列变宽，如下图所示。

A1 　　　　fx 宽度: 10.50 (89 像素)

	A	B	C	D	E
1	客户ID	公司名称	联系人姓名	性别	城市
2	0001	HN商贸	张XX	男	郑州
3	0002	HN实业	王XX	男	洛阳
4	0003	HN装饰	李XX	男	北京
5	0004	SC商贸	赵XX	男	深圳
6	0005	SC实业	周XX	男	广州
7	0006	SC装饰	钱XX	男	长春

第4步 向右拖曳到合适位置，松开鼠标左键，即可增加列宽，如下图所示。

	A	B	C	D
1	客户ID	公司名称	联系人姓名	性别
2	0001	HN商贸	张XX	男
3	0002	HN实业	王XX	男
4	0003	HN装饰	李XX	男
5	0004	SC商贸	赵XX	男
6	0005	SC实业	周XX	男
7	0006	SC装饰	钱XX	男
8	0007	AH商贸	朱XX	女

| 提示 |

拖曳时将显示出以点和像素为单位的宽度工具提示。

2. 调整多行或多列

第1步 选择 H 列到 K 列之间的所有列，然后拖曳所选列标的右侧边界，向右拖曳增加列宽，如下图所示。

G	H	I	J	K	L
邮政编码	通讯地址	联系人职务	电话号码	传真号码	电子邮箱地址
450000	康庄大道1	经理	138XXXX0	0371-6111	XXXNGXX@outlook.com
471000	幸福大道1	采购总监	138XXXX0	0379-6111	XXXGXX@outlook.com
100000	花园大道1	分析员	138XXXX0	010-6111:	XXX@outlook.com
518000	富山大道1	总经理	138XXXX0	0755-6111	XXXOXX@outlook.com
510000	淮河大道1	总经理	138XXXX0	020-6111:	XXXUXX@outlook.com
130000	京广大道1	顾问	138XXXX0	0431-611:	XXXX@outlook.com
230000	航海大道1	采购总监	138XXXX0	0551-611:	XXXX@outlook.com
241000	陇海大道1	经理	138XXXX0	0553-611:	XXXX@outlook.com
610000	长江大道1	高级采购员	138XXXX0	028-6111:	XXXX@outlook.com
200000	莲花大道1	分析员	138XXXX0	021-6111:	XXXX@outlook.com
200000	农业大道1	总经理	138XXXX0	021-6111:	XXXX@outlook.com
200000	东风大道1	总经理	138XXXX0	021-6111:	XXXX@outlook.com
300000	经三大道1	顾问	138XXXX0	022-611:	XXXX@outlook.com

第2步 拖曳到合适位置时松开鼠标左键，即可增加列宽，如下图所示。

G	H	I	J	K	L
邮政编码	通讯地址	联系人职务	电话号码	传真号码	电子邮箱地址
450000	康庄大道101号	经理	138XXXX0001	0371-61111111	XXXNGXX@outlook.com
471000	幸福大道101号	采购总监	138XXXX0002	0379-61111111	XXXGXX@outlook.com
100000	花园大道101号	分析员	138XXXX0003	010-61111111	XXX@outlook.com
518000	富山大道101号	总经理	138XXXX0004	0755-61111111	XXXOXX@outlook.com
510000	淮河大道101号	总经理	138XXXX0005	020-61111111	XXXUXX@outlook.com
130000	京广大道101号	顾问	138XXXX0006	0431-61111111	XXXX@outlook.com
230000	航海大道101号	采购总监	138XXXX0007	0551-61111111	XXXX@outlook.com
241000	陇海大道101号	经理	138XXXX0008	0553-61111111	XXXX@outlook.com
610000	长江大道101号	高级采购员	138XXXX0009	028-61111111	XXXX@outlook.com
200000	莲花大道101号	分析员	138XXXX0010	021-61111111	XXXX@outlook.com
200000	农业大道101号	总经理	138XXXX0011	021-61111111	XXXX@outlook.com
200000	东风大道101号	总经理	138XXXX0012	021-61111113	XXXX@outlook.com
300000	经三大道101号	顾问	138XXXX0013	022-61111111	XXXX@outlook.com

第3步 选择第 2 ~ 14 行中间的所有行，然后拖曳所选行号的下侧边界，向下拖曳可增加行高，如下图所示。

	A	B	C	D	E	F
1	客户ID	公司名称	联系人姓名	性别	城市	省/市
2	0001	HN商贸	张XX	男	郑州	河南
3	0002	HN实业	王XX	男	洛阳	河南
4	0003	HN装饰	李XX	男	北京	北京
5	0004	SC商贸	赵XX	男	深圳	广东
6	0005	SC实业	周XX	男	广州	广东
7	0006	SC装饰	钱XX	男	长春	吉林
8	0007	AH商贸	朱XX	女	合肥	安徽
9	0008	AH实业	金XX	男	芜湖	安徽
10	0009	AH装饰	胡XX	男	成都	四川
11	0010	SH商贸	马XX	男	上海	上海
12	0011	SH实业	孙XX	女	上海	上海
13	0012	SH装饰	刘XX	男	上海	上海
14	0013	TJ商贸	吴XX	男	天津	天津
15						

第4步 拖曳到合适位置时松开鼠标左键，即可增加行高，如下图所示。

	A	B	C	D	E	F
1	客户ID	公司名称	联系人姓名	性别	城市	省/市
2	0001	HN商贸	张XX	男	郑州	河南
3	0002	HN实业	王XX	男	洛阳	河南
4	0003	HN装饰	李XX	男	北京	北京
5	0004	SC商贸	赵XX	男	深圳	广东
6	0005	SC实业	周XX	男	广州	广东
7	0006	SC装饰	钱XX	男	长春	吉林
8	0007	AH商贸	朱XX	女	合肥	安徽
9	0008	AH实业	金XX	男	芜湖	安徽
10	0009	AH装饰	胡XX	男	成都	四川
11	0010	SH商贸	马XX	男	上海	上海
12	0011	SH实业	孙XX	女	上海	上海
13	0012	SH装饰	刘XX	男	上海	上海
14	0013	TJ商贸	吴XX	男	天津	天津
15						

3. 调整整个工作表的行或列

如果要调整工作表中所有列的宽度，单击【全选】按钮，然后拖曳任意列标题的边界调整行高或列宽，如下图所示。

4. 自动调整行高与列宽

在 Excel 中，除了手动调整行高与列宽外，还可以将单元格设置为根据单元格内容自动调整行高或列宽，具体操作步骤如下。

第1步 在客户联系信息表中选择要调整的行或列，如这里选择 D 列，如下图所示。

	A	B	C	D	E
1	客户ID	公司名称	联系人姓名	性别	城市
2	0001	HN商贸	张XX	男	郑州
3	0002	HN实业	王XX	男	洛阳
4	0003	HN装饰	李XX	男	北京
5	0004	SC商贸	赵XX	男	深圳
6	0005	SC实业	周XX	男	广州
7	0006	SC装饰	钱XX	男	长春
8	0007	AH商贸	朱XX	女	合肥
9	0008	AH实业	金XX	男	芜湖
10	0009	AH装饰	胡XX	男	成都
11	0010	SH商贸	马XX	男	上海
12	0011	SH实业	孙XX	女	上海
13	0012	SH装饰	刘XX	男	上海
14	0013	TJ商贸	吴XX	男	天津
15					

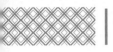
第2步 单击【开始】选项卡【单元格】组中的【格式】按钮，在弹出的下拉列表中选择【自动调整行高】或【自动调整列宽】选项，如这里选择【自动调整列宽】选项，如下图所示。

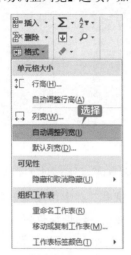

第3步 自动调整列宽的效果如下图所示。

第4步 根据需要调整其他行和列的行高和列宽，效果如下图所示。

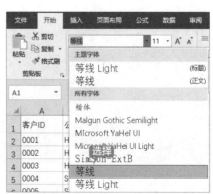

5.6 文本格式化

在 Excel 2019 中，设置字体格式、对齐方式与设置边框和背景等，可以美化客户联系信息表的内容。

5.6.1 设置字体

客户联系信息表制作完成后，可对字体进行大小、加粗、颜色等设置，使客户联系信息表看起来更加美观，具体操作步骤如下。

第1步 选择 A1:M1 单元格区域，单击【开始】选项卡【字体】组中的【字体】下拉按钮，在弹出的下拉列表中选择【等线】选项，如下图所示。

第2步 单击【开始】选项卡【字体】组中的【字

号】下拉按钮，在弹出的下拉列表中选择【11】选项，如下图所示。

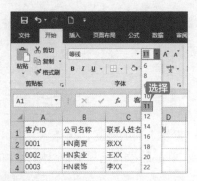

格区域，设置【字体】为"微软雅黑"，【字号】为"10"，并根据字体大小调整行高与列宽，效果如下图所示。

第 3 步 重复上面的步骤，选择 A2:M14 单元

5.6.2 设置对齐方式

Excel 2019 允许为单元格数据设置的对齐方式有左对齐、右对齐和居中对齐等。在本案例中设置居中对齐，使客户联系信息表更加有序美观。

【开始】选项卡中【对齐方式】组中对齐按钮的分布及名称如下图所示，单击对应按钮可执行相应设置，具体操作步骤如下。

第 1 步 选择 A1:M1 单元格区域，如下图所示。

第 2 步 单击【开始】选项卡【对齐方式】组中的【居中】按钮 ≡，选中的数据会全部居中显示，如下图所示。

第 3 步 使用同样的方法，设置其他单元格的对齐方式，效果如下图所示。

> **提示**
>
> 默认情况下，单元格的文本是左对齐，数字是右对齐。

5.6.3 设置边框和背景

在 Excel 2019 中，单元格四周的灰色网格线默认是不打印出来的。为了使客户联系信息表更加规范、美观，可以为表格设置边框和背景。

设置边框主要有以下两种方法。

1. 使用【字体】组

第1步 选中要添加边框的单元格区域，如选择 A2:M14 单元格区域，单击【开始】选项卡【字体】组中的【边框】下拉按钮，在弹出的下拉列表中选择【所有框线】选项，如下图所示。

第2步 即可为表格添加边框，如下图所示。

第3步 选择 A1:M1 单元格区域，单击【开始】选项卡【字体】组中的【填充颜色】下拉按钮，在弹出的下拉列表的【主题颜色】选项区域中选择任意一种颜色。如这里选择【蓝色，个性色5，淡色40%】选项，如下图所示。

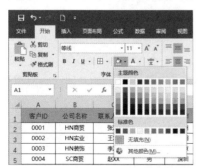

第4步 客户联系信息表设置边框和背景的效果如下图所示。

第5步 重复上面的步骤，选择 A2:M14 单元格区域，单击【开始】选项卡【字体】组中的【边框】下拉按钮，在弹出的下拉列表中选择【无框线】选项，即可取消上面添加的框线，如下图所示。

第6步 选择 A1:M1 单元格区域，单击【开始】选项卡【字体】组中的【填充颜色】下拉按钮，在弹出的下拉列表中选择【无填充颜色】选项，即可取消客户联系信息表中的背景颜色，如下图所示。

2. 使用【设置单元格格式】对话框

在本案例中，使用【设置单元格格式】对话框设置边框和背景，具体操作步骤如下。

第1步 选择 A2:M14 单元格区域，单击【开始】选项卡【单元格】组中的【格式】按钮，在弹出的下拉列表中选择【设置单元格格式】选项，如下图所示。

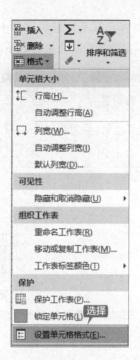

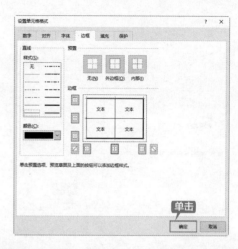

第 4 步 即可看到设置的边框效果，如下图所示。

第 2 步 弹出【设置单元格格式】对话框，选择【边框】选项卡，在【样式】列表框中选择一种边框样式，然后在【颜色】下拉列表中选择【蓝色，个性色1】选项，在【边框】选项区域单击【上边框】图标。此时在预览区域中可以看到设置的上边框的边框样式，如下图所示。

第 5 步 选择 A1:M1 单元格区域，按【Ctrl+1】组合键，调用【设置单元格格式】对话框，选择【填充】选项卡，在【背景色】选项区域中的【颜色】下拉列表中选择一种颜色可以填充单色背景，如下图所示。

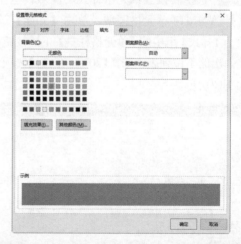

第 3 步 使用同样的方法，继续在【设置单元格格式】对话框的【边框】选项卡中设置其他边框，在预览区域中可看到设置的效果，设置完成后单击【确定】按钮，如下图所示。

第 6 步 选择【边框】选项卡，在【样式】列表中选择一种边框样式，将其【颜色】设置为"黑色"，并应用到右边框上，在预览区域中可看到设置的边框效果，单击【确定】按钮，如下图所示。

第7步 返回客户联系信息表文档中，即可看到设置边框和背景后的效果，如下图所示。

5.7 使用样式

在 Excel 中内置有多种单元格样式及表格格式，满足用户对客户联系信息表的美化需求。另外，还可以设置条件格式，突出显示重点关注的信息。

5.7.1 重点：设置单元格样式

单元格样式是一组已定义的格式特征，使用 Excel 2019 中的内置单元格样式可以快速改变文本样式、标题样式、背景样式和数字样式等。在客户联系信息表中设置单元格样式的具体操作步骤如下。

第1步 选择要设置单元格样式的区域，这里选择 A2:M14 单元格区域，单击【开始】选项卡【样式】组中的【单元格样式】下拉按钮，在弹出的下拉列表中选择【20%-着色1】选项，如下图所示。

	A	B	C	D	E	F	G
1	客户ID	公司名称	联系人姓名	性别	城市	省/市	邮政编码
2	0001	HN商贸	张XX	男	郑州	河南	450000
3	0002	HN实业	王XX	男	洛阳	河南	471000
4	0003	HN装饰	李XX	男	北京	北京	100000
5	0004	SC商贸	赵XX	男	深圳	广东	518000
6	0005	SC实业	周XX	男	广州	广东	510000
7	0006	SC装饰	钱XX	男	长春	吉林	130000
8	0007	AH商贸	朱XX	女	合肥	安徽	230000
9	0008	AH实业	金XX	男	芜湖	安徽	241000
10	0009	AH装饰	胡XX	男	成都	四川	610000
11	0010	SH商贸	马XX	男	上海	上海	200000
12	0011	SH实业	孙XX	女	上海	上海	200000
13	0012	SH装饰	刘XX	男	上海	上海	200000
14	0013	TJ商贸	吴XX	男	天津	天津	300000
15							

第3步 按【Ctrl+Z】组合键，撤销设置单元格格式的操作，效果如下图所示。

	A	B	C	D	E	F	G
1	客户ID	公司名称	联系人姓名	性别	城市	省/市	邮政编码
2	0001	HN商贸	张XX	男	郑州	河南	450000
3	0002	HN实业	王XX	男	洛阳	河南	471000
4	0003	HN装饰	李XX	男	北京	北京	100000
5	0004	SC商贸	赵XX	男	深圳	广东	518000
6	0005	SC实业	周XX	男	广州	广东	510000
7	0006	SC装饰	钱XX	男	长春	吉林	130000
8	0007	AH商贸	朱XX	女	合肥	安徽	230000
9	0008	AH实业	金XX	男	芜湖	安徽	241000
10	0009	AH装饰	胡XX	男	成都	四川	610000
11	0010	SH商贸	马XX	男	上海	上海	200000
12	0011	SH实业	孙XX	女	上海	上海	200000
13	0012	SH装饰	刘XX	男	上海	上海	200000
14	0013	TJ商贸	吴XX	男	天津	天津	300000

第2步 即可改变单元格样式，效果如下图所示。

5.7.2 套用表格格式

Excel 2019 内置有 63 种表格格式，满足用户多样化的需求，使用 Excel 内置的表格格式，一键套用，方便快捷，同时也使得客户联系信息表设计得赏心悦目。套用表格格式的具体操作步骤如下。

第 1 步 选择客户联系信息表数据区域中的任意一个单元格，单击【开始】选项卡【样式】组中的【套用表格格式】按钮，在弹出的下拉列表中选择一种格式，这里选择【中等色】选项区域中的【蓝色，表样式中等深浅 13】选项，如下图所示。

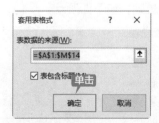

第 2 步 弹出【套用表格式】对话框，单击【确定】按钮，如下图所示。

第 3 步 即可为表格套用此格式，此时可以看到标题行的每一个标题右侧多了一个"筛选"按钮，如下图所示。

第 4 步 在【表格工具 – 设计】选项卡【表格样式选项】组中取消选中【筛选按钮】复选框，如下图所示。

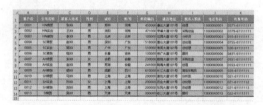

第 5 步 即可取消表格中的筛选按钮，如下图所示。

第 6 步 选中 A1:M1 单元格区域，按【Ctrl+1】组合键调用【设置单元格格式】对话框，在【样式】列表框中选择一种边框样式，将【颜色】设置为"蓝色，个性色 1，淡色 40%"，在【边框】选项区域中选择应用此边框样式的位置，这里选择中间边框线，然后单击【确定】按钮，如下图所示。

第7步 即可看到美化后的表格，如下图所示。

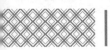

5.7.3 设置条件格式

在 Excel 2019 中可以使用条件格式，将客户联系信息表中符合条件的数据突出显示出来，为单元格区域应用条件格式的具体操作步骤如下。

第1步 选择要设置条件格式的区域，这里选择 I2:I14 单元格区域，单击【开始】选项卡【样式】组中的【条件格式】按钮，在弹出的下拉列表中选择【突出显示单元格规则】→【文本包含】条件规则，如下图所示。

联系人职务	电话号码
经理	138XXXX0001
采购总监	138XXXX0002
分析员	138XXXX0003
总经理	138XXXX0004
总经理	138XXXX0005
顾问	138XXXX0006
采购总监	138XXXX0007
经理	138XXXX0008
高级采购员	138XXXX0009
分析员	138XXXX0010
总经理	138XXXX0011
总经理	138XXXX0012
顾问	138XXXX0013

> **| 提示 |**
>
> 选择【新建规则】选项，弹出【新建格式规则】对话框，在此对话框中可以根据自己的需要来设定条件规则。

设定条件格式后，可以管理和清除设置的条件格式。

选择设置条件格式的区域，单击【开始】选项卡【样式】组中的【条件格式】按钮，在弹出的列表中选择【清除规则】→【清除所选单元格的规则】选项，可清除选择区域中的条件规则，如下图所示。

第2步 弹出【文本中包含】对话框，在左侧的文本框中输入"总经理"，在【设置为】下拉列表中选择【浅红填充色深红色文本】选项，单击【确定】按钮，如下图所示。

第3步 设置条件格式后的效果如下图所示。

5.8 页面设置

设置纸张方向和添加页眉与页脚来满足客户联系信息表格式的要求并完善文档的信息。

5.8.1 设置纸张方向

设置纸张的方向,可以满足客户联系信息表的布局格式要求,具体操作步骤如下。

第1步 单击【页面布局】选项卡【页面设置】组中的【纸张方向】按钮,在弹出的下拉列表中选择【横向】选项,如下图所示。

第2步 可以看到分页符(下图中虚线)显示在 J 列和 K 列中间,表格被分成了两部分,如下图所示。

I	J	K
联系人职务	电话号码	传真号码
经理	138XXXX0001	0371-61111111
采购总监	138XXXX0002	0379-61111111
分析员	138XXXX0003	010-61111111
总经理	138XXXX0004	0755-61111111
总经理	138XXXX0005	020-61111111
顾问	138XXXX0006	0431-61111111
采购总监	138XXXX0007	0551-61111111
经理	138XXXX0008	0553-61111111
高级采购员	138XXXX0009	028-61111111
分析员	138XXXX0010	021-61111111
总经理	138XXXX0011	021-61111112
总经理	138XXXX0012	021-61111113
顾问	138XXXX0013	022-61111111

第3步 选择【文件】选项卡,在左侧列表中选择【打印】选项,进入【打印】页面,在预览区域中可以看到表格被分成了两页,如下图所示。

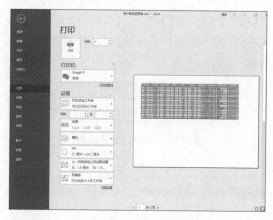

第4步 在【设置】选项区域中单击【无缩放】下拉按钮,在弹出的列表中选择【将所有列调整为一页】选项,如下图所示。

第5步 此时,在预览区域中可以看到客户联系信息表显示在一页上,如下图所示。

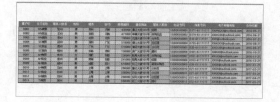

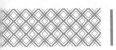
5.8.2 添加页眉和页脚

在页眉和页脚中可以输入创建表格的基本信息，例如，在页眉中输入表格名称或作者名称等信息，在页脚中输入表格的创建时间、页码等，不仅能使表格更美观，还能向阅读者快速传递表格要表达的信息，具体操作步骤如下。

第1步 在插入页眉和页脚之前，首先为表格插入分页符。选中要插入分页符的左上角单元格，这里选择N15单元格，单击【页面布局】选项卡【页面设置】组中的【分隔符】下拉按钮，在弹出的下拉列表中选择【插入分页符】选项，如下图所示。

第2步 即可在表格中插入分页符，如下图所示。

第3步 选中客户联系信息表中的任意一个单元格，单击【插入】选项卡【文本】组中的【页眉和页脚】按钮，如下图所示。

第4步 进入【页面布局】视图，选择【页面布局】选项卡【页面设置】组中的【页面设置】按钮，如下图所示。

第5步 弹出【页面设置】对话框，选择【页眉／页脚】选项卡，单击【自定义页眉】按钮，如下图所示。

第6步 弹出【页眉】对话框，将光标定位至【中】文本框中，单击【插入文件名】按钮 ，如下图所示。

第7步 即可在【中】文本框中插入"&[文件]"，单击【确定】按钮，如下图所示。

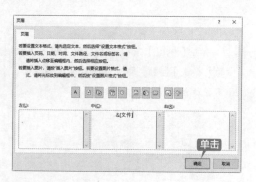

第 8 步 在【页面设置】对话框中可预览添加的页眉效果，单击【自定义页脚】按钮，如下图所示。

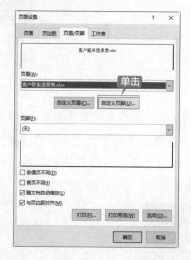

第 9 步 弹出【页脚】对话框，使用同样的方法，先将光标定位至【中】文本框中，单击上方的【插入日期】按钮，在【中】文本框中插入"&[日期]"，然后将光标定位至【右】文本框中，单击【插入页码】按钮，在【右】文本框中插入"&[页码]"，单击【确定】按钮，如下图所示。

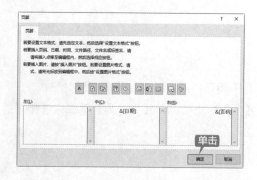

第 10 步 在【页面设置】对话框中可预览设置的页眉与页脚效果，如下图所示。

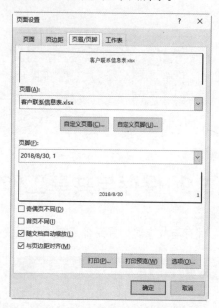

第 11 步 选择【页边距】选项卡，在【页眉】和【页脚】文本框中都输入"5"，在【居中方式】选项区域中选中【水平】和【垂直】复选框，单击【确定】按钮，如下图所示。

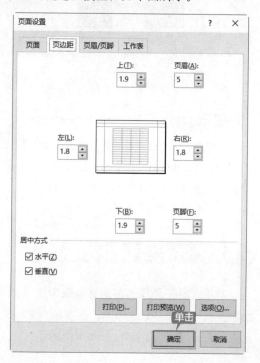

第12步 即可看到设置的页眉和页脚效果，如下图所示。

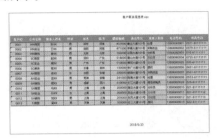

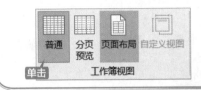
5.9 保存与共享工作簿

保存与共享客户联系信息表，可以使公司员工之间保持同步工作进程，提高工作效率。

5.9.1 保存客户联系信息表

保存客户联系信息表到计算机硬盘中，防止资料丢失。保存工作表的方法有以下几种。

① 单击快速访问工具栏中的【保存】按钮 📁，即可快速保存工作表，如下图所示。

② 选择【文件】选项卡，在左侧列表中选择【保存】选项，即可快速保存工作表，如下图所示。

③ 按【Ctrl+S】组合键，即可快速保存工作表。

5.9.2 另存为其他兼容格式

将 Excel 工作簿另存为其他兼容格式，可以方便不同用户阅读，具体操作步骤如下。

第1步 选择【文件】选项卡，在左侧列表中选择【另存为】选项，在【另存为】页面中选择【这台电脑】→【浏览】选项，如下图所示。

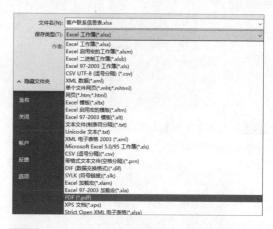

第2步 在弹出的【另存为】对话框中选择文件要保存的位置，并在【文件名】文本框中输入"客户联系信息表"，如下图所示。

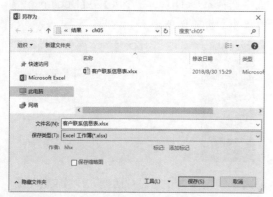

第3步 单击【保存类型】下拉按钮，在弹出的下拉列表中选择【PDF（*.pdf）】选项，如下图所示。

第4步 单击【保存】按钮，如下图所示。

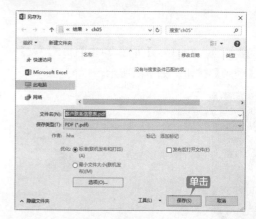

第5步 即可把客户联系信息表另存为 PDF 格式，如下图所示。

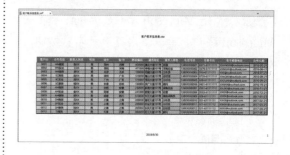

5.9.3 共享工作簿

把客户联系信息表共享之后，可以让公司员工保持信息同步，具体操作步骤如下。

第1步 选中客户联系信息表中的任意一个单元格，单击 Excel 界面右上角的【共享】按钮，如下图所示。

第2步 弹出【共享】任务窗格，单击【保存到云】按钮，如下图所示。

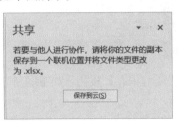

第3步 进入【另存为】界面，单击【OneDrive】→【登录】按钮，如下图所示。

第4步 弹出 Microsoft 登录界面，输入 Microsoft 账户名称，单击【下一步】按钮，如下图所示。

第5步 输入密码，单击【登录】按钮，如下图所示。

第6步 即可登录 OneDrive，在【另存为】界面中选择【OneDrive – 个人】→【Documents】文件夹，如下图所示。

第7步 弹出【另存为】对话框，在【文件名】文本框中输入"客户联系信息表"，单击【保存】按钮，如下图所示。

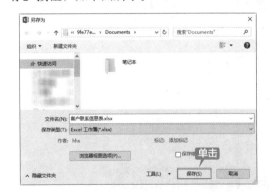

第8步 即可自动返回 Excel 工作界面，在状态栏中可看到该文件正在上载到 OneDrive，如下图所示。

第9步 上载成功后，返回【共享】任务窗格，可以看到窗格中的选项发生了变化，在【邀请人员】文本框中输入要分享的用户邮箱地址，然后单击【共享】按钮，如下图所示。

第10步 此时会显示"正在发送电子邮件并与您邀请的人员共享…"提示信息，待这个提示信息消失时，即可完成对工作簿的共享，如下图所示。此时被邀请人员会收到一份电子邮件。

制作员工信息表

　　与客户联系信息表类似的文档还有员工信息表、包装材料采购明细表、成绩表、汇总表等。制作这类表格时，要做到数据准确、重点突出、分类简洁，使阅读者快速明了表格信息。下面就以制作员工信息表为例进行介绍。

第1步　创建空白工作簿

　　新建空白工作簿，重命名工作表并设置工作表标签的颜色等，如下图所示。

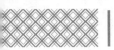

第2步 输入数据

输入员工信息表中的各种数据，对数据列进行填充，并调整行高与列宽，如下图所示。

	A	B	C	D	E	F	G	H	I	J	K	L	M
1	员工编号	员工姓名	入职日期	性别	身高 (cm)	体重 (kg)	身份证号	最高学历	毕业院校	专业	联系电话	邮箱地址	家庭住址
2	YG1001	张××	2014/2/20	男	182	82	410111198	本科	AA大学	计算机科学与技术	138××××0001	××G××@outlook.com	金水区花园路121号
3	YG1002	王××	2015/6/7	男	179	79	410222198	本科	AA大学	计算机科学与技术	138××××0002	××NG××@outlook.com	朝阳区京广路24号
4	YG1003	李××	2015/6/8	女	172	70	410333198	本科	AA大学	经济管理	138××××0003	××××@outlook.com	朝阳区京广路140号
5	YG1004	赵××	2015/6/9	男	176	70	410444198	本科	DD大学	计算机科学与技术	138××××0004	×××××@outlook.com	管城区城东路128号
6	YG1005	周××	2015/9/20	男	168	57	410555198	本科	BB大学	计算机网络	138××××0005	××U××@outlook.com	管城区城东路129号
7	YG1006	钱××	2016/4/11	女	157	59	410666198	本科	DD大学	计算机科学与技术	138××××0006	××N××@outlook.com	管城区城东路130号
8	YG1007	朱××	2016/4/12	男	178	69	410777198	本科	GG大学	通讯工程	138××××0007	××@outlook.com	越秀区海波路210号
9	YG1008	金××	2016/4/13	男	176	59	410888199	硕士	HH大学	计算机科学与技术	138××××0008	××××@outlook.com	越秀区海波路211号
10	YG1009	胡××	2016/7/28	男	173	62	410999199	本科	KK大学	计算机科学与技术	138××××0009	××U××@outlook.com	越秀区海波路212号
11	YG1010	马××	2017/6/30	女	167	57	410222199	本科	HH大学	计算机科学与技术	138××××0010	××A××@outlook.com	高新区科学大道12号
12	YG1011	孙××	2017/8/1	男	182	76	410111199	硕士	LL大学	通信工程	138××××0011	××××N××@outlook.com	经开区经八路124号
13	YG1012	刘××	2018/4/2	男	172	59	410111199	本科	MM大学	计算机科学与技术	138××××0012	L×××××@outlook.com	经开区经八路62号
14	YG1013	吴××	2018/9/8	男	176	68	410222199	本科	NN大学	计算机科学与技术	138××××0013	W×××××@outlook.com	高新区莲花街12号
15													

第3步 文本格式化

设置工作簿中的文本格式、文本对齐方式，并设置边框和背景，如下图所示。

	A	B	C	D	E	F	G	H	I	J	K	L	M
1	员工编号	员工姓名	入职日期	性别	身高 (cm)	体重 (kg)	身份证号	最高学历	毕业院校	专业	联系电话	邮箱地址	家庭住址
2	YG1001	张××	2014/2/20	男	182	82	410111198708011018	本科	AA大学	计算机科学与技术	138××××0001	××G××@outlook.com	金水区花园路121号
3	YG1002	王××	2015/6/7	男	179	79	410222198808011010	本科	AA大学	计算机科学与技术	138××××0002	××NG××@outlook.com	朝阳区京广路24号
4	YG1003	李××	2015/6/8	女	172	70	410333198808011041	本科	AA大学	经济管理	138××××0003	××××@outlook.com	朝阳区京广路140号
5	YG1004	赵××	2015/6/9	男	176	70	410444198908011011	本科	DD大学	计算机科学与技术	138××××0004	×××××@outlook.com	管城区城东路128号
6	YG1005	周××	2015/9/20	男	168	57	410555198808011011	本科	BB大学	计算机网络	138××××0005	××U××@outlook.com	管城区城东路129号
7	YG1006	钱××	2016/4/11	女	157	59	410666198908011061	本科	DD大学	计算机科学与技术	138××××0006	××N××@outlook.com	管城区城东路130号
8	YG1007	朱××	2016/4/12	男	178	69	410777198908011011	硕士	GG大学	通讯工程	138××××0007	××@outlook.com	越秀区海波路210号
9	YG1008	金××	2016/4/13	男	176	59	410888199008011011	硕士	HH大学	计算机科学与技术	138××××0008	××××@outlook.com	越秀区海波路211号
10	YG1009	胡××	2016/7/28	男	173	62	410999199108011231	本科	KK大学	计算机科学与技术	138××××0009	××U××@outlook.com	越秀区海波路212号
11	YG1010	马××	2017/6/30	女	167	57	410222199008011028	本科	HH大学	计算机科学与技术	138××××0010	××A××@outlook.com	高新区科学大道12号
12	YG1011	孙××	2017/8/1	男	182	76	410111199108011051	硕士	LL大学	通信工程	138××××0011	××××N××@outlook.com	经开区经八路124号
13	YG1012	刘××	2018/4/2	男	172	59	410111199408011071	本科	MM大学	计算机科学与技术	138××××0012	L×××××@outlook.com	经开区经八路62号
14	YG1013	吴××	2018/9/8	男	176	68	410222199208011095	本科	NN大学	计算机科学与技术	138××××0013	W×××××@outlook.com	高新区莲花街12号
15													

第4步 设置页面

在员工信息表中，根据表格的布局来设置纸张的方向，并添加页眉与页脚，并保存为 PDF 格式，如下图所示。

员工信息表.xlsx

员工编号	员工姓名	入职日期	性别	身高 (cm)	体重 (kg)	身份证号	最高学历	毕业院校	专业	联系电话	邮箱地址	家庭住址
YG1001	张××	2014/2/20	男	182	82	410111198708011018	本科	AA大学	计算机科学与技术	138××××0001	××G××@outlook.com	金水区花园路121号
YG1002	王××	2015/6/8	男	179	79	410222198808011010	本科	AA大学	计算机科学与技术	138××××0002	××NG××@outlook.com	朝阳区京广路24号
YG1003	李××	2015/6/8	女	172	70	410333198808011041	本科	AA大学	经济管理	138××××0003	××××@outlook.com	朝阳区京广路140号
YG1004	赵××	2015/6/9	男	176	70	410444198908011011	本科	DD大学	计算机科学与技术	138××××0004	×××××@outlook.com	管城区城东路128号
YG1005	周××	2015/9/20	男	168	57	410555198808011011	本科	BB大学	计算机网络	138××××0005	××N××@outlook.com	管城区城东路129号
YG1006	钱××	2016/4/11	女	157	59	410666198908011061	本科	DD大学	计算机科学与技术	138××××0006	××N××@outlook.com	管城区城东路130号
YG1007	朱××	2016/4/12	男	178	69	410777198908011011	硕士	GG大学	通讯工程	138××××0007	××@outlook.com	越秀区海波路210号
YG1008	金××	2016/4/13	男	176	59	410888199008011011	硕士	HH大学	计算机科学与技术	138××××0008	××××@outlook.com	越秀区海波路211号
YG1009	胡××	2016/7/28	男	173	62	410999199108011231	本科	KK大学	计算机科学与技术	138××××0009	××U××@outlook.com	越秀区海波路212号
YG1010	马××	2017/6/30	女	167	57	410222199008011028	本科	HH大学	计算机科学与技术	138××××0010	××A××@outlook.com	高新区科学大道12号
YG1011	孙××	2017/8/1	男	182	76	410111199108011051	硕士	LL大学	通信工程	138××××0011	××××N××@outlook.com	经开区经八路124号
YG1012	刘××	2018/4/2	男	172	59	410111199408011071	本科	MM大学	计算机科学与技术	138××××0012	L×××××@outlook.com	经开区经八路62号
YG1013	吴××	2018/9/8	男	176	68	410222199208011095	本科	NN大学	计算机科学与技术	138××××0013	W×××××@outlook.com	高新区莲花街12号

2018/8/30　　　　　　　　　　　　　1

◇ 使用右键和双击填充

　　使用 Excel 的快速填充功能，可以快速输入大量的有规律的数据信息。

1. 使用右键填充

第1步 在 A1 单元格中输入"2019/1/1"，将鼠标指针移至单元格的右下角，当鼠标指针变为填充柄形状 ✚ 时，按住鼠标右键向下拖曳至 A10 单元格中，然后松开鼠标右键，此时会弹出快捷菜单，可以根据需要选择相应的选项，如这里选择【以年填充】选项，如下图所示。

	A	B	C	D
1	2019/1/1			
2				
3				
4				
5				
6				
7				
8				
9				
10				

复制单元格(C)
填充序列(S)
仅填充格式(F)
不带格式填充(O)
以天数填充(D)
填充工作日(W)
选择 以月填充(M)
以年填充(Y)
等差序列(L)
等比序列(G)
快速填充(F)
序列(E)...

第2步 即可按年填充数据，如下图所示。

	A	B
1	2019/1/1	
2	2020/1/1	
3	2021/1/1	
4	2022/1/1	
5	2023/1/1	
6	2024/1/1	
7	2025/1/1	
8	2026/1/1	
9	2027/1/1	
10	2028/1/1	
11		
12		

2. 双击填充

　　在 B1 单元格中输入 1，将鼠标指针移至 B1 单元格的右下角，当指针变为填充柄形状 ✚ 时，双击填充柄，即可实现快速填充，如下图所示。

	A	B	C
1	2019/1/1	1	
2	2020/1/1	1	
3	2021/1/1	1	
4	2022/1/1	1	
5	2023/1/1	1	
6	2024/1/1	1	
7	2025/1/1	1	
8	2026/1/1	1	
9	2027/1/1	1	
10	2028/1/1	1	
11			

| 提示 |

　　双击填充数据的范围会根据周围单元格中的已有数据范围来定，如果是一张空白工作表，则无法使用双击填充功能。

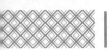

◇ 将表格行和列对调

在 Excel 表格中使用"转置"功能，可轻松实现表格的行列对调，具体操作步骤如下。

第1步 打开"素材 \ch05\ 表格行列互换 .xlsx"文件，选中 A1:F3 单元格区域，按【Ctrl+C】组合键进行复制，然后选中 A6 单元格，单击【开始】选项卡【剪贴板】组中的【粘贴】下拉按钮，在弹出的下拉列表中单击【转置】按钮，如下图所示。

第2步 即可完成表格的行列对调，如下图所示。

6	产品名称	销量	销售日期
7	电视机	230	2019/10/1
8	冰箱	150	2019/10/1
9	洗衣机	256	2019/10/1
10	橱柜	168	2019/10/1
11	电磁炉	368	2019/10/1

◇ 新功能：创建漏斗图

在 Excel 2019 中新增了"漏斗图"图表类型，漏斗图一般用于业务流程比较规范、周期长、环节多的流程分析，通过各个环节业务数据的对比，发现并找出问题所在。

第1步 打开"素材 \ch05\ 创建漏斗图 .xlsx"文件，选择数据区域中的任意一单元格，单击【插入】选项卡【图表】组中的【查看所有图表】按钮，如下图所示。

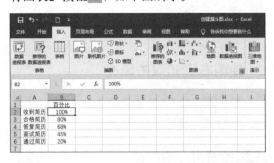

第2步 弹出【插入图表】对话框，选择【所有图表】选项卡，在左侧列表中选择【漏斗图】选项，单击【确定】按钮，如下图所示。

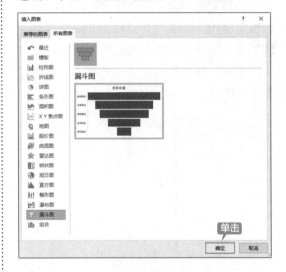

第3步 即可完成漏斗图的创建，效果如下图所示。

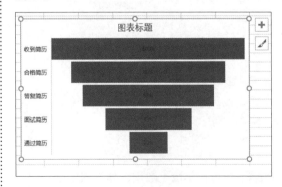

第6章
Excel 表格的美化

本章导读

工作表的管理和美化是制作表格的一项重要内容，在公司管理中，有时需要创建装修预算表、人事变更表、采购表等。使用 Excel 提供的设计艺术字效果、设置条件格式、添加数据条、应用样式及应用主题等操作，可以快速地对这类表格进行编辑与美化。本章以制作装修预算表为例，介绍 Excel 表格的美化。

思维导图

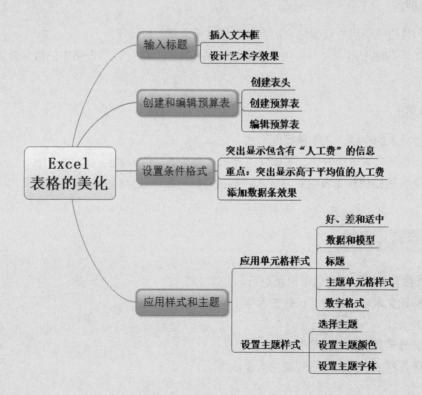

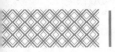

6.1 装修预算表

　　美化装修预算表要做到主题鲜明、制作规范、重点突出，便于公司更好地管理供应商的信息。

案例名称：使用 Excel 制作装修预算表	
案例目的：掌握 Excel 表格的美化	
素材	素材 \ch06\ 预算表 .xlsx
结果	结果 \ch06\ 装修预算表 .xlsx
视频	视频教学 \06 第 6 章

6.1.1 案例概述

　　装修预算表是装修公司常用的表格。美化装修预算表时，需要注意以下几点。

1. 主题鲜明

　　① 预算表的色彩主题要鲜明并统一，各个组成部分之间的色彩要和谐一致。
　　② 标题格式要与整体一致，艺术字效果遵从整体。

2. 制作规范

　　① 数据的规范便于用户对表格中的大量数据进行运算、统计等。
　　② 数据的规范便于用户对表格中的数据进行统一修改，并可以将表格中的数据转换成精美直观的图表。

3. 重点突出

　　① 确定预算表的标题，并选择标题形式。
　　② 创建并编辑预算表的表头，可以快速地表达表格的总体内容。
　　③ 使用条件格式使预算表中的总成本的数目得以形象化展示，并使人工成本高的项目突出显示。

6.1.2 设计思路

　　美化装修预算表时可以按以下思路进行。
　　① 插入标题文本框，并设计标题艺术字。
　　② 创建表头。
　　③ 创建装修预算表并进行编辑。
　　④ 设置条件格式，突出显示较高的人工成本。

⑤ 为每个区域的装修总成本添加数据条效果。

⑥ 应用单元格样式并设置主题效果。

6.1.3 涉及知识点

本案例主要涉及以下知识点。

① 插入文本框。

② 插入艺术字。

③ 创建和编辑预算表。

④ 设置条件格式。

⑤ 应用格式。

⑥ 设置主题。

6.2 输入标题

在美化装修预算表时，首先要设置预算表的标题并对标题中的艺术字进行设计美化。

6.2.1 插入标题文本框

插入标题文本框可以使装修预算表更加完整，具体操作步骤如下。

第1步 打开 Excel 2019 软件，新建一个 Excel 表格，选择【文件】选项卡，在左侧列表中选择【另存为】选项，在【另存为】界面中选择【这台电脑】→【浏览】选项，如下图所示。

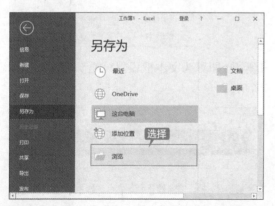

第2步 在弹出的【另存为】对话框中选择文件要保存的位置，并在【文件名】文本框中输入"装修预算表"，单击【保存】按钮，如下图所示。

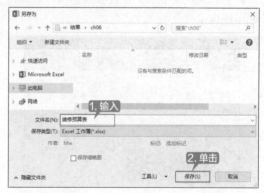

第3步 调整第 1 行的行高，然后选择 A1:J1 单元格区域，单击【开始】选项卡【对齐方式】组中的【合并后居中】按钮 合并后居中，合并单元格，如下图所示。

第4步 单击【插入】选项卡【文本】组中的【文

本框】按钮 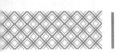，如下图所示。

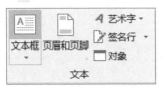

第5步 绘制横排文本框，使文本框的大小覆盖 A1 单元格，如下图所示。

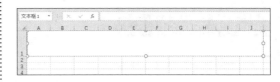

6.2.2 设计标题的艺术字效果

设置好标题文本框的位置和大小后，还需要设计艺术字标题，具体操作步骤如下。

第1步 在【文本框】中输入文字"装修预算表"，如下图所示。

第2步 选中"装修预算表"文本，单击【开始】选项卡【字体】组中的【增大字号】按钮 A，把标题的字号增大到合适的大小，设置【字体】为"微软雅黑"，并设置"加粗"效果，如下图所示。

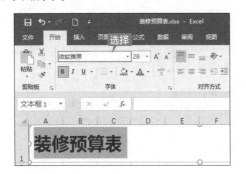

第3步 在【开始】选项卡【对齐方式】组中单击【垂直居中】按钮 和【居中】按钮，使标题位于文本框的中间位置，如下图所示。

第4步 选择文本框，单击【绘图工具－格式】选项卡【形状样式】组中的【形状填充】下拉按钮，在弹出的下拉列表中选择一种填充颜色，这里选择"蓝－灰，文字 2"颜色，如下图所示。

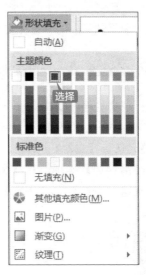

第5步 即可为文本框设置填充颜色，如下图所示。

第6步 选择"装修预算表"文本，单击【绘图工具－格式】选项卡【艺术字样式】组中的【其他】按钮，在弹出的下拉列表中选择一种艺术字，如下图所示。

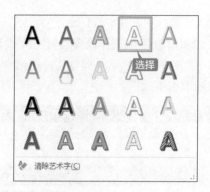

第 7 步 单击【绘图工具 - 格式】选项卡【艺术字样式】组中的【文本轮廓】下拉按钮，在弹出的下拉列表中选择【无轮廓】选项，如下图所示。

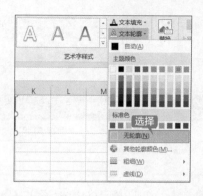

第 8 步 标题的艺术字效果设置如下图所示。

6.3 创建和编辑预算表

使用 Excel 2019 可以创建并编辑装修预算表，完善预算表的内容并美化预算表的文字。

6.3.1 添加表头

表头是表格中的第 1 个或第 1 行单元格，表头设计应根据预算内容的不同有所分别，表头所列项目是分析结果时不可缺少的基本项目，具体操作步骤如下。

第 1 步 打开"素材 \ch06\ 预算表 .xlsx"工作簿，选择 A2:L1 单元格区域，按【Ctrl+C】组合键复制内容，如下图所示。

第 2 步 返回"装修预算表"工作簿，选择 A2 单元格，按【Ctrl+V】组合键，把所选内容粘贴到 A2:J3 单元格区域中，如下图所示。

第 3 步 选择 A2:J2 单元格区域，单击【开始】选项卡【对齐方式】组中的【合并后居中】按钮，如下图所示。

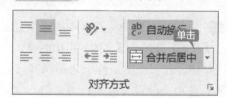

第 4 步 选择合并后的 A2 单元格中的文本内容，将其【字体】设置为"微软雅黑"，【字号】设置为"18"，设置"加粗"效果，并设置【对齐方式】为"右对齐"，效果如下图所示。

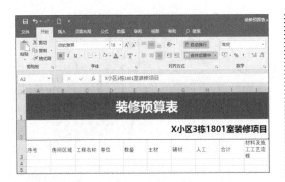

第5步 选择 A3:J3 单元格区域，将其【字体】

设置为"等线"，【字号】设置为"15"号，设置"加粗"效果，并设置【对齐方式】为"居中"对齐，然后适当调整其行高和列宽，效果如下图所示。

6.3.2 创建预算表

表格创建完成后，需要对装修预算表进行完善，补充供应商信息，具体操作步骤如下。

第1步 选择"预算表.xlsx"工作簿，选中 A4:J51 单元格区域，按【Ctrl+C】组合键进行复制。返回"装修预算表.xlsx"工作簿，选择 A4 单元，按【Ctrl+V】组合键把所选内容粘贴到单元格区域 A4:J51 中，如下图所示。

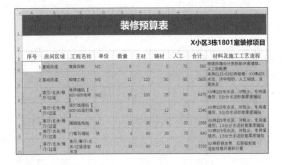

第2步 保持 A4:J51 单元格区域的选中状态，单击【开始】选项卡【字体】组中的【字体】下拉按钮，在弹出的下拉列表中选择【微软雅黑】选项，设置【字号】为"12"，如下图所示。

第3步 单击【开始】选项卡【对齐方式】组中的【居中】按钮，使其居中显示，如下图所示。

6.3.3 编辑预算表

完成装修预算表的内容后，需要对单元格的行高与列宽进行相应的调整，并给预算表添加边框线，具体操作步骤如下。

第1步 选择 A2:J51 单元格区域，单击【开始】选项卡【单元格】组中的【格式】按钮 格式，在弹出的下拉列表中选择【自动调整列宽】选项，如下图所示。

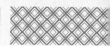
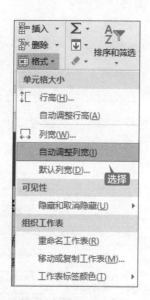

第2步 根据需要调整其他行的行高和列宽。效果如下图所示。

第3步 保持 A2:J51 单元格区域的选中状态，单击【开始】选项卡【字体】组中的【边框】下拉按钮，在弹出的下拉列表中选择【所有框线】选项，如下图所示。

第4步 添加边框线后效果如下图所示。

第5步 选择 A51:H51 单元格区域，单击【开始】选项卡【对齐方式】组中的【合并后居中】按钮，如下图所示。

第6步 然后设置【字体】为"微软雅黑"，【字号】为"18"，添加"加粗"效果，并设置字体颜色及填充色，效果如下图所示。

6.4 设置条件格式

在装修预算表中设置条件格式，可以把满足某种条件的单元格突出显示，并设置选取规则，还可以添加更简单易懂的数据条效果。

6.4.1 突出显示包含有人工费的信息

突出显示包含有人工费的信息，需要在装修预算表中设置条件格式，具体操作步骤如下。

第1步 选择要设置条件格式的区域，这里选择 J4:J50 单元格区域，单击【开始】选项卡【样式】组中的【条件格式】按钮 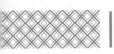条件格式 ，在弹出的下拉列表中选择【突出显示单元格规则】→【文本包含】选项，如下图所示。

第2步 弹出【文本中包含】对话框，在左侧文本框中输入"人工 * 费"，在【设置为】下拉列表中选择【绿填充色深绿色文本】选项，单击【确定】按钮，如下图所示。

第3步 "材料及施工工艺流程"中含有各种人工费的信息便可突出显示出来，效果如下图所示。

合计	材料及施工工艺流程
560	根据拆墙设计图拆除所需墙体、人工拆除费
2805	采用0115*53红砖砌墙、XX牌425水泥、河中粗砂、人工砌筑、双面抹灰
6475	XX牌325号水泥、河粗沙、专用填缝剂、5公分水泥砂浆厚度铺贴
1340	XX牌325号水泥、河粗沙、专用填缝剂、5公分水泥砂浆厚度铺贴
1856	XX牌325号水泥、河粗沙、专用填缝剂、1.5公分水泥砂浆厚度铺贴
640	XX牌325号水泥、河粗沙、专用填缝剂、1.5公分水泥砂浆厚度铺贴
5320	XX牌轻钢龙骨，石膏板封面造型按展开面积计算
640	采用9厘夹板制作，人工费及材料费
5376	采用XX牌环保室内腻子粉刮墙批底、PVC阴阳角线封边面刷XX漆
1100	水泥砂浆辅材、面贴大理石砖，人工费及辅材费

6.4.2 重点：突出显示高于平均值的人工费

通过设置项目选取规则，可以突出显示选定区域中最大或最小的百分数或所指定的数据所在单元格，还可以指定大于或小于平均值的单元格。例如，在装修预算表中突出显示高于平均值的人工费，具体操作步骤如下。

第1步 选择 H4:H50 单元格区域，单击【开始】选项卡【样式】组中的【条件格式】下拉按钮 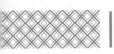条件格式 ，在弹出的列表中选择【最前／最后规则】→【高于平均值】选项，如下图所示。

第2步 在弹出的【高于平均值】对话框中单击【设置为】下拉按钮，在弹出的下拉列表中选择【自定义格式】选项，如下图所示。

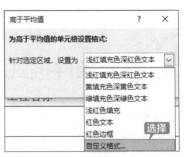

第3步 弹出【设置单元格格式】对话框，选择【字体】选项卡，将【颜色】设置为"白色"，在【字形】列表框中选择【加粗】选项，

如下图所示。

第 4 步 选择【填充】选项卡，在【背景色】选项区域中选择一种填充颜色，单击【确定】按钮，如下图所示。

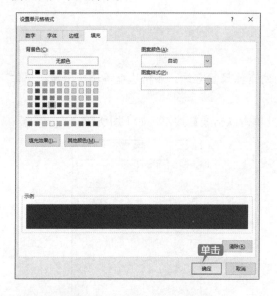

第 5 步 返回【高于平均值】对话框，单击【确定】按钮，如下图所示。

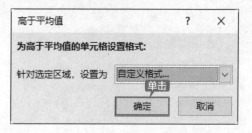

第 6 步 即可看到在装修预算表中高于人工费平均值的单元格都被突出显示出来，如下图所示。

辅材	人工	合计	材料及施工工艺流程
0	70	560	根据拆墙设计图拆除所需墙体、人工拆除费
50	85	2805	采用0115*53红砖砌墙、XX牌425水泥、河中粗砂、人工砌筑、双面抹灰
25	60	6475	XX牌325号水泥、河湖沙、专用填缝剂、5公分水泥砂浆厚度铺贴
12	25	1340	XX牌325号水泥、河湖沙、专用填缝剂、5公分水泥砂浆厚度铺贴
8	20	1856	XX牌325号水泥、河粗沙、专用填缝剂、1.5公分水泥砂浆厚度铺贴
30	70	640	XX牌325号水泥、河粗沙、专用填缝剂、1.5公分水泥砂浆厚度铺贴
10	70	5320	XX牌轻钢龙骨，石膏板封面造型按展开面积计算
10	85	640	采用9厘夹板制作，人工费及材料费
5	22	5376	采用XX牌环保室内腻子粉刮墙批底，PVC阴阳角线封边面刷XX漆
50	**260**	1100	水泥砂浆辅材、面贴大理石砖，人工费及辅材费
20	**130**	1800	夹板打底，面贴银镜，白色线条实木框边
50	**220**	2800	实木门套制作，人工费及材料费

6.4.3 添加数据条效果

在装修预算表中添加数据条效果，使用数据条的长短来标识单元格中数据的大小，可以使用户对多个单元格中数据的大小关系一目了然，便于数据的分析，具体操作步骤如下。

第 1 步 选择 I4:I50 单元格区域，单击【开始】选项卡【样式】组中的【条件格式】按钮 条件格式▾，在弹出的列表中选择【数据条】→【实心填充】选项区域中的【蓝色数据条】选项，如下图所示。

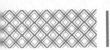

辅材	人工	合计	材料及施工工艺流程
0	70	560	根据拆墙设计图拆除所需墙体、人工拆除费
50	85	2805	采用0115*53红砖砌墙、XX牌425水泥、河中粗砂、人工砌筑、双面抹灰
25	60	6475	XX牌325号水泥、河粗沙、专用填缝剂、5公分水泥砂浆厚度铺贴
12	25	1340	XX牌325号水泥、河粗沙、专用填缝剂、5公分水泥砂浆厚度铺贴
8	20	1856	XX牌325号水泥、河粗沙、专用填缝剂、1.5公分水泥砂浆厚度铺贴
30	70	640	XX牌325号水泥、河粗沙、专用填缝剂、1.5公分水泥砂浆厚度铺贴
10	70	5320	XX牌轻钢龙骨、石膏板封面造型按展开面积计算
10	85	640	采用9厘夹板制作、人工费及材料费
5	22	5376	采用XX牌环保室内腻子粉刮墙批底、PVC阴阳角线封边面刷XX漆
50	260	1100	水泥砂浆辅材、面贴大理石砖、人工费及辅材费

第2步 添加数据条后效果如下图所示。

6.5 应用样式和主题

可以使用 Excel 2019 中设置好的字体、字号、颜色、填充色、表格边框等样式来实现对表格的美化。

6.5.1 应用单元格样式

在装修预算表中可以通过应用单元格样式，对工作簿的字体、表格边框等进行设置，具体操作步骤如下。

第1步 选择 A3:J3 单元格区域，单击【开始】选项卡【样式】组中的【单元格样式】下拉按钮，在弹出的下拉列表中选择【新建单元格样式】选项，如下图所示。

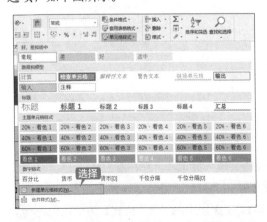

第2步 弹出【样式】对话框，在【样式名】文本框中输入样式名称，如"装修预算表"，

单击【格式】按钮，如下图所示。

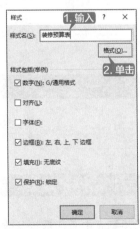

第3步 在弹出的【设置单元格格式】对话框中选择【边框】选项卡，在【样式】列表框中选择一种边框样式，在【颜色】下拉列表中选择【蓝色，个性色1】选项，在【边框】

选项区域选择要应用此边框样式的位置，如这里选择应用到下边框中，如下图所示。

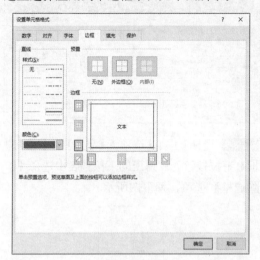

第 4 步 选择【填充】选项卡，在【背景色】选项区域中选择一种填充颜色，单击【确定】按钮，如下图所示。

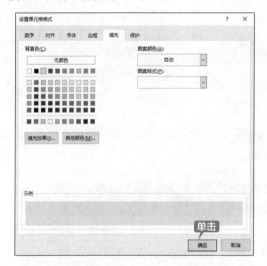

第 5 步 返回【样式】对话框，单击【确定】按钮，如下图所示。

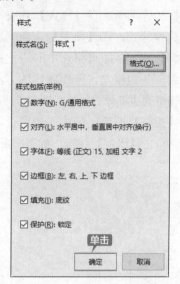

第 6 步 单击【开始】选项卡【样式】组中的【单元格样式】按钮，在弹出的下拉列表中选择【自定义】选项区域中的【装修预算表】选项，如下图所示。

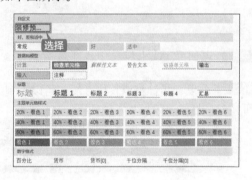

第 7 步 应用单元格样式后的效果如下图所示。

D9		✕ ✓ fx	块						
A	B	C	D	E	F	G	H	I	J
装修预算表									
							X小区3栋1801室装修项目		
序号	房间区域	工程名称	单位	数量	主材	辅材	人工	合计	材料及施工工艺流程
1	基础改建	墙体拆除	M2	8	0	0	70	560	根据拆墙设计图拆除所需墙体、人工拆除费
2	基础改建	砌墙工程	M2	11	120	50	85	2805	采用0115*53红砖砌墙、XX牌425水泥、河中粗砂、人工砌筑、双面抹灰

第8步 选中 A2:J51 单元格区域，按【Ctrl+1】组合键调用【设置单元格格式】对话框，选择【边框】选项卡，在【样式】列表框中选择一种边框样式，在【预置】选项区域中单击【内部】按钮，即可将选中的边框样式应用到"内部"边框上，使用同样的方法，选择线条较粗的边框样式，并应用到"外边框"上，在【边框】选项区域中可预览设置的边框效果，单击【确定】按钮，如下图所示。

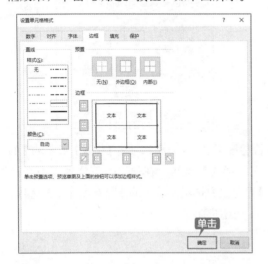

第9步 返回 Excel 工作表中，即可看到设置

的边框，如下图所示。

第10步 选择【开始】选项卡【字体】组中的【边框】下拉按钮，在弹出的下拉列表中选择【擦除边框】选项，如下图所示。

第11步 将鼠标指针移至表格区域，可以看到鼠标指针变为 形状，在要擦除的框线上单击，即可擦除该框线，效果如下图所示。

序号	房间区域	工程名称	单位	数量	主材	辅材	人工	合计	材料及施工工艺流程
			装修预算表						
									X小区3栋1801室装修项目
1	基础改建	墙体拆除	M2	8	0	0	70	560	根据拆墙设计图拆除所需墙体、人工拆除费
2	基础改建	砌墙工程	M2	11	120	50	85	2805	采用0115*53红砖砌墙、XX牌425水泥、河中粗砂、人工砌筑、双面抹灰
3	客厅/玄关/餐厅/过道	地砖铺贴【800*800地砖】	M2	35	100	25	60	6475	XX牌325号水泥、河粗沙、专用填缝剂、5公分水泥砂厚度铺贴
4	客厅/玄关/餐厅/过道	波打线铺贴【800*35波打线】	M	20	30	12	25	1340	XX牌325号水泥、河粗沙、专用填缝剂、5公分水泥砂厚度铺贴
5	客厅/玄关/餐厅/过道	踢脚线粘贴	M	32	30	8	20	1856	XX牌325号水泥、河粗沙、专用填缝剂、1.5公分水泥砂浆厚度铺贴

｜提示｜ ::::::::

按【Esc】键即可退出"擦除边框"功能。

6.5.2 设置主题效果

Excel 2019 工作簿由颜色、字体及效果组成，使用主题可以实现对装修预算表的美化，具体操作步骤如下。

第1步 单击【页面布局】选项卡【主题】组中的【主题】按钮，在弹出的下拉列表中选择【Office】选项区域的【丝状】选项，如下图所示。

第2步 应用【丝状】主题效果后如下图所示。

第3步 单击【页面布局】选项卡【主题】组中的【颜色】按钮，在弹出的下拉列表中选择【Office】选项区域中的【绿色】选项，如下图所示。

第4步 设置【绿色】颜色效果后如下图所示。

> **提示**
>
> 在【页面布局】选项卡【主题】组中还可以根据需要设置【字体】和【效果】。

第5步 若要恢复应用主题之前的效果，单击【页面布局】选项卡【主题】组中的【主题】按钮，在弹出的下拉列表中选择【Office】选项区域中的【Office】选项，如下图所示。

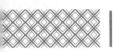

第6步 即可恢复之前设置的页面效果，如下图所示。

举一
反三

制作人事变更表

　　与装修预算表类似的工作表还有人事变更表、采购表、期末成绩表等。制作
美化这类表格时，都要做到主题鲜明、制作规范、重点突出，便于公司更好地管
理内部信息。下面就以制作人事变更表为例进行介绍。

第1步　创建空白工作簿

　　新建空白工作簿，重命名工作簿，并进行保存，如下图所示。

第2步　编辑人事变更表

　　输入标题并设计标题的艺术字效果，输入人事变更表的各种数据并进行编辑，如下图所示。

第3步 设置条件格式

在人事变更表中设置条件格式，将相同的"变动说明"用同种颜色突出显示，并用数据条展示"调整后薪资"情况，如下图所示。

员工编号	姓名	变动说明	变更前部门	变更前职位	薪资（元）	变更后部门	变更后职位	调整后薪资（元）	变更日期	备注
001002	王XX	调岗	销售部	经理	20000	人力资源部	经理	20000	2019/1/6	
001006	李XX	降职	销售部	组长	5000	销售部	业务员	3000	2019/2/7	
001010	马XX	薪资调整	销售部	业务员	2500	销售部	业务员	4000	2019/3/5	
001015	陈XX	调岗	采购部	副主管	4000	后勤部	副主管	5000	2019/3/5	
001020	孙XX	降职	人力资源部	人事主管	10000	人力资源部	经理	8000	2019/4/13	
001031	刘XX	升职	人力资源部	经理	8000	人力资源部	人事主管	10000	2019/4/13	
001040	朱XX	升职	销售部	业务员	3000	销售部	组长	5000	2019/5/1	
001041	周XX	薪资调整	保安部	组员	4000	保安部	组员	4200	2019/5/15	

第4步 应用样式和主题

在人事变更表中应用样式和主题可以实现对人事变更表的美化，如下图所示。

员工编号	姓名	变动说明	变更前部门	变更前职位	薪资（元）	变更后部门	变更后职位	调整后薪资（元）	变更日期	备注
001002	王XX	调岗	销售部	经理	20000	人力资源部	经理	20000	2019/1/6	
001006	李XX	降职	销售部	组长	5000	销售部	业务员	3000	2019/2/7	
001010	马XX	薪资调整	销售部	业务员	2500	销售部	业务员	4000	2019/3/5	
001015	陈XX	调岗	采购部	副主管	4000	后勤部	副主管	5000	2019/3/5	
001020	孙XX	降职	人力资源部	人事主管	10000	人力资源部	经理	8000	2019/4/13	
001031	刘XX	升职	人力资源部	经理	8000	人力资源部	人事主管	10000	2019/4/13	
001040	朱XX	升职	销售部	业务员	3000	销售部	组长	5000	2019/5/1	
001041	周XX	薪资调整	保安部	组员	4000	保安部	组员	4200	2019/5/15	

◇ F4 键的妙用

在 Excel 中，对表格中的数据进行操作之后，按【F4】键可以重复上一次的操作，具体操作步骤如下。

第1步 新建工作簿，并输入一些数据，选择 A2 单元格，在【开始】选项卡【字体】组中设置【字体颜色】为绿色，如下图所示。

	A	B
1	香蕉	提子
2	苹果	木瓜
3	橘子	梨
4	葡萄	桑葚
5	火龙果	番茄
6		

第2步 选择单元格 B3，按【F4】键，即可重复第 1 步将单元格中的文本颜色设置为"绿

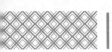

色"的操作，把 B3 单元格中字体的颜色也设置为"绿色"，如下图所示。

	A	B
1	香蕉	提子
2	苹果	木瓜
3	橘子	梨
4	葡萄	桑葚
5	火龙果	番茄

◇ 巧用选择性粘贴

Excel 的"选择性粘贴"功能非常强大，熟练使用该功能，可以省去许多不必要的麻烦。例如，使用选择性粘贴可在复制粘贴时去除边框，具体操作步骤如下。

第1步 首先在工作表中输入一些数据，并为此设置边框，如下图所示。

	A	B
1	香蕉	提子
2	苹果	木瓜
3	橘子	梨
4	葡萄	桑葚
5	火龙果	番茄

第2步 选择 A1:B5 单元格区域，按【Ctrl+C】组合键进行复制，然后选中 A8 单元格，单击【开始】选项卡【剪贴板】组中的【粘贴】下拉按钮，在弹出的下拉列表中选择【选择性粘贴】选项，如下图所示。

第3步 弹出【选择性粘贴】对话框，在【粘贴】选项区域中选中【边框除外】单选按钮，单击【确定】按钮，如下图所示。

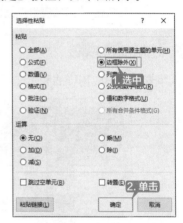

第4步 即可看到粘贴的效果，如下图所示。

	A	B	C
1	香蕉	提子	
2	苹果	木瓜	
3	橘子	梨	
4	葡萄	桑葚	
5	火龙果	番茄	
6			
7			
8	香蕉	提子	
9	苹果	木瓜	
10	橘子	梨	
11	葡萄	桑葚	
12	火龙果	番茄	

第 7 章
初级数据处理与分析

本章导读

在工作中，经常需要对各种类型的数据进行统计和分析。Excel 具有统计各种数据的能力，使用排序功能可以将数据表中的内容按照特定的规则排序；使用筛选功能可以将满足用户条件的数据单独显示；设置数据的有效性可以防止输入错误数据；使用条件格式功能可以直观地突出显示重要值；使用合并计算和分类汇总功能可以对数据进行分类或汇总。本章以统计公司员工销售报表为例，介绍如何使用 Excel 对数据进行处理和分析。

思维导图

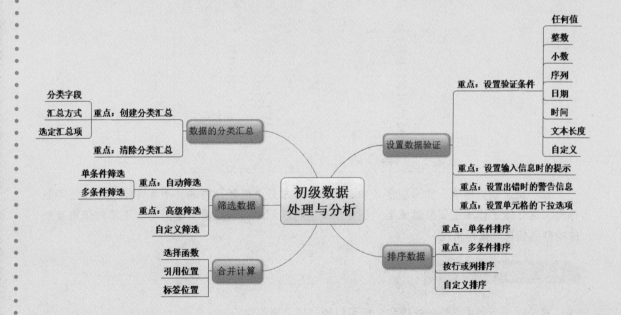

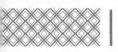

 7.1 公司员工销售报表

公司员工销售报表是记录员工销售情况的详细统计清单。公司员工销售报表中商品种类多，手动统计不仅费时费力，而且容易出错，使用 Excel 则可以快速对这类工作表进行分析统计，得出详细而准确的数据。

案例名称：使用 Excel 统计公司员工销售报表	
案例目的：学习初级数据处理与分析	
素材	素材 \ch07\ 员工销售报表 .xlsx
结果	结果 \ch07\ 员工销售报表 .xlsx
视频	视频教学 \07 第 7 章

7.1.1 案例概述

完整的公司员工销售报表主要包括员工编号、员工姓名、销售商品、销售数量等，需要对销售商品及销售数量进行统计和分析。在对数据进行统计分析的过程中，需要用到排序、筛选、分类汇总等操作。熟悉各个类型的操作，对以后处理相似数据时有很大的帮助。

打开"素材 \ch07\ 员工销售报表 .xlsx"工作簿，如下图所示。

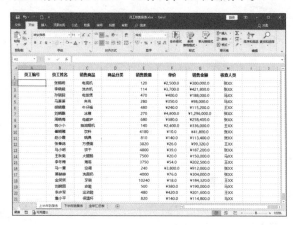

公司员工销售报表工作簿包含 3 个工作表，分别是上半年销售表、下半年销售表及全年汇总表。这 3 张工作表主要是对员工的销售情况进行了汇总，包括员工编号等员工基本信息及对应的商品信息和销售情况。

7.1.2 设计思路

对公司员工销售报表的处理和分析可以通过以下思路进行。
① 设置员工编号和商品类别的数据验证。

② 通过对销售数量排序，进行分析处理。

③ 通过筛选的方法对关注员工的销售状况进行分析。

④ 使用分类汇总操作对商品销售情况进行分析。

⑤ 使用合并计算操作将两个工作表中的数据进行合并。

7.1.3 涉及知识点

本案例主要涉及以下知识点。

① 设置数据验证。

② 排序操作。

③ 筛选数据。

④ 分类汇总。

⑤ 合并计算。

7.2 设置数据验证

在制作员工销售报表的过程中，对数据的类型和格式会有严格要求。因此，需要在输入数据时对数据有效性进行验证。

7.2.1 重点：设置员工编号长度

员工销售报表中需要输入员工编号以便更好地进行统计。编号的长度是固定的，因此需要对输入的数据的长度进行限制，以避免输入错误数据，具体操作步骤如下。

第1步 选中"上半年销售表"工作表中的 A2：A21 单元格区域，如下图所示。

员工编号	员工姓名	销售商品
	张晓明	电视机
	李晓晓	洗衣机
	孙骁骁	电饭煲
	马董董	夹克
	胡晓霞	牛仔裤
	刘晓鹏	冰箱
	周晓梅	电磁炉
	钱小小	抽油烟机
	崔晓隆	饮料
	赵小霞	锅具
	张春鸽	方便面
	马小明	饼干
	王秋菊	火腿肠
	李冬梅	海苔
	马一章	空调
	萧赫赫	洗面奶
	金笑笑	牙刷
	刘晓丽	皮鞋
	李步军	运动鞋
	詹小平	保温杯

第2步 单击【数据】选项卡【数据工具】组中的【数据验证】按钮 数据验证 ，如下图所示。

第3步 弹出【数据验证】对话框，选择【设置】选项卡，单击【验证条件】选项区域内的【允许】文本框右侧的下拉按钮，在弹出的下拉列表中选择【文本长度】选项，如下图所示。

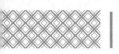

第4步 数据文本框变为可编辑状态，在【数据】文本框的下拉列表中选择【等于】选项，在【长度】文本框内输入"6"，选中【忽略空值】复选框，单击【确定】按钮，如下图所示。

第5步 即可完成设置输入数据长度的操作，当输入的文本长度不是6时，即会弹出提示窗口，如下图所示。

7.2.2 重点：设置输入信息时的提示

完成对单元格输入数据的长度限制设置后，可以设置输入信息时的提示信息，具体操作步骤如下。

第1步 选中A2:A21单元格区域，单击【数据】选项卡【数据工具】组中的【数据验证】按钮，如下图所示。

第2步 弹出【数据验证】对话框，选择【输入信息】选项卡，选中【选定单元格时显示输入信息】复选框，在【标题】文本框内输入"输入员工编号"，在【输入信息】文本框内输入"请输入6位员工编号"，单击【确定】按钮，如下图所示。

第3步 返回Excel工作表中，选中设置了提示信息的单元格时，即可显示提示信息，效果如下图所示。

7.2.3 重点：设置输错时的警告信息

当用户输入数据时，可以设置出错警告信息提示用户，具体操作步骤如下。

第1步 选中 A2:A21 单元格区域，单击【数据】选项卡【数据工具】组中的【数据验证】按钮 数据验证，如下图所示。

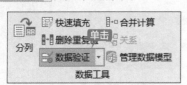

第2步 弹出【数据验证】对话框，选择【出错警告】选项卡，选中【输入无效数据时显示出错警告】复选框，在【样式】下拉列表中选择【停止】选项，在【标题】文本框内输入文字"输入错误"，在【错误信息】文本框内输入文字"员工编号长度为6位"，单击【确定】按钮，如下图所示。

第3步 例如，在 A2 单元格内输入"2"，按【Enter】键，则会弹出设置的警示信息，单击【重试】按钮，如下图所示。

第4步 在 A2 单元格内输入"YG1001"，按【Enter】键确定，即可完成输入，如下图所示。

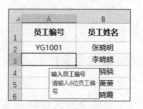

第5步 使用快速填充功能填充 A3:A21 单元格区域，效果如下图所示。

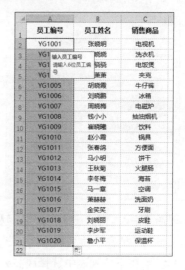

7.2.4 重点：设置单元格的下拉选项

在单元格内需要输入特定的字符时，如输入商品分类，可以将其设置为下拉选项以方便输入，具体操作步骤如下。

第1步 选中 D2:D21 单元格区域，单击【数据】选项卡【数据工具】组中的【数据验证】按钮 数据验证，如下图所示。

第2步 弹出【数据验证】对话框，选择【设置】选项卡，单击【验证条件】选项区域中的【允

许】下拉按钮，在弹出的下拉列表中选择【序列】选项，如下图所示。

第3步 即可显示【来源】文本框，在文本框内输入"家电，厨房用品，服饰，零食，洗化用品"，并用英文输入法状态下的","隔开，同时选中【忽略空值】和【提供下拉箭头】复选框，如下图所示。

第4步 选择【输入信息】选项卡，在【标题】文本框中输入"请在下拉列表中选择"，【输入信息】为"请在下拉列表中选择商品分类。"，如下图所示。

第5步 选择【出错警告】选项卡，设置【标题】为"错误"，【错误信息】为"请在下拉列表中选择！"，单击【确定】按钮，如下图所示。

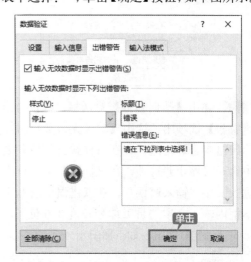

第6步 即可在"商品分类"列的单元格后显示下拉按钮，单击下拉按钮，即可在下拉列表中选择商品类别，效果如下图所示。

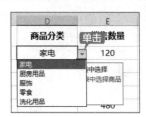

第7步 使用同样的方法在D3:D21单元格区域中输入商品分类，如下图所示。

员工编号	员工姓名	销售商品	商品分类	销售数量	单价
YG1001	张晓明	电视机	家电	120	¥2,500.0
YG1002	李晓晓	洗衣机	家电	114	¥3,700.0
YG1003	孙晓晓	电饭煲	厨房用品	470	¥400.0
YG1004	马萧萧	夹克	服饰	280	¥350.0
YG1005	胡晓霞	牛仔裤	服饰	480	¥240.0
YG1006	刘晓聊	冰箱	家电	270	¥4,800.0
YG1007	阎晓梅	电磁炉	厨房用品	680	¥380.0
YG1008	钱小小	抽油烟机	厨房用品	140	¥2,400.0
YG1009	崔晓健	饮料	零食	4180	¥10.0
YG1010	赵小霞	锅具	厨房用品	810	¥140.0
YG1011	张春鸽	方便面	零食	3820	¥26.0
YG1012	马小明	饼干	零食	4800	¥39.0
YG1013	王秋菊	火腿肠	零食	7500	¥20.0
YG1014	李冬梅	海苔	零食	3750	¥54.0
YG1015	马一童	空调	家电	240	¥3,800.0
YG1016	萧赫赫	洗面奶	洗化用品	4000	¥76.0
YG1017	金荚荚	牙膏	洗化用品	10240	¥18.0
YG1018	刘晓丽	皮鞋	服饰	500	¥380.0
YG1019	李步军	运动鞋	服饰	480	¥420.0
YG1020	詹小平	保温杯	厨房用品	820	¥140.0

7.3 排序数据

在对公司员工销售报表中的数据进行统计时，需要对数据进行排序，以更好地对数据进行分析和处理。

7.3.1 重点：单条件排序

Excel 可以根据某个条件对数据进行排序，如在公司员工销售报表中对销售数量多少进行排序，具体操作步骤如下。

第1步 选中数据区域的任意单元格，单击【数据】选项卡【排序和筛选】组中的【排序】按钮，如下图所示。

第2步 弹出【排序】对话框，将【主要关键字】设置为"销售数量"，【排序依据】设置为"单元格值"，将【次序】设置为"降序"，单击【确定】按钮，如下图所示。

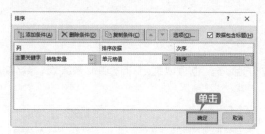

第3步 即可将数据以"销售数量"为依据进行从大到小的排序，效果如下图所示。

员工编号	员工姓名	销售商品	商品分类	销售数量
YG1017	金笑笑	牙刷	洗化用品	10240
YG1013	王秋菊	火腿肠	零食	7500
YG1012	马小明	饼干	零食	4800
YG1009	崔朋曦	饮料	零食	4180
YG1016	萧赫赫	洗面奶	洗化用品	4000
YG1011	张睿梅	方便面	零食	3820
YG1014	李冬梅	海苔	零食	3750
YG1020	詹小平	保温杯	厨房用品	820
YG1010	赵小霞	锅具	厨房用品	810
YG1007	周晓梅	电磁炉	厨房用品	680
YG1018	刘晓丽	皮鞋	服饰	500
YG1005	胡晓霞	牛仔裤	服饰	480
YG1019	李步军	运动鞋	服饰	480
YG1003	孙骁骁	电饭煲	厨房用品	470
YG1004	马薔薔	夹克	服饰	280
YG1006	刘姚姚	冰箱	家电	270
YG1015	马一章	空调	家电	240
YG1008	钱小小	抽油烟机	厨房用品	140
YG1001	张娟明	电视机	家电	120
YG1002	李晓晓	洗衣机	家电	114

提示

Excel 默认的排序是根据单元格中的数据进行的。在按升序排序时，Excel 使用如下的顺序。

① 数值从最小的负数到最大的正数排序。

② 文本按 A~Z 顺序排序。

③ 逻辑值 False 在前，True 在后。

④ 空格排在最后。

7.3.2 重点：多条件排序

如果需要对同一商品分类的销售金额进行排序，可以使用多条件排序，具体操作步骤如下。

第1步 选中数据区域的任意单元格，单击【数据】选项卡【排序和筛选】组中的【排序】按钮，如下图所示。

第2步 弹出【排序】对话框，设置【主要关键字】为"商品分类"，【排序依据】为"单元格值"，【次序】为"升序"，单击【添加条件】按钮，如下图所示。

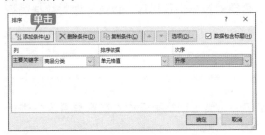

第3步 设置【次要关键字】为"销售金额"，【排序依据】为"单元格值"，【次序】为"降序"，单击【确定】按钮，如下图所示。

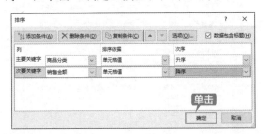

第4步 即可对工作表进行排序，效果如下图所示。

商品分类	销售数量	单价	销售金额	核查人员
厨房用品	140	¥2,400.0	¥336,000.0	王XX
厨房用品	680	¥380.0	¥258,400.0	张XX
厨房用品	470	¥400.0	¥188,000.0	马XX
厨房用品	820	¥140.0	¥114,800.0	马XX
厨房用品	810	¥140.0	¥113,400.0	张XX
服饰	480	¥420.0	¥201,600.0	王XX
服饰	500	¥380.0	¥190,000.0	马XX
服饰	480	¥240.0	¥115,200.0	王XX
服饰	280	¥350.0	¥98,000.0	王XX
家电	270	¥4,800.0	¥1,296,000.0	张XX
家电	240	¥3,800.0	¥912,000.0	张XX
家电	114	¥3,700.0	¥421,800.0	张XX
家电	120	¥2,500.0	¥300,000.0	张XX
零食	3750	¥54.0	¥202,500.0	王XX
零食	4800	¥39.0	¥187,200.0	马XX
零食	7500	¥20.0	¥150,000.0	马XX
零食	3820	¥26.0	¥99,320.0	王XX
零食	4180	¥10.0	¥41,800.0	张XX
洗化用品	4000	¥76.0	¥304,000.0	张XX
洗化用品	10240	¥18.0	¥184,320.0	王XX

|提示|

在对工作表进行排序分析后，可以按【Ctrl+Z】组合键撤销排序的效果，或选中"员工编号"列中的任意一个单元格，单击【数据】选项卡【排序和筛选】组中的【升序】按钮，即可恢复排序前的效果。

在多条件排序中，数据区域按主要关键字排列，主要关键字相同的按次要关键字排列，如果次要关键字也相同的则按第三关键字排列。

7.3.3 按行或列排序

如果需要对公司员工销售报表进行按行或按列的排序，也可以通过排序功能来实现，具体操作步骤如下。

第1步 选中数据区域中的任意单元格，单击【数据】选项卡【排序和筛选】组中的【排序】按钮，如下图所示。

第2步 弹出【排序】对话框，单击【选项】按钮，如下图所示。

第3步 在弹出的【排序选项】对话框的【方向】选项区域中选中【按行排序】单选按钮，单击【确定】按钮，如下图所示。

第4步 返回【排序】对话框，将【主要关键字】设置为"行1"，【排序依据】设置为"单元格值"，【次序】设置为"升序"，单击【确定】按钮，如下图所示。

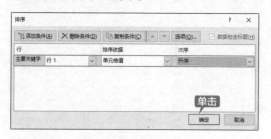

第5步 即可将工作表数据根据设置进行排序，效果如下图所示。

提示

因为"销售金额"列中的数据是通过引用之前的 E 列（销售数量）和 F 列（单价）计算出来的，当设置按行排序后，单元格的名称发生了变化，所以在"销售金额"列的数据会出现错误提示"#VALUE！"，按【Ctrl+Z】组合键可撤销按行排序。

7.3.4 自定义排序

如果需要按某一序列排列公司员工销售报表，例如，将商品分类自定义为排序序列，具体操作步骤如下。

第1步 选中数据区域中的任意单元格，单击【数据】选项卡【排序和筛选】组中的【排序】按钮，如下图所示。

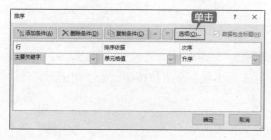

第2步 弹出【排序】对话框，单击【选项】按钮，如下图所示。

第3步 弹出【排序选项】对话框，选中【按列排序】单选按钮，单击【确定】按钮，如下图所示。

第4步 返回【排序】对话框，设置【主要关键字】为"商品分类"，在【次序】下拉列表中选择【自定义序列】选项，如下图所示。

第5步 弹出【自定义序列】对话框,在【输入序列】文本框内输入"家电、服饰、零食、洗化用品、厨房用品",单击【确定】按钮,如下图所示。

第6步 返回【排序】对话框,即可看到自定义的次序,单击【确定】按钮,如下图所示。

第7步 即可将数据按照自定义的序列进行排序,效果如下图所示。

7.4 筛选数据

在对公司员工销售报表的数据进行处理时,如果需要查看一些特定的数据,可以使用数据筛选功能筛选出需要的数据。

7.4.1 重点:自动筛选

通过自动筛选功能,可以筛选出符合条件的数据。自动筛选包括单条件筛选和多条件筛选。

1. 单条件筛选

单条件筛选就是将符合一种条件的数据筛选出来,例如,筛选出公司员工销售报表中商品分类为"家电"的商品,具体操作步骤如下。

第1步 选中数据区域中的任意单元格。单击【数据】选项卡【排序和筛选】组中的【筛选】按钮,如下图所示。

第2步 工作表自动进入筛选状态,每列的标题下面出现一个下拉按钮,如下图所示。

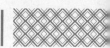

	A	B	C	D	E	F	G
1	员工编号	员工姓名	销售商品	商品分类	销售数量	单价	销售金额
2	YG1001	张晓明	电视机	家电	120	¥2,500.0	¥300,000.0
3	YG1002	李晓晓	洗衣机	家电	114	¥3,700.0	¥421,800.0
4	YG1003	孙骁骁	电饭煲	厨房用品	470	¥400.0	¥188,000.0
5	YG1004	马萧萧	夹克	服饰	280	¥350.0	¥98,000.0
6	YG1005	胡晓霞	牛仔裤	服饰	480	¥240.0	¥115,200.0

第3步 单击 D1 单元格的下拉按钮，在弹出的下拉列表中取消选中【全选】复选框。再选中【家电】复选框，如下图所示。

第4步 即可将商品分类为"家电"的商品筛选出来，效果如下图所示。

	A	B	C	D	E	F	G	H
1	员工编号	员工姓名	销售商品	商品分类	销售数量	单价	销售金额	核查人员
2	YG1001	张晓明	电视机	家电	120	¥2,500.0	¥300,000.0	张XX
3	YG1002	李晓晓	洗衣机	家电	114	¥3,700.0	¥421,800.0	张XX
7	YG1006	刘晓丽	冰箱	家电	270	¥4,800.0	¥1,296,000.0	张XX
16	YG1015	马一菲	空调	家电	240	¥3,800.0	¥912,000.0	张XX

2. 多条件筛选

多条件筛选就是将符合多个条件的数据筛选出来。例如，将公司员工销售报表中"崔晓曦""金笑笑""李晓晓"的销售情况筛

选出来，具体操作步骤如下。

第1步 选中数据区域中的任意单元格，单击【数据】选项卡【排序和筛选】组中的【筛选】按钮，如下图所示。

第2步 工作表自动进入筛选状态，每列的标题下面出现一个下拉按钮。单击 B2 单元格的下拉按钮，在弹出的下拉列表中选中【崔晓曦】【金笑笑】【李晓晓】复选框，单击【确定】按钮，如下图所示。

第3步 即可将"崔晓曦""金笑笑""李晓晓"的销售情况筛选出来，效果如下图所示。

	A	B	C	D	E	F	G	H
1	员工编号	员工姓名	销售商品	商品分类	销售数量	单价	销售金额	核查人员
3	YG1002	李晓晓	洗衣机	家电	114	¥3,700.0	¥421,800.0	张XX
10	YG1009	崔晓曦	饮料	零食	4180	¥10.0	¥41,800.0	张XX
18	YG1017	金笑笑	牙刷	洗化用品	10240	¥18.0	¥184,320.0	王XX

7.4.2 重点：高级筛选

如果要将公司员工销售报表中王ＸＸ审核的商品单独筛选出来，可以使用高级筛选功能设置多个复杂筛选条件实现，具体操作步骤如下。

第1步 在 F24 和 F25 单元格内分别输入"核查人员"和"王ＸＸ"，在 G24 单元格内输入"销售商品"，如下图所示。

	F	G
23		
24	核查人员	销售商品
25	王XX	
26		
27		

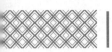

第2步 选中数据区域中的任意单元格，单击【数据】选项卡【排序和筛选】组中的【高级】按钮 ▼高级，如下图所示。

第3步 弹出【高级筛选】对话框，在【方式】选项区域内选中【将筛选结果复制到其他位置】单选按钮，在【列表区域】文本框内输入"$A$1:$H$21"，单击【条件区域】右侧的【折叠】按钮 ，如下图所示

第4步 选择F24:F25单元格区域，单击【展开】按钮 ，如下图所示

第5步 返回【高级筛选】对话框，使用同样的方法选择【复制到】的单元格，这里选择G24单元格，单击【确定】按钮，如下图所示。

第6步 即可将公司员工销售报表中王ＸＸ审核的商品单独筛选出来并复制在指定区域，效果如下图所示。

核查人员	销售商品
王XX	牛仔裤
	抽油烟机
	方便面
	海苔
	牙刷
	运动鞋

| 提示 |

输入的筛选条件文字需要和数据表中的文字保持一致。

7.4.3 自定义筛选

除了根据需要执行自动筛选和高级筛选外，Excel 2019还提供了自定义筛选功能，帮助用户快速筛选出满足需求的数据。自定义筛选的具体操作步骤如下。

第1步 选择数据区域的任意单元格，单击【数据】选项卡【排序和筛选】组中的【筛选】按钮 筛选，如下图所示。

第2步 即可进入筛选模式，单击【销售数量】下拉按钮，在弹出的下拉列表中选择【数字

筛选】→【介于】选项，如下图所示。

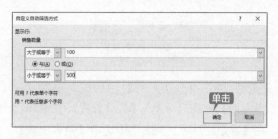

第 3 步　弹出【自定义自动筛选方式】对话框，在【显示行】选项区域下第 1 个文本框的下拉列表中选择【大于或等于】选项，右侧数值设置为 "100"，选中【与】单选按钮，在下方左侧下拉列表中选择【小于或等于】选项，数值设置为 "500"，单击【确定】按钮，如下图所示。

第 4 步　即可将销售数量介于 100 ～ 500 的商品筛选出来，效果如下图所示。

> **提示**
>
> 单击【数据】选项卡【排序和筛选】组中的【筛选】按钮，即可取消筛选结果，退出筛选状态。

7.5 数据的分类汇总

在公司员工销售报表中需要对不同分类的商品进行分类汇总，使工作表更加有条理。

7.5.1 重点：创建分类汇总

将公司员工销售报表以"商品分类"为类别对"销售金额"进行分类汇总，具体操作步骤如下。

第 1 步　选中"商品分类"列中的任意单元格。单击【数据】选项卡【排序和筛选】组中的【升序】按钮 $\frac{A}{Z}\downarrow$，如下图所示。

第 2 步　即可将数据以"商品分类"为依据进行升序排列，效果如下图所示。

第 3 步　单击【数据】选项卡【分级显示】组中的【分类汇总】按钮，如下图所示。

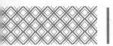

第4步 弹出【分类汇总】对话框，设置【分类字段】为"商品分类"，【汇总方式】为"求和"，在【选定汇总项】列表框中选中【销售金额】复选框，单击【确定】按钮，如下图所示。

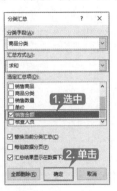

第5步 即可将工作表以"商品分类"为类别对"销售金额"进行分类汇总，结果如下图所示。

| 提示 |

在进行分类汇总之前，需要对分类字段进行排序，使其符合分类汇总的条件，这样才能达到最佳的效果。

7.5.2 重点：清除分类汇总

如果不再需要对数据进行分类汇总，可以选择清除分类汇总，具体操作步骤如下。

第1步 接 7.5.1 小节操作，选中数据区域中的任意单元格，单击【数据】选项卡【分级显示】组中的【分类汇总】按钮 分类汇总，在弹出的【分类汇总】对话框中单击【全部删除】按钮，如下图所示。

第2步 即可将分类汇总全部删除，然后再按照"员工编号"对数据进行"升序"排列，效果如下图所示。

7.6 合并计算

合并计算可以将多个工作表中的数据合并在一个工作表中，以便能够对数据进行更新和汇

总。公司员工销售报表中，Sheet1 工作表和 Sheet2 工作表内容可以汇总在一个工作表中，具体操作步骤如下。

第 1 步 选择"上半年销售表"工作表中的 E1:E21 单元格区域，单击【公式】选项卡【定义的名称】组中的【定义名称】按钮，如下图所示。

第 2 步 弹出【新建名称】对话框，在【名称】文本框内输入"上半年销售数量"文本，在【引用位置】文本框中选择"上半年销售表"工作表中的 E1:E21 单元格区域，单击【确定】按钮，如下图所示。

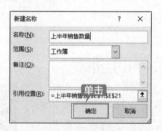

第 3 步 选择"下半年销售表"工作表中的 E1:E21 单元格区域，单击【公式】选项卡【定义的名称】组中的【定义名称】按钮，在弹出的【新建名称】对话框中将【名称】设置为"下半年销售数量"，在【引用位置】文本框中选择"下半年销售表"工作表中的 E1:E21 单元格区域，单击【确定】按钮，如下图所示。

第 4 步 在"全年汇总表"工作表中选中 E1 单元格，单击【数据】选项卡【数据工具】组中的【合并计算】按钮，如下图所示。

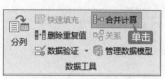

第 5 步 弹出【合并计算】对话框，在【函数】下拉列表中选择【求和】选项，在【引用位置】文本框内输入"上半年销售数量"，单击【添加】按钮，如下图所示。

第 6 步 将其添加至【所有引用位置】列表中。使用同样的方法，添加"下半年销售数量"，并选中【首行】复选框，单击【确定】按钮，如下图所示。

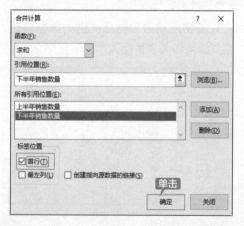

第 7 步 即可将"上半年销售数量"和"下半年销售数量"合并在"全年汇总表"工作表内，效果如下图所示。

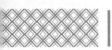

商品分类	销售数量	单价	销售金额	核查人员
家电	300	¥2,500.0		张XX
家电	264	¥3,700.0		张XX
厨房用品	930	¥400.0		马XX
服饰	580	¥350.0		王XX
服饰	880	¥240.0		王XX
家电	456	¥4,800.0		张XX
厨房用品	1330	¥380.0		王XX
厨房用品	340	¥2,400.0		王XX
零食	10930	¥10.0		张XX
厨房用品	1510	¥140.0		张XX
零食	7820	¥26.0		王XX
零食	9400	¥39.0		王XX
零食	12900	¥20.0		马XX
零食	7550	¥54.0		王XX
家电	420	¥3,800.0		张XX
洗化用品	8500	¥76.0		张XX
洗化用品	20299	¥18.0		王XX
服饰	900	¥380.0		马XX
服饰	1080	¥420.0		王XX
厨房用品	1800	¥140.0		马XX

第8步 使用同样的方法合并"上半年销售表"和"下半年销售表"工作表中的"销售金额"，

最终效果如下图所示，完成后保存即可。

员工编号	员工姓名	销售商品	商品分类	销售数量	单价	销售金额	核查人员
YG1001	张晓明	电视机	家电	300	¥2,500.0	¥750,000.0	张XX
YG1002	李晓晓	洗衣机	家电	264	¥3,700.0	¥976,800.0	张XX
YG1003	孙晓晓	电饭煲	厨房用品	930	¥400.0	¥372,000.0	马XX
YG1004	马晓丽	牛仔裤	服饰	580	¥350.0	¥203,000.0	王XX
YG1005	胡晓霞	冰箱	服饰	880	¥240.0	¥211,200.0	王XX
YG1006	刘晓霞	冰箱	家电	456	¥4,800.0	¥2,188,800.0	张XX
YG1007	周晓晓	电磁炉	厨房用品	1330	¥380.0	¥505,400.0	王XX
YG1008	钱小小	抽油烟机	厨房用品	340	¥2,400.0	¥816,000.0	王XX
YG1009	崔晓晓	饮料	零食	10930	¥10.0	¥109,300.0	张XX
YG1010	赵小菊	锅具	厨房用品	1510	¥140.0	¥211,400.0	张XX
YG1011	张晏晏	方便面	零食	7820	¥26.0	¥203,320.0	王XX
YG1012	马小明	饼干	零食	9400	¥39.0	¥366,600.0	王XX
YG1013	王秋菊	火腿肠	零食	12900	¥20.0	¥258,000.0	马XX
YG1014	李冬梅	薯片	零食	7550	¥54.0	¥407,700.0	王XX
YG1015	马一童	空调	家电	420	¥3,800.0	¥1,596,000.0	张XX
YG1016	萧赫赫	洗面奶	洗化用品	8500	¥76.0	¥646,000.0	张XX
YG1017	金笑笑	牙膏	洗化用品	20299	¥18.0	¥365,382.0	王XX
YG1018	刘晓丽	皮鞋	服饰	900	¥380.0	¥342,000.0	马XX
YG1019	李步军	运动鞋	服饰	1080	¥420.0	¥453,600.0	王XX
YG1020	詹小平	保温杯	厨房用品	1800	¥140.0	¥252,000.0	马XX

| 提示 |

除了使用上述方式，还可以在工作表名称栏中直接为单元格区域命名。

分析与汇总超市库存明细表

超市库存明细表是超市进出物品的详细统计清单，记录着一段时间内物品的消耗和剩余状况，对下一阶段相应商品的采购和使用计划有很重要的参考作用。分析与汇总超市库存明细表的思路如下。

第1步 设置数据验证

设置物品编号和物品类别的数据验证，并完成编号和类别的输入，如下图所示。

序号	物品编号	物品名称	物品类别	上月剩余	本月入库	本月出库	本月结余	销售区域	审核人
1001	WP0001	方便面	方便食品	300	1000	980	320	食品区	张XX
1002	WP0002	圆珠笔	书写工具	85	20	60	45	学生用品区	赵XX
1003	WP0003	汽水	饮品	400	200	580	20	食品区	刘XX
1004	WP0004	大腿裤	方便食品	200	170	208	162	食品区	刘XX
1005	WP0005	笔记本	书写工具	20	60	60	12	学生用品区	李XX
1006	WP0006	手帕纸	生活用品	206	100	280	26	日用品区	张XX
1007	WP0007	面包	方便食品	180	150	170	160	食品区	王XX
1008	WP0008	醋	调料品	70	50	100	20	食品区	王XX
1009	WP0009	盐	调味品	80	65	102	43	食品区	王XX
1010	WP0010	乒乓球	体育用品	40	30	35	35	体育用品区	王XX
1011	WP0011	羽毛球	生活用品	50	20	35	35	日用品区	王XX
1012	WP0012	拖把	生活用品	20	20	20	12	日用品区	王XX
1013	WP0013	饼干	方便食品	160	160	200	120	食品区	王XX
1014	WP0014	牛奶	乳制品	112	210	298	24	食品区	王XX
1015	WP0015	雪糕	零食	80	360	408	32	食品区	李XX
1016	WP0016	洗衣粉	生活用品	60	160	203	17	日用品区	张XX
1017	WP0017	香皂	个人健康	50	60	98	12	日用品区	张XX
1018	WP0018	洗发水	个人健康	60	40	82	18	日用品区	李XX
1019	WP0019	衣架	生活用品	60	80	68	72	日用品区	王XX
1020	WP0020	铅笔	书写工具	40	40	56	24	学生用品区	王XX

第2步 排序数据

对相同的"物品类别"按"本月结余"进行降序排列，如下图所示。

序号	物品编号	物品名称	物品类别	上月剩余	本月入库	本月出库	本月结余	销售区域	审核人
1001	WP0001	方便面	方便食品	300	1000	980	320	食品区	张XX
1004	WP0004	大腿裤	方便食品	200	170	208	162	食品区	刘XX
1007	WP0007	面包	方便食品	180	150	170	160	食品区	王XX
1013	WP0013	饼干	方便食品	160	160	200	120	食品区	王XX
1018	WP0018	洗发水	个人健康	60	40	82	18	日用品区	李XX
1017	WP0017	香皂	个人健康	50	60	98	12	日用品区	张XX
1015	WP0015	雪糕	零食	80	360	408	32	食品区	李XX
1014	WP0014	牛奶	乳制品	112	210	298	24	食品区	王XX
1019	WP0019	衣架	生活用品	60	80	68	72	日用品区	王XX
1011	WP0011	羽毛球	生活用品	50	20	35	35	日用品区	王XX
1006	WP0006	手帕纸	生活用品	206	100	280	26	日用品区	张XX
1012	WP0012	拖把	生活用品	20	20	20	12	日用品区	王XX
1002	WP0002	圆珠笔	书写工具	85	20	60	45	学生用品区	赵XX
1020	WP0020	铅笔	书写工具	40	40	56	24	学生用品区	王XX
1005	WP0005	笔记本	书写工具	20	60	60	12	学生用品区	李XX
1010	WP0010	乒乓球	体育用品	40	30	50	20	体育用品区	王XX
1009	WP0009	盐	调味品	80	65	102	43	食品区	王XX
1008	WP0008	醋	调料品	70	50	100	20	食品区	王XX
1016	WP0016	洗衣粉	洗化用品	60	160	203	17	食品区	张XX
1003	WP0003	汽水	饮品	400	200	580	20	食品区	刘XX

第3步. 筛选数据

筛选出审核人"李XX"审核的物品信息，如下图所示。

第4步 对数据进行分类汇总

按"销售区域"对"本月结余"进行分类汇总，如下图所示。

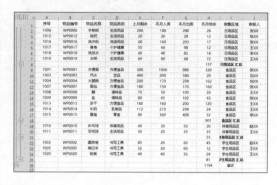

◇ 让表中序号不参与排序

在对数据进行排序的过程中，某些情况下并不需要对序号进行排序，这时可以使用下面的方法，让表中序号不参与排序，具体操作步骤如下。

第1步 打开"素材\ch07\英语成绩表.xlsx"工作簿，如下图所示。

	A	B	C
1	序号	姓名	成绩
2	1	刘XX	60
3	2	张XX	59
4	3	李XX	88
5	4	赵XX	76
6	5	徐XX	63
7	6	夏XX	35
8	7	马XX	90
9	8	孙XX	92
10	9	翟XX	77
11	10	郑XX	65
12	11	林XX	68
13	12	钱XX	72

第2步 选中 B2:C13 单元格区域，单击【数据】选项卡【排序和筛选】组中的【排序】按钮，如下图所示。

第3步 弹出【排序】对话框，将【主要关键字】设置为"成绩"，【排序依据】设置为"单元格值"，【次序】设置为"降序"，单击【确定】按钮，如下图所示。

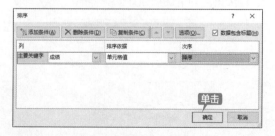

第4步 即可将名单进行以成绩为依据的从高往低的排序，而序号不参与排序，效果如下图所示。

	A	B	C
1	序号	姓名	成绩
2	1	孙XX	92
3	2	马XX	90
4	3	李XX	88
5	4	霍XX	77
6	5	赵XX	76
7	6	钱XX	72
8	7	林XX	68
9	8	郑XX	65
10	9	徐XX	63
11	10	刘XX	60
12	11	张XX	59
13	12	夏XX	35

提示 :::::::::

　　在排序之前选中数据区域则只对数据区域内的数据进行排序。

◇ **通过筛选删除空白行**

　　对于不连续的多个空白行，可以使用筛选功能快速删除，具体操作步骤如下。

第1步 打开"素材\ch07\删除空白行.xlsx"工作簿，选中 A1:A10 单元格区域，单击【数据】选项卡【排序和筛选】组中的【筛选】按钮 🔽，如下图所示。

第2步 单击 A1 单元格右侧的下拉按钮，在弹出的下拉列表中选中【空白】复选框，单击【确定】按钮，如下图所示。

第3步 即可将 A1:A10 单元格区域内的空白行选中，如下图所示。

	A	B	C
1	序号 🔽	姓名	座位
3			
5			
7			
9			
11			

第4步 单击【开始】选项卡【编辑】组中的【查找和选择】按钮，在弹出的下拉列表中选择【定位条件】选项，如下图所示。

第5步 弹出【定位条件】对话框，选中【空值】单选按钮，单击【确定】按钮，如下图所示。

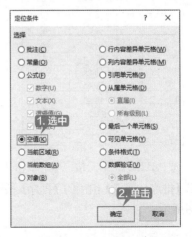

第6步 即可将空值选中，如下图所示。

第7步 将鼠标指针放置在选定的空值单元格区域并右击，在弹出的快捷菜单中选择【删除行】命令，如下图所示。

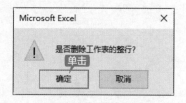

第8步 弹出【Microsoft Excel】提示框，单击【确定】按钮即可，如下图所示。

第9步 单击【数据】选项卡【排序和筛选】组中的【筛选】按钮，如下图所示。

第10步 即可退出筛选状态，效果如下图所示。

	A	B	C
1	序号	姓名	座位
2	1	刘	B2
3	2	侯	H3
4	3	王	C8
5	4	张	C7
6	5	苏	D1
7			

◇ **筛选多个表格的重复值**

使用下面的方法可以快速在多个工作表中找重复值，节省处理数据的时间。

第1步 打开"素材\ch07\查找重复值.xlsx"工作簿，如下图所示。

	A	B	C
1	分类	物品	
2	蔬菜	西红柿	
3	水果	苹果	
4	肉类	牛肉	
5	肉类	鱼	
6	蔬菜	白菜	
7	水果	橘子	
8	肉类	羊肉	
9	肉类	猪肉	
10	水果	香蕉	
11	水果	葡萄	
12	肉类	鸡	
13	水果	橙子	

第2步 选择数据区域中的任意一个单元格，单击【数据】选项卡【排序和筛选】组中的【高级】按钮，如下图所示。

第3步 在弹出的【高级筛选】对话框中选中【将筛选结果复制到其他位置】单选按钮，【列表区域】设置为"Sheet1!\$A\$1:\$B\$13"，【条件区域】设置为"Sheet2!\$A\$1:\$B\$13"，【复制到】设置为"Sheet1!\$E\$1"，选中【选择不重复的记录】复选框，单击【确定】按钮，如下图所示。

第4步 即可将两个工作表中的重复数据复制到指定区域，效果如下图所示。

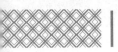

E	F
分类	**物品**
蔬菜	西红柿
水果	苹果
肉类	牛肉
肉类	鱼
蔬菜	白菜
水果	橘子
肉类	羊肉
肉类	猪肉
肉类	鸡
水果	橙子

◇ 把相同项合并为单元格

在制作工作表时，将相同的表格进行合并可以使工作表更加简洁明了。快速实现合并的具体操作步骤如下。

第1步 打开"素材 \ch07\ 分类清单 .xlsx"工作簿，如下图所示。

	A	B
1	**商品分类**	**商品名称**
2	蔬菜	西红柿
3	水果	苹果
4	肉类	牛肉
5	肉类	鱼
6	蔬菜	白菜
7	水果	橘子
8	肉类	羊肉
9	肉类	猪肉
10	水果	香蕉
11	水果	葡萄
12	肉类	鸡
13	水果	橙子

第2步 选中"商品分类"列中的任意一个单元格，单击【数据】选项卡【排序和筛选】组中的【升序】按钮，如下图所示。

第3步 即可对数据进行以"商品分类"为依据的升序排列，相同的商品分类将会连续显示，效果如下图所示。

	A	B	C
1	**商品分类**	**商品名称**	
2	肉类	牛肉	
3	肉类	鱼	
4	肉类	羊肉	
5	肉类	猪肉	
6	肉类	鸡	
7	蔬菜	西红柿	
8	蔬菜	白菜	
9	水果	苹果	
10	水果	橘子	
11	水果	香蕉	
12	水果	葡萄	
13	水果	橙子	

第4步 将"商品分类"列中的相同项合并，如选中 A2:A6 单元格区域，单击【开始】选项卡【对齐方式】组中的【合并后居中】按钮，如下图所示。

第5步 弹出 Excel 信息提示框，单击【确定】按钮，如下图所示。

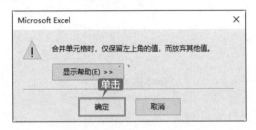

第6步 即可将相同项合并，如下图所示。

	A	B	C
1	**商品分类**	**商品名称**	
2		牛肉	
3		鱼	
4	肉类	羊肉	
5		猪肉	
6		鸡	
7	蔬菜	西红柿	
8	蔬菜	白菜	
9	水果	苹果	
10	水果	橘子	
11	水果	香蕉	
12	水果	葡萄	
13	水果	橙子	

第7步 使用同样的方法合并其他相同项，效果如下图所示。

	A	B	C
1	**商品分类**	**商品名称**	
2		牛肉	
3		鱼	
4	肉类	羊肉	
5		猪肉	
6		鸡	
7	蔬菜	西红柿	
8		白菜	
9		苹果	
10		橘子	
11	水果	香蕉	
12		葡萄	
13		橙子	

第8章

中级数据处理与分析——图表

📖 本章导读

在 Excel 中使用图表不仅能使数据的统计结果更直观、更形象，还能够清晰地反映数据的变化规律和发展趋势。使用图表可以制作产品统计分析表、预算分析表、工资分析表、成绩分析表等。本章以制作商品销售统计分析图表为例，介绍创建图表、图表的设置和调整、添加图表元素及创建迷你图等操作。

🛸 思维导图

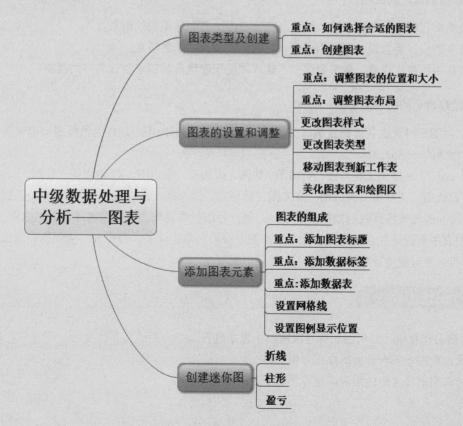

 8.1 商品销售统计分析图表

> 制作商品销售统计分析图表时，表格内的数据类型格式要一致，选取的图表类型要能恰当地反映数据的变化趋势。

案例名称：使用 Excel 制作商品销售统计分析图表	
案例目的：掌握图表的应用	
素材	素材 \ch08\ 商品销售统计分析图表 .xlsx
结果	结果 \ch08\ 商品销售统计分析图表 .xlsx
视频	视频教学 \08 第 8 章

8.1.1 案例概述

　　数据分析是指用适当的统计分析方法对收集来的大量数据进行分析，提取有用信息并形成结论的过程。Excel 作为常用的数据分析工具，可以实现基本的数据分析工作。在 Excel 中使用图表不仅可以清楚地表达数据的变化关系，还可以分析数据的规律，进行预测。

　　制作商品销售统计分析图表时需要注意以下几点。

1. 表格的设计要合理

　　① 表格要有明确的表格名称，快速向阅读者传达要制作图表的信息。

　　② 表头的设计要合理，能够指明每一项数据要反映的销售信息。

　　③ 表格中的数据格式、单位要统一，这样才能正确地反映销售统计表中的数据。

2. 选择合适的图表类型

　　① 制作图表时首先要选择正确的数据源，有时表格的标题不可以作为数据源，而表头通常要作为数据源的一部分。

　　② Excel 2019 提供了柱形图、折线图、饼图、条形图、面积图、XY 散点图、地图、股价图、曲面图、雷达图、树状图、旭日图、直方图、箱形图、瀑布图、漏斗图 16 种图表类型及组合图表类型。每一类图表所反映的数据主题不同，用户可以根据要表达的主题选择合适的图表。

　　③ 图表中可以添加合适的图表元素，如图表标题、数据标签、数据表、图例等，通过这些图表元素可以更直观地反映图表信息。

8.1.2 设计思路

　　制作商品销售统计分析图表时可以按以下思路进行。

　　① 设计要用于图表分析的数据表格。

　　② 为表格选择合适的图表类型并创建图表。

③ 设置并调整图表的位置、大小、布局、样式及美化图表。

④ 添加并设置图表标题、数据标签、数据表、网格线及图例等图表元素。

⑤ 为各种产品的销售情况创建迷你图。

8.1.3 涉及知识点

本案例主要涉及以下知识点。

① 创建图表。

② 设置和整理图表。

③ 添加图表元素。

④ 创建迷你图。

8.2 图表类型及创建

Excel 2019 提供了包含组合图表在内的 16 种图表类型，用户可以根据需求选择合适的图表类型，然后创建嵌入式图表或工作表图表来表达数据信息。

8.2.1 重点：如何选择合适的图表

Excel 2019 提供了这么多图表类型，那如何根据图表的特点选择合适的图表类型呢？先来了解一下各类图表的特点。

打开"素材 \ch08\ 商品销售统计分析图表 .xlsx"文件，在数据区域选择任意一个单元格，单击【插入】选项卡【图表】组右下角的【查看所有图表】按钮 ，即可弹出【插入图表】对话框，在【所有图表】选项卡中查看 Excel 2019 提供的所有图表类型，如下图所示。

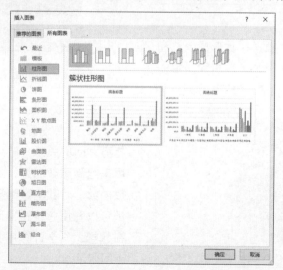

① 柱形图——以垂直条跨若干类别比较值。

柱形图由一系列垂直条组成，通常用来比较一段时间中两个或多个项目的相对尺寸。例如，不同产品季度或年销售量对比、在几个项目中不同部门的经费分配情况、每年各类资料的数目等，如下图所示。

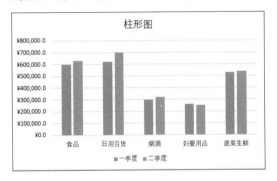

② 折线图——按时间或类别显示趋势。

折线图用来显示一段时间内的趋势。例如，数据在一段时间内是呈增长趋势的，在另一段时间内处于下降趋势，可以通过折线图对将来作出预测，如下图所示。

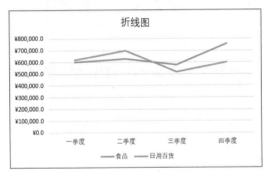

③ 饼图——显示比例。

饼图用于对比几个数据在其形成的总和中所占的百分比值。整个饼代表总和，每一个数用一个楔形或薄片代表，如下图所示。

④ 条形图——以水平条跨若干类别比较值。

条形图由一系列水平条组成。这种图使得在时间轴上的某一点的两个或多个项目的相对长度具有可比性。条形图中的每一条在工作表上是一个单独的数据点或数，如下图所示。

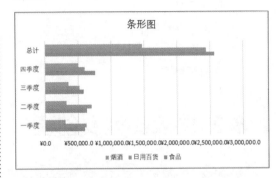

⑤ 面积图——显示变动幅度。

面积图显示一段时间内变动的幅度。当有几个部分的数据都在变动时，可以选择显示需要的部分，既可看到单独各部分的变动，也可看到总体的变化，如下图所示。

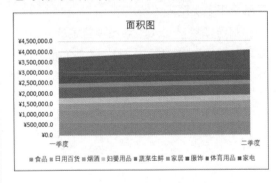

⑥ XY 散点图——显示值集之间的关系。

XY 散点图展示成对的数和它们所代表的趋势之间的关系。散点图的重要作用是可以用来绘制函数曲线，从简单的三角函数、指数函数、对数函数到更复杂的混合型函数，都可以利用它快速准确地绘制出曲线，所以在教学、科学计算中会经常用到这种图，如下图所示。

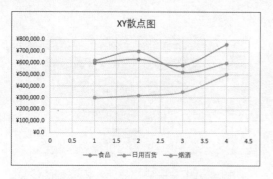

⑦ 股价图——显示股票变化趋势。

股价图是具有 3 个数据序列的折线图，被用来显示在一段给定时间内一种股标的最高价、最低价和收盘价。股价图多用于金融、商贸等行业，用来描述商品价格、货币兑换率，也可以用来表现温度变化、压力测量等，如下图所示。

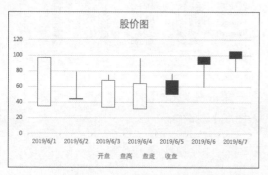

⑧ 曲面图——在曲面上显示两个或更多个数据。

曲面图显示的是连接一组数据点的三维曲面。曲面图主要用于寻找两组数据的最优组合，如下图所示。

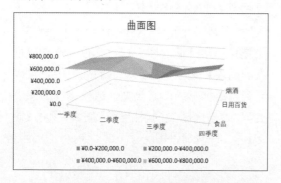

⑨ 雷达图——显示相对于中心点的值。显示数据如何按中心点或其他数据变动。

每个类别的坐标值从中心点辐射，如下图所示。

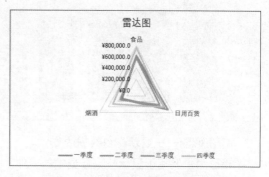

⑩ 树状图——以矩形显示比例。

树状图主要用于比较层次结构中不同级别的值，可以使用矩形显示层次结构级别中的比例，如下图所示。

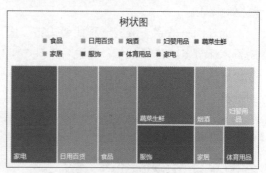

⑪ 旭日图——以环形显示比例。

旭日图主要用于比较层次结构中不同级别的值，可以使用扇形显示层次结构级别中的比例，如下图所示。

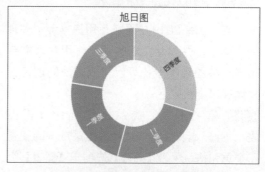

⑫ 直方图——显示数据分布情况。

直方图由一系列高度不等的纵向条纹或线段表示数据分布的情况。一般用横轴表示数据类型，纵轴表示分布情况，如下图所示。

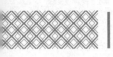
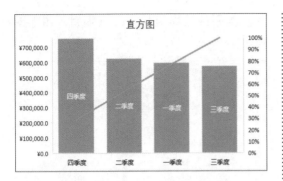

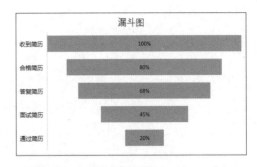

⑬ 箱形图——显示一组数据的变体。

箱形图主要用于显示一组数据中的变体。

⑭ 瀑布图——显示值的演变。

瀑布图用于显示一系列正值和负值的累积影响。

⑮ 漏斗图——通过漏斗显示各环节业务数据的比较。

漏斗图一般用于业务流程比较规范、周期长、环节多的流程分析，通过各个环节业务数据的对比，发现并找出问题所在，如下图所示。

⑯ 组合图——突出显示不同类型的信息。

组合图将多个图表类型集中显示在一个图表中，集合各类图表的优点，更直观形象地显示数据，如下图所示。

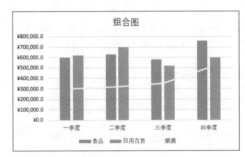

单击右上角的【关闭】按钮，即可关闭【插入图表】对话框。

8.2.2 重点：创建图表

创建图表时，不仅可以使用系统推荐的图表创建图表，还可以根据实际需要选择并创建合适的图表，下面介绍在商品销售统计分析图表中创建图表的方法。

1. 使用系统推荐的图表

在 Excel 2019 中系统为用户推荐了多种图表类型，并显示图表的预览，用户只需要选择一种图表类型就可以完成图表的创建，具体操作步骤如下。

第1步 在打开的"商品销售统计分析图表.xlsx"素材文档中选择数据区域内的任意一个单元格，单击【插入】选项卡【图表】组中的【推荐的图表】按钮，如下图所示。

| 提示 |

如果要为部分数据创建图表，仅选择需要创建图表部分的数据。

第2步 弹出【插入图表】对话框，选择【推荐的图表】选项卡，在左侧的列表中就可以看到系统推荐的图表类型。选择需要的图表类型，这里选择"簇状柱形图"图表，单击【确定】按钮，如下图所示。

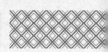

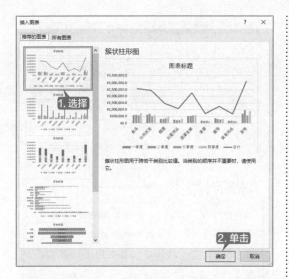

第3步 此时就完成了使用推荐的图表创建图表的操作，如下图所示。

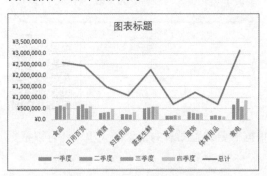

提示

如果要删除创建的图表，只需要选中创建的图表，按【Delete】键即可。

2. 使用功能区创建图表

在 Excel 2019 的功能区中将图表类型集中显示在【插入】选项卡的【图表】组中，方便用户快速创建图表，具体操作步骤如下。

第1步 选择数据区域内的任意一个单元格，选择【插入】选项卡，在【图表】组中即可看到包含多个创建图表按钮，如下图所示。

第2步 单击【图表】组中的【插入柱形图或条形图】按钮，在弹出的下拉列表中选择【二维柱形图】选项区域中的【簇状柱形图】选项，如下图所示。

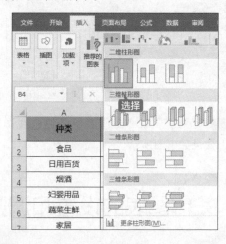

第3步 即可在该工作表中插入一个柱形图表，效果如下图所示。

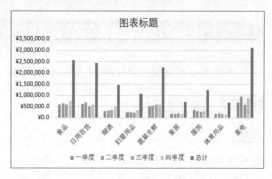

3. 使用图表向导创建图表

使用图表向导也可以创建图表，具体操作步骤如下。

第1步 在打开的素材文件中，选择数据区域的 A1:A10、F1:F10 单元格区域，单击【插入】选项卡【图表】组右下角的【查看所有图表】按钮 ，弹出【插入图表】对话框，选择【所

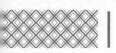

有图表】选项卡，在左侧的列表中选择【折线图】选项，在右侧选择一种折线图类型，单击【确定】按钮，如下图所示。

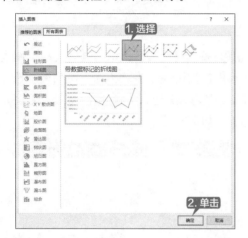

第2步 即可在 Excel 工作表中创建折线图图表，效果如下图所示。

| 提示 |

除了使用上面的 3 种方法创建图表外，还可以按【Alt+F1】组合键创建嵌入式图表，按【F11】键可以创建工作表图表。嵌入式图表就是与工作表数据在一起或与其他嵌入式图表在一起的图表，而工作表图表是特定的工作表，只包含单独的图表。

8.3 图表的设置和调整

在商品销售统计分析表中创建图表后，可以根据需要调整图表的位置和大小，还可以根据需要更改图表的样式及类型。

8.3.1 重点：调整图表的位置和大小

创建图表后如果对图表的位置和大小不满意，可以根据需要调整图表的位置和大小。

1. 调整图表的位置

第1步 选择创建的图表，将鼠标指针放置在图表上，当鼠标指针变为 形状时，按住鼠标左键拖曳，如下图所示。

第2步 至合适位置处释放鼠标左键，即可完成调整图表位置的操作，如下图所示。

2. 调整图表的大小

调整图表大小有两种方法，第 1 种方法

是拖曳鼠标调整，第 2 种方法是精确调整图表的大小。

方法 1：拖曳鼠标调整

第1步 选择插入的图表，将鼠标指针放置在图表四周的控制点上，例如，这里将鼠标指针放置在右下角的控制点上，当鼠标指针变为 ↖ 形状时，按住鼠标左键并拖曳，如下图所示。

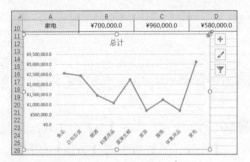

第2步 至合适大小后释放鼠标左键，即可完成调整图表大小的操作，如下图所示。

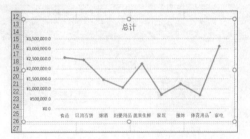

| 提示 |

　　将鼠标指针放置在 4 个角的控制点上可以同时调整图表的宽度和高度，将鼠标指针放置在左右边的控制点上可以调整图表的宽度，将鼠标指针放置在上下边的控制点上可以调整图表的高度。

方法 2：精确调整图表大小

如果要精确地调整图表的大小，可以选择插入的图表，在【图表工具-格式】选项卡【大小】组中单击【形状高度】和【形状宽度】微调框后的微调按钮，或者直接输入图表的高度和宽度值，按【Enter】键确认即可，如下图所示。

| 提示 |

　　单击【图表工具-格式】选项卡【大小】组中的【大小和属性】按钮 ↘，在打开的【设置图表区格式】任务窗格中选中【大小与属性】选项卡下的【锁定纵横比】复选框，可等比放大或缩小图表。

8.3.2 重点：调整图表布局

创建图表后，可以根据需要调整图表的布局，具体操作步骤如下。

第1步 选择创建的图表，单击【图表工具-设计】选项卡【图表布局】组中的【快速布局】下拉按钮，在弹出的下拉列表中选择【布局7】选项，如下图所示。

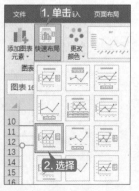

第2步 即可看到调整图表布局后的效果，如下图所示。

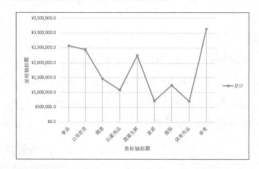

8.3.3 更改图表样式

更改图表样式主要包括更改图表颜色和更改图表样式两个方面的内容。更改图表样式的具体操作步骤如下。

第1步 选择图表，单击【图表工具-设计】选项卡【图表样式】组中的【更改颜色】下拉按钮，在弹出的下拉列表中选择【彩色】选项区域中的【彩色调色板4】选项，如下图所示。

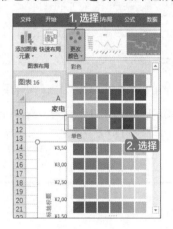

第2步 即可看到更改图表颜色后的效果，如下图所示。

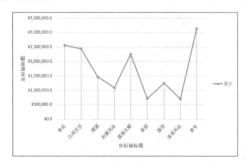

第3步 选择图表，单击【图表工具-设计】选项卡【图表样式】组中的【其他】按钮，在弹出的下拉列表中选择【样式7】选项，如下图所示。

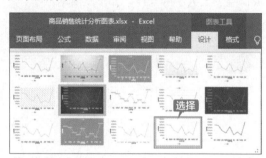

第4步 即可更改图表的样式，效果如下图所示。

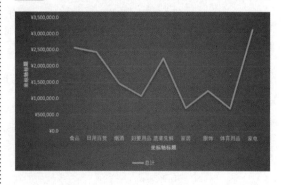

8.3.4 更改图表类型

创建图表后，如果选择的图表类型不能满足展示数据的效果，还可以更改图表类型，具体操作步骤如下。

第1步 选择图表，单击【图表工具–设计】选项卡【类型】组中的【更改图表类型】按钮，如下图所示。

第2步 选择要更改的图表类型，这里在左侧列表中选择【柱形图】选项，在右侧选择【簇状柱形图】类型，单击【确定】按钮，如下图所示。

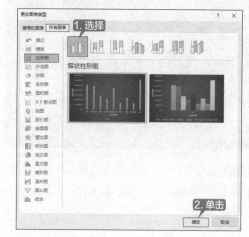

第3步 即可看到将折线图更改为簇状柱形图后的效果，如下图所示。

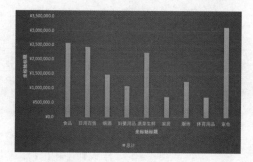

8.3.5 移动图表到新工作表

创建图表后，如果工作表中数据较多，数据和图表将会有重叠，可以将图表移动到新工作表中，具体操作步骤如下。

第1步 选择图表，单击【图表工具–设计】选项卡【位置】组中的【移动图表】按钮，如下图所示。

第2步 弹出【移动图表】对话框，在【选择

放置图表的位置】下选中【新工作表】单选按钮，并在文本框中设置新工作表的名称，单击【确定】按钮，如下图所示。

第3步 即可创建名称为"Chart1"的工作表，并在表中显示图表，而"Sheet1"工作表中则不包含图表，如下图所示。

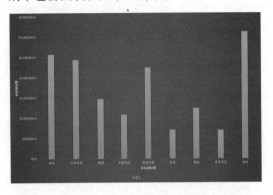

第4步 在"Chart1"工作表中选择图表并右击，在弹出的快捷菜单中选择【移动图表】命令，如下图所示。

第5步 弹出【移动图表】对话框，在【选择放置图表的位置】下选中【对象位于】单选按钮，并在文本框中选择"Sheet1"工作表，单击【确定】按钮，如下图所示。

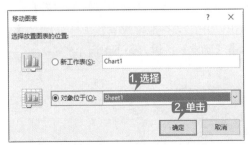

第6步 即可将图表移动至"Sheet1"工作表，

并删除"Chart1"工作表，调整图表大小，效果如下图所示。

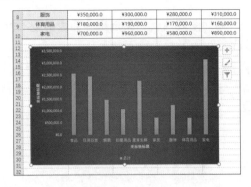

第7步 选中图表，单击【图表工具-设计】选项卡【图表布局】组中的【快速布局】下拉按钮，在弹出的下拉列表中选择【布局1】选项，如下图所示。

第8步 单击【图表工具-设计】选项卡【图表样式】组中的【样式1】图表样式，如下图所示。

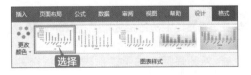

第9步 即可更改图表的布局和样式，效果如下图所示。

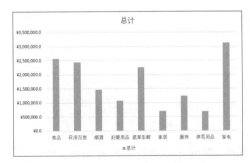

8.3.6 美化图表区和绘图区

美化图表区和绘图区可以使图表更美观。美化图表区和绘图区的具体操作步骤如下。

1. 美化绘图区

第1步 选中图表，将鼠标指针移至图表区并右击，在弹出的快捷菜单中选择【设置图表区域格式】命令，如下图所示。

第2步 弹出【设置图表区格式】任务窗格，在【填充与线条】选项卡【填充】选项区域中选中【纯色填充】单选按钮，单击【颜色】按钮，在弹出的下拉列表中选择【金色，个性色 4，深色 25%】选项，如下图所示。

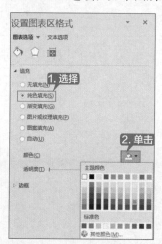

第3步 即可在图表中看到设置的颜色，效果如下图所示。

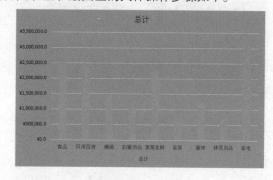

2. 美化绘图区

第1步 将鼠标指针移至图表的绘图区并右击，在弹出的快捷菜单中选择【设置绘图区格式】命令，如下图所示。

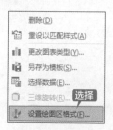

第2步 弹出【设置绘图区格式】任务窗格，在【填充与线条】选项卡【边框】选项区域中选中【实线】单选按钮，并单击【颜色】后的下拉按钮，在弹出的下拉列表中选择黄色，如下图所示。

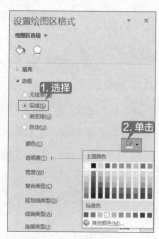

第3步 即可看到美化绘图区后的效果，如下图所示。

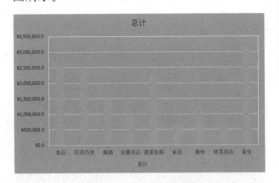

第4步 在【设置绘图区格式】任务窗格的【边框】选项区域中选中【无线条】单选按钮，如下图所示。

第5步 即可取消绘图区的边框，如下图所示。

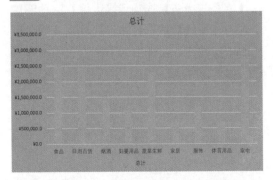

第6步 在图表中选择数据条，即可切换至【设置数据系列格式】任务窗格，在【填充与线条】选项卡下【填充】选项区域中选中【纯色填充】单选按钮，设置【颜色】为"黑色，文字1，淡色 5%"，并调整【透明度】为"12%"，如下图所示。

第7步 即可完成数据条颜色的设置，如下图所示。

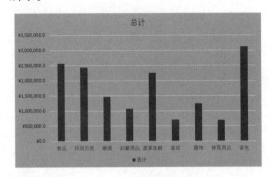

第8步 选择"总计"列中的任意一个单元格，单击【数据】选项卡【排序和筛选】组中的【降序】按钮 ，如下图所示。

第9步 使数据按"总计"列值由大到小进行排列。此时，图表中的数据条也会根据源数据的排序变化发生变化，效果如下图所示。

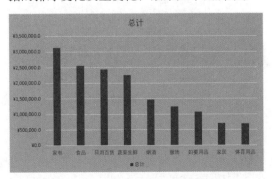

8.4 添加图表元素

创建图表后，可以在图表中添加坐标轴、轴标题、图表标题、数据标签、数据表、网格线和图例等元素。

8.4.1 图表的组成

图表主要由图表区、绘图区、标题、数据系列、坐标轴、图例、运算表和背景等组成。

① 图表区。

整个图表及图表中的数据称为图表区。在图表区中，当鼠标指针停留在图表元素上时，Excel 会显示元素的名称，从而方便用户查找图表元素，如下图所示。

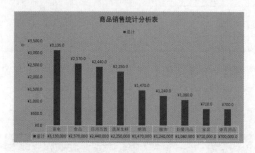

② 绘图区。

绘图区主要显示数据表中的数据，数据随着工作表中数据的更新而更新，如下图所示。

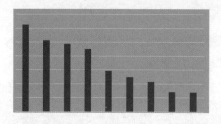

③ 图表标题。

创建图表后，图表中会自动创建标题文本框，只需在文本框中输入标题即可。

④ 数据标签。

图表中绘制的相关数据点的数据来自数据的行和列。如果要快速标识图表中的数据，可以为图表的数据添加数据标签，在数据标签中可以显示系列名称、类别名称和百分比，如下图所示。

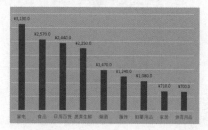

⑤ 坐标轴。

默认情况下，Excel 会自动确定图表坐标轴中图表的刻度值，也可以自定义刻度，以满足使用需要。当在图表中绘制的数值涵盖范围较大时，可以将垂直坐标轴改为对数刻度。

⑥ 图例。

图例用方框表示，用于标识图表中的数据系列所指定的颜色或图案。创建图表后，图例以默认的颜色来显示图表中的数据系列。

⑦ 数据表。

数据表是反映图表中源数据的表格，默认的图表一般都不显示数据表，如下图所示。

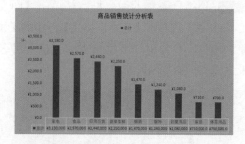

⑧ 背景。

背景主要用于衬托图表，可以使图表更加美观。

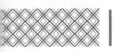
8.4.2 重点：添加图表标题

在图表中添加标题可以直观地反映图表的内容。添加图表标题的具体操作步骤如下。

第1步 选择美化后的图表，单击【图表工具-设计】选项卡【图表布局】组中的【添加图表元素】下拉按钮，在弹出的下拉列表中选择【图表标题】→【图表上方】选项，如下图所示。

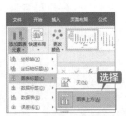

> |提示|
>
> 因为本案例中已经添加了图表标题，可根据需要直接在文本框中进行修改。

第2步 输入"商品销售统计分析表"文本，就完成了图表标题的添加，如下图所示。

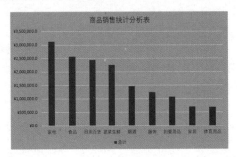

第3步 选择已添加的图表标题，单击【图表工具-格式】选项卡【艺术字样式】组中的【其他】按钮，在弹出的下拉列表中选择一种艺术字样式，如下图所示。

第4步 单击【图表工具-格式】选项卡【艺术字样式】组中的【文字效果】按钮，在弹出的下拉列表中选择【阴影】→【无阴影】选项，如下图所示。

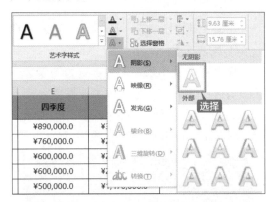

第5步 在【开始】选项卡【字体】组中设置图表标题的【字体】为"等线（正文）"，【字号】为"14"，并添加"加粗"效果，如下图所示。

第6步 即可完成对图表标题的设置，最终效果如下图所示。

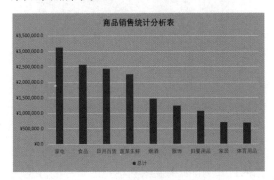

8.4.3 重点：添加数据标签

添加数据标签可以直接读出柱形条对应的数值。添加数据标签的具体操作步骤如下。

第1步 选择图表，单击【图表工具–设计】选项卡【图表布局】组中的【添加图表元素】按钮，在弹出的下拉列表中选择【数据标签】→【数据标签外】选项，如下图所示。

第2步 即可在图表中添加数据标签，但由于数字位数过多，添加的数据标签显得有些拥挤，如下图所示。

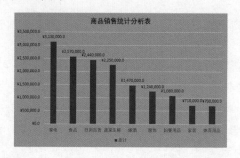

第3步 选择图表中的"垂直轴"并右击，在弹出的快捷菜单中选择【设置坐标轴格式】选项，如下图所示。

第4步 弹出【设置坐标轴格式】任务窗格，选择【坐标轴选项】选项卡，在【坐标轴选项】选项区域中单击【显示单位】右侧的下拉按钮，

在弹出的下拉列表中选择【千】单位，如下图所示。

第5步 选中【在图表上显示单位标签】复选框，如下图所示。

第6步 即可看到设置的标签效果，如下图所示。

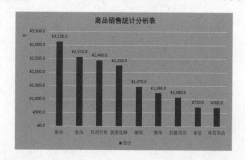

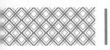
8.4.4 重点：添加数据表

数据表是反映图表中源数据的表格，默认情况下图表中不显示数据表。添加数据表的具体操作步骤如下。

第1步 选择图表，单击【图表工具-设计】选项卡【图表布局】组中的【添加图表元素】按钮，在弹出的下拉列表中选择【数据表】→【显示图例项标示】选项，如下图所示。

第2步 即可在图表中添加数据表，适当调整图表的宽度，效果如下图所示。

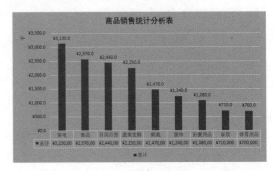

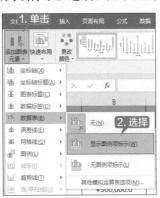

8.4.5 设置网格线

在图表中可根据需要设置图表的网格线，本案例的图表中已经添加了网格线，那么如何将图表中的网格线取消呢？具体操作步骤如下。

第1步 选择图表，单击【图表工具-设计】选项卡【图标布局】组中的【添加图表元素】按钮，在弹出的下拉列表中选择【网格线】选项，在弹出的级联列表中可以看到【主轴主要水平网格线】处于选中状态，选择【主轴主要水平网格线】选项，如下图所示。

第2步 即可将"主轴主要水平网格线"取消，效果如下图所示。

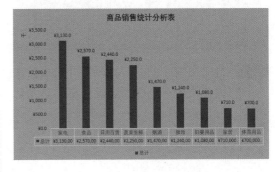

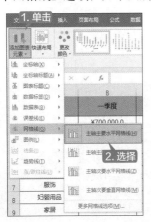

8.4.6 设置图例显示位置

图例可以显示在图表区的右侧、顶部、左侧及底部，为了使图表的布局更合理，可以根据需要更改图例的显示位置。设置图例显示在图表区顶部的具体操作步骤如下。

第1步 选择图表，单击【图表工具-设计】选项卡【图表布局】组中的【添加图表元素】按钮，在弹出的下拉列表中选择【图例】→【顶部】选项，如下图所示。

第2步 即可将图例显示在图表区顶部，效果如下图所示。

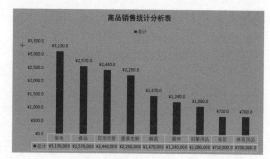

8.5 为各产品销售情况创建迷你图

迷你图是一种小型图表，可以放在工作表内的单个单元格中。由于其尺寸已经过压缩，因此，迷你图能够以简明且非常直观的方式显示大量数据集所反映出的情况。使用迷你图可以显示一系列数值的趋势，如季节性增长或降低、经济周期或突出显示最大值和最小值。将迷你图放在它所表示的数据附近时会产生最大的效果。若要创建迷你图，则必须先选择要分析的数据区域，然后选择要放置迷你图的位置。为各产品销售情况创建迷你图的具体操作步骤如下。

第1步 选择 G2 单元格，单击【插入】选项卡【迷你图】组中的【折线】按钮，如下图所示。

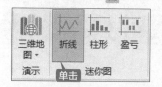

第2步 弹出【创建迷你图】对话框，单击【选择所需的数据】下的【数据范围】右侧的

按钮，如下图所示。

第3步 选择 B2:E2 单元格区域，单击 ▣ 按钮，如下图所示。

第4步 返回【创建迷你图】对话框，单击【确定】按钮，如下图所示。

第5步 即可完成"家电"各季度销售情况迷你图的创建，如下图所示。

第6步 将鼠标指针放在 G2 单元格右下角的填充柄上，按住鼠标左键，向下填充至 G10 单元格，即可完成所有产品各季度销售迷你图的创建，如下图所示。

第7步 选择 G2:G10 单元格区域，选择【迷你图工具-设计】选项卡还可以根据需要设置迷你图的样式，如这里选中【显示】组中的【高点】复选框，在【样式】组中选择【褐色，迷你图样式着色 2，深色 50%】选项，如下图所示。

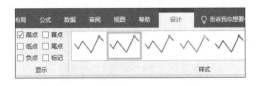

第8步 效果如下图所示。

第9步 至此，就完成了商品销售统计分析图表的制作，只需要按【Ctrl+S】组合键保存制作完成的工作簿文件即可，如下图所示。

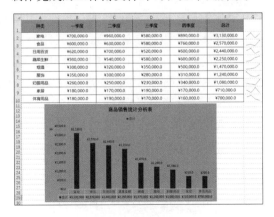

制作项目预算分析图表

与商品销售统计分析图表类似的文档还有项目预算分析图表、年产量统计图表、货物库存分析图表、成绩统计分析图表等。制作这类文档时，都要求做到数据格式的统一，并且要选择合适的图表类型，以便准确表达要传递的信息。下面就以制作项目预算分析图表为例进行介绍。

第 1 步 创建图表

打开"素材 \ch08\ 项目预算表 .xlsx"文档，创建堆积柱形图图表，如下图所示。

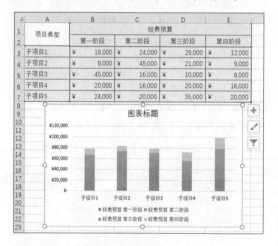

第 2 步 设置并调整图表

根据需要调整图表的大小和位置，并更改图表的布局、样式，最后根据需要美化图表，如下图所示。

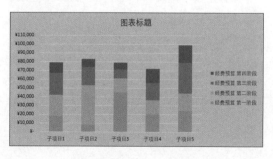

第 3 步 添加图表元素

更改图表标题、添加数据标签、数据表及调整图例的位置，如下图所示。

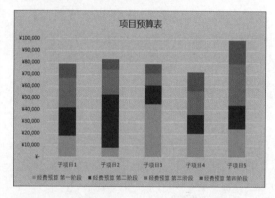

第 4 步 创建迷你图

为每个子项目的每个阶段经费预算创建迷你图，如下图所示。

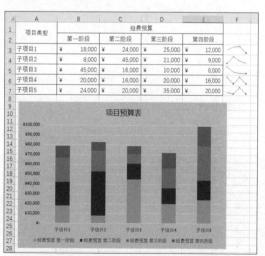

◇ 制作双纵坐标轴图表

在 Excel 中制作出双坐标轴的图表，有利于更好地理解数据之间的关联关系，例如，分析价格和销量之间的关系。制作双坐标轴图表的具体操作步骤如下。

第1步 打开"素材\ch08\某品牌手机销售额.xlsx"工作簿，选择数据区域中的任意一个单元格，单击【插入】选项卡【图表】组中的【插入折线图或面积图】按钮 ，在弹出的下拉列表中选择一种二维折线图，如下图所示。

第2步 即可插入折线图，效果如下图所示。

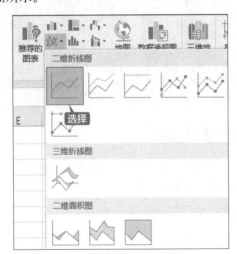

第3步 选中图表中的折线并右击，在弹出的快捷菜单中选择【设置数据系列格式】选项，如下图所示。

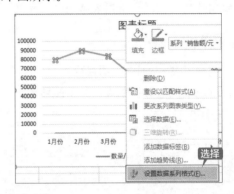

第4步 弹出【设置数据系列格式】任务窗格，选中【系列选项】选项区域中的【次坐标轴】单选按钮，单击【关闭】按钮，如下图所示。

第5步 即可得到一个有双坐标轴的折线图表，可以清楚地看到数量和销售额之间的对应关系，如下图所示。

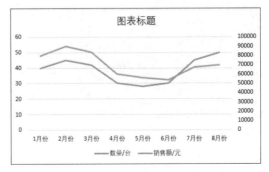

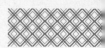

◇ 分离饼图制作技巧

创建的饼状图还可以转换为分离饼图，具体操作步骤如下。

第1步 打开"素材\ch08\产品销售统计分析图表.xlsx"文档，选中 A2:B8 单元格区域，创建一个三维饼图，如下图所示。

第2步 选择饼图中的数据系列并右击，在弹出的快捷菜单中选择【设置数据系列格式】选项，如下图所示。

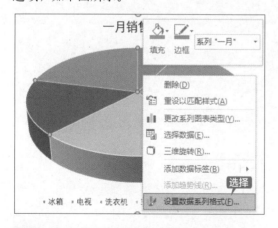

第3步 弹出【设置数据系列格式】任务窗格，选择【系列选项】选项卡，在【第一扇区起始角度】文本框中输入"9°"，在【饼图分离】文本框中输入"19%"，单击【关闭】按钮，如下图所示。

第4步 即可完成饼图的分离，然后根据需要设置饼图样式，效果如下图所示。

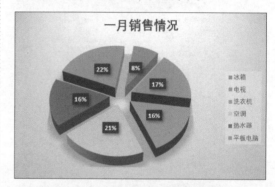

◇ 在 Excel 表中添加趋势线

在对数据进行分析时，有时需要对数据的变化趋势进行分析，这时可以使用添加趋势线的技巧，具体操作步骤如下。

第1步 打开"素材\ch08\产品销售统计分析图表.xlsx"文档，创建仅包含热水器和空调的销售折线图，如下图所示。

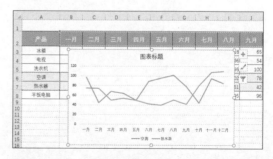

第2步 选中表示空调的折线并右击，在弹出的快捷菜单中选择【添加趋势线】选项，如下图所示。

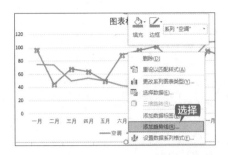

第3步 弹出【设置趋势线格式】任务窗格，选中【趋势线选项】选项区域中的【线性】单选按钮，同时设置【趋势线名称】为"自动"，单击【关闭】按钮，如下图所示。

第4步 即可添加空调的销售趋势线，效果如下图所示。

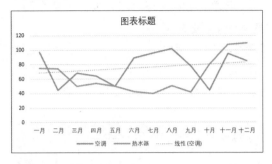

第5步 使用同样的方法可以添加热水器的销售趋势线，如下图所示。

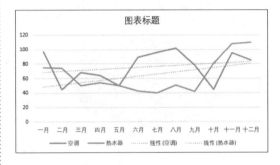

第9章
中级数据处理与分析——数据透视表和数据透视图

本章导读

数据透视可以将筛选、排序和分类汇总等操作依次完成，并生成汇总表格，对数据的分析和处理有很大的帮助。熟练掌握数据透视表和数据透视图的运用，可以大大提高处理大量数据的效率。本章以制作公司财务分析透视报表为例，介绍数据透视表和数据透视图的使用。

思维导图

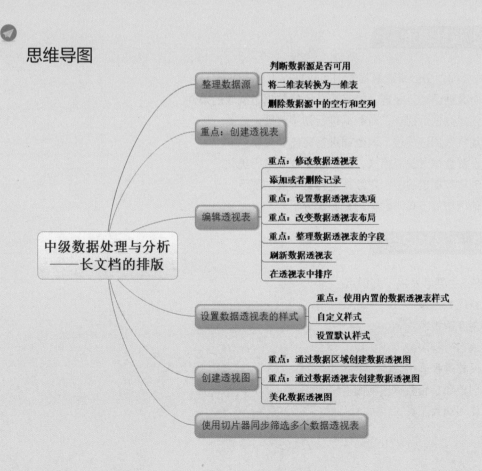

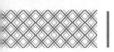

 9.1 公司财务分析透视报表

　　公司财务情况报表是公司一段时间内资金、利润情况的明细表。通过对财务情况报表的分析，企业管理者可以对公司的偿债能力、盈利能力、运营状况等做出判断，找出公司运营过程中的不足，并采取相应的措施进行改善，提高管理水平。

案例名称：	使用 Excel 制作公司财务分析透视报表
案例目的：	掌握数据透视表和数据透视图
素材	素材 \ch09\ 公司财务分析透视报表 .xlsx
结果	结果 \ch09\ 公司财务分析透视报表 .xlsx
视频	视频教学 \09 第 9 章

9.1.1 案例概述

　　由于公司财务情况报表的数据类目比较多，且数据比较繁杂，因此直接观察很难发现其中的规律和变化趋势。使用数据透视表和数据透视图可以将数据按一定规律进行整理汇总，更直观地展现数据的变化情况。

9.1.2 设计思路

　　制作公司财务分析透视报表时可以按以下思路进行。
　　① 对数据源进行整理，使其符合创建数据透视表的条件。
　　② 创建数据透视表，对数据进行初步整理汇总。
　　③ 编辑数据透视表，对数据进行完善和更新。
　　④ 设置数据透视表格式，对数据透视表进行美化。
　　⑤ 创建数据透视图，对数据进行更直观的展示。
　　⑥ 使用切片工具对数据进行筛选分析。

9.1.3 涉及知识点

　　本案例主要涉及以下知识点。
　　① 整理数据源。
　　② 创建透视表。
　　③ 编辑透视表。
　　④ 设置透视表格式。
　　⑤ 创建和编辑数据透视图。
　　⑥ 使用切片工具。

9.2 整理数据源

数据透视表对数据源有一定的要求，创建数据透视表之前需要对数据源进行整理，使其符合创建数据透视表的条件。

9.2.1 判断数据源是否可用

创建数据透视表时首先需要判断数据源是否可用。在 Excel 中，用户可以从以下 4 种类型的数据源中创建数据透视表。

① Excel 数据列表。Excel 数据列表是最常用的数据源。如果以 Excel 数据列表作为数据源，则标题行不能有空白单元格或合并的单元格，否则不能生成数据透视表，会出现如下图所示的错误提示。

② 外部数据源。文本文件、Microsoft SQL Server 数据库、Microsoft Access 数据库、dBASE 数据库等均可作为数据源。Excel 2000 及以上版本还可以利用 Microsoft OLAP 多维数据集创建数据透视表。

③ 多个独立的 Excel 数据列表。数据透视表可以将多个独立的 Excel 表格中的数据汇总到一起。

④ 其他数据透视表。创建完成的数据透视表也可以作为数据源来创建另一个数据透视表。

在实际工作中，用户的数据往往是以二维表格的形式存在的，如左下图所示。这样的数据表无法作为数据源创建理想的数据透视表。只有把二维的数据表格转换为如右下图所示的一维表格，才能作为数据透视表的理想数据源。数据列表就是指这种以列表形式存在的数据表格。

	A	B	C	D	E
1		东北	华中	西北	西南
2	第一季度	1200	1100	1300	1500
3	第二季度	1000	1500	1500	1400
4	第三季度	1500	1300	1200	1800
5	第四季度	2000	1400	1300	1600
6					
7					
8					

	A	B	C
1	地区	季度	销量
2	东北	第一季度	1200
3	东北	第二季度	1000
4	东北	第三季度	1500
5	东北	第四季度	2000
6	华中	第一季度	1100
7	华中	第二季度	1500
8	华中	第三季度	1300
9	华中	第四季度	1400
10	西北	第一季度	1300
11	西北	第二季度	1500
12	西北	第三季度	1200
13	西北	第四季度	1300
14	西南	第一季度	1500
15	西南	第二季度	1400
16	西南	第三季度	1800
17	西南	第四季度	1600

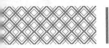

9.2.2 将二维表转换为一维表

将二维表转换为一维表的具体操作步骤如下。

第1步 打开"素材\ch09\公司财务分析透视报表.xlsx"工作簿，选择 A1:E8 单元格区域，单击【数据】选项卡【获取和转换数据】组中的【自表格/区域】按钮，如下图所示。

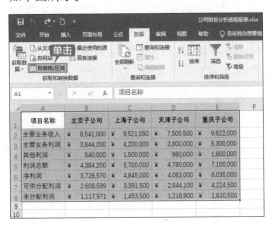

第2步 弹出【创建表】对话框，单击【确定】按钮，如下图所示。

第3步 弹出【表1(2) - Power Query 编辑器】窗口，单击【转换】选项卡【任意列】组中的【逆透视列】下拉按钮,在弹出的下拉列表中选择【逆透视其他列】选项，如下图所示。

第4步 即可看到转换后的效果，单击【开始】选项卡【关闭】组中的【关闭并上载】按钮，如下图所示。

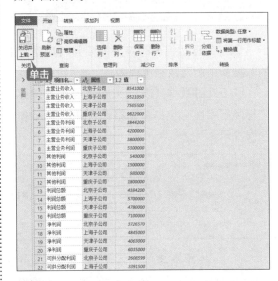

第5步 即可新建工作表并且将二维表转换为一维表，效果如下图所示。

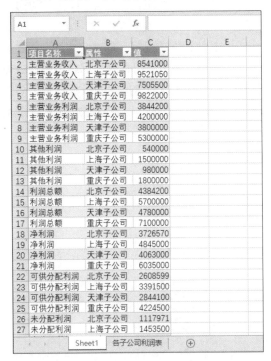

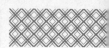

第 6 步 选择新建表中的 B2 单元格，单击【表格工具-设计】选项卡【工具】组中的【转换为区域】按钮 ![转换为区域]，如下图所示。

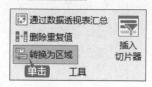

第 7 步 在弹出的提示框中单击【确定】按钮，如下图所示。

第 8 步 即可将二维数据表转换为一维数据表，根据需要对表格进行美化和完善，最终效果如下图所示。

	A	B	C	D
1	项目名称	子公司	金额	
2	主营业务收入	北京子公司	8541000	
3	主营业务收入	上海子公司	9521050	
4	主营业务收入	天津子公司	7505500	
5	主营业务收入	重庆子公司	9822000	
6	主营业务利润	北京子公司	3844200	
7	主营业务利润	上海子公司	4200000	
8	主营业务利润	天津子公司	3800000	
9	主营业务利润	重庆子公司	5300000	
10	其他利润	北京子公司	540000	
11	其他利润	上海子公司	1500000	
12	其他利润	天津子公司	980000	
13	其他利润	重庆子公司	1800000	
14	利润总额	北京子公司	4384200	
15	利润总额	上海子公司	5700000	
16	利润总额	天津子公司	4780000	
17	利润总额	重庆子公司	7100000	
18	净利润	北京子公司	3726570	
19	净利润	上海子公司	4845000	
20	净利润	天津子公司	4063000	
21	净利润	重庆子公司	6035000	
22	可供分配利润	北京子公司	2608599	
23	可供分配利润	上海子公司	3391500	
24	可供分配利润	天津子公司	2844100	
25	可供分配利润	重庆子公司	4224500	
26	未分配利润	北京子公司	1117971	
27	未分配利润	上海子公司	1453500	
28	未分配利润	天津子公司	1218900	
29	未分配利润	重庆子公司	1810500	
30				

Sheet1 | 各子公司利润表

9.2.3 删除数据源中的空行和空列

在数据源表中不可以存在空行或空列。删除数据源中的空行和空列的具体操作步骤如下。

第 1 步 接着 9.2.2 小节的操作，在第 14 行上方插入空白行，并在 A14 单元格和 C14 单元格分别输入"其他利润"和"850000"，此时，表格中即出现了空白单元格，如下图所示。

	A	B	C
1	项目名称	子公司	金额
2	主营业务收入	北京子公司	8541000
3	主营业务收入	上海子公司	9521050
4	主营业务收入	天津子公司	7505500
5	主营业务收入	重庆子公司	9822000
6	主营业务利润	北京子公司	3844200
7	主营业务利润	上海子公司	4200000
8	主营业务利润	天津子公司	3800000
9	主营业务利润	重庆子公司	5300000
10	其他利润	北京子公司	540000
11	其他利润	上海子公司	1500000
12	其他利润	天津子公司	980000
13	其他利润	重庆子公司	1800000
14	其他利润		850000
15	利润总额	北京子公司	4384200

第 2 步 选择 A1:C30 单元格区域，单击【开始】选项卡【编辑】组中的【查找和选择】按钮，

在弹出的下拉列表中选择【定位条件】选项，如下图所示。

第 3 步 弹出【定位条件】对话框，选中【空值】单选按钮，然后单击【确定】按钮，如下图所示。

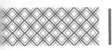

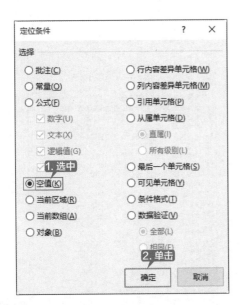

即可定位到工作表中的空白单元格，效果如下图所示。

	A	B	C
1	项目名称	子公司	金额
2	主营业务收入	北京子公司	8541000
3	主营业务收入	上海子公司	9521050
4	主营业务收入	天津子公司	7505500
5	主营业务收入	重庆子公司	9822000
6	主营业务利润	北京子公司	3844200
7	主营业务利润	上海子公司	4200000
8	主营业务利润	天津子公司	3800000
9	主营业务利润	重庆子公司	5300000
10	其他利润	北京子公司	540000
11	其他利润	上海子公司	1500000
12	其他利润	天津子公司	980000
13	其他利润	重庆子公司	1800000
14	其他利润		850000
15	利润总额	北京子公司	4384200
16	利润总额	上海子公司	5700000
17	利润总额	天津子公司	4780000

第 5 步 将鼠标指针放置在定位的单元格上并右击，在弹出的快捷菜单中选择【删除】选项，如下图所示。

第 6 步 弹出【删除】对话框，选中【整行】单选按钮，然后单击【确定】按钮，如下图所示。

第 7 步 即可将空白单元格所在行删除，效果如下图所示。

	A	B	C
1	项目名称	子公司	金额
2	主营业务收入	北京子公司	8541000
3	主营业务收入	上海子公司	9521050
4	主营业务收入	天津子公司	7505500
5	主营业务收入	重庆子公司	9822000
6	主营业务利润	北京子公司	3844200
7	主营业务利润	上海子公司	4200000
8	主营业务利润	天津子公司	3800000
9	主营业务利润	重庆子公司	5300000
10	其他利润	北京子公司	540000
11	其他利润	上海子公司	1500000
12	其他利润	天津子公司	980000
13	其他利润	重庆子公司	1800000
14	利润总额	北京子公司	4384200
15	利润总额	上海子公司	5700000
16	利润总额	天津子公司	4780000
17	利润总额	重庆子公司	7100000
18	净利润	北京子公司	3726570

 9.3 重点：创建透视表

当数据源工作表符合创建数据透视表的要求时，即可创建透视表，以便更好地对公司财务情况表进行分析和处理，具体操作步骤如下。

第 1 步 选中一维数据表中数据区域中的任意单元格，单击【插入】选项卡【表格】组中的【数据透视表】按钮，如下图所示。

第2步 弹出【创建数据透视表】对话框,选中【请选择要分析的数据】选项区域中的【选择一个表或区域】单选按钮,单击【表/区域】文本框右侧的【折叠】按钮▲,如下图所示。

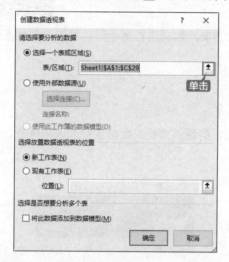

第3步 在工作表中选择数据区域,单击【展开】按钮▤,如下图所示。

第4步 选中【选择放置数据透视表的位置】选项区域中的【现有工作表】单选按钮,单击【位置】文本框右侧的【折叠】按钮,如下图所示。

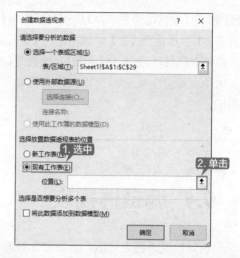

第5步 在工作表中选择创建工作表的位置E3,单击【展开】按钮。返回【创建数据透视表】对话框,单击【确定】按钮,如下图所示。

第6步 即可创建数据透视表,如下图所示。

第7步 在【数据透视表字段】任务窗格中将【项目名称】字段拖至【列】区域中，将【子公司】字段拖至【行】区域中，将【金额】字段拖至【值】区域中，即可生成数据透视表，效果如下图所示。

9.4 编辑透视表

创建数据透视表之后，当添加或删除数据，或者需要对数据进行更新时，可以对透视表进行编辑。

9.4.1 重点：修改数据透视表

如果需要对数据透视表添加字段，可以使用更改数据源的方式对数据透视表做出修改，具体操作步骤如下。

第1步 选择D1单元格，输入"核对人员"文本，并在下方输入核对人姓名，效果如下图所示。

C	D	E	F
金额	核对人员		
8541000	刘XX		
9521050	刘XX	求和项:金额	列标签 ▼
7505500	刘XX	行标签 ▼	净利润
9822000	刘XX	北京子公司	3726570
3844200	郭XX	上海子公司	4845000
4200000	郭XX	天津子公司	4063000
3800000	郭XX	重庆子公司	6035000
5300000	郭XX	总计	18669570
540000	郭XX		
1500000	郭XX		
980000	郭XX		
1800000	郭XX		
4384200	郭XX		
5700000	李XX		
4780000	李XX		
7100000	李XX		
3726570	李XX		
4845000	李XX		
4063000	李XX		
6035000	李XX		
2608599	李XX		
3391500	李XX		
2844100	李XX		
4224500	苑XX		
1117971	苑XX		
1453500	苑XX		
1218900	苑XX		
1810500	苑XX		

第2步 选择数据透视表，单击【数据透视表工具-分析】选项卡【数据】组中的【更改数据源】

按钮 ，如下图所示。

第3步 弹出【更改数据透视表数据源】对话框，单击【请选择要分析的数据】选项区域中的【表/区域】文本框右侧的【折叠】按钮，如下图所示。

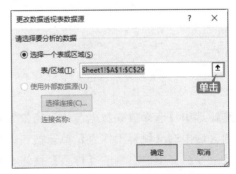

第4步 选择A1:D29单元格区域，单击【展开】按钮，如下图所示。

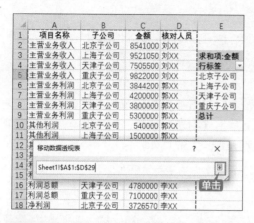

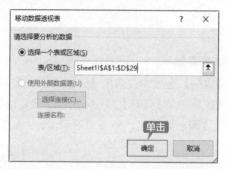

第 5 步 返回【移动数据透视表】对话框，单击【确定】按钮，如下图所示。

第 6 步 即可将【核对人员】字段添加在字段列表，将【核对人员】字段拖至【筛选】区域，如下图所示。

第 7 步 即可在数据透视表中看到相应变化，效果如下图所示。

核对人员	(全部)			
求和项:金额	列标签			
行标签	净利润	可供分配利润	利润总额	其他利润
北京子公司	3726570	2608599	4384200	540000
上海子公司	4845000	3391500	5700000	1500000
天津子公司	4063000	2844100	4780000	980000
重庆子公司	6035000	4224500	7100000	1800000
总计	18669570	13068699	21964200	4820000

9.4.2 添加或删除记录

如果工作表中的记录发生变化，就需要对数据透视表相应做出修改，具体操作步骤如下。

第 1 步 选择一维表中第 18 行和第 19 行的单元格区域，如下图所示。

15	利润总额	上海子公司	5700000	李XX
16	利润总额	天津子公司	4780000	李XX
17	利润总额	重庆子公司	7100000	李XX
18	净利润	北京子公司	3726570	李XX
19	净利润	上海子公司	4845000	李XX
20	净利润	天津子公司	4063000	李XX
21	净利润	重庆子公司	6035000	李XX
22	可供分配利润	北京子公司	2608599	李XX

第 2 步 右击，在弹出的快捷菜单中选择【插入】选项，即可在选择的单元格区域上方插入空白行，效果如下图所示。

16	利润总额	天津子公司	4780000	李XX
17	利润总额	重庆子公司	7100000	李XX
18				
19				
20	净利润	北京子公司	3726570	李XX
21	净利润	上海子公司	4845000	李XX
22	净利润	天津子公司	4063000	李XX
23	净利润	重庆子公司	6035000	李XX

第 3 步 在新插入的单元格中输入相关内容，效果如下图所示。

16	利润总额	天津子公司	4780000	李XX
17	利润总额	重庆子公司	7100000	李XX
18	流动资产	北京子公司	5090000	李XX
19	流动资产	上海子公司	7530000	李XX
20	净利润	北京子公司	3726570	李XX
21	净利润	上海子公司	4845000	李XX
22	净利润	天津子公司	4063000	李XX
23	净利润	重庆子公司	6035000	李XX

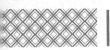
第4步 选择数据透视表，单击【数据透视表工具-分析】选项卡【数据】组中的【刷新】按钮，如下图所示。

核对人员	(全部)								
行标签	净利润	可供分配利润	利润总额	其他利润	未分配利润	主营业务利润	主营业务收入	流动资产	总计
北京子公司	3726570	2608599	4384200	540000	1117971	3844200	8541000	5090000	29652540
上海子公司	4845000	3391500	5700000	1500000	1453500	4200000	9521050	7530000	38141050
天津子公司	4063000	2844100	4780000	980000	1218900	3800000	7505500		25191500
重庆子公司	6035000	4224500	7100000	1800000	1810500	5300000	9822000		36092000
总计	18669570	13068699	21964200	4820000	5600871	17144200	35389550	12620000	129277090

第5步 即可在数据透视表中加入新添加的记录，效果如下图所示。

第6步 将新插入的记录从一维表中删除，再次单击【刷新】按钮，记录即会从数据透视表中消失，如下图所示。

核对人员	(全部)							
求和项:金额	列标签							
行标签	净利润	可供分配利润	利润总额	其他利润	未分配利润	主营业务利润	主营业务收入	总计
北京子公司	3726570	2608599	4384200	540000	1117971	3844200	8541000	24762540
上海子公司	4845000	3391500	5700000	1500000	1453500	4200000	9521050	30611050
天津子公司	4063000	2844100	4780000	980000	1218900	3800000	7505500	25191500
重庆子公司	6035000	4224500	7100000	1800000	1810500	5300000	9822000	36092000
总计	18669570	13068699	21964200	4820000	5600871	17144200	35389550	116657090

9.4.3 重点：设置数据透视表选项

可以对创建的数据透视表外观进行设置，具体操作步骤如下。

第1步 选择数据透视表，选中【数据透视表工具-设计】选项卡【数据透视表样式选项】组中的【镶边行】和【镶边列】复选框，如下图所示。

第2步 即可在数据透视表中加入镶边行和镶边列，效果如下图所示。

核对人员	(全部)							
求和项:金额	列标签							
行标签	净利润	可供分配利润	利润总额	其他利润	未分配利润	主营业务利润	主营业务收入	总计
北京子公司	3726570	2608599	4384200	540000	1117971	3844200	8541000	24762540
上海子公司	4845000	3391500	5700000	1500000	1453500	4200000	9521050	30611050
天津子公司	4063000	2844100	4780000	980000	1218900	3800000	7505500	25191500
重庆子公司	6035000	4224500	7100000	1800000	1810500	5300000	9822000	36092000
总计	18669570	13068699	21964200	4820000	5600871	17144200	35389550	116657090

第3步 选择数据透视表，单击【数据透视表工具-分析】选项卡【数据透视表】组中的【选项】按钮，如下图所示。

第4步 弹出【数据透视表选项】对话框，选

择【数据】选项卡，选中【数据透视表数据】选项区域中的【打开文件时刷新数据】复选框，单击【确定】按钮，如下图所示。

第5步 最终效果如下图所示。

核对人员	(全部)							
求和项:金额	列标签							
行标签	净利润	可供分配利润	利润总额	其他利润	未分配利润	主营业务利润	主营业务收入	总计
北京子公司	3726570	2608599	4384200	540000	1117971	3844200	8541000	24762540
上海子公司	4845000	3391500	5700000	1500000	1453500	4200000	9521050	30611050
天津子公司	4063000	2844100	4780000	980000	1218900	3800000	7505500	25191500
重庆子公司	6035000	4224500	7100000	1800000	1810500	5300000	9822000	36092000
总计	18669570	13068699	21964200	4820000	5600871	17144200	35389550	116657090

9.4.4 重点：改变数据透视表布局

在数据透视表创建完成后，用户还可以根据需要，对透视表的布局进行调整，以符合操作习惯。

第1步 选择数据透视表中的任意一个单元格，单击【数据透视表工具-设计】选项卡【布局】组中的【报表布局】按钮，在弹出的下拉列表中选择【以表格形式显示】选项，如下图所示。

第2步 即可将透视表以表格形式显示，如行标签和列标签分别变成了"子公司"和"项目名称"，如下图所示。

第3步 单击【数据透视表工具-设计】选项卡【布局】组中的【总计】按钮，在弹出的下拉列表中选择【对行和列禁用】选项，如下图所示。

第4步 即可将行列的"总计"项隐藏，如下图所示。

第5步 单击【数据透视表工具-设计】选项卡【布局】组中的【总计】按钮，在弹出的下拉列表中选择【对行和列启用】选项，即可恢复行和列的"总计"项，如下图所示。

9.4.5 重点：整理数据透视表的字段

在统计和分析过程中，可以通过整理数据透视表中的字段分别对各字段进行统计分析，具体操作步骤如下。

第1步 选中数据透视表，在【数据透视表字段】任务窗格中取消选中【子公司】复选框，如下图所示。

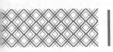

第2步 数据透视表中会相应发生改变，效果如下图所示。

第3步 取消选中【项目名称】复选框，该字段也将从数据透视表中消失，效果如下图所示。

第4步 在【数据透视表字段】任务窗格中将【子公司】字段拖至【列】区域中，将【项目名称】字段拖至【行】区域中，如下图所示。

第5步 即可将原来数据透视表中行和列进行互换，效果如下图所示。

核对人员	(全部)				
求和项:金额	子公司				
项目名称	北京子公司	上海子公司	天津子公司	重庆子公司	总计
净利润	3726570	4845000	4063000	6035000	18669570
可供分配利润	2608599	3391500	2844100	4224500	13068699
利润总额	4384200	5700000	4780000	7100000	21964200
其他利润	540000	1500000	980000	1800000	4820000
未分配利润	1117971	1453500	1218900	1810500	5600871
主营业务利润	3844200	4200000	3800000	5300000	17144200
主营业务收入	8541000	9521050	7505500	9822000	35389550
总计	24762540	30611050	25191500	36092000	116657090

9.4.6 刷新数据透视表

如果数据源工作表中的数据发生变化，可以使用刷新功能刷新数据透视表，具体操作步骤如下。

第1步 选择C8单元格，将单元格中的数值更改为"5662000"，如下图所示。

	A	B	C	D
1	项目名称	子公司	金额	核对人员
2	主营业务收入	北京子公司	8541000	刘XX
3	主营业务收入	上海子公司	9521050	刘XX
4	主营业务收入	天津子公司	7505500	刘XX
5	主营业务收入	重庆子公司	9822000	刘XX
6	主营业务利润	北京子公司	3844200	郭XX
7	主营业务利润	上海子公司	4200000	郭XX
8	主营业务利润	天津子公司	5662000	郭XX
9	主营业务利润	重庆子公司	5300000	郭XX
10	其他利润	北京子公司	540000	郭XX
11	其他利润	上海子公司	1500000	郭XX
12	其他利润	天津子公司	980000	郭XX
13	其他利润	重庆子公司	1800000	郭XX

第2步 选择数据透视表，单击【数据透视表工具-分析】选项卡【数据】组中的【刷新】按钮，如下图所示。

第3步 数据透视表即相应发生改变，效果如下图所示。

核对人员	(全部)				
求和项:金额	子公司				
项目名称	北京子公司	上海子公司	天津子公司	重庆子公司	总计
净利润	3726570	4845000	4063000	6035000	18669570
可供分配利润	2608599	3391500	2844100	4224500	13068699
利润总额	4384200	5700000	4780000	7100000	21964200
其他利润	540000	1500000	980000	1800000	4820000
未分配利润	1117971	1453500	1218900	1810500	5600871
主营业务利润	3844200	4200000	5662000	5300000	19006200
主营业务收入	8541000	9521050	7505500	9822000	35389550
总计	24762540	30611050	27053500	36092000	118519090

第4步 将C8单元格中的数值改为"3800000"，

单击【数据透视表工具-分析】选项卡【数据】组中的【刷新】按钮，数据透视表中的相应数据即会恢复至"3800000"，效果如下图所示。

9.4.7 在透视表中排序

如果需要对数据透视表中的数据进行排序，可以使用下面的方法，具体操作步骤如下。

第1步 单击 E4 单元格内【项目名称】右侧的下拉按钮，在弹出的下拉列表中选择【降序】选项，如下图所示。

第2步 即可看到以降序顺序显示的数据，如下图所示。

求和项:金额	子公司			
项目名称	北京子公司	上海子公司	天津子公司	重庆子公司	总计
主营业务收入	8541000	9521050	7505500	9822000	35389550
主营业务利润	3844200	4200000	3800000	5300000	17144200
未分配利润	1117971	1453500	1218900	1810500	5600871
其他利润	540000	1500000	980000	1800000	4820000
利润总额	4384200	5700000	4780000	7100000	21964200
可供分配利润	2608599	3391500	2844100	4224500	13068699
净利润	3726570	4845000	4063000	6035000	18669570
总计	24762540	30611050	25191500	36092000	116657090

第3步 按【Ctrl+Z】组合键撤销上一步操作，选择数据透视表数据区域 I 列中的任意单元格，单击【数据】选项卡【排序和筛选】组中的【升序】按钮，如下图所示。

第4步 即可将数据以"重庆子公司"数据为标准进行升序排列，效果如下图所示。

求和项:金额	子公司			
项目名称	北京子公司	上海子公司	天津子公司	重庆子公司	总计
其他利润	540000	1500000	980000	1800000	4820000
未分配利润	1117971	1453500	1218900	1810500	5600871
可供分配利润	2608599	3391500	2844100	4224500	13068699
主营业务利润	3844200	4200000	3800000	5300000	17144200
净利润	3726570	4845000	4063000	6035000	18669570
利润总额	4384200	5700000	4780000	7100000	21964200
主营业务收入	8541000	9521050	7505500	9822000	35389550
总计	24762540	30611050	25191500	36092000	116657090

对数据进行排序分析后，可以按【Ctrl+Z】组合键撤销上一步操作，效果如下图所示。

求和项:金额	子公司			
项目名称	北京子公司	上海子公司	天津子公司	重庆子公司	总计
净利润	3726570	4845000	4063000	6035000	18669570
可供分配利润	2608599	3391500	2844100	4224500	13068699
利润总额	4384200	5700000	4780000	7100000	21964200
其他利润	540000	1500000	980000	1800000	4820000
未分配利润	1117971	1453500	1218900	1810500	5600871
主营业务利润	3844200	4200000	3800000	5300000	17144200
主营业务收入	8541000	9521050	7505500	9822000	35389550
总计	24762540	30611050	25191500	36092000	116657090

9.5 设置数据透视表的样式

对数据透视表进行样式设置可以使数据透视表清晰美观，增加数据透视表的易读性。

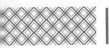

9.5.1 重点：使用内置的数据透视表样式

Excel 内置了多种数据透视表的样式，可以满足大部分数据透视表的需要。使用内置的数据透视表样式的具体操作步骤如下。

第1步 选择数据透视表内的任意单元格，单击【数据透视表工具-设计】选项卡【数据透视表样式】组中的【其他】按钮，在弹出的下拉列表中选择【浅色】选项区域中的【浅蓝,数据透视表样式浅色9】样式,如下图所示。

第2步 即可对数据透视表应用该样式,效果如下图所示。

9.5.2 为数据透视表自定义样式

除了使用内置样式，用户还可以为数据透视表自定义样式，具体操作步骤如下。

第1步 选择数据透视表内的任意单元格，单击【数据透视表工具-设计】选项卡【数据透视表样式】组中的【其他】按钮，在弹出的下拉列表中选择【新建数据透视表样式】选项，如下图所示。

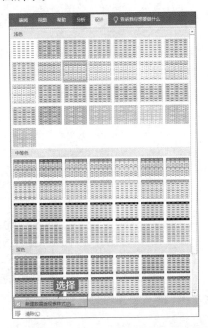

第2步 弹出【新建数据透视表样式】对话框，选择【表元素】选项区域中的【整个表】选项，单击【格式】按钮，如下图所示。

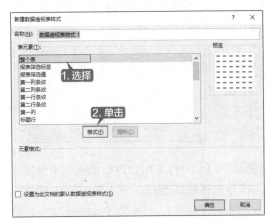

第3步 弹出【设置单元格格式】对话框，选择【字体】选项卡，在【颜色】下拉列表中选择一种颜色，如下图所示。

第 4 步 选择【边框】选项卡，在【样式】列表框中选择一种边框样式，在【颜色】下拉列表中选择一种颜色，在【预置】选项区域选择"外边框"选项，根据需要在【边框】选项区域对边框进行调整，如下图所示。

第 6 步 选择【填充】选项卡，在【背景色】选项区域中选择一种颜色，这里选择【无颜色】选项，单击【确定】按钮，如下图所示。

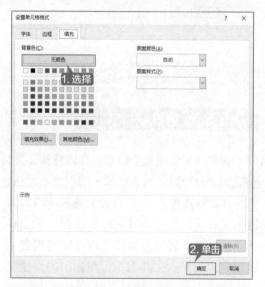

第 5 步 使用上述方法添加内边框，根据需要设置边框样式和颜色，设置如下图所示。

第 7 步 返回【新建数据透视表样式】对话框，即可在【预览】区域看到创建的样式预览图，单击【确定】按钮，如下图所示。

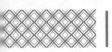

第8步 再次单击【数据透视表工具-设计】选项卡【数据透视表样式】组中的【其他】按钮，在弹出的下拉列表中就会出现自定义的样式，选择该样式，如下图所示。

第9步 即可对数据透视表应用自定义的样式，效果如下图所示。

E	F	G	H	I	J
核对人员	(全部) ▼				
求和项:金额	子公司 ▼				
项目名称	北京子公司	上海子公司	天津子公司	重庆子公司	总计
净利润	3726570	4845000	4063000	6035000	18669570
可供分配利润	2608599	3391500	2844100	4224500	13068699
利润总额	4384200	5700000	4780000	7100000	21964200
其他利润	540000	1500000	980000	1800000	4820000
未分配利润	1117971	1453500	1218900	1810500	5600871
主营业务利润	3844200	4200000	3800000	5300000	17144200
主营业务收入	8541000	9521050	7505500	9822000	35389550
总计	24762540	30611050	25191500	36092000	116657090

第10步 按【Ctrl+Z】组合键，可撤销上一步的操作，恢复之前应用的样式，如下图所示。

E	F	G	H	I	J
核对人员	(全部) ▼				
求和项:金额	子公司 ▼				
项目名称	北京子公司	上海子公司	天津子公司	重庆子公司	总计
净利润	3726570	4845000	4063000	6035000	18669570
可供分配利润	2608599	3391500	2844100	4224500	13068699
利润总额	4384200	5700000	4780000	7100000	21964200
其他利润	540000	1500000	980000	1800000	4820000
未分配利润	1117971	1453500	1218900	1810500	5600871
主营业务利润	3844200	4200000	3800000	5300000	17144200
主营业务收入	8541000	9521050	7505500	9822000	35389550
总计	24762540	30611050	25191500	36092000	116657090

9.5.3 设置默认样式

如果经常使用某个样式，可以将其设置为默认样式，具体操作步骤如下。

第1步 选择数据透视表区域中的任意单元格，单击【数据透视表工具-设计】选项卡【数据透视表样式】组中的【其他】按钮，弹出样式下拉列表，将鼠标指针放置在需要设置为默认样式的样式上并右击，在弹出的快捷菜单中选择【设为默认值】选项，如下图所示。

第2步 即可将该样式设置为默认数据透视表样式，以后再创建数据透视表，将会自动应用该样式。例如，创建 A1:D29 单元格区域的数据透视表，就会自动使用默认样式，如下图所示。

第3步 选择新创建的数据透视表中的任意一个单元格，选择【数据透视表工具-分析】选项卡【操作】组中的【选择】按钮 选择▾，在弹出的下拉列表中选择【整个数据透视表】选项，如下图所示。

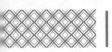

第4步 即可选中整个数据透视表，如下图所示。

第5步 然后按【Delete】键，即可将选择的数据透视表删除。

9.6 创建公司财务分析数据透视图

与数据透视表不同，数据透视图可以更直观地展示出数据的数量和变化，更容易从数据透视图中找到数据的变化规律和趋势。

9.6.1 重点：通过数据区域创建数据透视图

数据透视图可以通过数据源工作表进行创建，具体操作步骤如下。

第1步 选中工作表中的 A1:D29 单元格区域，单击【插入】选项卡【图表】组中的【数据透视图】按钮，如下图所示。

第2步 弹出【创建数据透视图】对话框，选中【选择放置数据透视图的位置】选项区域中的【现有工作表】单选按钮，单击【位置】文本框右侧的【折叠】按钮，如下图所示。

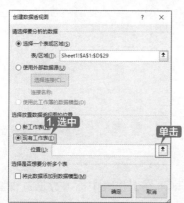

第3步 在工作表中选择需要放置数据透视图的位置，单击【展开】按钮，如下图所示。

第4步 返回【创建数据透视图】对话框，单击【确定】按钮，如下图所示。

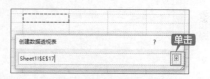

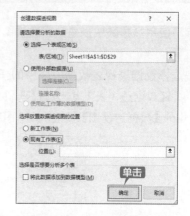

第5步 即可在工作表中插入数据透视图，效果如下图所示。

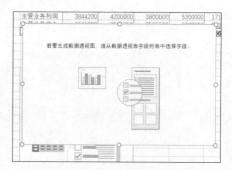

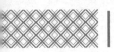

第6步 在【数据透视图字段】任务窗格中，将【项目名称】字段拖至【图例】区域，将【子公司】字段拖至【轴】区域，将【金额】字段拖至【值】区域，将【核对人员】字段拖至【筛选】区域，如下图所示。

第7步 即可生成数据透视图，效果如下图所示。

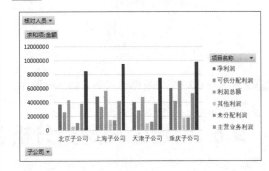

> **提示**
>
> 创建数据透视图时，不能使用 XY 散点图、气泡图和股价图等图表类型。

9.6.2 重点：通过数据透视表创建数据透视图

除了使用数据区域创建数据透视图外，还可以使用数据透视表创建数据透视图，具体操作步骤如下。

第1步 选择数据透视表数据区域中的任意单元格，单击【数据透视表工具-分析】选项卡【工具】组中的【数据透视图】按钮，如下图所示。

第2步 弹出【插入图表】对话框，左侧列表中选择【折线图】选项，右侧选择一种折线图类型，单击【确定】按钮，如下图所示。

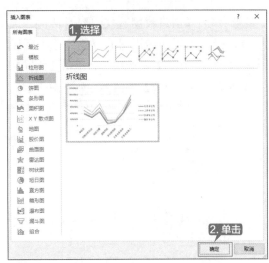

第3步 即可在工作表中插入数据透视图，效果如下图所示。

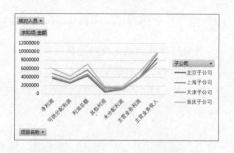

┃ 提示 ┃┅┅┅┅┅┅┅┅

若要删除数据透视图，可以先选中数据透视图，再按【Delete】键即可将其删除。

9.6.3 美化数据透视图

插入数据透视图之后，可以对数据透视图进行美化，具体操作步骤如下。

第1步 选中创建的数据透视图，单击【数据透视图工具-设计】选项卡【图表样式】组中的【更改颜色】按钮，在弹出的下拉列表中选择一种颜色组合，这里选择【彩色】选项区域中的【彩色调色板3】选项，如下图所示。

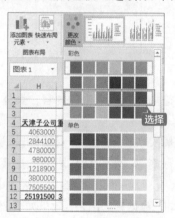

第2步 即可为数据透视图应用该颜色组合，效果如下图所示。

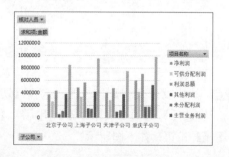

第3步 继续单击【数据透视图工具-设计】选项卡【图表样式】组中的【其他】按钮，在弹出的下拉列表中选择一种图表样式，这里选择【样式8】选项，如下图所示。

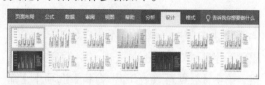

第4步 即可为数据透视图应用所选样式，效果如下图所示。

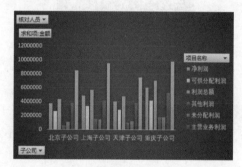

第5步 单击【数据透视图工具-设计】选项卡【图表布局】组中的【添加图表元素】按钮，在弹出的下拉列表中选择【图表标题】→【图表上方】选项，如下图所示。

第6步 即可在数据透视图中添加图表标题，将图表标题更改为"公司财务分析透视图"，效果如下图所示。

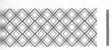
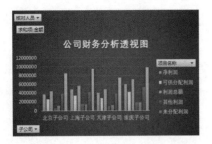

| 提示 |

透视图外观的设置应以易读为前提，然后在不影响观察的前提下对图表进行美化。

9.7 使用切片器同步筛选多个数据透视表

使用切片器可以同步筛选多个数据透视表中的数据，例如，对公司财务分析数据透视表中的数据进行筛选，具体操作步骤如下。

第1步 选择第1个数据透视表中的任意单元格，单击【数据透视表工具–分析】选项卡【筛选】组中的【插入切片器】按钮，如下图所示。

第2步 弹出【插入切片器】对话框，选中【子公司】复选框，单击【确定】按钮，如下图所示。

第3步 即可插入【子公司】切片器，效果如下图所示。

筛选切片器目录中的内容，具体操作步骤如下。

第1步 插入切片器后即可对切片器目录中的内容进行筛选，如在切片器中选择【北京子公司】选项，即可将第一个数据透视表中的"北京子公司"数据筛选出来，效果如下图所示。

第2步 选中【子公司】切片器，选择【切片器工具–选项】选项卡【切片器】组中的【报表连接】按钮，如下图所示。

第3步 弹出【数据透视表连接（子公司）】对话框，选择要连接到的数据透视表，这里选择【数据透视表1】复选框，单击【确定】按钮，如下图所示。

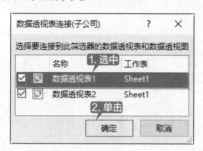

第4步 即可将【子公司】切片器同时应用于第2个数据透视表，效果如下图所示。

第5步 按住【Ctrl】键的同时选择【子公司】切片器中的多个目录，可同时选中多个目录进行筛选，效果如下图所示。

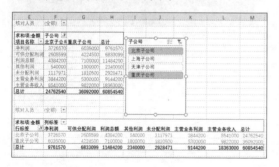

第6步 选中第2个数据透视表中的任意单元格，再次插入【项目名称】切片器，并将【项目名称】切片器同时应用于第一个数据透视表，效果如下图所示。

第7步 使用两个切片器，可以进行更详细的筛选，如筛选北京子公司的净利润情况，如下图所示。

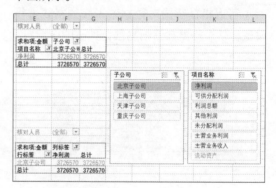

| 提示 |

　　使用切片器工具筛选多个透视表要求筛选的透视表拥有同样的数据源。

举一反三

制作销售业绩透视表

　　创建销售业绩透视表可以很好地对销售业绩数据进行分析，找到普通数据表中很难发现的规律，对以后的销售策略有很重要的参考作用。制作销售业绩透视表可以按照以下思路进行。

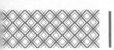

第1步 创建销售业绩透视表

根据销售业绩表创建出销售业绩透视表，如下图所示。

第2步 设置数据透视表的格式

可以根据需要对数据透视表的格式进行设置，使表格更加清晰易读，如下图所示。

◇ **组合数据透视表内的数据项**

对于数据透视表中的性质相同的数据项，可以将其进行组合以便更好地对数据进行统计分析，具体操作步骤如下。

第1步 打开"素材 \ch09\ 采购数据透视表.xlsx"工作簿，如下图所示。

第3步 插入数据透视图

在工作表中插入销售业绩透视图，以便更好地对各部门、各季度的销售业绩进行分析，如下图所示。

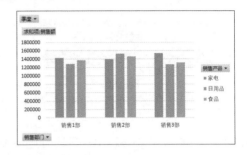

第4步 美化数据透视图

对数据透视图进行美化操作，使数据图更加美观清晰，如下图所示。

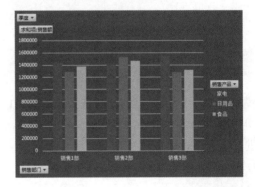

第2步 选择 I11 单元格并右击，在弹出的快捷菜单中选择【移动】→【将"肉"移至开头】选项，如下图所示。

第3步
即可将"肉"移至透视表开头位置，选中 D11:G11 单元格区域并右击，在弹出的快捷菜单中选择【组合】选项，如下图所示。

第4步
即可创建名称为"数据组 1"的组合，输入数据组名称"蔬菜"，按【Enter】键确认，效果如下图所示。

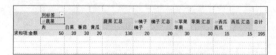

第5步
使用同样的方法，将剩下的项目创建为"水果"数据组，效果如下图所示。

第6步
选择"蔬菜 汇总"单元格并右击，在弹出的快捷菜单中选择【分类汇总"项目 2"】选项，如下图所示。

第7步
即可将"分类汇总"项隐藏，如下图所示。

第8步
单击数据组名称左侧的按钮 -，即可将数据组合并起来，并给出统计结果，如下图所示。

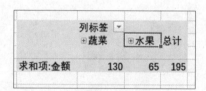

◇ 将数据透视图转换为图片形式

使用下面的方法可以将数据透视图转换为图片保存，具体操作步骤如下。

第1步
打开"素材 \ch09\ 采购数据透视图.xlsx"工作簿，如下图所示。

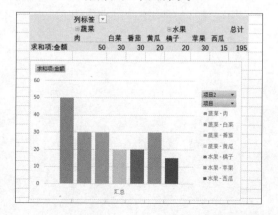

第2步 选中工作簿中的数据透视图,按【Ctrl+C】组合键复制,如下图所示。

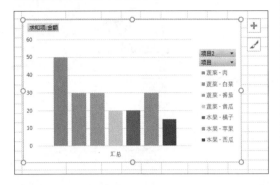

第3步 打开【画图】软件,按【Ctrl+V】组合键将图表粘贴在绘图区域,如下图所示。

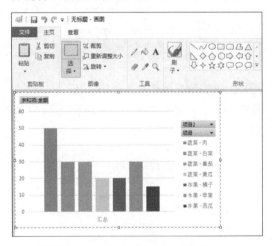

第4步 选择【文件】选项卡下的【另存为】→【JPEG图片】选项,如下图所示。

第5步 弹出【另存为】对话框,在文件名文本框内输入文件名称,选择保存位置,单击【保存】按钮即可,如下图所示。

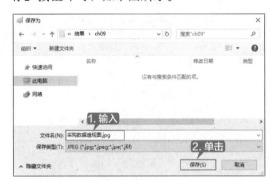

| 提示 |

除了以上方法外,还可以使用选择性粘贴功能将图表以图片形式粘贴在 Excel、PPT 和 Word 中。

第 10 章
高级数据处理与分析——公式和函数的应用

本章导读

公式和函数是 Excel 的重要组成部分，有着强大的计算能力，为用户分析和处理工作表中的数据提供了很大的方便。使用公式和函数可以节省处理数据的时间，降低在处理大量数据时的出错率。本章通过制作企业员工工资明细表，介绍公式和函数的使用。

思维导图

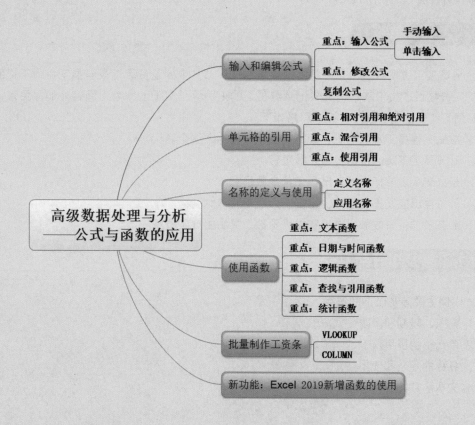

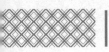

10.1 企业员工工资明细表

企业员工工资明细表是最常见的工作表类型之一，工资明细表作为企业员工工资的发放凭证，是根据各类工资类型汇总而成的，在制作过程中涉及众多函数的使用。了解各种函数的用法和性质，对分析数据有很大帮助。

案例名称：制作企业员工工资明细表	
案例目的：掌握公式和函数的应用	
素材	素材 \ch10\ 企业员工工资明细表 .xlsx
结果	结果 \ch10\ 企业员工工资明细表 .xlsx
视频	视频教学 \10 第 10 章

10.1.1 案例概述

企业员工工资明细表由工资表、员工基本信息表、销售奖金表、业绩奖金标准表和税率表组成。每个工作表里的数据都需要经过大量的运算，各个工作表之间也需要使用函数相互调用，最后由各个工作表共同组成一个企业员工工资明细的工作簿。通过制作企业员工工资明细表，可以掌握各种函数的使用方法。

10.1.2 设计思路

企业员工工资明细表由几个基本的表格组成，如其中的工资表记录着员工每项工资的金额和总的工资数目，员工基本信息表记录着员工的工龄等。由于工作表之间存在调用关系，因此需要厘清工作表的制作顺序，设计思路如下。

① 应先完善员工基本信息，计算出五险一金的缴纳金额。
② 计算员工工龄，得出员工工龄工资。
③ 根据奖金发放标准计算出员工奖金数目。
④ 汇总得出应发工资数目，得出个人所得税缴纳金额。
⑤ 汇总各项工资数额，得出实发工资数，最后生成工资条。

10.1.3 涉及知识点

本案例主要涉及以下知识点。
① 输入、复制和修改公式。
② 单元格的引用。
③ 名称的定义和使用。
④ 文本函数的使用。

⑤ 日期函数和时间函数的使用。

⑥ 逻辑函数的使用。

⑦ 统计函数。

⑧ 查找和引用函数。

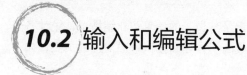

10.2 输入和编辑公式

输入公式是使用函数的第一步，在制作企业员工工资明细表的过程中使用函数的种类多种多样，输入方法也可以根据需要进行调整。

打开"素材\ch10\企业员工工资明细表.xlsx"工作簿，可以看到工作簿中包含 5 个工作表，可以通过单击底部的工作表标签进行切换，如下图所示。

工资表：工资表是企业员工工资的最终汇总表，主要记录员工的基本信息和各个部分的工资构成，如下图所示。

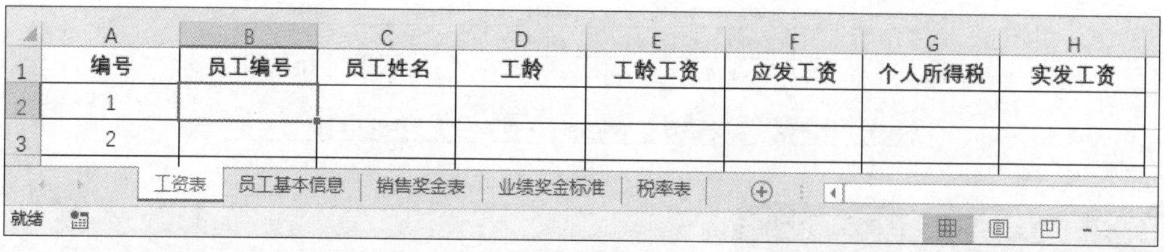

编号	员工编号	员工姓名	工龄	工龄工资	应发工资	个人所得税	实发工资
1							
2							

员工基本信息表：员工基本信息表主要记录着员工的员工编号、员工姓名、入职日期、基本工资和五险一金的应缴金额等信息，如下图所示。

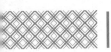

销售奖金表：销售奖金表是员工业绩的统计表，记录着员工的信息和业绩情况，统计各个员工应发放奖金的比例和金额。此外，还可以统计出最高销售额和该销售额对应的员工，如下图所示。

业绩奖金标准：业绩奖金标准表是记录各个层级的销售额应发放奖金比例的表格，是统计奖金额度的依据，如下图所示。

税率表：税率表记录着个人所得税的征收标准，是统计个人所得税的依据，如下图所示。

10.2.1 重点：输入公式

输入公式的方法很多，可以根据需要进行选择，做到准确快速地输入。

1. 公式的输入方法

在 Excel 中输入公式的方法可分为手动输入和单击输入。

方法 1：手动输入

第1步 选择"员工基本信息"工作表，在选定的单元格中输入"=11+4"，公式会同时出现在单元格和编辑栏中，如下图所示。

10	101009	马XX
11	101010	刘XX
12		
13		=11+4
14		
15		

第2步 按【Enter】键可确认输入并计算出运算结果，如下图所示。

10	101009	马XX
11	101010	刘XX
12		
13		15
14		
15		

| 提示 |

公式中的各种符号一般都要求在英文状态下输入。

方法 2：单击输入

单击输入在需要输入大量数据的时候可以节省很多时间且不容易出错。下面以输入公式"=D3+D4"为例，介绍一下单击输入的具体操作步骤。

第1步 选择"员工基本信息"工作表，选中G4 单元格，输入"="，如下图所示。

SUM				=
	D	E	F	G
1	基本工资	五险一金		
2	¥6,500.0			
3	¥5,800.0			
4	¥5,800.0			=|
5	¥5,000.0			
6	¥4,800.0			

第2步 单击 D3 单元格，单元格周围会显示活动的虚线框，同时编辑栏中会显示"D3"，这就表示单元格已被引用，如下图所示。

D3				=D3
	D	E	F	G
1	基本工资	五险一金		
2	¥6,500.0			
3	¥5,800.0			
4	¥5,800.0			=D3
5	¥5,000.0			
6	¥4,800.0			

第3步 输入"+"，单击单元格 D4，单元格 D4 也被引用，如下图所示。

D4				=D3+D4
	D	E	F	G
1	基本工资	五险一金		
2	¥6,500.0			
3	¥5,800.0			
4	¥5,800.0			=D3+D4
5	¥5,000.0			
6	¥4,800.0			

第4步 按【Enter】键确认，即可完成公式的输入并得出结果，效果如下图所示。

G4				=D3+D4
	D	E	F	G
1	基本工资	五险一金		
2	¥6,500.0			
3	¥5,800.0			
4	¥5,800.0			¥11,600.0
5	¥5,000.0			

2. 在企业员工工资明细表中输入公式

第1步 选择"员工基本信息"工作表，选中E2单元格，在单元格中输入公式"=D2*10%"，如下图所示。

SUM				=D2*10%
	A	B	C	D	E
---	---	---	---	---	---
1	员工编号	员工姓名	入职日期	基本工资	五险一金
2	101001	张XX	2007/1/20	¥6,500.0	=D2*10%
3	101002	王XX	2008/5/10	¥5,800.0	
4	101003	李XX	2008/6/25	¥5,800.0	
5	101004	赵XX	2010/2/3	¥5,000.0	

第2步 按【Enter】键确认，即可得出员工"张ＸＸ"的五险一金缴纳金额，如下图所示。

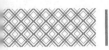

	A	B	C	D	E
1	员工编号	员工姓名	入职日期	基本工资	五险一金
2	101001	张XX	2007/1/20	¥6,500.0	¥650.0
3	101002	王XX	2008/5/10	¥5,800.0	
4	101003	李XX	2008/6/25	¥5,800.0	
5	101004	赵XX	2010/2/3	¥5,000.0	
6	101005	钱XX	2010/8/5	¥4,800.0	
7	101006	孙XX	2012/4/20	¥4,200.0	

第3步 将鼠标指针定位在 E2 单元格右下角，当鼠标指针变为╋形状时，按住鼠标左键向下拖至 E11 单元格，即可快速填充所选单元格，效果如下图所示。

	D	E	F
	基本工资	五险一金	
	¥6,500.0	¥650.0	
	¥5,800.0	¥580.0	
	¥5,800.0	¥580.0	
	¥5,000.0	¥500.0	
	¥4,800.0	¥480.0	
	¥4,200.0	¥420.0	
	¥4,000.0	¥400.0	
	¥3,800.0	¥380.0	
	¥3,600.0	¥360.0	
	¥3,200.0	¥320.0	

10.2.2 重点：修改公式

五险一金根据各地情况的不同缴纳比例也不一样，因此公式也应做出对应修改，具体操作步骤如下。

第1步 选择"员工基本信息"工作表，选中 E2 单元格。将缴纳比例更改为 11%，只需在编辑栏中将公式更改为"=D2*11%"，如下图所示。

SUM	×	✓	fx	=D2*11%	
	A	B	C	D	E
1	员工编号	员工姓名	入职日期	基本工资	五险一金
2	101001	张XX	2007/1/20	¥6,500.0	=D2*11%
3	101002	王XX	2008/5/10	¥5,800.0	¥580.0
4	101003	李XX	2008/6/25	¥5,800.0	¥580.0
5	101004	赵XX	2010/2/3	¥5,000.0	¥500.0
6	101005	钱XX	2010/8/5	¥4,800.0	¥480.0

第2步 按【Enter】键确认，E3 单元格即可显示比例更改后的缴纳金额，如下图所示。

E2		×	✓	fx	=D2*11%
	A	B	C	D	E
1	员工编号	员工姓名	入职日期	基本工资	五险一金
2	101001	张XX	2007/1/20	¥6,500.0	¥715.0
3	101002	王XX	2008/5/10	¥5,800.0	¥580.0
4	101003	李XX	2008/6/25	¥5,800.0	¥580.0
5	101004	赵XX	2010/2/3	¥5,000.0	¥500.0
6	101005	钱XX	2010/8/5	¥4,800.0	¥480.0
7	101006	孙XX	2012/4/20	¥4,200.0	¥420.0
8	101007	李XX	2013/10/20	¥4,000.0	¥400.0

第3步 使用快速填充功能填充其他单元格，即可得出其余员工的五险一金缴纳金额，如下图所示。

	A	B	C	D	E
1	员工编号	员工姓名	入职日期	基本工资	五险一金
2	101001	张XX	2007/1/20	¥6,500.0	¥715.0
3	101002	王XX	2008/5/10	¥5,800.0	¥638.0
4	101003	李XX	2008/6/25	¥5,800.0	¥638.0
5	101004	赵XX	2010/2/3	¥5,000.0	¥550.0
6	101005	钱XX	2010/8/5	¥4,800.0	¥528.0
7	101006	孙XX	2012/4/20	¥4,200.0	¥462.0
8	101007	李XX	2013/10/20	¥4,000.0	¥440.0
9	101008	胡XX	2014/6/5	¥3,800.0	¥418.0
10	101009	马XX	2014/7/20	¥3,600.0	¥396.0
11	101010	刘XX	2015/6/20	¥3,200.0	¥352.0
12					

10.2.3 复制公式

在员工基本信息表中可以使用填充柄工具快速地在其余单元格填充 E3 单元格使用的公式，也可以使用复制公式的方法快速输入相同公式，具体操作步骤如下。

第1步 选中 E3:E11 单元格区域，将鼠标指针定位在选中的单元格区域内并右击，在弹出的快捷菜单中选择【清除内容】选项，如下图所示。

第3步 选中 E2 单元格，按【Ctrl+C】组合键复制公式。选中 E11 单元格，按【Ctrl+V】组合键粘贴公式，即可将公式粘贴至 E11 单元格，效果如下图所示。

	A	B	C	D	E	F
	员工编号	员工姓名	入职日期	基本工资	五险一金	
2	101001	张XX	2007/1/20	¥6,500.0	¥715.0	
3	101002	王XX	2008/5/10	¥5,800.0		
4	101003	李XX	2008/6/25	¥5,800.0		
5	101004	赵XX	2010/2/3	¥5,000.0		
6	101005	钱XX	2010/8/5	¥4,800.0		
7	101006	孙XX	2012/4/20	¥4,200.0		
8	101007	李XX	2013/10/20	¥4,000.0		
9	101008	胡XX	2014/6/5	¥3,800.0		
10	101009	马XX	2014/7/20	¥3,600.0		
11	101010	刘XX	2015/6/20	¥3,200.0	¥352.0	

E11 的编辑栏内容 =D11*11%

第2步 即可清除所选单元格内的内容，效果如下图所示。

D	E
基本工资	五险一金
¥6,500.0	¥715.0
¥5,800.0	
¥5,800.0	
¥5,000.0	
¥4,800.0	
¥4,200.0	
¥4,000.0	
¥3,800.0	
¥3,600.0	
¥3,200.0	

第4步 使用同样的方法可以将公式粘贴至其余单元格，如下图所示。

	A	B	C	D	E
1	员工编号	员工姓名	入职日期	基本工资	五险一金
2	101001	张XX	2007/1/20	¥6,500.0	¥715.0
3	101002	王XX	2008/5/10	¥5,800.0	¥638.0
4	101003	李XX	2008/6/25	¥5,800.0	¥638.0
5	101004	赵XX	2010/2/3	¥5,000.0	¥550.0
6	101005	钱XX	2010/8/5	¥4,800.0	¥528.0
7	101006	孙XX	2012/4/20	¥4,200.0	¥462.0
8	101007	李XX	2013/10/20	¥4,000.0	¥440.0
9	101008	胡XX	2014/6/5	¥3,800.0	¥418.0
10	101009	马XX	2014/7/20	¥3,600.0	¥396.0
11	101010	刘XX	2015/6/20	¥3,200.0	¥352.0

10.3 单元格的引用

单元格的引用分为绝对引用、相对引用和混合引用 3 种，学会使用引用会为制作企业员工工资明细表提供很大帮助。

10.3.1 重点：相对引用和绝对引用

相对引用：引用格式形如"A1"，是当引用单元格的公式被复制时，新公式引用的单元格的位置将会发生改变。例如，当在 A1:A5 单元格区域中输入数值"1，2，3，4，5"，然后在 B1 单元格中输入公式"=A1+3"，当把B1单元格中的公式复制到B2:B5单元格区域，会发现B2:B5单元格区域中的计算结果为左侧单元格的值加上 3，如下图所示。

B1		×	✓	fx	=A1+3	
	A	B	C	D	E	
1	1	4				
2	2	5				
3	3	6				
4	4	7				
5	5	8				
6						
7						

绝对引用：引用格式形如"$A$1"，这种对单元格引用的方式是完全绝对的，即一旦成为绝对引用，无论公式如何被复制，对采用绝对引用的单元格的引用位置是不会改变的。例如，在单元格 B1 中输入公式"=$A$1+3"，最后把 B1 单元格中的公式分别复制到 B2:B5 单元格区域，则会发现 B2:B5 单元格区域中的结果均等于 A1 单元格

的数值加上 3，如下图所示。

10.3.2 重点：混合引用

混合引用：引用形式如"$A1"，指对具有绝对列和相对行，或者具有绝对行和相对列的引用。绝对引用列采用 $A1、$B1 等形式；绝对引用行采用 A$1、B$1 等形式。如果公式所在单元格的位置改变，则相对引用改变，而绝对引用不变。如果多行或多列地复制公式，相对引用自动调整，而绝对引用不作调整。例如，当在 A1:A5 单元格区域中输入数值"1，2，3，4，5"，然后在 B2:B5 单元格区域中输入数值"2，4，6，8，10"，在 D1:D5 单元格区域中输入数值"3，4，5，6，7"，在 C1 单元格中输入公式"=$A1+B$1"。

把 C1 单元格中的公式分别复制到 C2:C5 单元格区域，则会发现 C2:C5 单元格区域中的结果均等于 A 列单元格的数值加上 B1 单元格的数值，如下图所示。

将 C1 单元格中的公式复制在 E1:E5 单元格区域内，则会发现 E1:E5 单元格区域中的结果均等于 A1 单元格的数值加上 D 列单元格的数值，如下图所示。

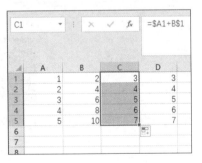

10.3.3 重点：使用引用

灵活地使用引用可以更快地完成函数的输入，提高数据处理的速度和准确度。使用引用的方法有很多种，选择适合的方法可以达到最好的效果。

1. 输入引用地址

在使用引用单元格较少的公式时，可以使用直接输入引用地址的方法，如输入公式"=A14+2"，如下图所示。

2. 提取地址

在输入公式过程中，需要输入单元格或单元格区域时，可以使用鼠标单击单元格或选中单元格区域，如下图所示。

	A	B	C	D
1	员工编号	员工姓名	入职日期	基本工资
2	101001	张XX	2007/1/20	¥6,500.0
3	101002	王XX	2008/5/10	¥5,800.0
4	101003	李XX	2008/6/25	¥5,800.0
5	101004	赵XX	2010/2/3	¥5,000.0
6	101005	钱XX	2010/8/5	¥4,800.0
7	101006	孙XX	2012/4/20	¥4,200.0
8	101007	李XX	2013/10/20	¥4,000.0
9	101008	胡XX	2014/6/5	¥3,800.0
10	101009	马XX	2014/7/20	¥3,600.0
11	101010	刘XX	2015/6/20	¥3,200.0
12				=SUM(D2:D11)
13				

3. 使用【折叠】按钮输入

第1步 选择"员工基本信息"工作表，选中 F1 单元格，单击编辑栏中的【插入函数】按钮 *fx*，在弹出的【插入函数】对话框中选择【选择函数】列表框中的【MAX】函数，单击【确定】按钮，如下图所示。

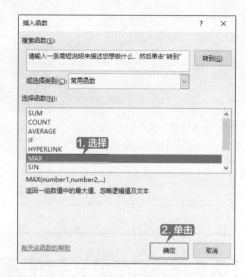

第2步 弹出【函数参数】对话框，单击【Number1】文本框右侧的【折叠】按钮，如下图所示。

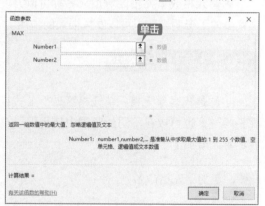

第3步 在表格中选中需要处理的单元格区域，单击【展开】按钮，如下图所示。

第4步 返回【函数参数】对话框，可以看到选定的单元格区域，单击【确定】按钮，如下图所示。

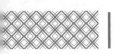

第5步 即可得出最高的基本工资数额，并显示在插入函数的单元格内，如下图所示。

	A	B	C	D	E	F
1	员工编号	员工姓名	入职日期	基本工资	五险一金	¥6,500.0
2	101001	张XX	2007/1/20	¥6,500.0	¥715.0	
3	101002	王XX	2008/5/10	¥5,800.0	¥638.0	
4	101003	李XX	2008/6/25	¥5,800.0	¥638.0	
5	101004	赵XX	2010/2/3	¥5,000.0	¥550.0	
6	101005	钱XX	2010/8/5	¥4,800.0	¥528.0	
7	101006	孙XX	2012/4/20	¥4,200.0	¥462.0	
8	101007	李XX	2013/10/20	¥4,000.0	¥440.0	
9	101008	胡XX	2014/6/5	¥3,800.0	¥418.0	
10	101009	马XX	2014/7/20	¥3,600.0	¥396.0	
11	101010	刘XX	2015/6/20	¥3,200.0	¥352.0	

10.4 名称的定义与使用

为单元格或单元格区域定义名称可以方便对该单元格或单元格区域进行查找和引用，在数据繁多的工资明细表中可以发挥很大的作用。

10.4.1 定义名称

名称是代表单元格、单元格区域、公式或常量值的单词或字符串，名称在使用范围内必须保持唯一，也可以在不同的范围中使用同一个名称。如果要引用工作簿中相同的名称，则需要在名称之前加上工作簿名。

1. 为单元格命名

选中"销售奖金表"中的 G3 单元格，在编辑栏的名称文本框中输入"最高销售额"后按【Enter】键确认，即可完成为单元格命名的操作，如下图所示。

> | 提示 |::::::::::
>
> 为单元格命名时必须遵守以下几点规则。
>
> ① 名称中的第 1 个字符必须是字母、汉字、下画线或反斜杠，其余字符可以是字母、汉字、数字、点和下画线。
>
> ② 不能将"C"和"R"的大小写字母作为定义的名称。在名称框中输入这些字母时，会将它们作为当前单元格选择行或列的表示法。例如，选择单元格 A2，在名称框中输入"R"，按【Enter】键，即可自动选择工作表的第 2 行。

③ 不允许的单元格引用。名称不能与单元格引用相同（例如，不能将单元格命名为"Z12"或"R1C1"）。如果将 A2 单元格命名为"Z12"，按【Enter】键，光标将定位到"Z12"单元格中。

④ 不允许使用空格。如果要将名称中的单词分开，可以使用下画线或句点作为分隔符。例如，选择一个单元格，在名称框中输入"单元格"，按【Enter】键，则会弹出错误提示框。

⑤ 一个名称最多可以包含 255 个字符。Excel 名称不区分大小写字母。例如，在单元格 A2 中创建了名称 Smase，在单元格 B2 名称栏中输入"SMASE"，确认后则会回到单元格 A2 中，而不能创建单元格 B2 的名称。

2. 为单元格区域命名

为单元格区域命名有以下几种方法。

方法 1：在名称框中直接输入

选择"销售奖金表"工作表，选中 C2:C11 单元格区域，在名称文本框中输入"销售额"文本，按【Enter】键，即可完成对该单元格区域的命名，如下图所示。

员工编号	员工姓名	销售额	奖金比例	奖金
101001	张XX	¥48,000.0		
101002	王XX	¥38,000.0		
101003	李XX	¥52,000.0		
101004	赵XX	¥45,000.0		
101005	钱XX	¥45,000.0		
101006	孙XX	¥62,000.0		
101007	李XX	¥30,000.0		
101008	胡XX	¥34,000.0		
101009	马XX	¥24,000.0		
101010	刘XX	¥8,000.0		

方法 2：使用【新建名称】对话框

第1步 选择"销售奖金表"工作表，选中 D2:D11 单元格区域，单击【公式】选项卡【定义的名称】组中的【定义名称】按钮，如下图所示。

第2步 在弹出的【新建名称】对话框中的【名称】文本框中输入"奖金比例"，单击【确定】按钮即可定义该区域的名称，如下图所示。

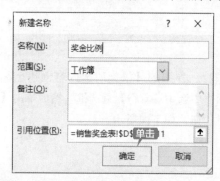

第3步 命名后的效果如下图所示。

员工编号	员工姓名	销售额	奖金比例
101001	张XX	¥48,000.0	
101002	王XX	¥38,000.0	
101003	李XX	¥52,000.0	
101004	赵XX	¥45,000.0	
101005	钱XX	¥45,000.0	
101006	孙XX	¥62,000.0	
101007	李XX	¥30,000.0	
101008	胡XX	¥34,000.0	
101009	马XX	¥24,000.0	
101010	刘XX	¥8,000.0	

方法 3：用数据标签命名

工作表（或选定区域）的首行或每行的最左列通常含有标签以描述数据。若一个表格本身没有行标题和列标题，则可将这些选定的行和列标签转换为名称，具体的操作步骤如下。

第1步 选择"员工基本信息"工作表，选中

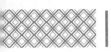

C1:C11 单元格区域，单击【公式】选项卡【定义的名称】组中的【根据所选内容创建】按钮 根据所选内容创建，如下图所示。

第2步 在弹出的【根据所选内容创建名称】对话框中选中【首行】复选框，然后单击【确定】按钮，如下图所示。

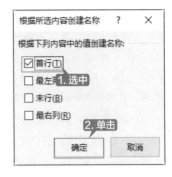

第3步 即可为单元格区域命名。在名称文本框中输入"入职日期"，按【Enter】键即可自动选中 C2:C11 单元格区域，如下图所示。

	A	B	C
1	员工编号	员工姓名	入职日期
2	101001	张XX	2007/1/20
3	101002	王XX	2008/5/10
4	101003	李XX	2008/6/25
5	101004	赵XX	2010/2/3
6	101005	钱XX	2010/8/5
7	101006	孙XX	2012/4/20
8	101007	李XX	2013/10/20
9	101008	胡XX	2014/6/5
10	101009	马XX	2014/7/20
11	101010	刘XX	2015/6/20

10.4.2 应用名称

为单元格、单元格区域定义好名称后，就可以在工作表中使用了，具体的操作步骤如下。

第1步 选择"员工基本信息"工作表，分别将 E2 单元格和 E11 单元格命名为"最高缴纳额"和"最低缴纳额"，单击【公式】选项卡【定义的名称】组中的【名称管理器】按钮 名称管理器，如下图所示。

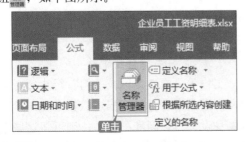

第2步 弹出【名称管理器】对话框，可以看到定义的名称，单击【关闭】按钮，如下图所示。

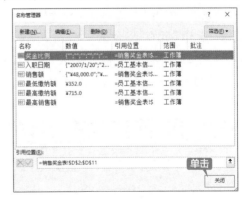

第3步 关闭【名称管理器】对话框，选择一个空白单元格 G3。单击【公式】选项卡【定义的名称】组中的【用于公式】按钮 用于公式，在弹出的下拉列表中选择【粘贴名称】选项，如下图所示。

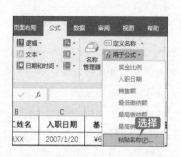

第4步 弹出【粘贴名称】对话框，在【粘贴名称】列表中选择"最高缴纳额"，单击【确定】按钮，如下图所示。

第5步 即可看到单元格出现公式"＝最高缴纳额"，如下图所示。

	C	D	E	F	G
	入职日期	基本工资	五险一金		
	2007/1/20	￥6,500.0	￥715.0		
	2008/5/10	￥5,800.0	￥638.0		＝最高缴纳额
	2008/6/25	￥5,800.0	￥638.0		
	2010/2/3	￥5,000.0	￥550.0		

第6步 按【Enter】键即可将名称为"最高缴纳额"的单元格的数据显示在 G3 单元格中，如下图所示。

	C	D	E	F	G
	入职日期	基本工资	五险一金		
	2007/1/20	￥6,500.0	￥715.0		
	2008/5/10	￥5,800.0	￥638.0		715
	2008/6/25	￥5,800.0	￥638.0		
	2010/2/3	￥5,000.0	￥550.0		
	2010/8/5	￥4,800.0	￥528.0		

10.5 使用函数计算工资

制作企业员工工资明细表需要运用很多种类型的函数，这些函数为数据处理提供了很大帮助。

10.5.1 重点：使用文本函数提取员工信息

员工的信息是工资表中必不可少的一部分，逐个输入不仅浪费时间且容易出现错误，文本函数则很擅长处理这种字符串类型的数据。使用文本函数可以快速准确地将员工信息输入工资表，具体操作步骤如下。

第1步 选择"工资表"工作表，选中 B2 单元格，在编辑栏中输入公式"＝TEXT(员工基本信息 !A2,0)"，如下图所示。

MAX	▼	× ✓	fx	＝TEXT(员工基本信息!A2,0)
	A	B	C	D
1	编号	员工编号	员工姓名	工龄
2	＝TEXT(员工基本信息!A2,0)			
3	2			
4	3			
5	4			

| 提示 |

公式"＝TEXT(员工基本信息 !A2,0)"用于显示"员工基本信息表"中 A2 单元格的工号。

第2步 按【Enter】键确认，即可将"员工基本信息"工作表相应单元格的工号引用在 B2 单元格，如下图所示。

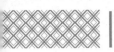

公式"=TEXT(员工基本信息!B2,0)"用于显示"员工基本信息表"中B2单元格的员工姓名。

第3步 使用快速填充功能可以将公式填充在B3:B11单元格区域中，效果如下图所示。

第4步 选中C2单元格，在编辑栏中输入"=TEXT(员工基本信息!B2,0)"，如下图所示。

第5步 按【Enter】键确认，即可将员工姓名填充在单元格内，如下图所示。

第6步 使用快速填充功能可以将公式填充在C3:C11单元格区域中，效果如下图所示。

10.5.2 重点：使用日期与时间函数计算工龄

员工的工龄是计算员工工龄工资的依据。使用日期函数可以很准确地计算出员工工龄，根据工龄即可计算出工龄工资，具体操作步骤如下。

第1步 选择"工资表"工作表，选中D2单元格，在单元格中输入公式"=DATEDIF(员工基本信息!C2,TODAY(),"y")"，如下图所示。

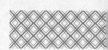

如下图所示。

C	D	E
员工姓名	工龄	工龄工资
张XX	11	=D2*100
王XX	10	
李XX	10	
赵XX	8	
钱XX	8	

=D2*100

提示

公式"=DATEDIF(员工基本信息 !C2, TODAY(),"y")"用于计算员工的工龄。

第 2 步 按【Enter】键确认，即可得出员工工龄，如下图所示。

=DATEDIF(员工基本信息!C2,TODAY(),"y")

C	D	E
员工姓名	工龄	工龄工资
张XX	11	
王XX		
李XX		
赵XX		
钱XX		

第 3 步 使用快速填充功能可快速计算出其余员工的工龄，效果如下图所示。

=DATEDIF(员工基本信息!C2,TODAY(),"y")

C	D	E
员工姓名	工龄	工龄工资
张XX	11	
王XX	10	
李XX	10	
赵XX	8	
钱XX	8	
孙XX	6	
李XX	4	
胡XX	4	
马XX	4	
刘XX	3	

第 4 步 选中 E2 单元格，输入公式"=D2*100"，

第 5 步 按【Enter】键即可计算出对应员工的工龄工资，如下图所示。

=D2*100

C	D	E
员工姓名	工龄	工龄工资
张XX	11	¥1,100.0
王XX	10	
李XX	10	

第 6 步 使用填充柄填充计算出其余员工的工龄工资，效果如下图所示。

=D2*100

C	D	E
员工姓名	工龄	工龄工资
张XX	11	¥1,100.0
王XX	10	¥1,000.0
李XX	10	¥1,000.0
赵XX	8	¥800.0
钱XX	8	¥800.0
孙XX	6	¥600.0
李XX	4	¥400.0
胡XX	4	¥400.0
马XX	4	¥400.0
刘XX	3	¥300.0

10.5.3 重点：使用逻辑函数计算业绩提成奖金

业绩奖金是企业员工工资的重要构成部分，业绩奖金根据员工的业绩划分为几个等级，每个等级的奖金比例也不同。逻辑函数可以用来进行复合检验，因此很适合计算这种类型的数据，具体操作步骤如下。

第 1 步 切换至"销售奖金表"工作表，选中 D2 单元格，在单元格中输入公式"=HLOOKUP(C2, 业绩奖金标准 !$B$2:$F$3,2)"，如下图所示。

MAX ✕ ✓ fx =HLOOKUP(C2, 业绩奖金标准!$B$2:$F$3,2)

	A	B	C	D	E
1	员工编号	员工姓名	销售额	奖金比例	奖金
2	101001	张XX	¥48,000.0	$F$3,2)	
3	101002	王XX	¥38,000.0		
4	101003	李XX	¥52,000.0		
5	101004	赵XX	¥45,000.0		
6	101005	钱XX	¥45,000.0		
7	101006	孙XX	¥62,000.0		
8	101007	李XX	¥30,000.0		

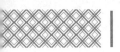

HLOOKUP 函数是 Excel 中的横向查找函数，公式"=HLOOKUP(C2, 业绩奖金标准!$B$2:$F$3,2)"中第 3 个参数设置为"2"。表示取满足条件的记录在"业绩奖金标准!$B$2:$F$3"区域中第 2 行的值。

第2步 按【Enter】键确认，即可得出奖金比例，如下图所示。

=HLOOKUP(C2, 业绩奖金标准!$B$2:$F$3,2)		
C	D	E
销售额	奖金比例	奖金
¥48,000.0	0.1	
¥38,000.0		
¥52,000.0		
¥45,000.0		
¥45,000.0		
¥62,000.0		

第3步 使用填充柄工具将公式填充进其余单元格，效果如下图所示。

=HLOOKUP(C2, 业绩奖金标准!$B$2:$F$3,2)		
C	D	E
销售额	奖金比例	奖金
¥48,000.0	0.1	
¥38,000.0	0.07	
¥52,000.0	0.15	
¥45,000.0	0.1	
¥45,000.0	0.1	
¥62,000.0	0.15	
¥30,000.0	0.07	
¥34,000.0	0.07	
¥24,000.0	0.03	
¥8,000.0	0	

第4步 选中 E2 单元格，在单元格中输入公式"=IF(C2<50000,C2*D2,C2*D2+500)"，

如下图所示。

MAX		× ✓ fx	=IF(C2<50000,C2*D2,C2*D2+500)	
B	C	D	E	F
员工姓名	销售额	奖金比例	奖金	
张XX	¥48,000.0	0.1	2,D2 DE 500)	
王XX	¥38,000.0	0.07		
李XX	¥52,000.0	0.15		
赵XX	¥45,000.0	0.1		
钱XX	¥45,000.0	0.1		
孙XX	¥62,000.0	0.15		
李XX	¥30,000.0	0.07		

单月销售额大于 50000 元，给予 500 元奖励。

第5步 按【Enter】键确认，即可计算出该员工的奖金数目，如下图所示。

× ✓ fx	=IF(C2<50000,C2*D2,C2*D2+500)		
C	D	E	F
销售额	奖金比例	奖金	
¥48,000.0	0.1	¥4,800.0	
¥38,000.0	0.07		
¥52,000.0	0.15		
¥45,000.0	0.1		
¥45,000.0	0.1		
¥62,000.0	0.15		

第6步 使用快速填充功能得出其余员工的奖金数目，效果如下图所示。

× ✓ fx	=IF(C2<50000,C2*D2,C2*D2+500)		
C	D	E	F
销售额	奖金比例	奖金	
¥48,000.0	0.1	¥4,800.0	
¥38,000.0	0.07	¥2,660.0	
¥52,000.0	0.15	¥8,300.0	
¥45,000.0	0.1	¥4,500.0	
¥45,000.0	0.1	¥4,500.0	
¥62,000.0	0.15	¥9,800.0	
¥30,000.0	0.07	¥2,100.0	
¥34,000.0	0.07	¥2,380.0	
¥24,000.0	0.03	¥720.0	
¥8,000.0	0	¥0.0	

10.5.4 使用查找与引用函数计算个人所得税

个人所得税根据个人收入的不同实行阶梯形式的征收方式，因此直接计算起来比较复杂。而在 Excel 中，这类问题可以使用查找和引用函数来解决，具体操作步骤如下。

1. 计算应发工资

第1步 切换至"工资表"工作表,选中 F2 单元格,在单元格中输入公式"= 员工基本信息 !D2- 员工基本信息 !E2+ 工资表 !E2+ 销售奖金表 !E2",如下图所示。

	C	D	E	F	G
	=员工基本信息!D2-员工基本信息!E2+工资表!E2+销售奖金表!E2				
	员工姓名	工龄	工龄工资	应发工资	个人所得税
	张XX	11	¥1,100.0	工资!E2+销售奖金表!E2	
	王XX	10	¥1,000.0		
	李XX	10	¥1,000.0		
	赵XX	8	¥800.0		
	钱XX	8	¥800.0		
	孙XX	6	¥600.0		
	李XX	4	¥400.0		
	胡XX	4	¥400.0		
	马XX	4	¥400.0		
	刘XX	3	¥300.0		

第2步 按【Enter】键确认,即可计算出应发工资数目,如下图所示。

	C	D	E	F	G
	=员工基本信息!D2-员工基本信息!E2+工资表!E2+销售奖金表!E2				
	员工姓名	工龄	工龄工资	应发工资	个人
	张XX	11	¥1,100.0	¥11,685.0	
	王XX	10	¥1,000.0		
	李XX	10	¥1,000.0		
	赵XX	8	¥800.0		
	钱XX	8	¥800.0		

第3步 使用快速填充功能得出其余员工的应发工资数目,效果如下图所示。

	C	D	E	F	G
	=员工基本信息!D2-员工基本信息!E2+工资表!E2+销售奖金表!E2				
	员工姓名	工龄	工龄工资	应发工资	个人所得税
	张XX	11	¥1,100.0	¥11,685.0	
	王XX	10	¥1,000.0	¥8,822.0	
	李XX	10	¥1,000.0	¥14,462.0	
	赵XX	8	¥800.0	¥9,750.0	
	钱XX	8	¥800.0	¥9,572.0	
	孙XX	6	¥600.0	¥14,138.0	
	李XX	4	¥400.0	¥6,060.0	
	胡XX	4	¥400.0	¥6,162.0	
	马XX	4	¥400.0	¥4,324.0	
	刘XX	3	¥300.0	¥3,148.0	

2. 计算个人所得税数额

第1步 计算员工"张ＸＸ"的个人所得税数目。选中 G2 单元格,在单元格中输入公式

"=IF(F2< 税 率 表 !E$2,0,LOOKUP(工资表 !F2- 税率表 !E$2, 税率表 !C$4:C$10,(工资表 !F2- 税率表 !E$2)* 税率表 !D$4:D$10- 税率表 !E$4:E$10))",如下图所示。

	C	D	E	F	G	H	I
	=IF(F2<税率表!E$2,0,LOOKUP(工资表!F2-税率表!E$2,税率表!C$4:C$10,(工资表!F2-税率表!E$2)*税率表!D$4:D$10-税率表!E$4:E$10))						
	员工姓名	工龄	工龄工资	应发工资	个人所得税	实发工资	
	张XX	11	¥1,100.0	¥11,685.0	税率表!E$4: E$10))		
	王XX	10	¥1,000.0	¥8,822.0			
	李XX	10	¥1,000.0	¥14,462.0			
	赵XX	8	¥800.0	¥9,750.0			
	钱XX	8	¥800.0	¥9,572.0			
	孙XX	6	¥600.0	¥14,138.0			
	李XX	4	¥400.0	¥6,060.0			
	胡XX	4	¥400.0	¥6,162.0			
	马XX	4	¥400.0	¥4,324.0			

第2步 按【Enter】键即可得出员工"张ＸＸ"应缴纳的个人所得税数目,如下图所示。

	C	D	E	F	G	H	I
	=IF(F2<税率表!E$2,0,LOOKUP(工资表!F2-税率表!E$2,税率表!C$4:C$10,(工资表!F2-税率表!E$2)*税率表!D$4:D$10-税率表!E$4:E$10))						
	员工姓名	工龄	工龄工资	应发工资	个人所得税	实发工资	
	张XX	11	¥1,100.0	¥11,685.0	¥458.5		
	王XX	10	¥1,000.0	¥8,822.0			
	李XX	10	¥1,000.0	¥14,462.0			
	赵XX	8	¥800.0	¥9,750.0			
	钱XX	8	¥800.0	¥9,572.0			
	孙XX	6	¥600.0	¥14,138.0			

> **提示**
>
> LOOKUP 函数根据税率表查找对应的个人所得税,使用 IF 函数可以返回低于起征点员工所缴纳的个人所得税。

第3步 使用快速填充功能填充其余单元格,计算出其余员工应缴纳的个人所得税数额,效果如下图所示。

E	F	G
工龄工资	应发工资	个人所得税
¥1,100.0	¥11,685.0	¥458.5
¥1,000.0	¥8,822.0	¥172.2
¥1,000.0	¥14,462.0	¥736.2
¥800.0	¥9,750.0	¥265.0
¥800.0	¥9,572.0	¥247.2
¥600.0	¥14,138.0	¥703.8
¥500.0	¥6,160.0	¥34.8
¥400.0	¥6,162.0	¥34.9
¥400.0	¥4,324.0	¥0.0
¥300.0	¥3,148.0	¥0.0

10.5.5 重点：使用统计函数计算个人实发工资和最高销售额

统计函数作为专门进行统计分析的函数，可以很快地在工作表中找到相应数据。

1. 计算个人实发工资

企业职工工资明细表最重要的一项就是员工的实发工资数目。计算实发工资的方法很简单，具体操作步骤如下。

第1步 单击H2单元格，输入公式"=F2-G2"，如下图所示。

E	F	G	H
工龄工资	应发工资	个人所得税	实发工资
¥1,100.0	¥11,685.0	¥458.5	=F2-G2
¥1,000.0	¥8,822.0	¥172.2	
¥1,000.0	¥14,462.0	¥736.2	
¥800.0	¥9,750.0	¥265.0	
¥800.0	¥9,572.0	¥247.2	

第2步 按【Enter】键确认，即可得出员工"张XX"的实发工资数目，如下图所示。

C	D	E	F	G	H
员工姓名	工龄	工龄工资	应发工资	个人所得税	实发工资
张XX	11	¥1,100.0	¥11,685.0	¥458.5	¥11,226.5
王XX	10	¥1,000.0	¥8,822.0	¥172.2	
李XX	10	¥1,000.0	¥14,462.0	¥736.2	
赵XX	8	¥800.0	¥9,750.0	¥265.0	
钱XX	8	¥800.0	¥9,572.0	¥247.2	
孙XX	6	¥600.0	¥14,138.0	¥703.8	
李XX	5	¥500.0	¥6,160.0	¥34.8	
胡XX	4	¥400.0	¥6,162.0	¥34.9	

第3步 使用填充柄工具将公式填充进其余单元格，得出其余员工的实发工资数目，效果如下图所示。

E	F	G
工龄工资	应发工资	个人所得税
¥1,100.0	¥11,685.0	¥458.5
¥1,000.0	¥8,822.0	¥172.2
¥1,000.0	¥14,462.0	¥736.2
¥800.0	¥9,750.0	¥265.0
¥800.0	¥9,572.0	¥247.2
¥600.0	¥14,138.0	¥703.8
¥500.0	¥6,160.0	¥34.8
¥400.0	¥6,162.0	¥34.9
¥400.0	¥4,324.0	¥0.0
¥300.0	¥3,148.0	¥0.0

2. 计算最高销售额

公司会对业绩突出的员工进行表彰，因此需要在众多销售数据中找出最高的销售额并找到对应的员工，具体操作步骤如下。

第1步 选择"销售奖金表"工作表，选中G3单元格，单击编辑栏左侧的【插入函数】按钮，如下图所示。

第2步 弹出【插入函数】对话框，在【选择函数】列表框中选中【MAX】函数，单击【确定】按钮，如下图所示。

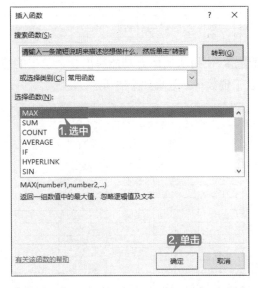

第3步 弹出【函数参数】对话框，在【Number1】文本框中输入"销售额"，单击【确定】按钮，如下图所示。

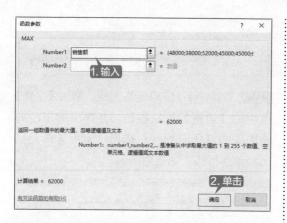

第4步 即可找出最高销售额并显示在 G3 单元格内，如下图所示。

第5步 选中 H3 单元格，输入公式"=INDEX (B2:B11,MATCH(G3,C2:C11,))"，如下图所示。

第6步 按【Enter】键，即可显示最高销售额对应的职工姓名，如下图所示。

┃ **提示** ┃::::::::

公式"=INDEX(B2:B11,MATCH(G3,C2: C11,))"的含义为 G3 的值与 C2:C11 单元格区域的值匹配时，返回 B2:B11 单元格区域中对应的值。

10.6 使用 VLOOKUP、COLUMN 函数批量制作 工资条

工资条是发放给员工的工资凭证，可以使员工了解自己工资的详细发放情况，制作工资条的具体操作步骤如下。

第1步 新建工作表，并将其命名为"工资条"，选中"工资条"工作表中的 A1:H1 单元格区域，将其合并，然后输入文字"员工工资条"，并设置其【字体】为"等线"，【字号】为"20"，如下图所示。

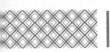

第2步 在 A2:H2 单元格区域中输入如下图所示的文字，并设置"加粗"效果。在 A3 单元格内输入序号"1"，适当调整列宽，并将所有单元格的【对齐方式】设置为"居中"对齐。然后在 B3 单元格内输入公式"=VLOOKUP($A3, 工资表 !$A$2:$H$11,COLUMN(),0)"。

提示

在公式"=VLOOKUP($A3, 工资表 !$A$2:$H$11,COLUMN(),0)"中，在"工资表" A2:H11 单元格区域中查找 A3 单元格的值，COLUMN( ) 用来计数，( ) 表示精确查找。

第3步 按【Enter】键确认，即可引用员工编号至单元格内，如下图所示。

第4步 使用快速填充功能将公式填充至 C3:H3 单元格区域内，即可引用其余项目至对应单元格内，如下图所示。

第5步 选中 A2:H3 单元格区域，单击【字体】组中的【边框】下拉按钮，在弹出的下拉列表中选择【所有框线】选项，为所选单元格区域添加框线，如下图所示。

第6步 选中 A2:H4 单元格区域，将鼠标指针放置在 H4 单元格右下角，待鼠标指针变为＋形状时，按住鼠标左键，拖动鼠标指针至 H30 单元格，即可自动填充其余企业员工工资条，根据需要调整列宽，效果如下图所示。

10.7 新功能：Excel 2019 新增函数的使用

Excel 2019 中新增了几款新函数，如 IFS 函数、CONCAT 函数、TEXTJOIN 函数等。下面来简单介绍这些新函数的应用。

1. IFS 函数

IFS 函数是一个多条件判断函数，可以取代多个 IF 语句的嵌套。

IFS 函数的语法：IFS([条件 1, 值 1,[条件 2, 值 2],…[条件 127, 值 127])，即如果 A1 等于

1, 则显示 1; 如果 A1 等于 2, 则显示 2; 或如果 A1 等于 3, 则显示 3。IFS 函数允许测试最多 127 个不同的条件, 具体操作步骤如下。

第1步 打开"素材 \ch10\IFS 函数.xlsx"工作簿, 选择 C2 单元格, 在编辑栏中输入公式"=IFS(B2>=90,"优 秀",B2>=80,"良 好",B2>=70,"中 等",B2>=60,"及 格",B2<=59,"不及格")", 如下图所示。

第2步 按【Enter】键, 即可得出结果, 如下图所示。

第3步 使用快速填充功能, 计算其他学生的评价结果, 如下图所示。

2. CONCAT 函数

CONCAT 函数是一个文本函数, 可以将多个区域的文本组合起来, 在 Excel 中可以实现多列合并。

CONCAT 函数的语法: CONCAT(text1,[text2],…)。

text1: 要连接的文本项, 如单元格区域。

[text2]: 要连接的其他文本项。文本项最多可以有 253 个文本参数。每个参数可以是一个字符串或字符串数组, 如单元格区域。

具体操作步骤如下。

第1步 打开"素材 \ch10\CONCAT 函数.xlsx"工作簿, 选择 A2 单元格, 在编辑栏中输入公式"=CONCAT(A1,B1,C1,",",D1,E1,F1,G1)", 如下图所示。

第2步 按【Enter】键, 即可得出结果, 如下图所示。

3. TEXTJOIN 函数

TEXTJOIN 函数可以将多个区域的文本组合起来, 且包括用户指定的用于要组合的各文本项之间的分隔符, 具体操作步骤如下。

TEXTJOIN 函数的语法: TEXTJOIN(分隔符,ignore_empty,text1,[text2],…)。

分隔符: 文本字符串, 可以为空, 也可以是通过双引号引起来的一个或多个字符, 或者是对有效字符串的引用, 如果是一个数字, 则将会被视为文本。

ignore_empty: 如果为 TURE, 则忽略空白单元格。

text1: 要连接的文本项, 如单元格区域。

[text2]: 要连接的其他文本项。文本项最多可以有 253 个文本参数。每个参数可以是一个字符串或字符串数组, 如单元格区域。

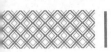
第1步 打开"素材\ch10\TEXTJOIN函数.xlsx"工作簿，选择C2单元格，在编辑栏中输入公式"=TEXTJOIN(";",FALSE,A2:A7)"，如下图所示。

第3步 选择C3单元格，在编辑栏中输入公式"=TEXTJOIN(";",TRUE,A2:A7)"，如下图所示。

第2步 按【Enter】键，即可得出选择的数据区域中包含空白单元格的结果，如下图所示。

第4步 按【Enter】键，即可得出选择的数据区域中不包含空白单元格的结果，如下图所示。

制作公司年度开支凭证明细表

公司年度开支凭证明细表是对公司一年内费用支出的归纳和汇总，工作簿内包含多个项目的开支情况。对年度开支情况进行详细的处理和分析，有利于对公司本阶段工作的总结，为公司更好地做出下一阶段的规划提供数据参考。年度开支凭证明细表数据繁多，需要使用多个函数进行处理，可以按以下思路进行。

第1步 计算工资支出

使用求和函数对"工资支出"工作表中每个月份的工资数目进行汇总，以便分析公司每月的工资发放情况，如下图所示。

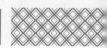

第 2 步 调用“工资支出”工作表数据

使用 VLOOKUP 函数调用“工资支出”工作表中的数据，完成对“开支凭证明细表”工作表中工资发放情况的统计，如下图所示。

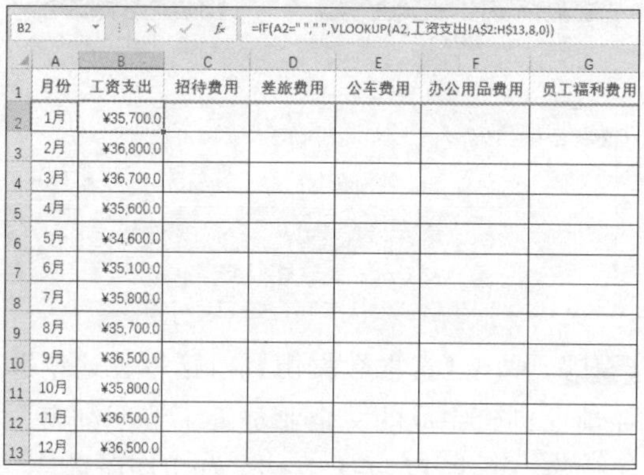

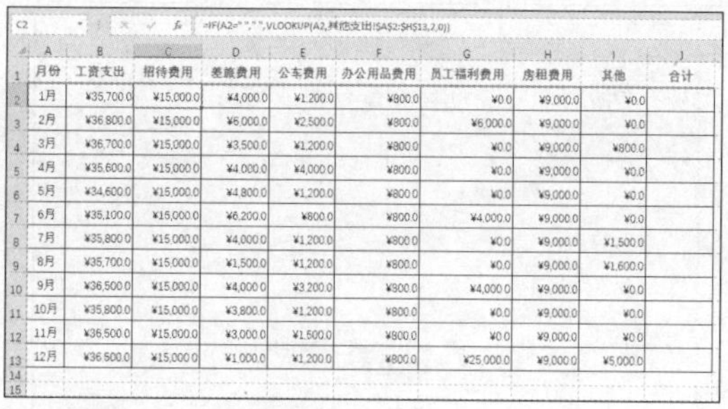

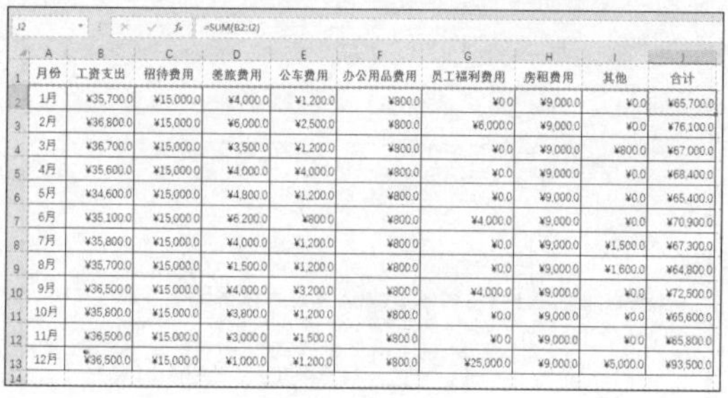

月份	工资支出	招待费用	差旅费用	公车费用	办公用品费用	员工福利费用
1月	¥35,700.0					
2月	¥36,800.0					
3月	¥36,700.0					
4月	¥35,600.0					
5月	¥34,600.0					
6月	¥35,100.0					
7月	¥35,800.0					
8月	¥35,700.0					
9月	¥36,500.0					
10月	¥35,800.0					
11月	¥36,500.0					
12月	¥36,500.0					

第 3 步 调用“其他支出”工作表数据

使用 VLOOKUP 函数调用“其他支出”工作表中的数据，完成对“明细表”其他项目开支情况的统计，如下图所示。

月份	工资支出	招待费用	差旅费用	公车费用	办公用品费用	员工福利费用	房租费用	其他	合计
1月	¥35,700.0	¥15,000.0	¥4,000.0	¥1,200.0	¥800.0	¥0.0	¥9,000.0	¥0.0	
2月	¥36,800.0	¥15,000.0	¥6,000.0	¥2,500.0	¥800.0	¥6,000.0	¥9,000.0	¥0.0	
3月	¥36,700.0	¥15,000.0	¥3,500.0	¥1,200.0	¥800.0	¥0.0	¥9,000.0	¥800.0	
4月	¥35,600.0	¥15,000.0	¥4,000.0	¥4,000.0	¥800.0	¥0.0	¥9,000.0	¥0.0	
5月	¥34,600.0	¥15,000.0	¥4,800.0	¥1,200.0	¥800.0	¥0.0	¥9,000.0	¥0.0	
6月	¥35,100.0	¥15,000.0	¥6,200.0	¥800.0	¥800.0	¥4,000.0	¥9,000.0	¥0.0	
7月	¥35,800.0	¥15,000.0	¥4,000.0	¥1,200.0	¥800.0	¥0.0	¥9,000.0	¥1,500.0	
8月	¥35,700.0	¥15,000.0	¥1,500.0	¥1,200.0	¥800.0	¥0.0	¥9,000.0	¥1,600.0	
9月	¥36,500.0	¥15,000.0	¥4,000.0	¥3,200.0	¥800.0	¥4,000.0	¥9,000.0	¥0.0	
10月	¥35,800.0	¥15,000.0	¥3,800.0	¥1,200.0	¥800.0	¥0.0	¥9,000.0	¥0.0	
11月	¥36,500.0	¥15,000.0	¥3,000.0	¥1,500.0	¥800.0	¥0.0	¥9,000.0	¥0.0	
12月	¥36,500.0	¥15,000.0	¥1,000.0	¥1,200.0	¥800.0	¥25,000.0	¥9,000.0	¥5,000.0	

第 4 步 统计每月支出

使用求和函数对每个月的支出情况进行汇总，得出每月的总支出，如下图所示。

月份	工资支出	招待费用	差旅费用	公车费用	办公用品费用	员工福利费用	房租费用	其他	合计
1月	¥35,700.0	¥15,000.0	¥4,000.0	¥1,200.0	¥800.0	¥0.0	¥9,000.0	¥0.0	¥65,700.0
2月	¥36,800.0	¥15,000.0	¥6,000.0	¥2,500.0	¥800.0	¥6,000.0	¥9,000.0	¥0.0	¥76,100.0
3月	¥36,700.0	¥15,000.0	¥3,500.0	¥1,200.0	¥800.0	¥0.0	¥9,000.0	¥800.0	¥67,000.0
4月	¥35,600.0	¥15,000.0	¥4,000.0	¥4,000.0	¥800.0	¥0.0	¥9,000.0	¥0.0	¥68,400.0
5月	¥34,600.0	¥15,000.0	¥4,800.0	¥1,200.0	¥800.0	¥0.0	¥9,000.0	¥0.0	¥65,400.0
6月	¥35,100.0	¥15,000.0	¥6,200.0	¥800.0	¥800.0	¥4,000.0	¥9,000.0	¥0.0	¥70,900.0
7月	¥35,800.0	¥15,000.0	¥4,000.0	¥1,200.0	¥800.0	¥0.0	¥9,000.0	¥1,500.0	¥67,300.0
8月	¥35,700.0	¥15,000.0	¥1,500.0	¥1,200.0	¥800.0	¥0.0	¥9,000.0	¥1,600.0	¥64,800.0
9月	¥36,500.0	¥15,000.0	¥4,000.0	¥3,200.0	¥800.0	¥4,000.0	¥9,000.0	¥0.0	¥72,500.0
10月	¥35,800.0	¥15,000.0	¥3,800.0	¥1,200.0	¥800.0	¥0.0	¥9,000.0	¥0.0	¥65,600.0
11月	¥36,500.0	¥15,000.0	¥3,000.0	¥1,500.0	¥800.0	¥0.0	¥9,000.0	¥0.0	¥65,800.0
12月	¥36,500.0	¥15,000.0	¥1,000.0	¥1,200.0	¥800.0	¥25,000.0	¥9,000.0	¥5,000.0	¥93,500.0

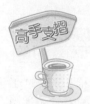

◇ 分步查询复杂公式

Excel 中不乏复杂公式，在使用复杂公式计算数据时如果对计算结果产生怀疑，可以分步查询公式，具体操作步骤如下。

第 1 步 打开“素材\ch10\住房贷款速查表.xlsx”工作簿，单击 D5 单元格。单击【公式】选项卡【公式审核】组中的【公式求值】按钮 公式求值，如下图所示。

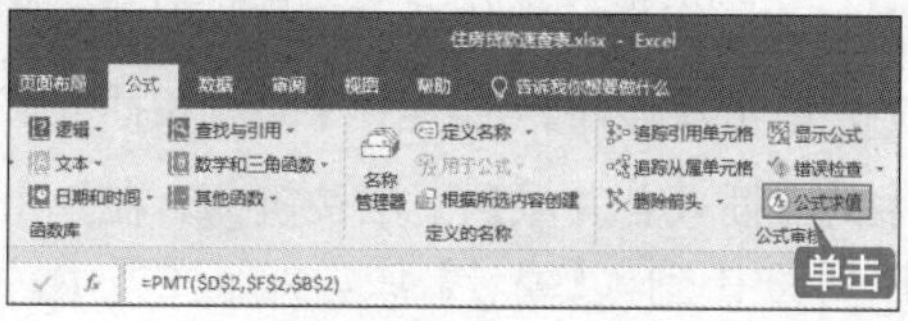

第 2 步 弹出【公式求值】对话框，在【求值】文本框中可以看到函数的公式，单击【求值】按钮，如下图所示。

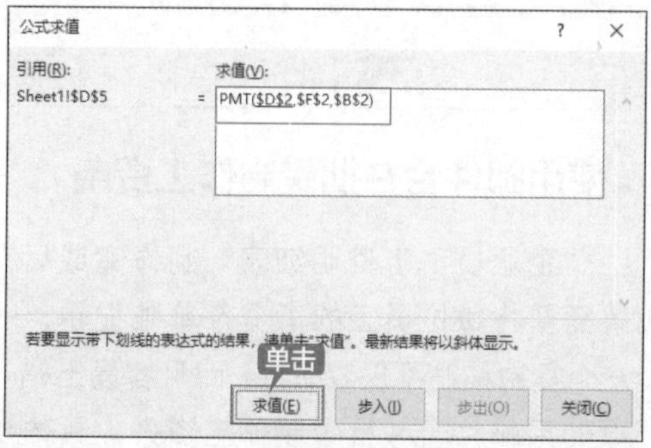

第 3 步 即可得出第一步计算结果，如下图所示。

第4步 再次单击【求值】按钮，即可计算第二步计算结果，如下图所示。

第5步 重复单击【求值】按钮，即可将公式的每一步计算结果求出，查询完成后，单击【关闭】按钮即可，如下图所示。

◇ 使用邮件合并批量制作工资条

"企业员工工资明细表"制作完成后，如果需要将每位员工的工资条单独显示，一个一个复制粘贴不仅效率低，而且容易出错。可以使用邮件合并批量制作工资条，具体操作步骤如下。

第1步 打开"素材\ch10\员工工资条.docx"

文档，单击【邮件】选项卡【开始邮件合并】组中的【选择收件人】按钮，在弹出的下拉列表中选择【使用现有列表】选项，如下图所示。

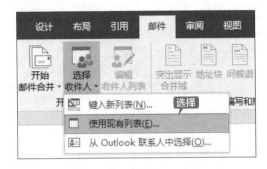

第2步 弹出【选取数据源】对话框，这里选择前面创建完成的"企业员工工资明细表"工作簿，单击【打开】按钮，如下图所示。

第3步 弹出【选择表格】对话框，选择"工资表 $"工作表，单击【确定】按钮，如下图所示。

第4步 将鼠标指针定位至"序号"下方的单元格中，单击【邮件】选项卡【编写和插入域】组中的【插入合并域】下拉按钮，在弹出的下拉列表中选择【编号】域，如下图所示。

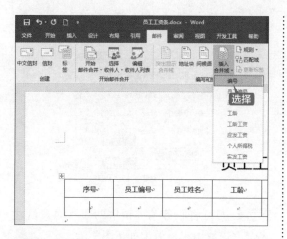

第5步 即可在对应的单元格中插入域，如下图所示。

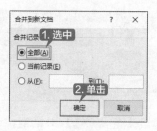

第9步 即可创建一个新文档，并显示每一位员工的工资条，效果如下图所示。

第6步 使用同样的方法，在其他单元格中插入相应的域，效果如下图所示。

◇ 提取指定条件的不重复值

以提取销售助理人员名单为例，介绍如何提取指定条件的不重复值的操作技巧，具体操作步骤如下。

第1步 打开"素材\ch10\职务表.xlsx"工作簿，在F1单元格内输入"姓名"文本，在G1和G2单元格内分别输入"职务"和"销售助理"文本，如下图所示。

	A	B	C	D	E	F	G
1	编号	姓名	职务	基本工资		姓名	职务
2	10211	石向远	销售代表	¥4,500			销售助理
3	10212	刘亮	销售代表	¥4,200			
4	10213	贺双双	销售助理	¥4,800			
5	10214	李洪亮	销售代表	¥4,300			
6	10215	刘畹坡	销售助理	¥4,500			
7	10216	郝东升	销售经理	¥5,800			
8	10217	张可洪	销售助理	¥4,200			
9	10218	霍庆伟	销售副总裁	¥6,800			
10	10219	朱明哲	销售代表	¥4,200			
11	10220	范娟娟	销售助理	¥4,600			
12	10221	马焕平	销售代表	¥4,100			
13	10222	李献伟	销售总裁	¥8,500			
14							

第7步 单击【邮件】选项卡【完成】组中的【完成并合并】按钮，在弹出的下拉列表中选择【编辑单个文档】选项，如下图所示。

第2步 选中数据区域中的任意单元格，单击【数据】选项卡【排序和筛选】组中的【高级】按钮，如下图所示。

第8步 弹出【合并到新文档】对话框，选中【全部】单选按钮，单击【确定】按钮，如下图所示。

第3步 弹出【高级筛选】对话框，选中【将筛选结果复制到其他位置】单选按钮，【列表区域】为 $A$1:$D$13 单元格区域，【条件区域】为 $G$1:$G$2 单元格区域，【复制到】为 $F$1 单元格，然后选中【选择不重复的记录】复选框，单击【确定】按钮，如下图所示。

第4步 即可将职务为"销售助理"的人员姓名全部提取出来，效果如下图所示。

E	F	G
	姓名	**职务**
	贺双双	销售助理
	刘晓坡	
	张可洪	
	范娟娟	

本篇主要介绍 PPT 中的各种操作，通过对本篇的学习，读者可以掌握 PPT 的基本操作、图形和图表的应用、动画和多媒体的应用及放映幻灯片等操作。

第 11 章
PPT 的基本操作

📄 本章导读

　　在职业生涯中，会遇到包含文字、图片和表格的演示文稿，如个人述职报告 PPT、公司管理培训 PPT、论文答辩 PPT、产品营销推广方案 PPT 等。使用 PowerPoint 2019 提供的为演示文稿应用主题、设置格式化文本、图文混排、添加数据表格、插入艺术字等操作，可以方便地对包含图片的演示文稿进行设计制作。本章以制作个人述职报告 PPT 为例，介绍 PPT 的基本操作。

✈ 思维导图

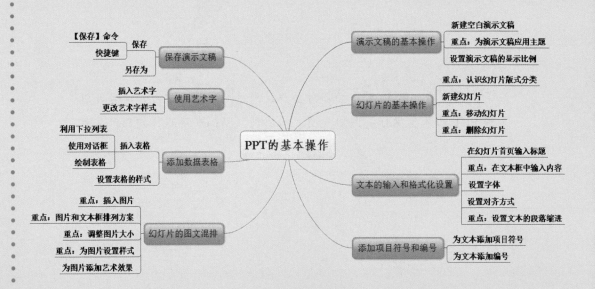

11.1 个人述职报告

制作个人述职报告要做到表述清楚、内容客观、重点突出、个性鲜明，便于上级和下属了解工作情况。

案例名称：使用 PPT 制作个人述职报告		
案例目的：掌握 PPT 的基本操作		
	素材	素材 \ch11\ "述职报告" 文件夹
	结果	结果 \ch11\ 述职报告 .pptx
	视频	视频教学 \11 第 11 章

11.1.1 案例概述

述职报告是指各级工作人员，一般为业务部门向上级、主管部门和下属员工陈述任职情况，包括履行岗位职责，完成工作任务的情况、存在问题和对今后的设想等，进行自我回顾、评估、鉴定的书面报告。

述职报告是任职者陈述个人的任职情况，评议个人的任职能力，接受上级领导考核和群众监督的一种应用文，具有汇报性、总结性和理论性的特点。

述职报告从时间上分为任期述职报告、年度述职报告、临时述职报告等。从范围上分为个人述职报告、集体述职报告等。本章以制作个人述职报告为例，介绍 PPT 的基本操作。

制作个人述职报告时，需要注意以下几点。

1. 清楚述职报告的作用

① 要围绕岗位职责和工作目标来讲述自己的工作。

② 要体现出个人的作用，不能写成工作总结。

2. 内容客观、重点突出

① 述职报告要特别强调个人部分，讲究摆事实、讲道理，以叙述说明为主，不能旁征博引。

② 述职报告要写事实，对收集来的事实、数据、材料等进行认真的归类、整理、分析、研究。述职报告的目的在于总结经验教训，使未来的工作能在前期工作的基础上有所进步，有所提高。因此，述职报告对以后的工作具有很强的指导作用。

③ 述职报告的内容应当是通俗易懂的，语言可以口语化。

④ 述职报告是工作业绩考核、评价、晋升的重要依据。述职者一定要真实客观地陈述，力求全面、真实、准确地反映述职者在所在岗位职责的情况。对成绩和不足，既不要夸大，也不要缩小。

11.1.2 设计思路

制作个人述职报告时可以按以下思路进行。

① 新建空白演示文稿，为演示文稿应用主题。

② 设置文本与段落的格式。

③ 为文本添加项目符号和编号。

④ 插入图片并设置图文混排。

⑤ 添加数据表格，并设置表格的样式。

⑥ 插入艺术字作为结束页，并更改艺术字样式，保存演示文稿。

11.1.3 涉及知识点

本案例主要涉及以下知识点。

① 为演示文稿应用主题并设置显示比例。

② 输入文本并设置段落格式。

③ 添加项目符号和编号。

④ 设置幻灯片的图文混排。

⑤ 添加数据表格。

⑥ 插入艺术字。

11.2 演示文稿的基本操作

在制作个人述职报告时，首先要新建空白演示文稿，并为演示文稿应用主题，以及设置演示文稿的显示比例。

11.2.1 新建空白演示文稿

启动 PowerPoint 2019 软件之后，PowerPoint 2019 会提示创建什么样的 PPT 演示文稿，并提供模板供用户选择，单击【空白演示文稿】图标即可创建一个空白演示文稿，具体操作步骤如下。

第1步 启动 PowerPoint 2019，弹出 PowerPoint 界面，单击【空白演示文稿】图标，如下图所示。

第2步 即可新建空白演示文稿，如下图所示。

11.2.2 重点：为演示文稿应用主题

新建空白演示文稿后，用户可以为演示文稿应用主题，来满足个人述职报告模板的格式要求。

1. 使用内置主题

PowerPoint 2019 中内置了 39 种主题，用户可以根据需要使用这些主题，具体操作步骤如下。

第1步 单击【设计】选项卡【主题】组右侧的【其他】按钮，在弹出的主题样式列表中任选一种样式，如选择"丝状"主题，如下图所示。

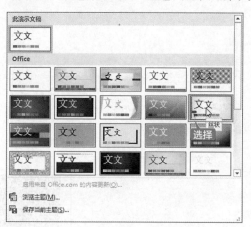

第2步 此时，主题即可应用到幻灯片中，设置后的效果如下图所示。

2. 自定义主题

如果对系统自带的主题不满意，用户可以自定义主题，具体操作步骤如下。

第1步 单击【设计】选项卡【主题】组右侧的【其他】按钮，在弹出的主题样式列表中选择【浏览主题】选项，如下图所示。

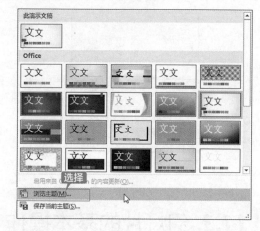

第2步 在弹出的【选择主题或主题文档】对话框中，选择要应用的主题模板，然后单击【应用】按钮，即可应用自定义的主题，如下图所示。

11.2.3 设置演示文稿的显示比例

PPT 演示文稿中一般有 4:3 与 16:9 两种显示比例，PowerPoint 2019 默认的显示比例为 16:9，用户可以自定义幻灯片页面的大小来满足演示文稿的设计需求。设置演示文稿显示比例的具体操作步骤如下。

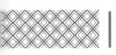

第1步 单击【设计】选项卡【自定义】组中的【幻灯片大小】按钮，在弹出的下拉列表中选择【自定义幻灯片大小】选项，如下图所示。

第2步 在弹出的【幻灯片大小】对话框中单击【幻灯片大小】文本框右侧的下拉按钮，在弹出的下拉列表中选择【全屏显示(16:10)】选项，然后单击【确定】按钮，如下图所示。

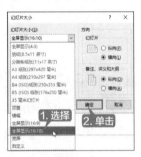

第3步 在弹出的【Microsoft PowerPoint】对话框中单击【最大化】按钮，如下图所示。

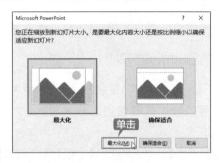

第4步 在演示文稿中即可看到设置后的效果，如下图所示。

11.3 幻灯片的基本操作

使用 PowerPoint 2019 制作述职报告时要先掌握幻灯片的基本操作。

11.3.1 重点：认识幻灯片版式分类

在使用 PowerPoint 2019 制作幻灯片时，经常需要更改幻灯片的版式，来满足幻灯片不同样式的需要，具体操作步骤如下。

第1步 新建演示文稿后，会新建一张幻灯片页面，此时的幻灯片版式为"标题幻灯片"版式页面，如下图所示。

第2步 单击【开始】选项卡【幻灯片】组中的【版式】下拉按钮，在弹出的面板中即可看到包含有"标题幻灯片""标题和内容""节标题""两栏内容"等16种版式，如下图所示。

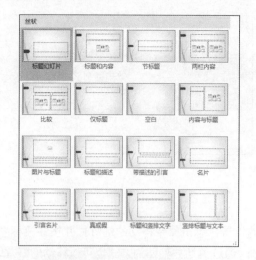

11.3.2 新建幻灯片

新建空白演示文稿之后，默认情况下仅包含一张幻灯片页面，用户可以根据需要新建幻灯片页面，具体操作步骤如下。

第 1 步 单击【开始】选项卡【幻灯片】组中的【新建幻灯片】下拉按钮，在弹出的列表中选择【标题和内容】选项，如下图所示。

第 2 步 新建的幻灯片即显示在左侧的幻灯片窗格中，如下图所示。

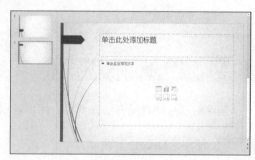

第 3 步 重复上述操作步骤，新建6张【仅标题】幻灯片及一张【空白】幻灯片，效果如下图所示。

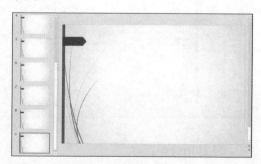

第4步 在幻灯片窗格中右击，在弹出的快捷菜单中选择【新建幻灯片】命令，也可在选择幻灯片页面后新建幻灯片页面，如下图所示。

11.3.3 重点：移动幻灯片

用户可以通过移动幻灯片的方法改变幻灯片的位置，单击需要移动的幻灯片并按住鼠标左键，拖曳幻灯片至目标位置，松开鼠标左键即可。此外，通过剪切并粘贴的方式也可以移动幻灯片，如下图所示。

11.3.4 重点：删除幻灯片

删除幻灯片的常见方法有两种，用户可以根据使用习惯自主选择。

1. 使用【Delete】键

在幻灯片窗格中选择要删除的幻灯片，按【Delete】键，如下图所示。

 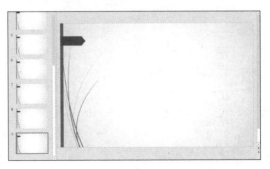

2. 使用鼠标右键

选择要删除的幻灯片页面并右击，在弹出的快捷菜单中选择【删除幻灯片】命令，即可删除选择的幻灯片页面，如下图所示。

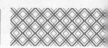

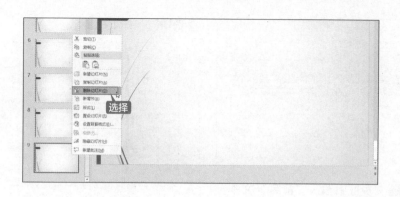

11.4 文本的输入和格式化设置

在幻灯片中可以输入文本，并对文本进行字体、颜色、对齐方式、段落缩进等格式化设置。

11.4.1 在幻灯片首页输入标题

幻灯片中【文本占位符】的位置是固定的，用户可以在其中输入文本，具体操作步骤如下。

第1步 选择第 1 张幻灯片，单击标题文本占位符内的任意位置，使鼠标光标置于文本框内，输入标题文本"述职报告"，效果如下图所示。

第2步 选择副标题文本框，输入文本"述职人：张 ××"，按【Enter】键换行，并输入"2019年 2 月 25 日"，如下图所示。

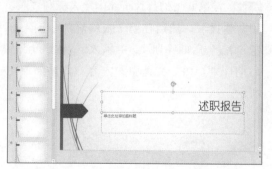

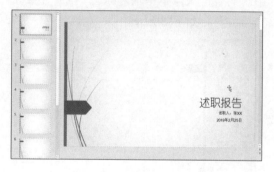

11.4.2 重点：在文本框中输入内容

在演示文稿的文本框中输入内容来完善述职报告，具体操作步骤如下。

第1步 打开"素材\ch11\前言 .txt"文档。选中记事本中的文字，按【Ctrl+C】组合键，复制所选内容。返回 PPT 演示文稿中，选择第 2 张幻灯片中的文本框，按【Ctrl+V】组合键，将复制的内容粘贴至文本框内，如下图所示。

第2步 在标题文本框中输入"前言"文本，如下图所示。

第3步 打开"素材\ch11\工作业绩 .txt"文档，将内容复制粘贴至第3张幻灯片中，并在"标题"文本框中输入标题"一：主要工作业绩"，如下图所示。

第4步 重复上面的操作步骤，打开"素材\ch11\主要职责 .txt"文档，把内容复制粘贴到第4张幻灯片中，并输入标题"二：主要

责任"，如下图所示。

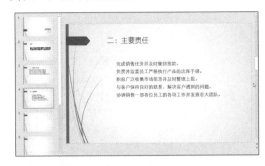

第5步 重复上面的操作步骤，打开"素材\ch11\存在问题及解决方案.txt"文档，把内容复制粘贴到第5张幻灯片，并输入标题"三：存在问题及解决方案"，如下图所示。

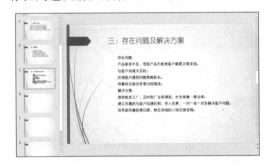

第6步 在第6张幻灯片页面中输入标题"四：团队建设"。然后在第7张幻灯片中输入标题"五：后期计划"，并输入"素材\ch11\后期计划 .txt"文档中的内容，效果如下图所示。

11.4.3 设置字体

PowerPoint 默认的【字体】为"宋体"，【字体颜色】为"黑色"，在【开始】选项卡【字体】组中或【字体】对话框的【字体】选项卡中可以设置字体、字号及字体颜色等，具体操作步骤如下。

第1步 选中第1张幻灯片页面中需要修改字体的文本内容，单击【开始】选项卡【字体】组中的【字体】下拉按钮，在弹出的下拉列表中设置【字体】为"方正兰亭特黑简体"，如下图所示。

第2步 单击【开始】选项卡【字体】组中的【字号】下拉按钮，在弹出的下拉列表中设置【字号】为"66"，如下图所示。

第3步 单击【开始】选项卡【字体】组中的【字体颜色】下拉按钮，在弹出的下拉列表中选择颜色即可更改文字的颜色，这里设置颜色为"黑色，文字1"，如下图所示。

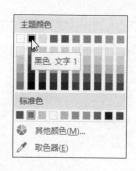

第4步 选择"前言"幻灯片，重复上述操作步骤设置标题内容的字体，并设置正文内容的【字体】为"华文细黑"，【字号】为"18"，并把文本框拖曳到合适的大小与位置，使用同样的方法设置其余幻灯片的部分正文字体，如下图所示。

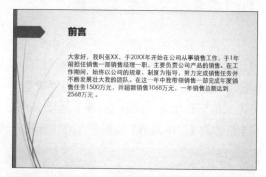

第5步 选择第5张幻灯片，并选择"存在问题"和 "解决方案"文本，单击【开始】选项卡【字体】组中的【字体颜色】下拉按钮，在弹出的下拉列表中选择【蓝色】选项，更改文本字体的颜色，如下图所示。

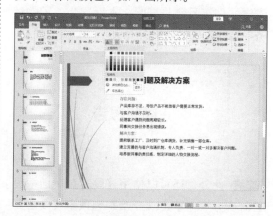

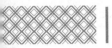

提示 ⋮⋮⋮⋮⋮⋮⋮⋮

　　单击【开始】选项卡【字体】组中的【字体】按钮，在弹出的【字体】对话框中也可以设置字体及字体颜色，如下图所示。

11.4.4 设置对齐方式

　　段落对齐方式包括左对齐、右对齐、居中对齐、两端对齐和分散对齐等，不同的对齐方式可以达到不同的效果，具体操作步骤如下。

第1步　选择第1张幻灯片，选中需要设置对齐方式的标题段落，单击【开始】选项卡【段落】组中的【居中对齐】按钮，如下图所示。

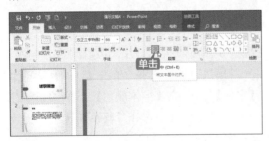

第2步　即可看到将标题文本设置为"居中对齐"后的效果，如下图所示。

第3步　此外，还可以使用【段落】对话框设置对齐方式，单击【开始】选项卡【段落】组中的【段落设置】按钮，弹出【段落】对话框，在【常规】选项区域的【对齐方式】

下拉列表中选择【右对齐】选项，单击【确定】按钮，如下图所示。

第4步　即可将标题文本更改为"右对齐"，使用同样的方法将副标题文本占位符内的文本设置为"右对齐"，效果如下图所示。

11.4.5 重点：设置文本的段落缩进

段落缩进是指段落中的行相对于页面左边界或右边界的位置。段落文本缩进的方式有首行缩进、文本之前缩进和悬挂缩进 3 种。设置段落文本缩进的具体操作步骤如下。

第 1 步 选择第 2 张幻灯片，将光标定位在要设置的段落中，单击【开始】选项卡【段落】组右下角的【段落设置】按钮，如下图所示。

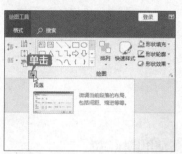

第 2 步 弹出【段落】对话框，在【缩进和间距】选项卡的【缩进】选项区域中单击【特殊格式】右侧的下拉按钮，在弹出的下拉列表中选择【首行缩进】选项，单击【确定】按钮，如下图所示。

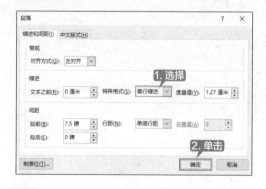

第 3 步 在【间距】选项区域中单击【行距】右侧的下拉按钮，在弹出的下拉列表中选择【1.5 倍行距】选项，单击【确定】按钮，如下图所示。

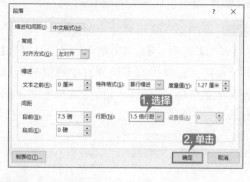

第 4 步 设置后的效果如下图所示。

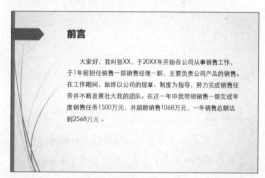

第 5 步 重复上述操作步骤，把演示文稿中的其他正文【行距】设置为"1.5 倍行距"，如下图所示。

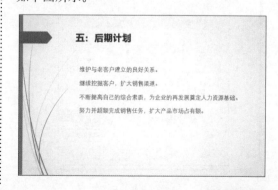

11.5 添加项目符号和编号

添加项目符号和编号可以使文章变得层次分明，易于阅读。

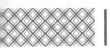

11.5.1 为文本添加项目符号

项目符号就是在一些段落的前面加上完全相同的符号，具体操作步骤如下。

1. 使用【开始】选项卡

第1步 选中第 3 张幻灯片中的正文内容，单击【开始】选项卡【段落】组中的【项目符号】下拉按钮，在弹出的下拉列表中将鼠标指针放置在某个项目符号即可预览效果，如下图所示。

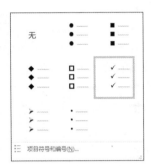

> **提示**
>
> 在下拉列表中选择【项目符号和编号】→【项目符号和编号】选项，即可打开【项目符号和编号】对话框，单击【自定义】按钮，在打开的【符号】对话框中即可选择其他符号作为项目符号，如下图所示。
>
>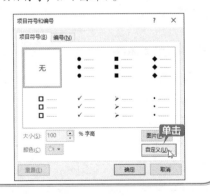

第2步 选择一种项目符号类型，即可将其应用至选择的段落内，如下图所示。

2. 使用鼠标右键

用户还可以选中要添加项目符号的文本内容并右击，然后在弹出的快捷菜单中选择【项目符号】命令，在其级联菜单中选择一种项目符号样式即可，如下图所示。

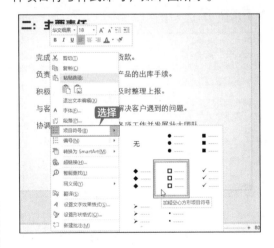

11.5.2 为文本添加编号

编号是按照大小顺序为文档中的行或段落添加的，具体操作步骤如下。

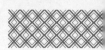

1. 使用【开始】选项卡

第1步 在第 5 张幻灯片页面中选择要添加编号的文本，单击【开始】选项卡【段落】组中的【编号】下拉按钮，在弹出的下拉列表中即可选择编号的样式，如下图所示。

第2步 选择编号样式，即可添加编号，如下图所示。

2. 使用鼠标右键

第1步 选择第 5 张幻灯片中的部分正文内容并右击，在弹出的快捷菜单中选择【编号】选项，在其级联菜单中选择一种样式，如下图所示。

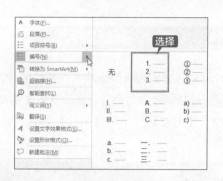

第2步 即可完成编号的添加，效果如下图所示。

第3步 重复上述操作，根据需要为演示文稿中的其他文本添加编号，效果如下图所示。

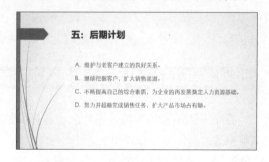

| 提示 |::::::::

选择【定义新编号格式】选项，可定义新的编号样式。选择【设置编号值】选项，可以设置编号起始值。

11.6 幻灯片的图文混排

在制作个人述职报告时插入合适的图片，并根据需要调整图片的大小为图片设置样式与艺术效果，可以达到图文并茂的效果。

11.6.1 重点：插入图片

在制作述职报告时，插入合适的图片，可以为文本进行说明或强调，具体操作步骤如下。

第1步 选择第3张幻灯片页面，单击【插入】选项卡【图像】组中的【图片】按钮，如下图所示。

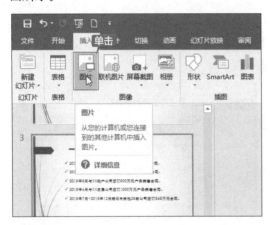

第2步 弹出【插入图片】对话框，选中需要的图片，单击【插入】按钮，如下图所示。

第3步 即可将图片插入幻灯片中，如下图所示。

11.6.2 重点：图片和文本框排列方案

在个人述职报告中插入图片后，选择好的图片和文本框的排列方案，可以使报告看起来更美观整洁，具体操作步骤如下。

第1步 分别选择插入的图片，按住鼠标左键拖曳，将插入的图片分散横向排列，如下图所示。

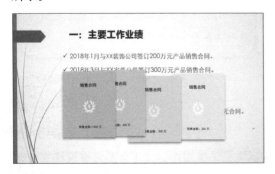

第2步 同时选中插入的4张图片，单击【开始】

选项卡【绘图】组中的【排列】下拉按钮，在弹出的下拉列表中选择【对齐】→【横向分布】选项，如下图所示。

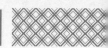

第3步 选择的图片即可在横向上等分对齐排列，如下图所示。

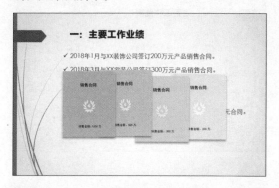

第4步 单击【开始】选项卡【绘图】组中的【排列】下拉按钮，在弹出的下拉列表中选择【对齐】→【对齐幻灯片】选项，将图片对齐，如下图所示。

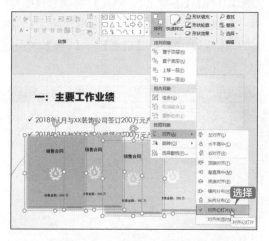

第5步 单击【开始】选项卡【绘图】组中的【排列】下拉按钮，在弹出的下拉列表中选择【对齐】→【底端对齐】选项，如下图所示。

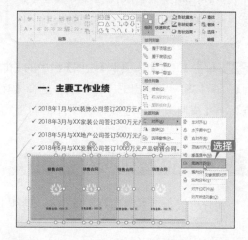

第6步 图片即可按照底端对齐的方式整齐排列，如下图所示。

11.6.3 重点：调整图片大小

在述职报告中，确定图片和文本框的排列方案之后，需要调整图片的大小以适应幻灯片的页面，具体操作步骤如下。

第1步 同时选中演示文稿中的图片，把鼠标指针放在任意一张图片4个角的控制点上，按住鼠标左键并拖曳，即可更改图片的大小，如下图所示。

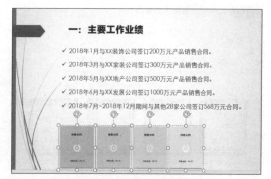

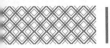
分布到幻灯片中，最终效果如下图所示。

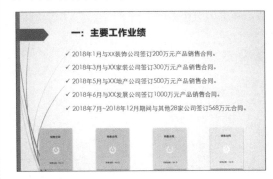

第2步 单击【开始】选项卡【绘图】组中的【排列】下拉按钮。在弹出的下拉列表中选择【对齐】→【横向分布】选项，将图片横向平均

11.6.4 重点：为图片设置样式

用户可以为插入的图片设置边框、图片版式等样式，使述职报告更加美观，具体操作步骤如下。

第1步 同时选中插入的图片，单击【图片工具-格式】选项卡【图片样式】组中的【其他】下拉按钮，在弹出的下拉列表中选择【双框架，黑色】选项，如下图所示。

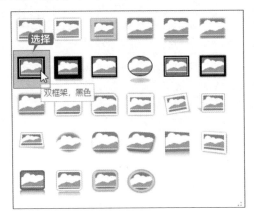

第3步 单击【图片工具-格式】选项卡【图片样式】组中的【图片边框】下拉按钮，在弹出的下拉列表中选择【粗细】→【1磅】选项，如下图所示。

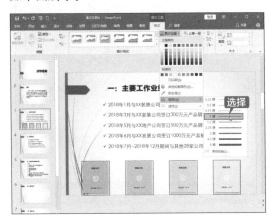

第2步 改变图片样式后的效果如下图所示。

第4步 即可更改图片边框线的粗细，效果如下图所示。

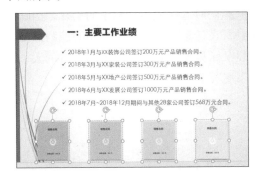

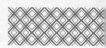

第5步 单击【图片工具-格式】选项卡【图片样式】组中的【图片边框】下拉按钮，在弹出的下拉列表中选择【主题颜色】→【黑色，文字1】选项，如下图所示。

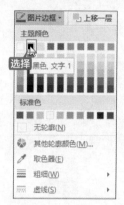

第6步 即可更改图片边框线的颜色，如下图所示。

第7步 单击【图片工具-格式】选项卡【图片样式】组中的【图片效果】下拉按钮，在弹出的下拉列表中选择【阴影】→【外部】下的【侧移：右下】选项，如下图所示。

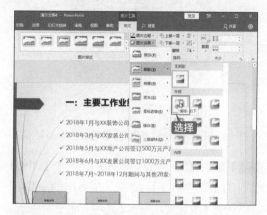

第8步 完成设置图片效果的操作，最终效果如下图所示。

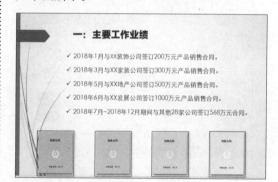

11.6.5 为图片添加艺术效果

对插入的图片进行更正、调整等艺术效果的编辑，可以使图片更好地和述职报告融为一体，具体操作步骤如下。

第1步 选中一张插入的图片，单击【图片工具-格式】选项卡【调整】组中的【校正】下拉按钮，在弹出的下拉列表中选择【亮度：0%（正常）对比度：-20%】选项，如下图所示。

第2步 即可改变图片的锐化/柔化及亮度／对比度，如下图所示。

第3步 单击【图片工具-格式】选项卡【调整】组中的【颜色】下拉按钮，在弹出的下拉列表中选择【饱和度：200%】选项，如下图所示。

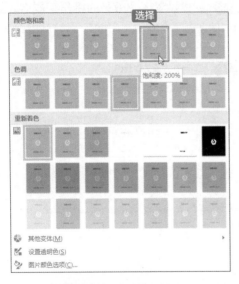

第4步 即可改变图片的色调色温，如下图所示。

第5步 单击【图片工具-格式】选项卡【调整】

组中的【艺术效果】下拉按钮，在弹出的下拉列表中选择【纹理化】选项，如下图所示。

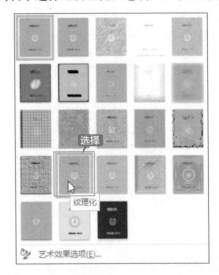

第6步 即可改变图片的艺术效果，如下图所示。

第7步 重复上述操作步骤，为剩余的图片添加艺术效果，并将插入的图片移动至合适位置，如下图所示。

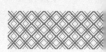

11.7 添加数据表格

PowerPoint 2019 中可以插入表格，使述职报告中要传达的信息更加简单明了，并可以为插入的表格设置表格样式。

11.7.1 插入表格

在 PowerPoint 2019 中插入表格的方法有利用菜单命令插入表格、利用对话框插入表格和绘制表格 3 种。

1. 利用菜单命令

利用菜单命令插入表格是最常用的插入表格的方式。利用菜单命令插入表格的具体操作步骤如下。

第 1 步 在演示文稿中选择要添加表格的幻灯片，单击【插入】选项卡【表格】组中的【表格】按钮▦，在表格区域中按住鼠标左键并拖曳，选择要插入表格的行数和列数，如下图所示。

5x7 表格
插入表格(I)...
绘制表格(D)
Excel 电子表格(X)

第 2 步 释放鼠标左键即可在幻灯片中创建所选行列数的表格，如下图所示。

第 3 步 打开"素材\ch11\团队建设.txt"文档，根据"团队建设.txt"文档内容在表格中输入数据，如下图所示。

职务	成员			
销售经理	王XX			
销售副经理	李XX	马XX		
组长	组长	组员		
销售一组	刘XX	段XX	郭XX	吕XX
销售二组	冯XX	张XX	朱XX	毛XX
销售三组	周XX	赵XX	丁XX	徐XX

第 4 步 选中第 1 行第 2 列至第 5 列的单元格，如下图所示。

职务	成员			
销售经理	王XX			
销售副经理	李XX	马XX		
组长	组长	组员		
销售一组	刘XX	段XX	郭XX	吕XX
销售二组	冯XX	张XX	朱XX	毛XX
销售三组	周XX	赵XX	丁XX	徐XX

第 5 步 单击【表格工具-布局】选项卡【合并】组中的【合并单元格】按钮，如下图所示。

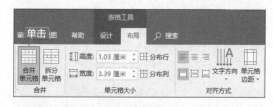

第 6 步 即可合并选中的单元格，如下图所示。

职务	成员			
销售经理	王XX			
销售副经理	李XX	马XX		
组长	组长	组员		
销售一组	刘XX	段XX	郭XX	吕XX
销售二组	冯XX	张XX	朱XX	毛XX
销售三组	周XX	赵XX	丁XX	徐XX

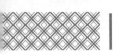

第7步 单击【表格工具-布局】选项卡【对齐方式】组中的【居中】按钮，即可使文字居中显示，如下图所示。

职务	成员			
销售经理	王XX			
销售副经理	李XX	马XX		
组长	组长	组员		
销售一组	刘XX	段XX	郭XX	吕XX
销售二组	冯XX	张XX	朱XX	毛XX
销售三组	周XX	赵XX	丁XX	徐XX

第8步 重复上述操作步骤，根据表格内容合并需要合并的单元格，如下图所示。

职务	成员			
销售经理	王XX			
销售副经理	李XX	马XX		
组长	组长	组员		
销售一组	刘XX	段XX	郭XX	吕XX
销售二组	冯XX	张XX	朱XX	毛XX
销售三组	周XX	赵XX	丁XX	徐XX

2. 利用【插入表格】对话框

用户还可以利用【插入表格】对话框来插入表格，具体操作步骤如下。

第1步 将鼠标指针定位至需要插入表格的位置，单击【插入】选项卡【表格】组中的【表格】按钮，在弹出的下拉列表中选择【插入表格】选项，如下图所示。

第2步 弹出【插入表格】对话框，分别在【行数】和【列数】微调框中输入列数和行数，单击【确定】按钮，即可插入一个表格，如下图所示。

3. 绘制表格

当用户需要创建不规则的表格时，可以使用表格绘制工具绘制表格，具体操作步骤如下。

第1步 单击【插入】选项卡【表格】组中的【表格】按钮，在弹出的下拉列表中选择【绘制表格】选项，如下图所示。

第2步 此时鼠标指针变为铅笔形状，在需要绘制表格的地方单击并拖曳鼠标绘制出表格的外边界，形状为矩形，如下图所示。

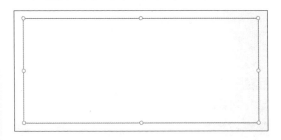

第3步 在该矩形中绘制行线、列线或斜线，绘制完成后按【Esc】键退出表格绘制模式，如下图所示。

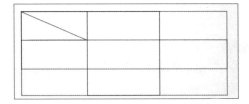

11.7.2 设置表格的样式

在 PowerPoint 2019 中可以设置表格的样式，使个人述职报告看起来更加美观，具体操作步骤如下。

第1步 选择表格，单击【表格工具-设计】选项卡【表格样式】组中的【其他】按钮，在弹出的下拉列表中选择【中度样式 2 · 强调 6】选项，如下图所示。

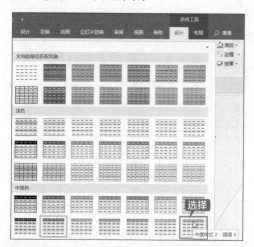

第2步 更改表格样式后的效果如下图所示。

第3步 单击【表格工具-设计】选项卡【表格样式】组中的【效果】下拉按钮，在弹出的下拉列表中选择【阴影】→【内部：中】选项，如下图所示。

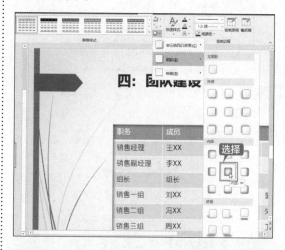

第4步 设置阴影后的效果如下图所示。

11.8 使用艺术字作为结束页

艺术字与普通文字相比，有更多的颜色和形状可以选择，表现形式更加多样化，在述职报告中插入艺术字可以达到锦上添花的效果。

11.8.1 插入艺术字

在幻灯片中插入艺术字，作为结束页的结束语，具体操作步骤如下。

第1步 选择最后一张幻灯片，单击【插入】选项卡【文本】组中的【艺术字】下拉按钮，在弹出的下拉列表中选择一种艺术字样式，如下图所示。

第2步 在文档中即可弹出【请在此放置您的文字】文本框，如下图所示。

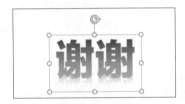

第3步 单击文本框内的文字，输入文本内容"谢谢"，如下图所示。

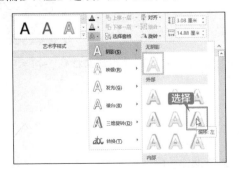

第4步 将鼠标指针放至文本框右侧边缘中点

上，拖曳鼠标增加文本框宽度，单击【开始】选项卡【段落】组中的【左对齐】按钮，如下图所示。

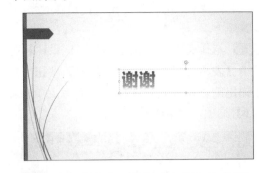

第5步 选中艺术字，设置【字号】为"60"，并调整艺术字文本框的位置，效果如下图所示。

11.8.2 更改艺术字样式

插入艺术字之后，可以更改艺术字的样式，使幻灯片更加美观，具体操作步骤如下。

第1步 选中艺术字，单击【绘图工具-格式】选项卡【艺术字样式】组中的【本文效果】下拉按钮，在弹出的下拉列表中选择【阴影】→【偏移：左】选项，如下图所示。

第2步 为艺术字添加阴影后的效果如下图所示。

第3步 选中艺术字，单击【绘图工具-格式】选项卡【艺术字样式】组中的【本文效果】下拉按钮，在弹出的下拉列表中选择【映像】→【紧密映像：4磅 偏移量】选项，如下图所示。

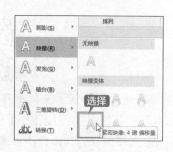

第4步 为艺术字添加映像后的效果如下图所示。

第5步 单击【绘图工具-格式】选项卡【形状样式】组中的【形状填充】下拉按钮，在弹出的下拉列表中选择【浅绿，背景2】选项，如下图所示。

第6步 单击【绘图工具-格式】选项卡【形状样式】组中的【形状填充】按钮，在弹出的下拉列表中选择【渐变】→【变体】→【从右下角】选项，如下图所示。

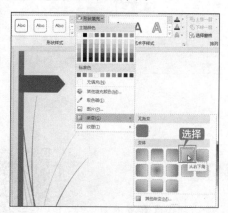

第7步 单击【绘图工具-格式】选项卡【形状样式】组中的【形状效果】下拉按钮，在弹出的下拉列表中选择【阴影】→【外部】→【偏移：左下】选项，如下图所示。

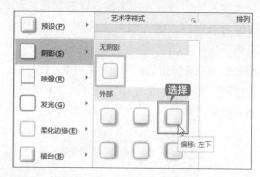

第8步 单击【绘图工具-格式】选项卡【形状样式】组中的【形状效果】下拉按钮，在弹出的下拉列表中选择【映像】→【映像变体】→【紧密映像：4磅 偏移量】选项，如下图所示。

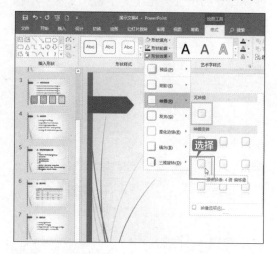

第9步 调整艺术字文本框的大小与位置，最终效果如下图所示。

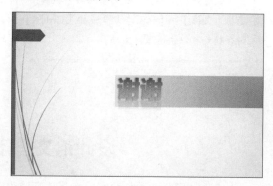

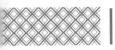

11.9 保存设计好的演示文稿

个人述职报告演示文稿设计并完成之后，需要进行保存。保存演示文稿的具体操作步骤如下。

第1步 单击【快速访问工具栏】中的【保存】按钮 🖫，在弹出的界面中选择【浏览】选项，如下图所示。

第2步 在弹出的【另存为】对话框中选择文件要保存的位置，在【文件名】文本框中输入演示文稿的名称，这里输入"述职报告PPT.pptx"，单击【保存】按钮，即可保存演示稿，如下图所示。

> **提示**
>
> 保存已经保存过的文档时，可以直接单击【快速访问工具栏】中的【保存】按钮。选择【文件】→【保存】命令或按【Ctrl+S】组合键都可以快速保存文档。

如需要将述职报告演示文稿另存至其他位置或以其他的名称另存，可以使用【另存为】命令。将演示文稿另存的具体操作步骤如下。

第1步 在已保存的演示文稿中单击【文件】选项卡，在左侧的列表中选择【另存为】选项，如下图所示。

第2步 在【另存为】界面中选择【这台电脑】选项，并单击【浏览】按钮。在弹出的【另存为】对话框中选择文档所要保存的位置，在【文件名】文本框中输入要另存的名称，例如这里输入"述职报告.pptx"，单击【保存】按钮，即可完成文档的另存操作，如下图所示。

举一反三

设计论文答辩 PPT

与个人述职报告类似的演示文稿还有演讲 PPT 等。设计制作这类演示文稿时，

都要求做到内容客观、重点突出、个性鲜明，使观看者能了解演示文稿的重点内容，并展现个人魅力。下面就以设计论文答辩 PPT 为例进行介绍。

第1步 新建演示文稿

新建空白演示文稿，为演示文稿应用主题，并设置演示文稿的显示比例，如下图所示。

第2步 新建幻灯片

新建幻灯片，并在幻灯片内输入文本，设置字体格式、段落对齐方式、段落缩进等，如下图所示。

第3步 添加项目符号

进行图文混排，为文本添加项目符号与编号，并插入图片，为图片设置样式，添加艺术效果，如下图所示。

第4步 添加数据表格、插入艺术字

插入表格，并设置表格的样式。插入艺术字，对艺术字的样式进行更改，并保存设计好的演示文稿，如下图所示。

◇ **使用网格和参考线辅助调整版式**

在 PowerPoint 2019 中使用网格和参考线可以调整版式，提高特定类型 PPT 制作的效率，优化排版细节，丰富作图技巧，具体操作步骤如下。

第1步 打开 PowerPoint 2019 软件，并新建一张空白幻灯片。选择【视图】选项卡，在【显

示】组中选中【网格线】复选框与【参考线】复选框，如下图所示。

第2步 在幻灯片中即可出现网格线与参考线，如下图所示。

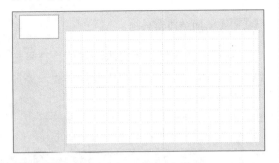

第3步 单击【插入】选项卡【图像】组中的【图片】按钮 🖼️，在弹出的【插入图片】对话框中选择图片，单击【插入】按钮，插入图片后即可使用网格与参考线调整图片版式，如下图所示。

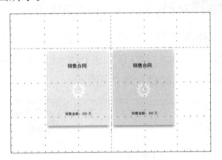

◇ 将常用的主题设置为默认主题

将常用的主题设置为默认主题，可以提高操作效率。

打开 PPT 演示文稿，单击【设计】选项卡【主题】组中的【其他】按钮 ▾，在弹出的下拉列表中要设置默认主题的主题样式上右击，在弹出的快捷菜单中选择【设置为默认主题】选项，即可完成设置默认主题的操作，如下图所示。

◇ 使用取色器为 PPT 配色

PowerPoint 2019 可以对图片的任何颜色进行取色，以更好地搭配文稿颜色，具体操作步骤如下。

第1步 打开 PowerPoint 2019 软件，并应用任意一种主题。选择标题文本占位符，单击【绘图工具-格式】选项卡【形状样式】组中的【形状填充】下拉按钮，在弹出的【主题颜色】面板中选择【取色器】选项，如下图所示。

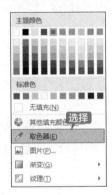

第2步 在幻灯片上任意一点单击，拾取该颜色，如下图所示。

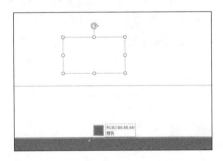

第3步 即可将拾取的颜色填充到文本框中，效果如下图所示。

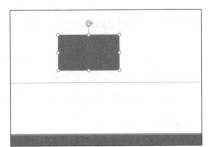

第12章
图形和图表的应用

本章导读

在职业生涯中，会遇到包含自选图形、SmartArt 图形和图表的演示文稿，如年终总结 PPT、企业发展战略 PPT、设计公司管理培训 PPT 等，使用 PowerPoint 2019 提供的自定义幻灯片母版、插入自选图形、插入 SmartArt 图形、插入图表等操作，可以方便地对这些包含图形和图表的幻灯片进行设计制作。本章以制作年终总结 PPT 为例，介绍图形和图表的应用。

思维导图

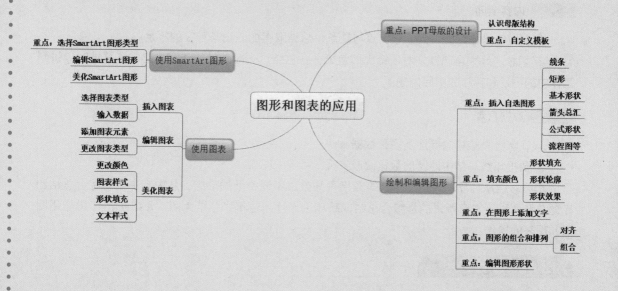

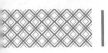

 年终总结

设计年终总结 PPT 要求做到内容客观、重点突出、气氛相融，便于领导更好地阅览方案的内容。

案例名称：制作年终总结 PPT		
案例目的：学习设计年终总结 PPT		
	素材	素材 \ch12\ "年终总结" 文件夹
	结果	结果 \ch12\ 年终总结 .pptx
	视频	视频教学 \12 第 12 章

12.1.1 案例概述

年终总结是以回顾一年来的工作学习和分析为目的，从中总结出经验和教训，引出规律性认识，以指导今后工作和实践活动的一种应用文体。年终总结的内容包括一年来的情况概述、成绩、经验教训和今后努力的方向。

1. 内容客观

① 要围绕一年的工作学习进行设计制作，紧扣内容。
② 必须基于事实依据，客观实在，不能夸夸其谈。

2. 内容全面

① 在做年终总结时，要兼顾优点与缺点，总结取得的成功与存在的不足。
② 切忌 "好大喜功"，对成绩大肆渲染，在总结过失时却轻描淡写。在年终总结时应讲到工作中的不足和存在的实际问题。

3. 数据直观

① 在年终总结中需要涉及多种数据。
② 要把年终总结中涉及的数据做成直观、可视的图表。

年终总结从性质、时间、形式等角度可划分出不同类型的总结，从内容主要有综合总结和专题总结两种。本章所讲的是综合总结以新年工作计划暨年终总结为例，介绍在 PPT 中应用图形和图表的操作。

12.1.2 设计思路

设计新年工作计划暨年终总结时可以按以下思路进行。
① 自定义模板，完成年终总结的 PPT 母版设计。

② 插入自选图形，绘制工作回顾页。

③ 添加表格，并对表格进行美化。

④ 使用 SmartArt 图形制作"取得原因和存在不足"页面。

⑤ 插入图片，放在合适的位置，调整图片布局，并对图片进行编辑、组合。

⑥ 插入自选图形并插入艺术字制作结束页。

12.1.3 涉及知识点

本案例主要涉及以下知识点。

① 自定义母版。

② 插入自选图形。

③ 插入表格。

④ 插入 SmartArt 图形。

⑤ 插入图片。

⑥ 插入艺术字。

12.2 重点：PPT 母版的设计

幻灯片母版与幻灯片模板相似，用于设置幻灯片的样式，可制作演示文稿中的背景、颜色主题和动画等。

12.2.1 认识母版的结构

演示文稿的母版视图包括幻灯片母版、讲义母版、备注母版 3 种类型，包含标题样式和文本样式。

第1步 启动 PowerPoint 2019，弹出如下图所示的界面，单击【空白演示文稿】图标，如下图所示。

第2步 即可新建空白演示文稿，如下图所示。

第3步 单击【快速访问工具栏】中的【保存】按钮日，在弹出的界面中选择【浏览】选项，如下图所示。

中的【幻灯片母版】按钮，即可进入幻灯片
母版视图，如下图所示。

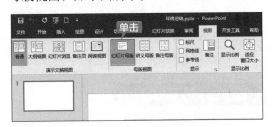

第4步 在弹出的【另存为】对话框中选择文件要保存的位置，在【文件名】文本框中会自动生成演示文稿的首页标题内容"年终总结.pptx"，并单击【保存】按钮，即可保存演示文稿，如下图所示。

第6步 在幻灯片母版视图中，主要包括左侧的幻灯片窗格和右侧的幻灯片母版编辑区域，在幻灯片母版编辑区域包含页眉、页脚、标题与文本框，如下图所示。

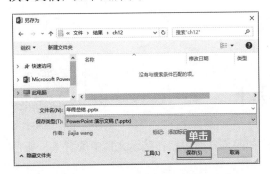

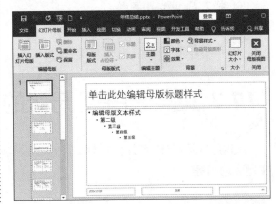

第5步 单击【视图】选项卡【母版视图】组

12.2.2 重点：自定义模板

自定义母版模板可以为整个演示文稿设置相同的颜色、字体、背景和效果等，具体操作步骤如下。

第1步 在左侧的幻灯片窗格中选择第1张幻灯片，单击【插入】选项卡【图像】组中的【图片】按钮，如下图所示。

第2步 弹出【插入图片】对话框，选择"01.jpg"图片，单击【插入】按钮，如下图所示。

第3步 图片即可插入幻灯片母版中，如下图所示。

第4步 把鼠标指针移动到图片4个角的控制点上，当鼠标指针变为"＋"形状时拖曳控制点，把图片放大到合适的大小，如下图所示。

第7步 选中幻灯片标题中的文字，在【开始】选项卡【字体】组中设置【字体】为"华文行楷"，【字号】为"46"，如下图所示。

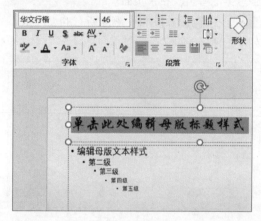

第5步 在幻灯片上右击，在弹出的快捷菜单中选择【置于底层】→【置于底层】选项，如下图所示。

第8步 重复上述操作设置正文字体格式，设置【字体】为"华文楷体"，【字号】为"32"，如下图所示。

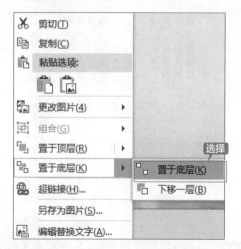

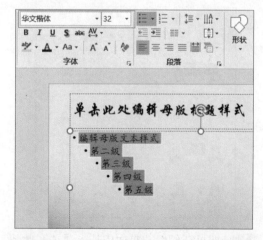

第6步 即可把图片置于底层，使文本框显示出来，如下图所示。

第9步 单击【幻灯片母版】选项卡【关闭】组中的【关闭母版视图】按钮，关闭母版视图，返回普通视图，如下图所示。

在插入自选图形之前，首先需要制作年终总结的首页、目录页面。

第1步 在首页幻灯片中，删除所有的文本框，如下图所示。

第2步 单击【插入】选项卡【文本】组中的【艺术字】下拉按钮，在弹出的下拉列表中选择一种艺术字样式，如下图所示。

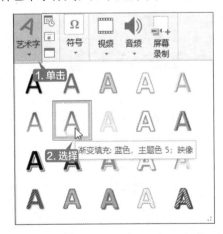

第3步 即可在幻灯片页面中插入【请在此放置您的文字】艺术字文本框，如下图所示。

第4步 删除艺术字文本框内的文字，输入"年终总结"文本内容，如下图所示。

第5步 选中艺术字，单击【绘图工具-格式】选项卡【艺术字样式】组中的【文本填充】下拉按钮，在弹出的下拉列表中选择一种颜色，如下图所示。

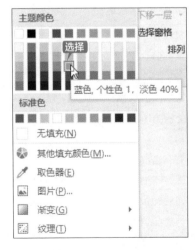

第6步 单击【绘图工具-格式】选项卡【艺术字样式】组中的【文本效果】下拉按钮，在弹出的下拉列表中选择【映像】→【映像变体】→【紧密映像：接触】选项，如下图所示。

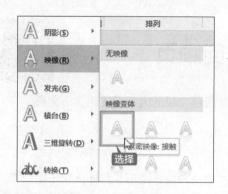

第 7 步 选择插入的艺术字，设置【字体】为"方正汉真广标简体"，【字号】为"66"，然后将鼠标指针放在艺术字的文本框上，按住鼠标左键并拖曳鼠标至合适位置，释放鼠标左键，即可完成对艺术字位置的调整，如下图所示。

第 8 步 重复上述操作步骤，插入制作部门与日期文本，并设置文本格式。单击【开始】选项卡【段落】组中的【右对齐】按钮 ≡，使艺术字右对齐显示，如下图所示。

第 9 步 下面制作目录页，单击【开始】选项卡【幻灯片】组中的【新建幻灯片】按钮，

在弹出的列表中选择【标题和内容】选项，如下图所示。

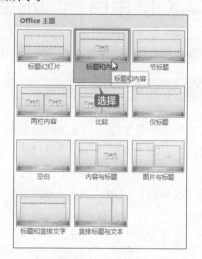

第 10 步 新建【标题和内容】幻灯片，在标题文本框中输入"目录"，并修改标题文本框的大小，如下图所示。

第 11 步 在文档文本框中输入相关内容，并设置【字体】为"华文楷体"，【字号】为"32"，完成目录页制作，最终效果如下图所示。

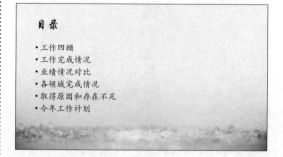

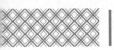
 使用自选图形绘制工作回顾页

在年终总结演示文稿中绘制和编辑图形，可以丰富演示文稿的内容，美化演示文稿。

12.3.1 重点：插入自选图形

在制作新年工作计划暨年终总结时，需要在幻灯片中插入自选图形，具体操作步骤如下。

第1步 单击【开始】选项卡【幻灯片】组中的【新建幻灯片】下拉按钮，在弹出的下拉列表中选择【仅标题】选项，新建一张幻灯片，如下图所示。

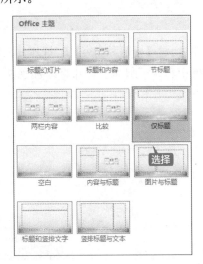

第2步 在【标题】文本框中输入"工作回顾"文本，如下图所示。

第3步 单击【插入】选项卡【插图】组中的【形状】按钮，在弹出的下拉列表中选择【椭圆】选项，如下图所示。

第4步 此时鼠标指针在幻灯片中的形状显示为"＋"形状，在幻灯片绘图区空白位置处单击，确定图形的起点，按住【Shift】键的同时拖曳鼠标至合适位置时，释放鼠标左键与【Shift】键，即可完成圆形的绘制，如下图所示。

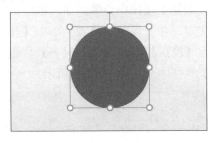

第5步 重复第3步和第4步的操作，在幻灯片中依次绘制【椭圆】【右箭头】【菱形】及【矩形】等其他自选图形，如下图所示。

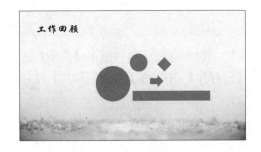

12.3.2 重点：填充颜色

插入自选图形后，需要对插入的图形填充颜色，使图形与幻灯片氛围相融，具体操作步骤如下。

第1步 选择要填充颜色的图形，这里选择较大的"圆形"，单击【绘图工具-格式】选项卡【形状样式】组中的【形状填充】下拉按钮，在弹出的下拉列表中选择【浅蓝】选项，如下图所示。

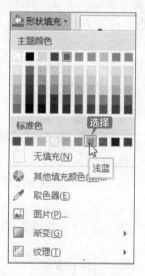

第2步 单击【绘图工具-格式】选项卡【形状样式】组中的【形状轮廓】下拉按钮，在弹出的下拉列表中选择【无轮廓】选项，如下图所示。

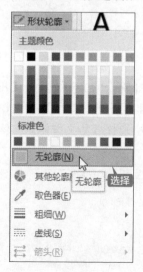

第3步 再次选择要填充颜色的图形，单击【绘图工具-格式】选项卡【形状样式】组中的【形状填充】下拉按钮，在弹出的下拉列表中选择【蓝色】选项，如下图所示。

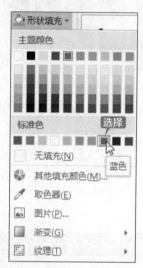

第4步 单击【绘图工具-格式】选项卡【形状样式】组中的【形状填充】下拉按钮，在弹出的下拉列表中选择【无轮廓】选项，如下图所示。

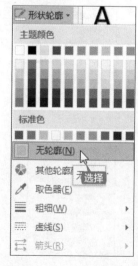

第5步 单击【绘图工具-格式】选项卡【形状

样式】组中的【形状填充】下拉按钮，在弹出的下拉列表中选择【渐变】→【变体】→【线性向左】选项，如下图所示。

第6步 填充颜色完成后的效果如下图所示。

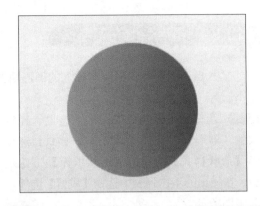

第7步 重复上述操作步骤，为其他的自选图形填充颜色，如下图所示。

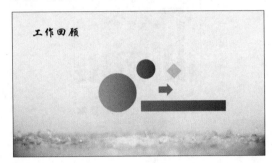

12.3.3 重点：在图形上添加文字

设置好自选图形的颜色后，可以在自选图形上添加文字，具体操作步骤如下。

第1步 在要添加文字的自选图形上右击，在弹出的快捷菜单中选择【编辑文字】命令，如下图所示。

第2步 即可在自选图形中显示光标，在其中输入相关的文字"1"，如下图所示。

第3步 选择输入的文字，单击【开始】选项卡【字体】组中的【字体】按钮，在弹出的下拉列表中选择【华文楷体】字体，如下图所示。

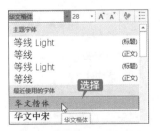

第4步 单击【开始】选项卡【字体】组中的【字号】下拉按钮，在弹出的下拉列表中选择【32】字号，如下图所示。

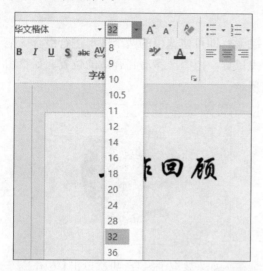

第5步 单击【开始】选项卡【字体】组中的【字体颜色】下拉按钮，在弹出的下拉列表中选择一种颜色，如下图所示。

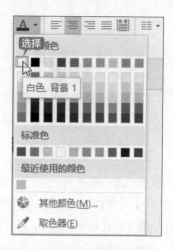

第6步 重复上述操作步骤，在【矩形】自选图形上右击，在弹出的下拉列表中选择【编辑文字】选项，输入文字"完成××家新客户的拓展工作"，并设置字体格式，如下图所示。

完成××家新客户的拓展工作

12.3.4 重点：图形的组合和排列

绘制自选图形与编辑文字之后要对图形进行组合与排列，使幻灯片更加美观，具体操作步骤如下。

第1步 选择要进行排列的图形，按住【Ctrl】键再选择另一个图形，使两个图形同时选中，如下图所示。

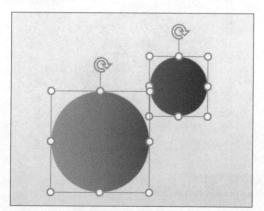

第2步 单击【绘图工具-格式】选项卡【排列】

组中的【对齐】下拉按钮，在弹出的下拉列表中选择【右对齐】选项，如下图所示。

第3步 使选中的图形靠右对齐，如下图所示。

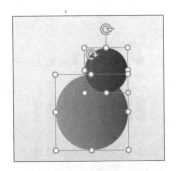

第4步 再次单击【绘图工具-格式】选项卡【排列】组中的【对齐】下拉按钮，在弹出的下拉列表中选择【垂直居中】选项，如下图所示。

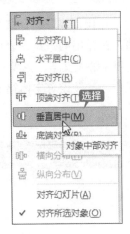

第5步 使选中的图形上下居中对齐，如下图所示。

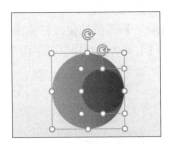

第6步 单击【绘图工具-格式】选项卡【排列】组中的【组合】下拉按钮，在弹出的下拉列表中选择【组合】选项，如下图所示。

第7步 即可使选中的两个图形进行组合。拖曳鼠标，把图形移动到合适的位置，如下图所示。

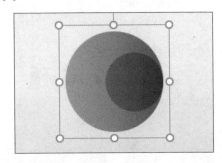

第8步 如果要取消组合，再次单击【绘图工具-格式】选项卡【排列】组中的【组合】下拉按钮，在弹出的下拉列表中选择【取消组合】选项，如下图所示。

第9步 即可取消组合已组合的图形，如下图所示。

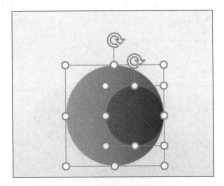

12.3.5 重点：绘制不规则的图形——编辑图形形状

在绘制图形时，通过编辑图形的顶点来绘制不规则的图形，具体操作步骤如下。

第1步 选择要编辑的图形，单击【绘图工具-格式】选项卡【插入形状】组中的【编辑形状】下拉按钮，在弹出的下拉列表中选择【编辑顶点】选项，如下图所示。

第2步 即可看到选择图形的顶点处于可编辑的状态，如下图所示。

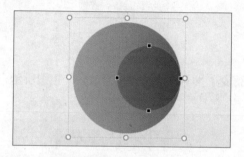

第3步 将鼠标指针放置在图形的一个顶点上，向上或向下拖曳鼠标至合适位置处释放鼠标左键，即可对图形进行编辑操作，如下图所示。

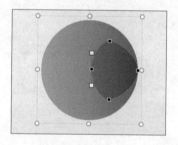

第4步 使用同样的方法编辑其余的顶点，如下图所示。

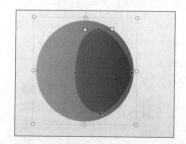

第5步 编辑完成后，在幻灯片空白位置单击即可完成对图形顶点的编辑，如下图所示。

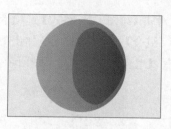

第6步 重复上述操作，为其他自选图形编辑顶点，如下图所示。

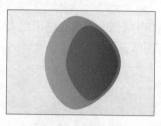

第7步 在【绘图工具-格式】选项卡【形状样式】组中为自选图形填充渐变色，如下图所示。

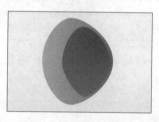

第8步 使用同样的方法插入新的【椭圆】形状。并根据需要设置填充颜色与渐变颜色，如下图所示。

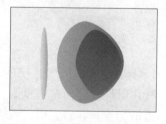

第9步 选择一个自选图形，按【Ctrl】键再选择其余的图形，并释放鼠标左键与【Ctrl】键，如下图所示。

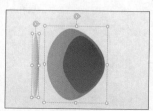

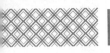
第10步 单击【绘图工具–格式】选项卡【排列】组中的【组合】下拉按钮，在弹出的下拉列表中选择【组合】选项，如下图所示。

第11步 即可将选中的所有图形组合为一个图形，如下图所示。

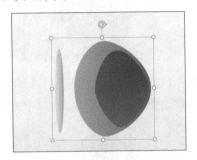

第12步 选择插入的【右箭头】形状，将其拖曳至合适的位置，如下图所示。

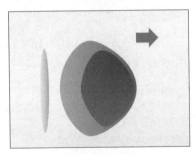

第13步 将鼠标指针放在图形上方的【旋转】按钮上，按住鼠标左键向左拖曳鼠标，为图形设置合适的角度，旋转完成，释放鼠标左键即可，如下图所示。

第14步 选择插入的【菱形】形状，将其拖曳到【矩形】形状的上方，如下图所示。

第15步 同时选中【菱形】形状与【矩形】形状，选择【绘图工具–格式】选项卡【排列】组中的【组合】下拉按钮，在弹出的下拉列表中选择【组合】选项，如下图所示。

第16步 即可组合选中的形状，如下图所示。

第17步 调整组合后的图形至合适的位置，如下图所示。

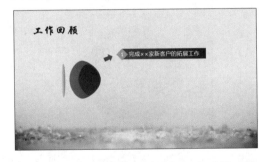

第18步 选择【右箭头】形状与组合后的形状，进行复制粘贴，移动至合适的位置，如下图所示。

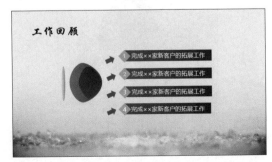

第 19 步 调整【右箭头】形状的角度，并移动至合适的位置，如下图所示。

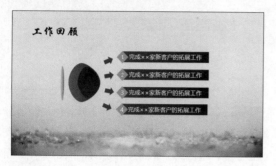

第 20 步 更改图形中的内容，就完成了工作回顾幻灯片页面的制作，如下图所示。

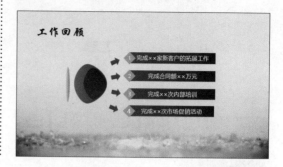

12.4 制作工作完成情况页

在新年工作计划暨年终总结演示文稿中插入图表，可以制作工作完成情况页。

12.4.1 汇总本年度工作完成情况

在新年工作计划暨年终总结演示文稿中插入图表，汇总本年度工作完成情况，具体操作步骤如下。

第 1 步 单击【开始】选项卡【幻灯片】组中的【新建幻灯片】按钮，在弹出的下拉列表中选择【仅标题】选项，如下图所示。

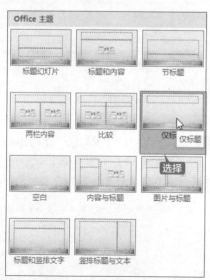

第 2 步 即可新建【仅标题】幻灯片页面，如下图所示。

第 3 步 在【标题】文本框中输入"本年度工作完成情况"文本，如下图所示。

第 4 步 单击【插入】选项卡【表格】组中的【表格】按钮，在弹出的下拉列表中选择【插入表格】选项，如下图所示。

第5步 弹出【插入表格】对话框,设置【列数】为"5",【行数】为"3",单击【确定】按钮,如下图所示。

第6步 即可在幻灯片中插入表格,如下图所示。

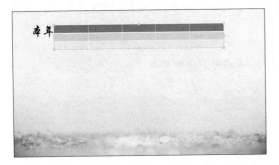

第7步 将鼠标指针放在表格上,按住鼠标左键拖曳至合适位置处,即可调整图表的位置,如下图所示。

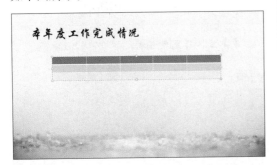

第8步 打开"素材\ch12\推广时间及安排.txt"文档,把内容复制粘贴到表格中,即可完成表格的创建,如下图所示。

第9步 单击【表格工具-设计】选项卡【表格样式】组中的【其他】按钮，在弹出的下拉列表中选择一种表格样式,如下图所示。

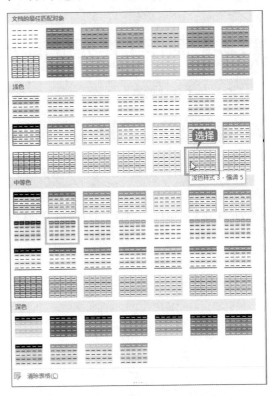

第10步 即可改变表格的样式,如下图所示。

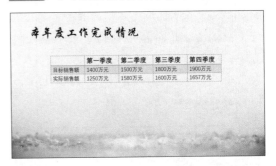

第11步 选择表格的第一行文字,在【开始】选项卡【字体】组中设置【字体】为"华文楷体"、

【字号】为"24"，如下图所示。

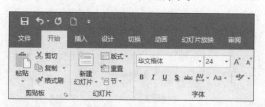

第12步 重复上面的操作步骤，为其余的表格内容设置【字体】为"楷体"、【字号】为"20"，如下图所示。

第13步 选择整个表格，单击【开始】选项卡【段落】组中的【居中】按钮，使表格中的字体居中显示，如下图所示。

	第一季度	第二季度	第三季度	第四季度
目标销售额	1400万元	1500万元	1800万元	1900万元
实际销售额	1250万元	1580万元	1600万元	1657万元

第14步 选择表格，在【表格工具-布局】选项卡【单元格大小】组中可以设置表格的【高度】值与【宽度】值，如下图所示。

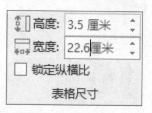

第15步 即可调整表格的行高与列宽，如下图所示。

	第一季度	第二季度	第三季度	第四季度
目标销售额	1400万元	1500万元	1800万元	1900万元
实际销售额	1250万元	1580万元	1600万元	1657万元

12.4.2 使用条形图对比去年业绩情况

在新年工作计划暨年终总结演示文稿中插入条形图可以清晰地对比去年与今年的业绩情况，具体操作步骤如下。

第1步 单击【开始】选项卡【幻灯片】组中的【新建幻灯片】按钮，在弹出的下拉列表中选择【仅标题】选项，如下图所示。

第2步 即可新建【仅标题】幻灯片页面，如下图所示。

第3步 在【标题】文本框中输入"对比去年业绩情况"文本，如下图所示。

第4步 单击【插入】选项卡【插图】组中的【图表】按钮，弹出【插入图表】对话框，在【所有图表】选项卡下选择【柱形图】选项，在右侧选择【簇状柱形图】选项，单击【确定】按钮，如下图所示。

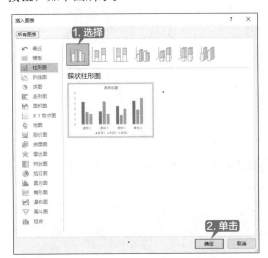

第5步 即可在幻灯片中插入图表，并打开【Microsoft PowerPoint 中的图表】工作表，如下图所示。

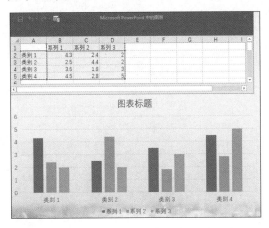

第6步 打开"素材\ch12\对比去年业绩情况.txt"文档，根据文本内容，在工作表中输入相关的数据。在完成数据的输入后，拖曳鼠标选择数据源，并删除多余的内容，如下图所示。

第7步 关闭【Microsoft PowerPoint 中的图表】工作表，即可完成插入图表的操作，如下图所示。

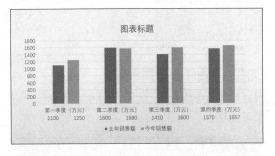

第8步 单击【图表工具-设计】选项卡【图表样式】组中的【其他】按钮，在弹出的下拉列表中选择一种样式，如下图所示。

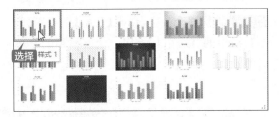

第9步 即可添加图表样式，调整图表的大小与位置的效果如下图所示。

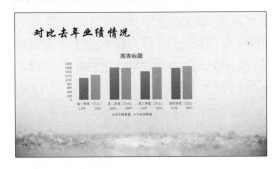

第10步 选择表格，设置【图表标题】为"对比去年业绩情况"，如下图所示。

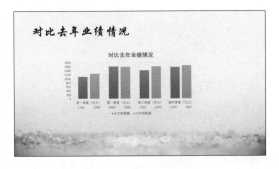

12.4.3 使用饼状图展示各领域完成情况

饼状图的形象很直观，可以直接以图形的方式显示各个组成部分所占的比例。使用饼状图展示各领域完成情况的具体操作步骤如下。

第1步 单击【开始】选项卡【幻灯片】组中的【新建幻灯片】按钮，在弹出的下拉列表中选择【仅标题】选项，如下图所示。

第2步 即可新建【仅标题】幻灯片页面，如下图所示。

第3步 在【标题】文本框中输入"各领域完成情况"文本，如下图所示。

第4步 单击【插入】选项卡【插图】组中的【图表】按钮，弹出【插入图表】对话框，在【所有图表】选项卡下选择【饼图】选项，

在右侧选择【三维饼图】选项，单击【确定】按钮，如下图所示。

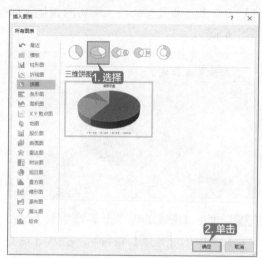

第5步 即可在幻灯片中插入图表，并打开【Microsoft PowerPoint 中的图表】工作表，如下图所示。

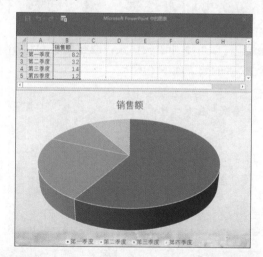

第6步 打开"素材\ch12\各领域完成情况.txt"文档，根据文本内容，在工作表中输入相关的数据。在完成数据的输入后，拖曳鼠标选择数据源，并删除多余的内容，如下图所示。

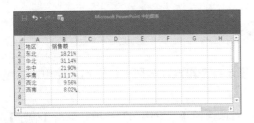

第7步 关闭【Microsoft PowerPoint 中的图表】工作表，即可完成插入图表的操作，如下图所示。

第8步 单击【图表工具-设计】选项卡【图表样式】组中的【其他】按钮 ，在弹出的下拉列表中选择一种样式，如下图所示。

第9步 即可添加图表样式，调整图表的大小与位置的效果如下图所示。

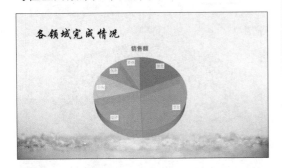

第10步 选择表格，设置【图表标题】为"各领域完成情况"，如下图所示。

第11步 选择创建的图表，单击【图表工具-设计】选项卡【图表布局】组中的【添加图表元素】按钮，如下图所示。

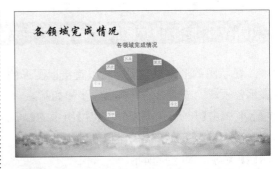

第12步 在弹出的下拉列表中选择【数据标签】→【数据标签外】命令，如下图所示。

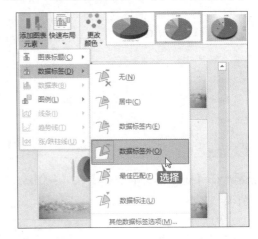

第13步 即可在图表中添加数据标签，如下图所示。

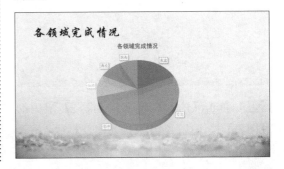

12.5 使用 SmartArt 图形制作"取得原因和存在不足"页面

　　SmartArt 图形是信息和观点的视觉表示形式。可以在多种不同的布局中创建 SmartArt 图形。SmartArt 图形主要应用于组织结构图、显示层次关系、演示过程的创建，还可以应用于工作流程的各个步骤或阶段、显示过程、程序或其他事件流等方面。配合形状的使用，可以更加快捷地制作精美的演示文稿。

12.5.1 重点：选择 SmartArt 图形类型

　　SmartArt 图形主要分为列表、流程、循环、层次结构、关系、矩阵、棱锥图和图片等几大类，具体操作步骤如下。

第1步 单击【开始】选项卡【幻灯片】组中的【新建幻灯片】按钮，在弹出的下拉列表中选择【仅标题】选项，如下图所示。

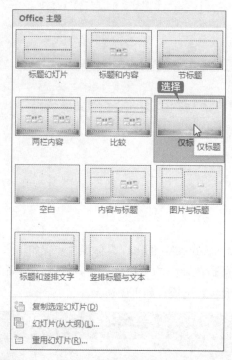

第2步 即可新建【仅标题】幻灯片页面，在【标题】文本框中输入"取得原因和存在不足"文本，如下图所示。

第3步 单击【插入】选项卡【插图】组中的【SmartArt】按钮，如下图所示。

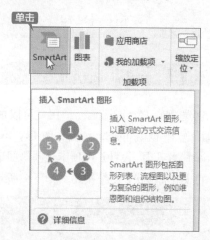

第4步 弹出【选择 SmartArt 图形】对话框，选择【列表】选项卡【层次结构列表】选项，单击【确定】按钮，如下图所示。

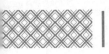

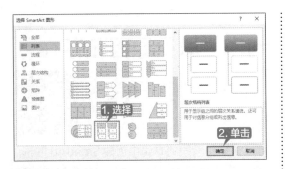

第5步 即可把 SmartArt 图形插入到幻灯片页面中，如下图所示。

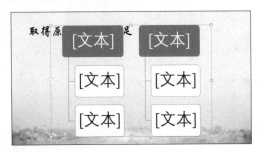

第6步 将鼠标指针放置在 SmartArt 图形上，按住鼠标左键并拖动，调整 SmartArt 图形的位置与大小，如下图所示。

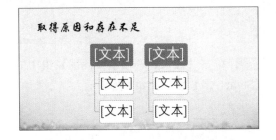

第7步 打开"素材\ch12\取得原因和存在不足.txt"文档，将鼠标光标定位至第一个文本框中，在其中输入相关内容，如下图所示。

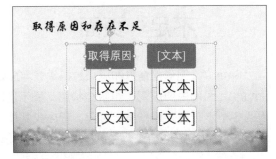

第8步 根据需要在其余的文本框中输入相关文字，即可完成 SmartArt 图形的创建，如下图所示。

12.5.2 编辑 SmartArt 图形

创建 SmartArt 图形之后，用户可以根据需要来编辑 SmartArt 图形，具体操作步骤如下。

第1步 选择创建的 SmartArt 图形，单击【SmartArt 工具–设计】选项卡【创建图形】组中的【添加形状】下拉按钮，如下图所示。

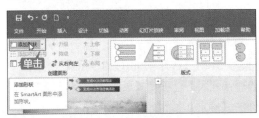

第2步 在弹出的下拉列表中选择【在后面添加形状】选项，如下图所示。

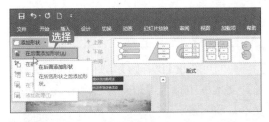

第3步 即可在图形中添加新的 SmartArt 形

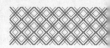

状，用户可以根据需要在新添加的 SmartArt 图形中添加图片与文本，如下图所示。

第4步 要删除多余的 SmartArt 图形时，选择要删除的图形，按【Delete】键即可删除，如下图所示。

第5步 用户可以自主调整 SmartArt 图形的位置。选择要调整的 SmartArt 图形，单击【SmartArt 工具–设计】选项卡【创建图形】组中的【上移】按钮，即可把图形上移一个位置，如下图所示。

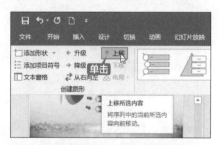

第6步 单击【下移】按钮，即可把图形下移一个位置，如下图所示。

第7步 单击【SmartArt 工具–设计】选项卡【版式】组中的【其他】按钮，在弹出的下拉列表中选择任一选项，可以调整图形的版式，如下图所示。

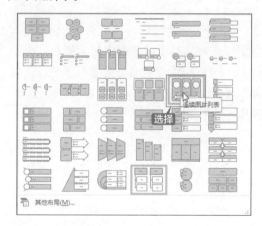

第8步 选择【连续图片列表】选项，即可更改 SmartArt 图形的版式，如下图所示。

第9步 重复上述操作，把 SmartArt 图形的版式变回【层次结构列表】版式，即可完成编辑 SmartArt 图形的操作，如下图所示。

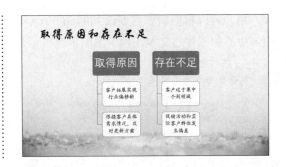

12.5.3 美化 SmartArt 图形

编辑完 SmartArt 图形，还可以对 SmartArt 图形进行美化，具体操作步骤如下。

第1步 选择 SmartArt 图形，单击【SmartArt 工具-设计】选项卡【SmartArt 样式】组中的【更改颜色】按钮，如下图所示。

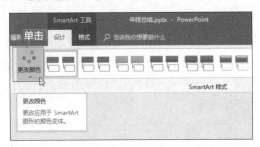

第2步 在弹出的下拉列表中包含彩色、个性色1、个性色2、个性色3等多种颜色，这里选择【个性色3】→【渐变范围 - 个性色3】选项，如下图所示。

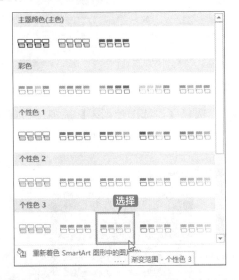

第3步 即可更改 SmartArt 图形的颜色，如下图所示。

第4步 单击【SmartArt 工具-设计】选项卡【SmartArt 样式】组中的【其他】按钮，在弹出的下拉列表中选择【三维】→【嵌入】选项，如下图所示。

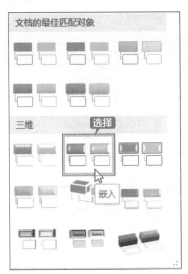

第5步 即可更改 SmartArt 图形的样式，如下图所示。

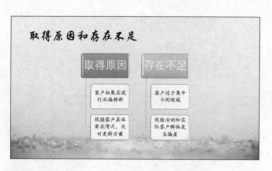

第 7 步 设置其余的文本字体格式，效果如下图所示。

第 6 步 分别选择"取得原因""存在不足"文本，在【开始】选项卡【字体】组中设置【字体】为"华文楷体"，【字号】为"40"，如下图所示。

12.6 图文混排——制作"今年工作计划"页

同时插入图片与文本进行图文混排制作"今年工作计划"页，具体操作步骤如下。

第 1 步 单击【开始】选项卡【幻灯片】组中的【新建幻灯片】按钮，在弹出的下拉列表中选择【仅标题】选项，如下图所示。

第 2 步 即可新建"仅标题"幻灯片页面，在【标题】文本框中输入"今年工作计划"文本，如下图所示。

第 3 步 打开"素材\ch12\今年工作计划.txt"文档，把内容复制粘贴到"今年工作计划"幻灯片内，并设置字体格式与段落格式，效果如下图所示。

第 4 步 单击【插入】选项卡【图像】组中的【图

片】按钮，在弹出的【插入图片】对话框中
选择素材图片，如下图所示。

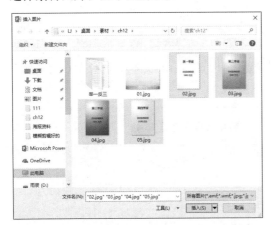

第5步 即可把选中的图片插入到幻灯片内，
如下图所示。

第6步 分别选择插入的图片，按住鼠标左键
拖曳鼠标，将插入的图片分散横向排列，如
下图所示。

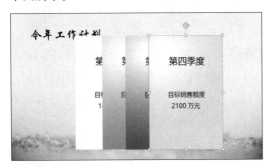

第7步 同时选中插入的4张图片，单击【开始】
选项卡【绘图】组中的【排列】下拉按钮，
在弹出的下拉列表中选择【对齐】→【横向
分布】选项，如下图所示。

第8步 选择的图片即可在横向上等分对齐排
列，如下图所示。

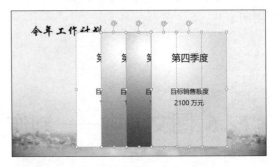

第9步 单击【开始】选项卡【绘图】组中的【排
列】下拉按钮，在弹出的下拉列表中选择【对
齐】→【底端对齐】选项，如下图所示。

第10步 图片即可按照底端对齐的方式整齐排
列，如下图所示。

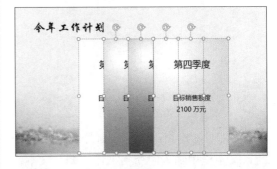

第11步 同时选中演示文稿中的图片，把鼠标

指针放在任一图片 4 个角的控制点上，按住鼠标左键并拖曳，即可更改图片的大小，如下图所示。

第12步 单击【开始】选项卡【绘图】组中的【排列】下拉按钮，在弹出的下拉列表中选择【对齐】→【横向分布】选项，如下图所示。

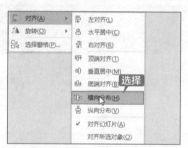

第13步 即可把图片平均分布到幻灯片中，如下图所示。

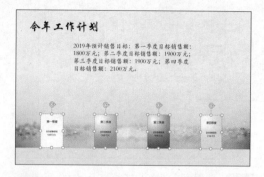

第14步 分别拖曳图片，将其移动至合适的位置，并调整文本框的大小，最终效果如下图所示。

12.7 使用自选图形制作结束页

制作年终总结结束页时，可以在幻灯片中插入自选图形，具体操作步骤如下。

第1步 单击【开始】选项卡【幻灯片】组中的【新建幻灯片】下拉按钮，在弹出的下拉列表中选择【标题幻灯片】选项，如下图所示。

第2步 即可新建"标题幻灯片"页面，删除幻灯片中的文本框，如下图所示。

第3步 单击【插入】选项卡【插图】组中的【形状】下拉按钮，在弹出的下拉列表中选择【矩形】形状，如下图所示。

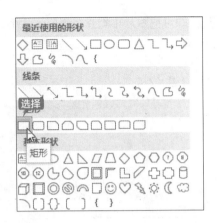

第4步 此时鼠标指针在幻灯片中的形状显示为"+"形状时，在幻灯片绘图区空白位置处单击，确定图形的起点，按住【Shift】键的同时拖曳至合适位置时，释放鼠标左键与【Shift】键，即可完成矩形的绘制，如下图所示。

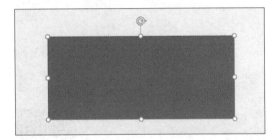

第5步 单击【绘图工具-格式】选项卡【形状样式】组中的【形状填充】下拉按钮，在弹出的下拉列表中选择【白色，背景1】选项，如下图所示。

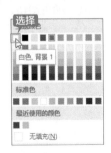

第6步 单击【绘图工具-格式】选项卡【形状样式】组中的【形状轮廓】下拉按钮，在弹出的下拉列表中选择【蓝色，个性色1，深色50%】选项，如下图所示。

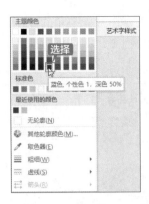

第7步 单击【绘图工具-格式】选项卡【插入形状】组中的【编辑形状】下拉按钮，在弹出的下拉列表中选择【编辑顶点】选项，如下图所示。

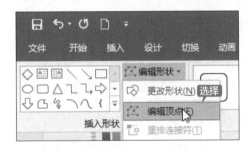

第8步 即可看到选择图形的顶点处于可编辑的状态，如下图所示。

第9步 将鼠标指针放置在图形的一个顶点上，按住鼠标左键向上或向下拖曳至合适位置处释放，即可对图形进行编辑操作，如下图所示。

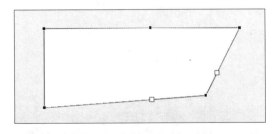

第10步 编辑完成后，在幻灯片空白位置单击

即可完成对图形顶点的编辑，如下图所示。

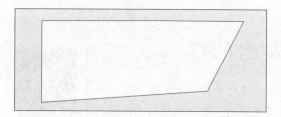

第11步 重复上述操作步骤，插入新的自选图形，并设置形状样式、编辑定点，效果如下图所示。

第12步 单击【插入】选项卡下【文本】组中的【艺术字】按钮，在弹出的下拉列表中选择一种艺术字样式，如下图所示。

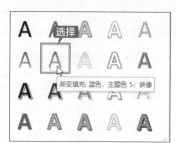

第13步 即可在幻灯片页面中添加【请在此放置您的文字】文本框，并在文本框中输入"谢谢！"文本，如下图所示。

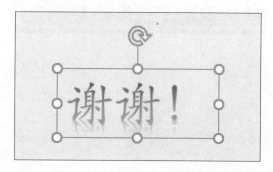

第14步 选择输入的艺术字，在【开始】选项卡【字体】组中设置【字体】为"华文行楷"，【字号】为"96"，【字体颜色】为"蓝色，个性色1，深25%"，如下图所示。

第15步 调整自选图形与艺术字的位置和大小，即可完成对新年工作计划暨年终总结幻灯片的制作，如下图所示。

第16步 制作完成的年终总结PPT效果如下图所示。

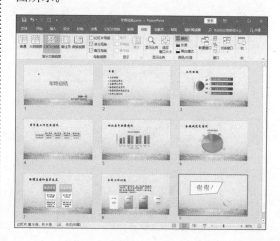

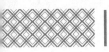

举一
反三

设计企业发展战略 PPT

与新年工作计划暨年终总结类似的演示文稿还有设计企业发展战略 PPT、市场调查 PPT、年终销售分析 PPT 等。设计这类演示文稿时，可以使用自选图形、SmartArt 图形及图表等来表达幻灯片内容，不仅可以使幻灯片内容更丰富，还可以更直观地展示数据。下面就以设计企业发展战略 PPT 为例进行介绍。

第 1 步 设计幻灯片母版

新建空白演示文稿并进行保存，设置幻灯片母版，如下图所示。

第 2 步 绘制和编辑图形

在幻灯片中插入自选图形并为图形填充颜色，在图形上添加文字，对图形进行排列，如下图所示。

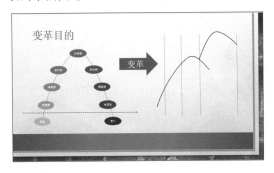

第 3 步 插入和编辑 SmartArt 图形

插入 SmartArt 图形，并进行编辑与美化，如下图所示。

第 4 步 插入图表

在企业发展战略幻灯片中插入图表，并进行编辑与美化，如下图所示。

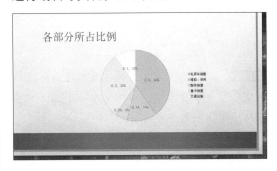

◇ 巧用【Ctrl】键和【Shift】键绘制图形

在 PowerPoint 中使用【Ctrl】键与【Shift】键可以方便地绘制图形，具体操作步骤如下。

第 1 步 在绘制长方形、加号、椭圆等具有重心的图形时，同时按住【Ctrl】键，图形会以重心为基点进行变化。如果不按住【Ctrl】键，会以某一边为基点变化，如下图所示。

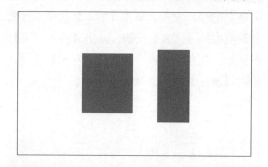

第 2 步 在绘制正方形、圆形、正三角形、正十字等中心对称的图形，可以按住【Shift】键，可以使图形等比绘制，如下图所示。

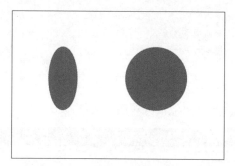

◇ 为幻灯片添加动作按钮

在幻灯片中适当地添加动作按钮，可以方便地对幻灯片的播放进行操作，具体操作步骤如下。

第 1 步 单击【插入】选项卡【插图】组中的【形状】按钮，在弹出的下拉列表中选择【动作

第 2 步 在幻灯片页面中绘制选择的动作按钮自选图形，如下图所示。

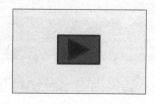

第 3 步 绘制完成，弹出【操作设置】对话框，选中【超链接到】单选按钮，在其下拉列表中选择【下一张幻灯片】选项，单击【确定】按钮。完成动作按钮的添加，如下图所示。

第 4 步 单击【绘图工具-格式】选项卡【形状样式】组中的【形状轮廓】下拉按钮，在弹出的下拉列表中选择【白色，背景，1】选项，如下图所示。

第5步 放映幻灯片时单击添加的动作按钮即可进行下一项，如下图所示。

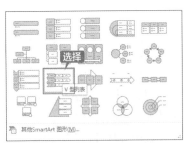

◇ 将文本转换为 SmartArt 图形

将文本转换为 SmartArt 图形是一种将现有幻灯片转换为设计插图的快速方案，可以有效地传达演讲者的想法，具体操作步骤如下。

第1步 新建空白演示文稿，输入"SmartArt 图形"文本，如下图所示。

第2步 选中文本，单击【开始】选项卡【段落】组中的【转换为 SmartArt】按钮，在弹出的下拉列表中选择一种 SmartArt 图形，如下图所示。

第3步 即可将文本转换为 SmartArt 图形，如下图所示。

◇ 新功能：创建漏斗图

在 PowerPoint 2019 中新增了"漏斗图"图表类型。漏斗图一般用于业务流程比较规范、周期长、环节多的流程分析，通过各个环节业务数据的对比，发现并找出问题所在。

第1步 启动 PowerPoint 2019 软件，新建一个空白的演示文稿，单击【插入】选项卡【插图】组中的【图表】按钮。弹出【插入图表】对话框，在左侧列表中选择【漏斗图】选项，单击【确定】按钮，如下图所示。

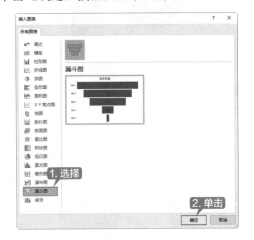

第2步 即可完成漏斗图的创建，如下图所示。

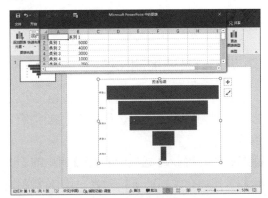

第13章
动画和多媒体的应用

本章导读

　　动画和多媒体是演示文稿的重要元素,在制作演示文稿的过程中,适当地加入动画和多媒体可以使演示文稿变得更加精彩。演示文稿提供了多种动画样式,支持对动画效果和视频的自定义播放。本章以制作××公司宣传PPT为例,介绍动画和多媒体在演示文稿中的应用。

思维导图

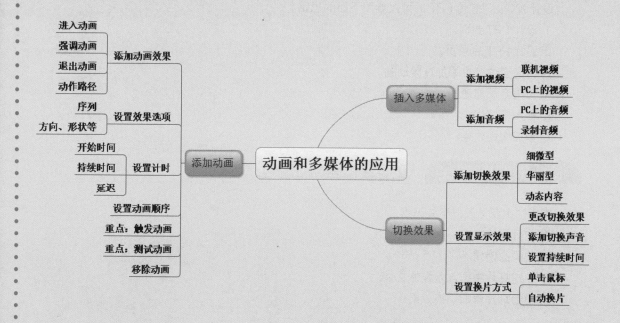

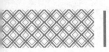

13.1 公司宣传 PPT

公司宣传 PPT 是为了对公司进行更好地宣传而制作的宣传材料，PPT 的好与否关系到公司的形象和宣传效果。因此，应注重每张幻灯片中的细节处理。在特定的页面加入合适的过渡动画，会使幻灯片更加生动；也可为幻灯片加入视频等多媒体素材，以达到更好的宣传效果。

案例名称：公司宣传 PPT		
案例目的：掌握公司宣传 PPT 的制作		
	素材	素材 \ch13\xx 公司宣传 PPT.pptx
	结果	结果 \ch13\xx 公司宣传 PPT.pptx
	视频	视频教学 \13 第 13 章

13.1.1 案例概述

公司宣传 PPT 共包含公司简介、公司员工组成、设计理念、公司精神、公司文化几个主题，分别对公司各个方面进行介绍。公司宣传 PPT 是公司的宣传文件，代表了公司的形象。因此，对公司宣传 PPT 的制作应该美观大方，观点明确。

13.1.2 设计思路

设计 XX 公司宣传 PPT 时可以参照下面的思路。
① 设计 PPT 封面。
② 设计 PPT 目录页。
③ 为内容过渡页添加过渡动画。
④ 为内容添加动画。
⑤ 插入多媒体。
⑥ 添加切换效果。

13.1.3 涉及知识点

本案例主要涉及以下知识点。
① 幻灯片的插入。
② 动画的使用。
③ 在幻灯片中插入多媒体文件。
④ 为幻灯片添加切换效果。

13.2 设计企业宣传 PPT 封面页

企业宣传 PPT 的一个重要部分就是封面，封面的内容包括 PPT 的名称和制作单位等，具体操作步骤如下。

第1步 打开"素 材\ch13\×× 公司宣传 PPT.pptx"演示文稿。单击【开始】选项卡【幻灯片】组中的【新建幻灯片】下拉按钮，在弹出的下拉列表中选择【标题幻灯片】样式，如下图所示。

第4步 单击【开始】选项卡【字体】组中的【字体颜色】下拉按钮，在弹出的下拉列表中选择【酸橙色，个性色 1】选项，如下图所示。

第2步 即可新建一张幻灯片页面，在新建的幻灯片内的标题文本框中输入"×× 公司宣传 PPT"文本，如下图所示。

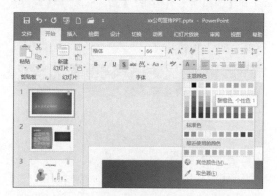

第5步 即可完成对标题文本的样式设置，效果如下图所示。

第3步 选中输入的文字，在【开始】选项卡【字体】组中设置【字体】为"楷体"，【字号】为"66"，并单击【文字阴影】按钮 S 为文字添加阴影效果，如下图所示。

> **| 提示 |**
>
> 标题文本也可以选用艺术字，艺术字与普通文字相比，有更多的颜色和形状可以选择，表现形式多样化。

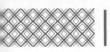
第6步 在副标题文本框中输入"公司宣传部"文本，并设置文字的【字体】为"楷体"，【字号】为"28"，【对齐方式】为"右对齐"，制作完成的封面页效果如下图所示。

13.3 设计企业宣传 PPT 目录页

制作完演示文稿的封面之后，需要为其添加目录页，具体操作步骤如下。

第1步 选中第1张幻灯片，单击【开始】选项卡【幻灯片】组中的【新建幻灯片】下拉按钮，在弹出的下拉列表中选择【仅标题】样式，如下图所示。

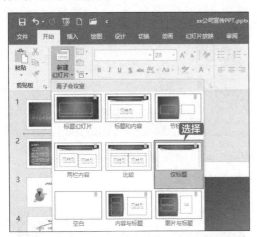

第2步 即可添加一张新的幻灯片，如下图所示。

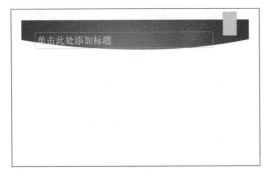

第3步 在幻灯片内的文本框中输入"目录"

文本，并设置【字体】为"宋体"，【字号】为"40"，【对齐方式】为"居中对齐"，效果如下图所示。

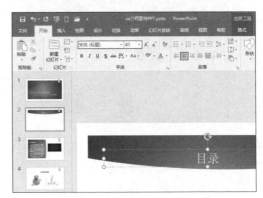

第4步 单击【插入】选项卡【图像】组中的【图片】按钮，如下图所示。

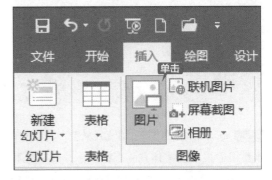

第5步 在弹出的【插入图片】对话框中选择"素材\ch13\图片1.png"图片，单击【插入】按钮，如下图所示。

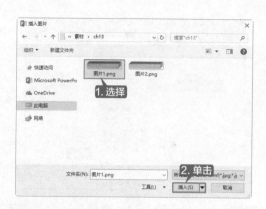

第6步 即可将图片插入幻灯片,适当调整图片的大小,效果如下图所示。

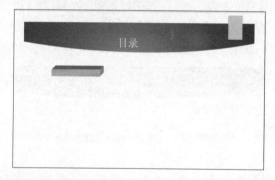

调整图片位置、设置图片样式及字体的具体操作步骤如下。

第1步 单击【插入】选项卡【文本】组中的【文本框】按钮,在图片上绘制文本框,并在文本框中输入"1",设置【字体颜色】为"白色",【字号】为"18",添加"加粗"效果,并调整至图片中间位置,效果如下图所示。

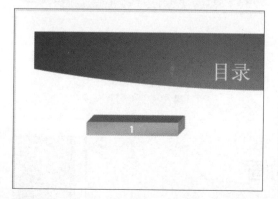

第2步 同时选中图片和数字并右击,在弹出的快捷菜单中选择【组合】→【组合】选项,如下图所示。

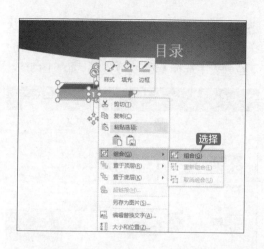

> **| 提示 |**
>
> 　　组合功能可将图片和数字组合在一起,再次拖动图片,数字会随图片的移动而移动。

第3步 单击【插入】选项卡【插图】组中的【形状】下拉按钮,在弹出的下拉列表中选择【矩形】下的【矩形】形状,如下图所示。

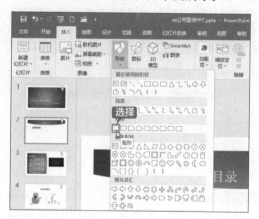

第4步 按住鼠标左键并拖曳,在幻灯片中绘制矩形形状,效果如下图所示。

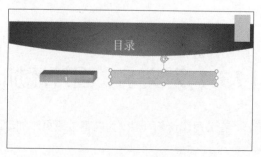

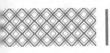

第5步 单击【绘图工具-格式】选项卡【形状样式】组中的【形状轮廓】按钮，在弹出的下拉列表中选择【无轮廓】选项，如下图所示。

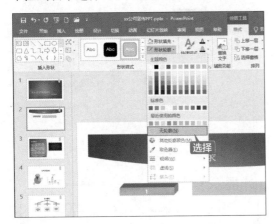

第6步 选中形状，在【绘图工具-格式】选项卡【大小】组中设置形状的【高度】为"0.9厘米"，【宽度】为"11厘米"，然后根据需要设置形状格式，效果如下图所示。

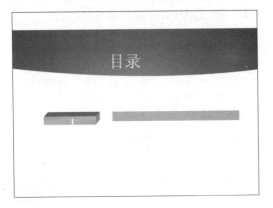

第7步 选中形状并右击，在弹出的快捷菜单中选择【编辑文字】选项，如下图所示。

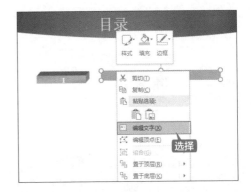

第8步 在形状中输入"公司简介"文字，并设置文字的【字体】为"宋体"，字号为"18"，【字体颜色】为"黑色"，应用"加粗"效果，将【对齐方式】设置为"居中对齐"，将图片置于形状上层，并组合图形，效果如下图所示。

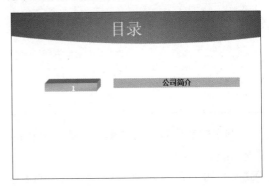

第9步 重复上面的操作输入其他内容，目录页最终效果如下图所示。

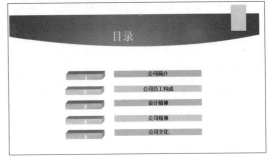

13.4 为文字、图片添加动画

在公司宣传PPT中，为内容过渡页添加动画可以使演示文稿更加生动，起到更好的宣传效果。

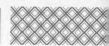

13.4.1 重点：为文字添加动画

为公司宣传 PPT 的封面标题添加动画效果，可以使封面更加生动，具体操作步骤如下。

第1步 单击第 1 张幻灯片中的"××公司宣传 PPT"文本框，单击【动画】选项卡【动画】组中的【其他】按钮▾，如下图所示。

第2步 在弹出的下拉列表中选择【进入】下的【飞入】样式，如下图所示。

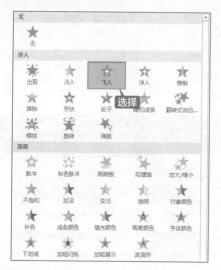

第3步 即可为文字添加"飞入"动画效果，文本框左上角会显示一个动画标记，效果如下图所示。

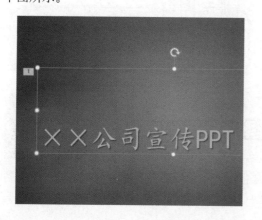

第4步 单击【动画】组中的【效果选项】按钮，在弹出的下拉列表中选择【自左下部】选项，如下图所示。

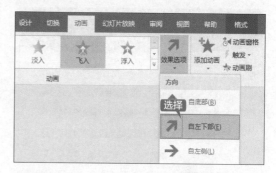

第5步 在【计时】组中选择【开始】下拉列表中的【上一动画之后】选项，【持续时间】设置为"02.75"，【延迟】设置为"00.00"，如下图所示。

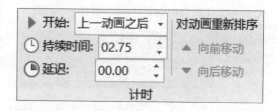

第6步 使用同样的方法对副标题设置"飞入"动画效果，【效果选项】设置为"自右下部"，【开始】设置为"上一动画之后"，【持续时间】设置为"01.00"，【延迟】设置为"00.00"，如下图所示。

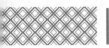
13.4.2 重点：为图片添加动画

同样可以对图片添加动画效果，使图片更加醒目，具体操作步骤如下。

第1步 选择第 2 张幻灯片，选中组合后的第一个图形，如下图所示。

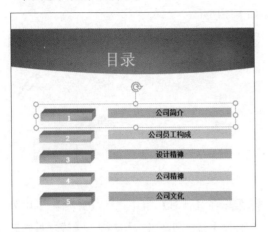

第2步 单击【图片工具-格式】选项卡【排列】组中的【组合对象】按钮，在弹出的下拉列表中选择【取消组合】选项，如下图所示。

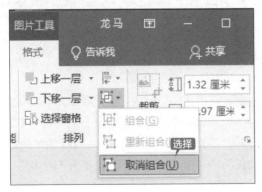

第3步 分别为图片和形状添加"随机线条"动画效果，效果如下图所示。

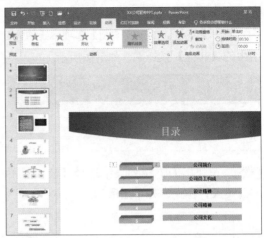

第4步 使用上述方法，为其余目录内容添加"随机线条"动画效果，最终效果如下图所示。

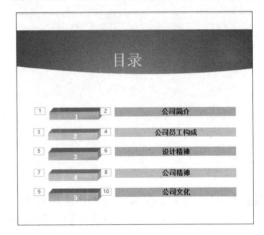

| 提示 |

对于需要设置同样动画效果的部分，可以使用动画刷工具快速复制动画效果。

13.5 为图表、SmartArt 图形等添加动画

幻灯片页面中除了文字和图片外，还通常包含有图表、图形等内容，可以为幻灯片中的各种内容添加自定义动作路径。下面介绍在公司宣传 PPT 中为内容页添加动画的方法。

13.5.1 为图表添加动画

除了对文本添加动画，还可以对幻灯片中的图表添加动画效果，具体操作步骤如下。

第1步 选择第 3 张幻灯片，为公司简介内容添加"飞入"动画效果，并设置【效果选项】为"按段落"，为每个段落添加动画效果，如下图所示。

第2步 选择第 4 张幻灯片，选中"年龄组成"图表，如下图所示。

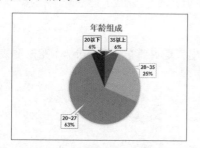

第3步 在【动画】选项卡【动画】组中为图表添加"轮子"动画效果，然后单击【动画】组中的【效果选项】下拉按钮，在弹出的下拉列表中选择【按类别】选项，如下图所示。

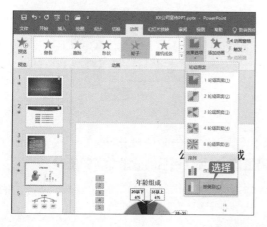

第4步 即可对图表中每个类别添加动画效果，效果如下图所示。

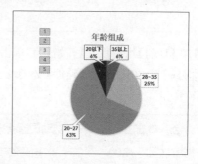

第5步 选中"学历组成"图表，为图表添加"飞入"动画效果，单击【效果选项】下拉按钮，在弹出的下拉列表中选择【按类别】选项，如下图所示。

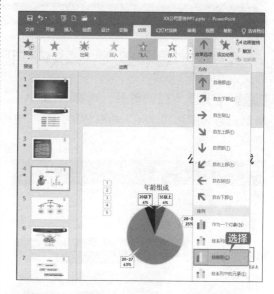

第6步 即可对图表中每个类别添加动画效果，效果如下图所示。

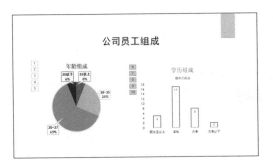

第7步 在【计时】组中设置【开始】为"单击时"，【持续时间】为"01.00"，【延迟】为"00.50"，如下图所示。

第8步 选择第5张幻灯片，选择所有图形，为幻灯片中的图形添加"飞入"效果，最终效果如下图所示。

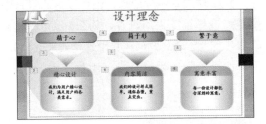

| 提示 |

　　添加动画的过程中需要注意添加顺序，图形左上角的数字代表了动画顺序，如果想更改顺序，可以单击【动画】选项卡【高级动画】组中的【动画窗格】按钮，在弹出的【动画窗格】中对动画进行排序。

13.5.2 为SmartArt图形添加动画

　　为SmartArt图形添加动画效果可以使图形更加突出，更好地展示SmartArt图形要表达的意义，具体操作步骤如下。

第1步 选择第6张幻灯片，选择SmartArt图形，为其添加"浮入"动画效果，如下图所示。

第2步 单击【效果选项】下拉按钮，在弹出的下拉列表中选择【逐个】选项，如下图所示。

第3步 添加动画后的效果如下图所示。

第4步 在【计时】组中设置【持续时间】为"01.00"，【延迟】为"00.50"，如下图所示。

第5步 按【Shift+F5】组合键，即可放映第6张幻灯片，查看动画效果，如下图所示。

13.5.3 添加动作路径

除了对 PPT 应用动画样式外，还可以为 PPT 添加动作路径，具体操作步骤如下。

第1步 选择第7张幻灯片，选择"公司使命"包含的文本和图形，如下图所示。

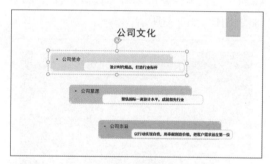

第2步 单击【动画】选项卡【动画】组中的【其他】按钮，在弹出的下拉列表中选择【动作路径】下的【转弯】样式，如下图所示。

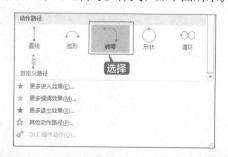

第3步 即可为所选图形和文字添加动作路径，效果如下图所示。

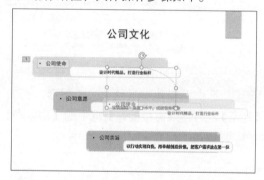

第4步 单击【动画】组中的【效果选项】下拉按钮，在弹出的下拉列表中选择【上】选项，如下图所示。

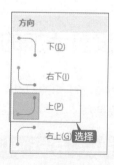

第5步 如果要反转路径方向，可以单击【效果选项】下拉按钮，在弹出的下拉列表中选择【反转路径方向】选项，如下图所示。

第6步 完成自定义动作路径动画的操作，效果如下图所示。

第8步 分别单击组合后的"公司愿景"和"公司宗旨"图形，应用复制后的动画效果，如下图所示。

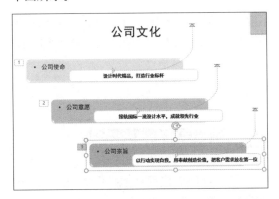

第7步 选中设置动作路径动画的图形，双击【动画】选项卡【高级动画】组中的【动画刷】按钮 ✦ 动画刷，复制动画，如下图所示。

第9步 根据需要为其他幻灯片页面中的文本添加动画效果，完成为公司宣传PPT添加动画的操作，如下图所示。

13.6 设置添加的动画

为公司宣传PPT中的幻灯片添加动画效果之后，还可以根据需要设置添加的动画，以达到更好的播放效果。

13.6.1 重点：触发动画

在幻灯片中设置触发动画可以使用户根据需要控制动画的播放。设置触发动画的具体操作步骤如下。

| 提示 |

　　触发动画是 PPT 中的一项功能，它可以将一个图片、图形、按钮，甚至可以是一个段落或文本框设置为触发器，单击该触发器时会触发一个操作，该操作可能是声音、电影或动画。

第1步 选择第1张幻灯片，选中标题文本框，如下图所示。

第2步 单击【绘图工具-格式】选项卡【插入形状】组内的【其他】按钮 ▼，在弹出的下拉列表中选择【动作按钮】下的【前进或下一项】动作按钮，如下图所示。

第3步 在幻灯片页面的适当位置绘制按钮，如下图所示。

第4步 绘制完成，弹出【操作设置】对话框，选择【单击鼠标】选项卡，选中【无动作】单选按钮，单击【确定】按钮，如下图所示。

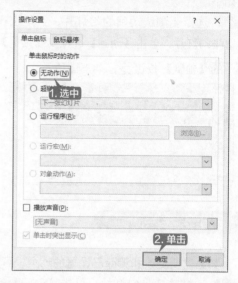

第5步 选择标题文本框，单击【动画】选项卡【高级动画】组中的【触发】下拉按钮 触发▼，在弹出的下拉列表中选择【通过单击】→【动作按钮：前进或下一项3】选项，如下图所示。

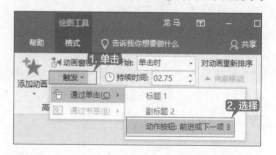

第6步 放映幻灯片时，单击该按钮即可播放为标题内容设置的动画，如下图所示。

13.6.2 重点：测试动画

动画效果设置完成之后，可以预览测试，以检查动画的播放效果。测试动画的具体操作步骤如下。

第1步 选择要测试动画的幻灯片，这里选择第2张幻灯片，单击【动画】选项卡【预览】组中的【预览】按钮，如下图所示。

第2步 即可预览添加的动画，效果如下图所示。

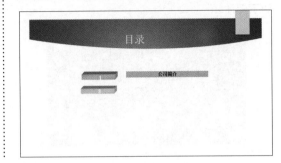

13.6.3 移除动画

如果需要更改和删除已设置的动画，可以使用下面的方法，具体操作步骤如下。

第1步 选择第2张幻灯片，单击【动画】选项卡【高级动画】组中的【动画窗格】按钮，如下图所示。

第2步 弹出【动画窗格】窗格，可以在窗格中看到幻灯片中添加的动画列表，如下图所示。

第3步 选择要删除的动画选项并右击，在弹出的快捷菜单中选择【删除】选项，如下图所示。

第4步 即可将选择的动画删除，效果如下图所示。

| 提示 |

可以按【Ctrl+Z】组合键撤销删除的动画。

13.7 插入多媒体

在演示文稿中可以插入多媒体文件，如声音或视频。在公司宣传 PPT 中添加多媒体文件可以使 PPT 文件内容更加丰富，起到更好的宣传效果。

13.7.1 添加公司宣传视频

在 PPT 中添加公司的宣传视频的具体操作步骤如下。

第1步 选择第 3 张幻灯片，选中公司简介内容文本框，适当调整文本框的位置和大小，效果如下图所示。

第2步 单击【插入】选项卡【媒体】组中的【视频】按钮，在弹出的下拉列表中选择【PC上的视频】选项，如下图所示。

第3步 弹出【插入视频文件】对话框，选择"素材\ch13\宣传视频.wmv"文档，单击【插入】按钮，如下图所示。

第4步 即可将视频插入幻灯片中，适当调整视频窗口大小和位置，效果如下图所示。

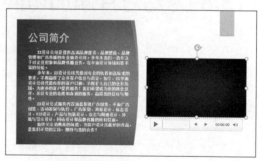

| 提示 |

调整视频大小及位置的操作与调整图片类似，这里不再赘述。

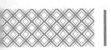
13.7.2 添加背景音乐

除了插入视频文件外，还可以在幻灯片页面中添加声音文件。添加背景音乐的具体操作步骤如下。

第1步 选择第 2 张幻灯片，单击【插入】选项卡【媒体】组中的【音频】按钮，在弹出的下拉列表中选择【PC 上的音频】选项，如下图所示。

第2步 弹出【插入音频】对话框，选择"素材\ch13\声音.mp3"文档，单击【插入】按钮，如下图所示。

第3步 即可将音频文件添加至幻灯片中，产生一个音频标志，适当调整标志位置，效果如下图所示。

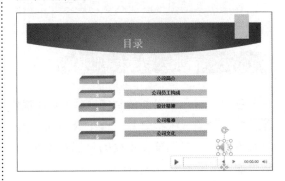

13.8 为幻灯片添加切换效果

在幻灯片中添加幻灯片切换效果可以使切换幻灯片显得更加自然，使幻灯片各个主题的切换更加流畅。

13.8.1 添加切换效果

在 XX 公司宣传 PPT 各张幻灯片之间添加切换效果的具体操作步骤如下。

第1步 选择第 1 张幻灯片，单击【切换】选项卡【切换到此幻灯片】组中的【其他】按钮▽，在弹出的下拉列表中选择【华丽】下的【百叶窗】样式，如下图所示。

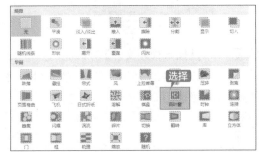

第2步 即可为第 1 张幻灯片添加"百叶窗"切换效果，效果如下图所示。

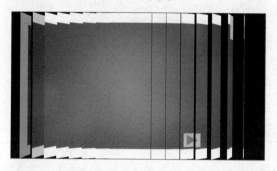

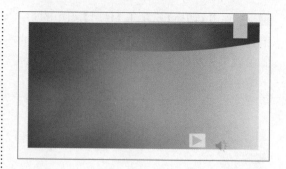

第3步 使用同样的方法可以为其他幻灯片添加切换效果，如下图所示。

| 提示 |

如果要将设置的切换效果应用至所有幻灯片，可以单击【切换】选项卡【计时】组中的【全部应用】按钮。

13.8.2 设置显示效果

对幻灯片添加切换效果之后，可以更改其显示效果，具体操作步骤如下。

第1步 选择第 1 张幻灯片，单击【切换】选项卡【切换到此幻灯片】组中的【效果选项】按钮 ，在弹出的下拉列表中选择【水平】选项，如下图所示。

第2步 单击【计时】组中的【声音】下拉按钮，在弹出的下拉列表中选择【风铃】选项，在【持续时间】微调框中将持续时间设置为"02.00"，即可完成设置显示效果的操作，如下图所示。

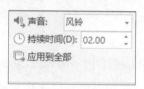

13.8.3 设置换片方式

对于设置了切换效果的幻灯片，可以设置幻灯片的切片方式，具体操作步骤如下。

第1步 选中【切换】选项卡【计时】组中的【单击鼠标时】复选框和【设置自动换片时间】复选框，在【设置自动换片时间】微调框中设置自动切换时间为"01:10.00"，如下图所示。

| 提示 |

选中【单击鼠标时】复选框，则在单击鼠标时执行换片操作；选中【设置自动换片时间】复选框并设置换片时间，则在经过设置的换片时间后自动换片；同时选中这两个复选框，单击鼠标时将执行换片操作，否则经过设置的换片时间将自动换片。

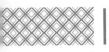

第 2 步　单击【切换】选项卡【计时】组中的【应用到全部】按钮 ，即可将设置的显示效果和切换效果应用到所有幻灯片，如下图所示。

制作产品宣传展示 PPT

产品宣传展示 PPT 的制作和××公司宣传 PPT 的制作有很多相似之处，主要是对动画和切换效果的应用。制作产品宣传展示 PPT 时可以按照以下思路进行。

第 1 步　为幻灯片添加封面

为产品宣传展示 PPT 添加封面，在封面中输入产品宣传展示的主题和其他信息，如下图所示。

第 2 步　为幻灯片中的图片添加动画效果

为幻灯片中的图片添加动画效果，使产品的展示更加引人注目，起到更好的展示效果，如下图所示。

第 3 步　为幻灯片中的文字添加动画效果

为幻灯片中的文字添加动画效果，文字作为幻灯片中的重要元素，使用合适的动画效果可以使文字很好地和其余元素融合在一起，如下图所示。

第 4 步　为幻灯片添加切换效果

根据需要为幻灯片添加切换效果，如下图所示。

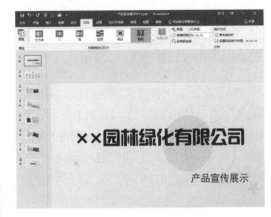

◇ **使用动画刷快速复制动画效果**

在幻灯片的制作中，如果需要对不同的部分使用相同的动画效果，可以先对一个部分设置动画效果，再使用动画刷工具将动画效果复制在其余部分，具体操作步骤如下。

第1步　打开"素材\ch13\使用动画刷快速复制动画.pptx"文档，如下图所示。

第2步　选中红色圆形，单击【动画】选项卡【动画】组中的【其他】按钮，在弹出的下拉列表中选择【进入】下的【轮子】样式，如下图所示。

第3步　即可对选中形状添加"轮子"样式动画效果，选中添加动画的圆形，双击【动画】选项卡【高级动画】组中的【动画刷】按钮 动画刷，如下图所示。

第4步　鼠标指针变为刷子形状，单击其余圆形即可复制动画，复制完成，按【Esc】键取消动画刷，如下图所示。

◇ **使用动画制作动态背景 PPT**

在幻灯片的制作过程中，可以合理使用动画效果制作出动态的背景，具体操作步骤如下。

第1步　打开"素材\ch13\动态背景.pptx"文档，如下图所示。

第2步　选择帆船图片，单击【动画】选项卡【动画】组中的【其他】按钮，在弹出的下拉列表中选择【动作路径】下的【自定义路径】选项，如下图所示。

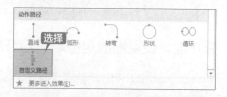

第3步　在幻灯片中绘制出如下图所示的路径，按【Enter】键结束路径的绘制。

第4步　在【计时】组中设置【开始】为"与上一动画同时"，【持续时间】为"04.00"，如下图所示。

第5步　使用同样的方法分别为两只海鸥设置动作路径，设置大海鸥【开始】为"与上一动画同时"，【持续时间】为"02.00"，设置小海鸥【开始】为"与上一动画同时"，【持

续时间】为"02.50"，如下图所示。

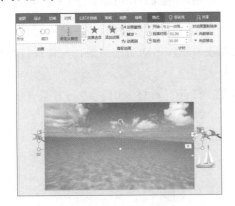

第6步 即可完成动态背景的制作，播放效果如下图所示。

◇ **新功能：使用缩放定位观看幻灯片**

PowerPoint 2019 中新增的"缩放定位"功能，使 PPT 的演示更加具有动态效果。下面就来体验一下这个神奇的"缩放定位"功能吧。

第1步 打开"素材 \ch13\ 缩放定位.pptx"文档，新建一张空白幻灯片。再选择第 1 张幻灯片，选择【插入】选项卡【链接】组中的【缩放定位】选项，在弹出的下拉菜单中选择【幻灯片缩放定位】选项，如下图所示。

第2步 弹出【插入幻灯片缩放定位】对话框，选中【2. 幻灯片2】复选框，单击【插入】按钮，如下图所示。

第3步 即可在第 1 张幻灯片中插入一个白色方框形状，移动这个形状到要创建链接的位置处，选择【缩放工具】下的【格式】选项卡，单击【缩放定位样式】选项组中的【缩放定位背景】按钮，如下图所示。

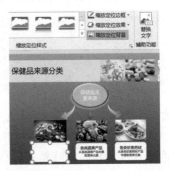

第4步 即可看到插入的白色方框形状变成透明，如下图所示。

第5步 选中【格式】选项卡【缩放定位选项】组中的【返回到缩放】复选框，如下图所示。

最后按【F5】键放映幻灯片，在添加缩放页面的位置处单击，即可查看缩放效果，再次单击即可返回整个幻灯片页面。

第14章
放映幻灯片

本章导读

完成商务会议礼仪 PPT 设计制作后，需要放映幻灯片。放映前要做好准备工作，选择合适的 PPT 放映方式，并控制放映幻灯片的进度。使用 PowerPoint 2019 提供的排练计时、自定义幻灯片放映、放大幻灯片局部信息、使用画笔来做标记等操作，可以方便地放映幻灯片。本章以商务会议礼仪 PPT 的放映为例，介绍如何放映幻灯片。

思维导图

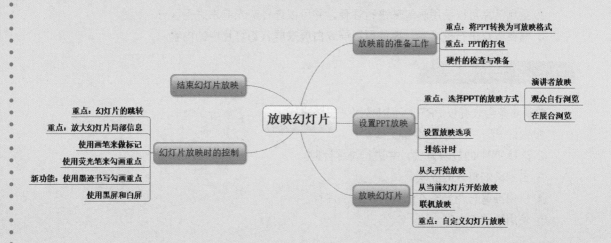

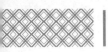

14.1 商务会议礼仪 PPT 的放映

　　放映商务会议礼仪 PPT 时要求做到简洁清楚、重点明了，便于公众快速地接收 PPT 中的信息。

案例名称：商务会议礼仪 PPT 的放映		
案例目的：掌握商务会议礼仪 PPT 的放映		
	素材	素材 \ch14\ 商务会议礼仪 PPT.pptx
	结果	结果 \ch14\ 商务会议礼仪 PPT.ppsx
	视频	视频教学 \14 第 14 章

14.1.1 案例概述

　　商务会议礼仪 PPT 制作完成后，需要将其放映。放映前要做好准备工作，以便顺利地放映 PPT。放映商务会议礼仪 PPT 时，需要注意以下几点。

1. 简洁

　　① 放映 PPT 时要简洁流畅，并将 PPT 中的文件打包保存，避免资料丢失。

　　② 选择合适的放映方式，可以预先进行排练计时。

　　③ 商务会议礼仪 PPT 放映过程中要避免过于华丽的切换和动画效果。

2. 重点明了

　　① 在放映幻灯片时，对重点信息需要放大幻灯片局部进行播放。

　　② 重点信息可以使用画笔来进行注释，并可以选择荧光笔来进行区分。

　　③ 需要观众进行思考时，要使用黑屏或白屏来屏蔽幻灯片中的内容。

14.1.2 设计思路

　　放映商务会议礼仪 PPT 时可以按以下思路进行。

　　① 做好 PPT 放映前的准备工作。

　　② 选择 PPT 的放映方式，并进行排练计时。

　　③ 自定义幻灯片的放映。

　　④ 使用画笔与荧光笔在幻灯片中添加注释。

　　⑤ 使用黑屏与白屏。

14.1.3 涉及知识点

　　本案例主要涉及以下知识点。

① 转换 PPT 的格式，打包 PPT。

② 设置 PPT 放映方式。

③ 放映幻灯片。

④ 控制幻灯片放映播放过程。

14.2 放映前的准备工作

在放映商务会议礼仪 PPT 之前，要做好准备工作，避免放映过程中出现意外。

14.2.1 重点：将 PPT 转换为可放映格式

放映幻灯片之前可以将 PPT 直接生成以预览形式的可放映格式，这样就能直接打开放映文件，适合做演示使用。将 PPT 转换为可放映格式的具体操作步骤如下。

第 1 步 打开"素材\ch14\商务会议礼仪 PPT.pptx"文档，选择【文件】→【另存为】→【浏览】选项，如下图所示。

第 2 步 弹出【另存为】对话框，在【文件名】文本框中输入"商务会议礼仪 PPT"文本，单击【保存类型】文本框后的下拉按钮，在弹出的下拉列表中选择【PowerPoint 放映（*.ppsx）】选项，如下图所示。

第 3 步 单击【保存】按钮，如下图所示。

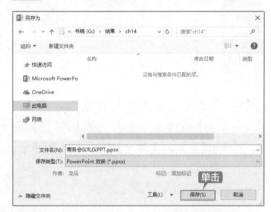

第 4 步 即可将 PPT 转换为可放映的格式，如下图所示。

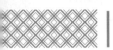

14.2.2 重点：PPT 的打包

PPT 的打包是将 PPT 中独立的文件集成到一起，生成一种独立运行的文件，避免文件损坏或无法调用等问题，具体操作步骤如下。

第1步 单击【文件】→【导出】→【将演示文稿打包成CD】→【打包成CD】按钮，如下图所示。

第2步 弹出【打包成CD】对话框，在【将CD 命名为】文本框中为打包的 PPT 进行命名，并单击【复制到文件夹】按钮，如下图所示。

第3步 弹出【复制到文件夹】对话框，单击【浏览】按钮，如下图所示。

第4步 弹出【选择位置】对话框，选择保存

的位置，单击【选择】按钮，如下图所示。

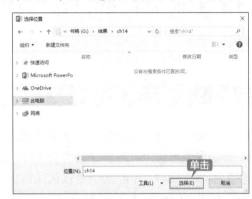

第5步 返回【复制到文件夹】对话框，单击【确定】按钮，如下图所示。

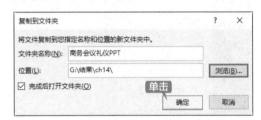

第6步 弹出【Microsoft PowerPoint】对话框，用户信任连接来源后可单击【是】按钮，如下图所示。

第7步 弹出【正在将文件复制到文件夹】对话框，开始复制文件，如下图所示。

第8步 复制完成后，即可打开【商务会议礼仪 PPT】文件夹，完成对 PPT 的打包，如下图所示。

第9步 返回【打包成CD】对话框，单击【关闭】

按钮，就完成了PPT打包的操作，如下图所示。

14.2.3 硬件的检查与准备

在商务会议礼仪 PPT 放映前，要检查计算机硬件，并进行播放的准备。

1 硬件连接

大多数的台式计算机通常只有一个 VGA 信号输出口，所以可能要单独添加一个显卡，并正确配置才能正常使用，而目前的笔记本电脑均内置了多监视器支持。因此，要使用演示者视图，使用笔记本电脑做演示会省事得多。在确定台式计算机或者笔记本电脑可以多头输出信号的情况下，将外接显示设备的信号线正确连接到视频输出口上，并打开外接设备的电源就可以完成硬件连接了。

2 软件安装

对于可以支持多显示输出的台式计算机或笔记本电脑来说，机器上的显卡驱动安装也是很重要的，如果计算机没有正确安装显卡驱动，则可能无法使用多头输出显示信号功能。因此，这种情况需要重新安装显卡的最新驱动。如果显卡的驱动正常，则不需要该步骤。

3 输出设置

显卡驱动安装正确后，在任务栏的最右端显示图形控制图标，单击该图标，在弹出的显示设置的快捷菜单中执行【图形选项】→【输出至】→【扩展桌面】→【笔记本电脑 + 监视器】命令，就可以完成以笔记本电脑屏幕作为主显示器，以外接显示设备作为辅助输出的设置。

14.3 设置 PPT 放映

用户可以对商务会议礼仪 PPT 的放映进行放映方式、排练计时等设置。

14.3.1 重点：选择 PPT 的放映方式

在 PowerPoint 2019 中，演示文稿的放映方式包括演讲者放映、观众自行浏览和在展台浏览 3 种。

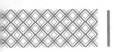
具体演示方式的设置可以通过单击【幻灯片放映】选项卡【设置】组中的【设置幻灯片放映】按钮，然后在弹出的【设置放映方式】对话框中进行放映类型、放映选项及换片方式等设置。

1. 演讲者放映

演示文稿放映方式中的演讲者放映方式是指由演讲者一边讲解一边放映幻灯片，此演示方式一般用于比较正式的场合，如专题讲座、学术报告等，在本案例中也使用演讲者放映的方式。将演示文稿的放映方式设置为演讲者放映的具体操作步骤如下。

第1步 单击【幻灯片放映】选项卡【设置】组中的【设置幻灯片放映】按钮，如下图所示。

第2步 弹出【设置放映方式】对话框，默认设置即为演讲者放映状态，如下图所示。

2. 观众自行浏览

观众自行浏览是指由观众自己动手使用计算机观看幻灯片。如果希望让观众自己浏览多媒体幻灯片，可以将多媒体的放映方式设置成观众自行浏览，具体操作步骤如下。

第1步 单击【幻灯片放映】选项卡【设置】组中的【设置幻灯片放映】按钮，弹出【设置放映方式】对话框，在【放映类型】选项区域中选中【观众自行浏览（窗口）】单选按钮；在【放映幻灯片】选项区域中选中

【从……到……】单选按钮，并在第2个文本框中输入"4"，设置从第1页到第4页的幻灯片放映方式为观众自行浏览，如下图所示。

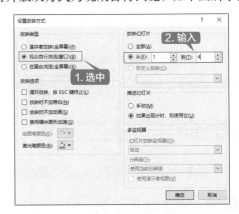

第2步 单击【确定】按钮完成设置，按【F5】键进行演示文稿的演示。这时可以看到，设置后的前4页幻灯片以窗口的形式出现，并且在最下方显示状态栏，如下图所示。

第3步 单击状态栏中的【普通视图】按钮 ，可以将演示文稿切换到普通视图状态，如下图所示。

| 提示 | :::::::::

单击状态栏中的【上一张】按钮 ◀ 和
【下一张】按钮 ▶ 也可以切换幻灯片；单
击状态栏右侧的【幻灯片浏览】按钮 ⊞，
可以将演示文稿由普通状态切换到幻灯片浏
览状态；单击状态栏右侧的【阅读视图】按
钮 ▤，可以将演示文稿切换到阅读状态；单
击状态栏右侧的【幻灯片放映】按钮 ▱，
可以将演示文稿切换到幻灯片浏览状态。

3. 在展台浏览

在展台浏览这一放映方式可以让多媒体
幻灯片自动放映而不需要演讲者操作，如放
映展览会的产品展示等。

打开演示文稿后，在【幻灯片放映】选
项卡的【设置】组中单击【设置幻灯片放映】
按钮，在弹出的【设置放映方式】对话框的【放
映类型】选项区域中选中【在展台浏览（全

屏幕）】单选按钮，即可将放映方式设置为
在展台浏览，如下图所示。

| 提示 | :::::::::

可以将展台浏览设置为当看完整个演示
文稿或演示文稿保持闲置状态达到一段时间
后，自动返回演示文稿首页。这样，放映者
就不需要一直守着展台了。

14.3.2 设置 PPT 放映选项

选择 PPT 的放映方式后，用户需要设置 PPT 的放映选项，具体操作步骤如下。

第1步 单击【幻灯片放映】选项卡【设置】
组中的【设置幻灯片放映】按钮，如下图所示。

第2步 弹出【设置放映方式】对话框，选中【演
讲者放映（全屏幕）】单选按钮，如下图所示。

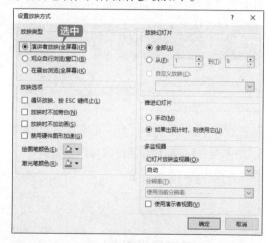

第3步 在【设置放映方式】对话框的【放映
选项】选项区域选中【循环放映，按 ESC 键
终止】复选框，可以在最后一张幻灯片放映
结束后自动返回第一张幻灯片重复放映，直

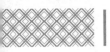

到按【Esc】键才能结束放映，如下图所示。

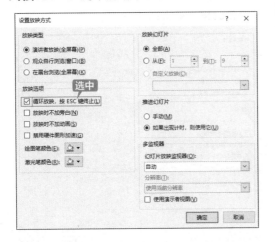

第4步 在【推进幻灯片】选项区域中选中【手动】单选按钮，设置演示过程中的换片方式为手动。可以取消使用排练计时，如下图所示。

> **| 提示 |** ::::::::
>
> 选中【放映时不加旁白】复选框，表示在放映时不播放在幻灯片中添加的声音。选中【放映时不加动画】复选框，表示在放映时设定的动画效果将被屏蔽。

14.3.3 排练计时

用户可以通过排练计时为每张幻灯片确定适当的放映时间，可以更好地实现自动放映幻灯片，具体操作步骤如下。

第1步 单击【幻灯片放映】选项卡【设置】组中的【排练计时】按钮，如下图所示。

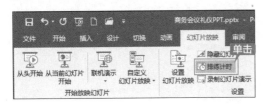

第2步 即可放映幻灯片，左上角会出现【录制】对话框，在【录制】对话框内可以设置暂停、继续等操作，如下图所示。

第3步 幻灯片播放完成后，弹出【Microsoft PowerPoint】对话框，单击【是】按钮，即可保存幻灯片计时，如下图所示。

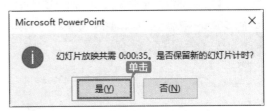

第4步 单击【幻灯片放映】选项卡【开始放映幻灯片】组中的【从头开始】按钮，即可播放幻灯片，如下图所示。

第 5 步 若幻灯片不能自动放映，单击【幻灯片放映】选项卡【设置】组中的【设置幻灯片放映】按钮，弹出【设置放映方式】对话框，在【推进幻灯片】选项区域中选中【如果出现计时，则使用它】单选按钮，并单击【确定】按钮，即可使用幻灯片排练计时，如下图所示。

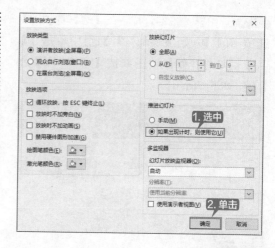

14.4 放映幻灯片

默认情况下，幻灯片的放映方式为普通手动放映。用户可以根据实际需要，设置幻灯片的放映方法，如从头开始放映、从当前幻灯片开始放映、联机放映等。

14.4.1 从头开始放映

放映幻灯片一般是从头开始放映的。从头开始放映幻灯片的具体操作步骤如下。

第 1 步 在【幻灯片放映】选项卡的【开始放映幻灯片】组中单击【从头开始】按钮或按【F5】键，如下图所示。

第 2 步 系统将从头开始播放幻灯片。由于设置了排练计时，因此会按照排练计时时间自动播放幻灯片，如下图所示。

| 提示 | ::::::::

若幻灯片中没有设置排练计时，则单击鼠标、按【Enter】键或按【Space】键均可切换到下一张幻灯片。按键盘上的方向键也可以向上或向下切换幻灯片。

14.4.2 从当前幻灯片开始放映

在放映幻灯片时可以从选定的当前幻灯片开始放映，具体操作步骤如下。

第1步 选中第2张幻灯片,在【幻灯片放映】选项卡的【开始放映幻灯片】组中单击【从当前幻灯片开始】按钮或按【Shift+F5】组合键,如下图所示。

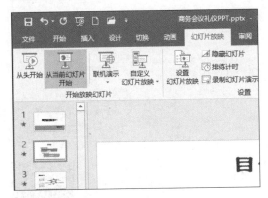

第2步 系统将从当前幻灯片开始播放幻灯片。按【Enter】键或按【Space】键可以切换到下一张幻灯片,如下图所示。

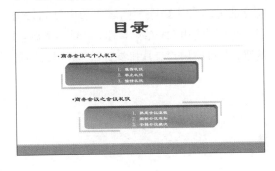

14.4.3 联机放映

PowerPoint 2019 新增了联机演示功能,只要在连接网络的条件下,就可以在没有安装PowerPoint 的计算机上放映演示文稿,具体操作步骤如下。

第1步 单击【幻灯片放映】选项卡【开始放映幻灯片】组中的【联机演示】按钮,如下图所示。

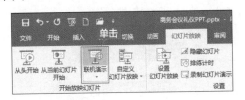

第2步 弹出【联机演示】对话框,单击【连接】按钮,如下图所示。

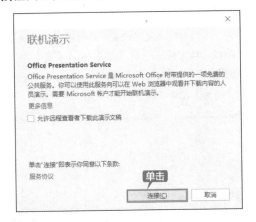

第3步 弹出【登录】对话框,在文本框内输入电子邮件地址,并单击【下一步】按钮,如下图所示。

第4步 在弹出界面的【密码】文本框中输入密码,单击【登录】按钮,如下图所示。

第5步 弹出【联机演示】对话框,单击【复制链接】按钮,复制文本框中的链接地址,将其共享给远程查看者,待查看者打开该链接后,单击【开始演示】按钮,如下图所示。

第6步 此时即可开始放映幻灯片，远程查看者可在浏览器中同时查看播放的幻灯片，如下图所示。

14.4.4 重点：自定义幻灯片放映

利用 PowerPoint 的【自定义幻灯片放映】功能，可以为幻灯片设置多种自定义放映方式，具体操作步骤如下。

第1步 在【幻灯片放映】选项卡【开始放映幻灯片】组中单击【自定义幻灯片放映】按钮，在弹出的下拉菜单中选择【自定义放映】命令，如下图所示。

第2步 弹出【自定义放映】对话框，单击【新建】按钮，如下图所示。

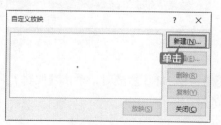

第7步 放映结束后，单击【联机演示】选项卡【联机演示】组中的【结束联机演示】按钮，如下图所示。

第8步 弹出【Microsoft PowerPoint】对话框，单击【结束联机演示】按钮，即可结束联机放映，如下图所示。

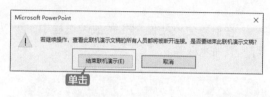

第3步 弹出【定义自定义放映】对话框，在【在演示文稿中的幻灯片】列表框中选择需要放映的幻灯片，然后单击【添加】按钮即可将选中的幻灯片添加到【在自定义放映中的幻灯片】列表框中，如下图所示。

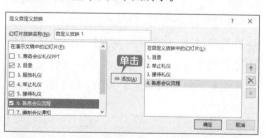

第4步 单击【确定】按钮，返回【自定义放映】对话框，单击【放映】按钮，如下图所示。

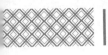

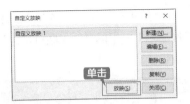

第5步 即可从选中的页码开始放映，如下图所示。

14.5 幻灯片放映时的控制

在商务会议礼仪 PPT 的放映过程中，可以控制幻灯片的跳转、放大幻灯片局部信息、为幻灯片添加注释等。

14.5.1 重点：幻灯片的跳转

在播放幻灯片的过程中需要幻灯片的跳转，但又要保持逻辑上的关系，具体操作步骤如下。

第1步 选择目录幻灯片，选择【1.服饰礼仪】文本并右击，在弹出的快捷菜单中选择【超链接】命令，如下图所示。

第2步 弹出【插入超链接】对话框，在【链接到】选项区域中可以选择连接的文件位置，这里选择【本文档中的位置】选项，在【请选择文档中的位置】选项区域中选择【3.服饰礼仪】，单击【确定】按钮，如下图所示。

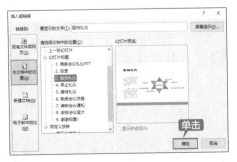

第3步 即可在【目录】幻灯片页面中插入超链接，如下图所示。

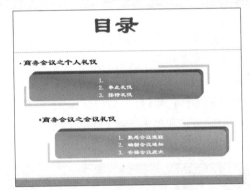

第4步 单击【幻灯片放映】选项卡【开始放映幻灯片】组中的【从当前幻灯片开始】按钮，从【目录】页面开始播放幻灯片，如下图所示。

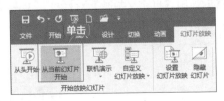

第5步 在幻灯片播放时，单击【服饰礼仪】超链接，如下图所示。

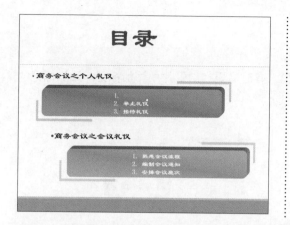

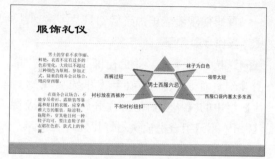

第6步 幻灯片即可跳转至超链接的幻灯片并继续播放，如下图所示。

14.5.2 重点：放大幻灯片局部信息

在商务会议礼仪 PPT 放映过程中，可以放大幻灯片的局部，强调重点内容，具体操作步骤如下。

第1步 选择"举止礼仪"幻灯片，在【幻灯片放映】选项卡的【开始放映幻灯片】组中单击【从当前幻灯片开始】按钮，如下图所示。

第2步 即可从当前页面开始播放幻灯片，单击屏幕左下角的【放大镜】按钮，如下图所示。

第3步 当鼠标指针变为放大镜图标，周围是一个矩形的白色区域，其余的部分则变成灰色，矩形所覆盖的区域就是即将放大的区域，如下图所示。

第4步 单击需要放大的区域，即可放大局部幻灯片，如下图所示。

第5步 当不需要进行放大时，按【Esc】键，即可停止放大，如下图所示。

14.5.3 使用画笔来做标记

要想使观看者更加了解幻灯片所表达的意思，有时需要在幻灯片中添加标记。添加标记的具体操作步骤如下。

第1步 选择第4张"举止礼仪"幻灯片，单击【幻灯片放映】选项卡【开始放映幻灯片】组中的【从当前幻灯片开始】按钮或按【Shift+F5】组合键放映幻灯片，如下图所示。

第2步 在页面上右击，在弹出的快捷菜单中选择【指针选项】→【笔】命令，如下图所示。

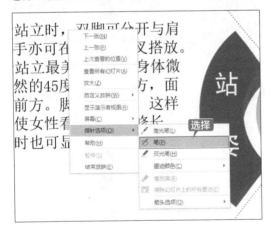

第3步 当鼠标指针变为一个点时，即可在幻灯片中添加标注，如下图所示。

第4步 结束放映幻灯片时，弹出【Microsoft PowerPoint】对话框，单击【保留】按钮，如下图所示。

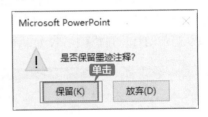

第5步 即可保留画笔注释，如下图所示。

14.5.4 使用荧光笔来勾画重点

使用荧光笔来勾画重点，可以与画笔标记进行区分，以达到演讲者的目的，具体操作步骤如下。

第1步 选中第2张幻灯片，在【幻灯片放映】选项卡的【开始放映幻灯片】组中单击【从当前幻灯片开始】按钮或按【Shift+F5】组合键，如下图所示。

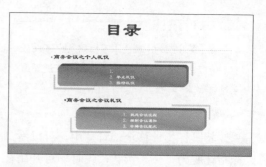

第 2 步 即可从当前幻灯片页面开始播放，在页面中右击，在弹出的快捷菜单中选择【指针选项】→【荧光笔】命令，如下图所示。

第 4 步 结束放映幻灯片时，弹出【Microsoft PowerPoint】对话框，单击【保留】按钮，如下图所示。

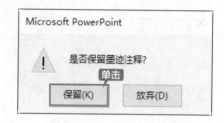

第 5 步 即可保留荧光笔注释，如下图所示。

第 3 步 当鼠标指针变为一条短竖线时，可在幻灯片中添加荧光笔标注，如下图所示。

14.5.5 新功能：使用墨迹书写勾画重点

　　画笔和荧光笔需要在放映状态下才能使用。在 PowerPoint 2019 中提供了墨迹书写功能，在不放映幻灯片的状态下即可在幻灯片页面中添加注释或勾画重点。使用墨迹书写勾画重点的具体操作步骤如下。

第 1 步 单击【审阅】选项卡【墨迹】组中的【开始墨迹书写】按钮，如下图所示。

第 2 步 出现【墨迹书写工具-笔】选项卡，在【写入】组中单击【笔】按钮，在【笔】组中选择【红色画笔（0.35毫米）】选项，如下图所示。

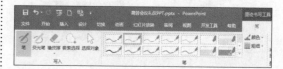

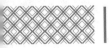

| 提示 |

在【笔】组的【颜色】下拉列表中可设置画笔的颜色，在【粗细】下拉列表中可设置画笔的粗细。

| 提示 |

再次单击【墨迹艺术】组中的【将墨迹转换为形状】按钮，即可退出"将墨迹转换为形状"功能。

第3步 将鼠标指针移至幻灯片中，可以看到鼠标指针变为"•"形状，此时即可开始在幻灯片页面中进行标注，如下图所示。

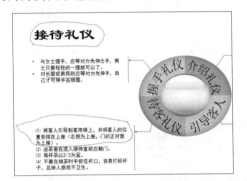

第4步 单击【墨迹书写工具-笔】选项卡【墨迹艺术】组中的【将墨迹转换为形状】按钮，如下图所示。

第5步 按住鼠标左键在幻灯片页面中拖曳进行勾画，松开鼠标左键，系统会自动将绘图转换为形状，效果如下图所示。

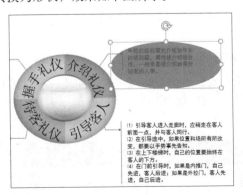

第6步 单击【墨迹书写工具-笔】选项卡【写入】组中的【选择对象】按钮，如下图所示，

第7步 在要选择的标注上单击，即可选中该标注，然后可根据需要对标注进行位置的移动及大小的调整，如下图所示。

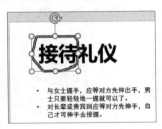

第8步 若要批量删除标注，可以单击【墨迹书写工具-笔】选项卡【写入】组中的【套索选择】按钮，如下图所示。

第9步 在幻灯片页面中按住鼠标左键进行拖曳，绘制选择范围，此时看到在选择范围中的所有标注都被选中，如下图所示。

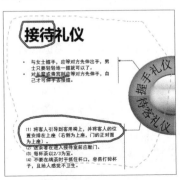

第10步 松开鼠标左键，然后按【Delete】键，即可将选中的标注删除，如下图所示。

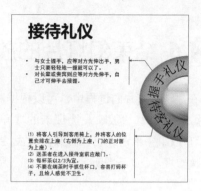

14.5.6 屏蔽幻灯片内容——使用黑屏和白屏

在PPT放映过程中，如果需要观众关注下面要放映的内容，可以使用黑屏和白屏来提醒观众。使用黑屏和白屏的具体操作步骤如下。

第1步 在【幻灯片放映】选项卡的【开始放映幻灯片】组中单击【从头开始】按钮或按【F5】键放映幻灯片，如下图所示。

商务会议礼仪PPT

2019年3月

第2步 在放映幻灯片时，按【W】键，即可使屏幕变为白屏，如下图所示。

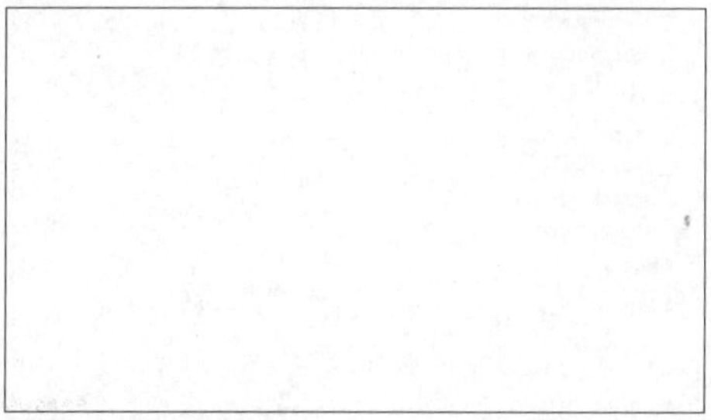

第3步 再次按【W】键或【Esc】键，即可返回幻灯片放映页面，如下图所示。

商务会议礼仪PPT

2019年3月

第4步 按【B】键，即可使屏幕变为黑屏，如下图所示。

第5步 再次按【B】键或【Esc】键，即可返回幻灯片放映页面，如下图所示。

商务会议礼仪PPT

2019年3月

14.6 结束幻灯片的放映

在放映幻灯片的过程中，可以根据需要结束幻灯片放映，具体操作步骤如下。

第1步 在【幻灯片放映】选项卡的【开始放映幻灯片】组中单击【从头开始】按钮或按【F5】键放映幻灯片，如下图所示。

第2步 单击【Esc】键，即可结束幻灯片的放映，如下图所示。

旅游景点宣传 PPT 的放映

与商务会议礼仪 PPT 类似的演示文稿还有论文答辩 PPT、产品营销推广方案 PPT、企业发展战略 PPT 等。放映这类演示文稿时，都可以使用 PowerPoint 2019 提供的排练计时、自定义幻灯片放映、放大幻灯片局部信息、使用画笔来做标记等功能，方便幻灯片的放映。放映旅游景点宣传 PPT 时可以按以下思路进行。

第1步 放映前的准备工作

将 PPT 转换为可放映格式，并对 PPT 进行打包，检查硬件，如下图所示。

第2步 设置 PPT 放映

选择 PPT 的放映方式，并设置 PPT 的放映选项，进行排练计时，如下图所示。

第3步 放映幻灯片

选择放映幻灯片的方式，从头开始放映、从当前幻灯片开始放映和自定义幻灯片放映等，如下图所示。

第4步 幻灯片放映时的控制

在旅游景点宣传 PPT 的放映过程中，可

以使用幻灯片的跳转、放大幻灯片局部信息、为幻灯片添加注释等来控制幻灯片的放映，如下图所示。

◇ **快速定位幻灯片**

在播放 PowerPoint 演示文稿时，如果要快进或退回第 6 张幻灯片，可以先按下数字键【6】，再按【Enter】键。

◇ **将 PPT 转换为视频**

幻灯片制作完成后，可以将 PPT 转换为视频，具体操作步骤如下。

第1步 单击【文件】→【导出】选项，在右侧【导出】选项区域中选择【创建视频】选项，在【创建视频】选项区域中设置【放映每张幻灯片的秒数】为"04.00"，还可以根据需要设置视频清晰度，以及是否使用录制的计时和旁白，单击【创建视频】按钮，如下图所示。

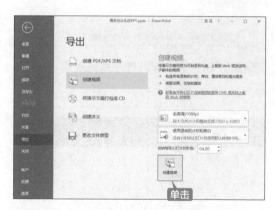

第2步 弹出【另存为】对话框，选择视频文件存储的位置，单击【保存】按钮，如下图所示。

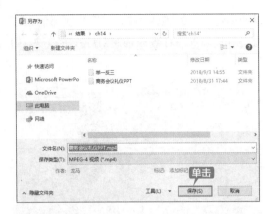

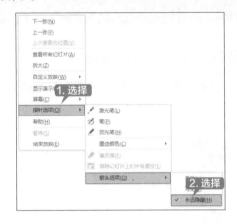

第 3 步 在状态栏即可看到正在制作视频及制作进度提示，如下图所示。

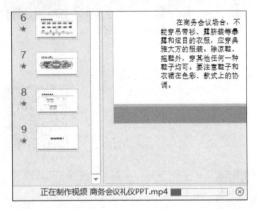

第 4 步 制作完成，即可打开视频观看，如下图所示。

◇ **放映幻灯片时隐藏鼠标指针**

在放映幻灯片时可以隐藏鼠标指针，具体操作步骤如下。

按【F5】键放映幻灯片，在放映幻灯片时，在页面上右击，在弹出的快捷菜单中选择【指针选项】→【箭头选项】→【永远隐藏】命令，即可在放映幻灯片时隐藏鼠标指针，如下图所示。

| 提示 |

按【Ctrl+H】组合键，也可以隐藏鼠标指针。

第**4**篇

行业应用篇

本篇主要介绍 Word/Excel/PPT 2019 的行业应用。通过对本篇的学习，读者可以掌握 Word/Excel/PPT 2019 在人力资源管理、行政文秘、财务管理及市场营销中的应用等操作。

第15章

Word/Excel/PPT 2019 在
人力资源管理中的应用

本章导读

人力资源管理是一项系统又复杂的组织工作，使用 Word/Excel/PPT 2019 系列组件可以帮助人力资源管理者轻松、快速地完成各种文档、数据报表及演示文稿的制作。本章主要介绍员工入职登记表、员工加班情况记录表、员工入职培训 PPT 的制作方法。

思维导图

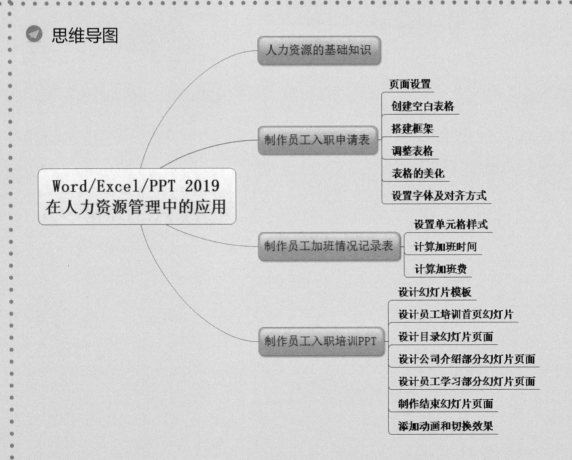

15.1 人力资源的基础知识

人力资源是指在一个国家或地区中处于劳动年龄、未到劳动年龄和超过劳动年龄但具有劳动能力的人口之和。

企业人力资源管理是指根据企业发展要求，有计划地对人力资源进行合理配置，通过对企业中员工的招聘、培训、使用、考核、激励、调整等一系列过程，充分调动员工的工作积极性，发挥员工的潜能，为企业创造价值，带来更大的效益，是企业的一系列人力资源政策以及相应的管理活动。通常包含以下内容。

① 人力资源规划。
② 岗位分析与设计。
③ 员工招聘与配置。
④ 绩效考评。
⑤ 薪酬福利管理。
⑥ 员工激励。
⑦ 培训与开发。
⑧ 职业生涯规划。
⑨ 人力资源会计。
⑩ 劳动关系管理。

其中，人力资源规划、招聘与配置、培训与开发、绩效考评、薪酬福利管理及劳动关系管理这 6 个模块是人力资源管理工作的六大主要模块，诠释了人力资源管理的核心思想。

15.2 制作员工入职申请表

入职申请表是一种常用的应用文书，是公司决定录用员工后，员工入职前申请岗位所填写的表格，入职申请表是个人作为公司成员的依据。制作员工入职申请表后，需要将制作完成的表格打印出来，要求新职员入职时填写，以便保存。

15.2.1 设计思路

入职申请表是各单位人力、文秘、行政等部门制作的表格文档类型，用于记录公司新入职员工的基本信息及岗位、工资等信息。

在 Word 2019 中可以使用插入表格的方式制作员工入职申请表，然后根据需要对表格进行合并、拆分、增加行或列、调整表格行高及列宽、美化表格等操作，制作出一份符合企业要求的员工入职申请表。这是人事管理部门或秘书职位需要掌握的最基本、最常用的 Word 文档。

制作入职申请表，关键在于确定表格中要包含哪些项目内容，并对项目分类，之后根据分类布局项目。

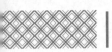

（1）确定项目：入职申请表中的项目可根据需求确定，不同单位需求不同，可分为必备项目和可选项目两种。

① 必备项目：包含入职部门、岗位、填表日期、姓名、性别、出生日期、婚姻状况、最高学历、专业、毕业院校、照片、联系电话、身份证号、外语等级、计算机水平、家庭住址、家庭成员信息、教育背景信息、工作经历信息及领导意见等。

② 可选项目：包括政治面貌、身高、体重、血型、籍贯、邮箱地址、户籍地、能否出差、能否加班等。

（2）项目分类：对项目分类后可按照重要程度、项目预留空间等由上至下、由左至右安排。

（3）其他准备：在做表格前，还要考虑字体、纸张以及项目预留区域差别较大时的安排。

15.2.2 知识点应用分析

本节主要涉及以下知识点。

① 页面设置。

② 输入文本，设置字体格式。

③ 插入表格，设置表格，美化表格。

④ 打印文档。

制作入职申请表完成后的最终效果如下图所示。

15.2.3 案例实战

制作员工入职申请表的具体操作步骤如下。

1. 页面设置

第1步 新建一个 Word 文档，并将其另存为"员工入职申请表.docx"。单击【布局】选项卡【页面设置】组中的【页面设置】按钮 ，弹出【页面设置】对话框，选择【页边距】选项卡，设置页边距的【上】边距值为"2.54厘米"，【下】边距值为"2.54厘米"，【左】边距值为"1.5厘米"，【右】边距值为"1.5厘米"，如下图所示。

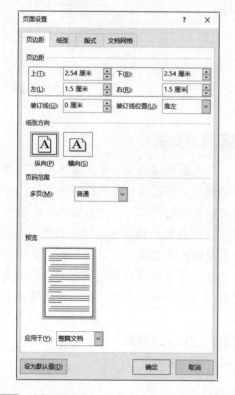

第2步 选择【纸张】选项卡，设置【纸张大小】为"A4"，【宽度】为"21厘米"，【高度】为"29.7厘米"，如下图所示。

第3步 选择【文档网格】选项卡，设置【文字排列】的【方向】为"水平"，【栏数】为"1"，单击【确定】按钮，完成页面设置，如下图所示。

2. 创建空白表格

在准备阶段进行项目分类时，可提前规划好行数和列数，这样能避免后期大面积修改表格。制作入职申请表时可先绘制一个 11 行 7 列的表格，之后再根据需要调整表格。使用【插入表格】对话框创建表格的具体操作步骤如下。

第1步 新建空白 Word 文档，将其保存为"入职申请表.docx"，在文档中输入"员工入职申请表"文本，根据需要设置字体和字号，并输入入职部门、岗位、填表日期等内容，如下图所示。

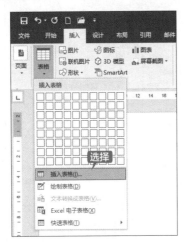

第2步 将光标定位至要创建表格的位置，单击【插入】选项卡【表格】组中的【表格】按钮，在其下拉列表中选择【插入表格】选项，如下图所示。

第3步 弹出【插入表格】对话框，在【表格尺寸】选项区域中设置【列数】为"7"，【行数】为"11"，单击【确定】按钮，如下图所示。

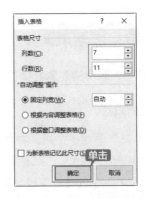

第4步 创建 11 行 7 列空白表格的效果如下图所示。

3. 搭建框架

在入职申请表中，个人基本信息区域需要贴照片，可以合并单元格留出照片区域。如果某些项目需填写的内容较多，也可以将该项目后的单元格区域合并。表格的最后 3 行可以输入家庭成员、教育背景、工作经历等内容，通过拆分单元格将最后 3 行的第 2 列拆分为 4 行 4 列的单元格，具体操作步骤如下。

第1步 选择第 7 列第 1 行至第 4 行的单元格区域，如下图所示。

第2步 单击【表格工具-布局】选项卡【合并】组中的【合并单元格】按钮，如下图所示。

第3步 即可看到将所选单元格区域合并后的效果，如下图所示。

第4步 重复上面的操作，将其他需要合并的单元格区域合并，如下图所示。

第5步 将光标定位在倒数第3行第2列的单元格内并右击，在弹出的快捷菜单中选择【拆分单元格】命令，如下图所示。

第6步 弹出【拆分单元格】对话框，设置【列数】为"4"，【行数】为"4"，单击【确定】按钮，如下图所示。

第7步 即可看到将单元格拆分为4行4列的单元格后的效果，如下图所示。

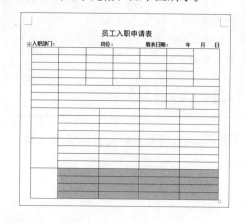

第8步 使用同样的方法将最后两行同样拆分为4行4列的单元格，如下图所示。

4. 调整表格

调整表格的行与列是编辑表格时经常使用的功能，如添加/删除行和列，调整列宽和行高等。在入职申请表中需要在最后一行后新添加5行，具体操作步骤如下。

第1步 将光标定位在最后一行任意单元格中，如下图所示。

第2步 单击【表格工具-布局】选项卡【行和列】组中的【在下方插入】按钮，如下图所示。

> **提示**
>
> 各种插入方式选项的含义如下所示。
> 【在上方插入】：在选中单元格所在行的上方插入新行。
> 【在下方插入】：在选中单元格所在行的下方插入新行。
> 【在左侧插入】：在选中单元格所在列的左侧插入新列。
> 【在右侧插入】：在选中单元格所在列的右侧插入新列。

第3步 即可看到插入新行后的效果，如下图所示。

第4步 如果要插入多行列数相同的行，如插入4行。可以选择4行，执行【在下方插入】命令，即可快速插入4行，如下图所示。

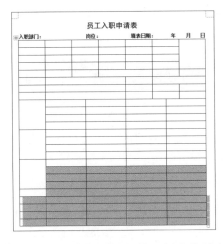

第5步 根据需要将新插入的5行表格进行合并单元格操作，如下图所示。

第6步 将最后一行拆分为3行6列的表格，并依次合并最后一行相邻的两个单元格。至此，就完成了对表格框架的构建，如下图所示。

第 7 步 入职申请表框架搭建完成后，在表格中根据实际需要输入相关文字内容，如下图所示。

员工入职申请表

入职部门：		岗位：		填表日期：	年 月 日
姓　名		性　别		出生年月	
民　族		身高/体重		血　型	
政治面貌		健康状况		婚姻状况	
最高学历		专　业		毕业院校	
联系电话		电子邮箱		籍　贯	
身份证号				户籍地	
外语等级	语种：	等级：		计算机水平	
家庭住址				紧急联系电话	
家庭成员	姓名	关系		工作单位	联系电话
教育背景	起止时间	教育机构/学校	专业		所获学历/资质
工作经历	起止时间	工作单位	职务/工作内容		离职原因
能够出差		能否接受工作调动			
能否加班		是否有亲属或朋友在公司（姓名）			
填表申明	1. 本人保证所填写的材料属实 2. 保证遵守公司各项管理制度			申明人：	
以下为公司填写					
入职时间		所属部门		职务	
试用时间		试用期工资		转正后工资	
行政部经理意见：		部门经理意见：		总经理意见：	

第 8 步 选择最后一行，在【表格工具-布局】选项卡【单元格大小】组中设置【表格行高】为 "2.3 厘米"，如下图所示。

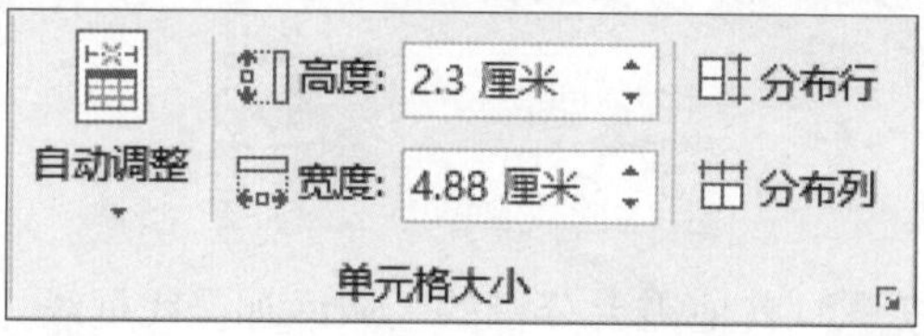

自动调整　高度：2.3 厘米　宽度：4.88 厘米　分布行　分布列
单元格大小

第 9 步 调整最后一行行高后的效果如下图所示。

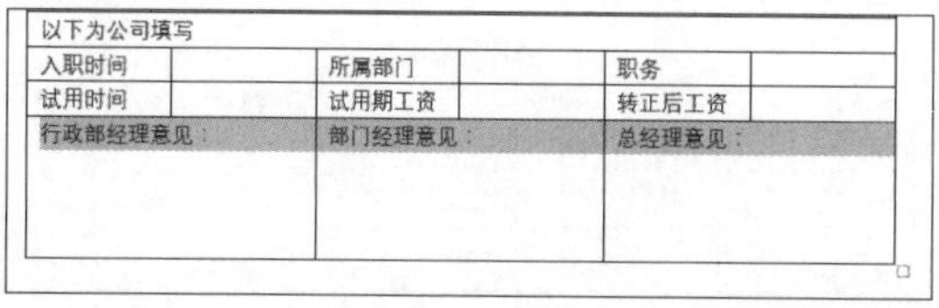

以下为公司填写					
入职时间		所属部门		职务	
试用时间		试用期工资		转正后工资	
行政部经理意见：		部门经理意见：		总经理意见：	

第 10 步 之后根据需要调整其他行的行高，使表格占满一页。调整后最终效果如下图所示。

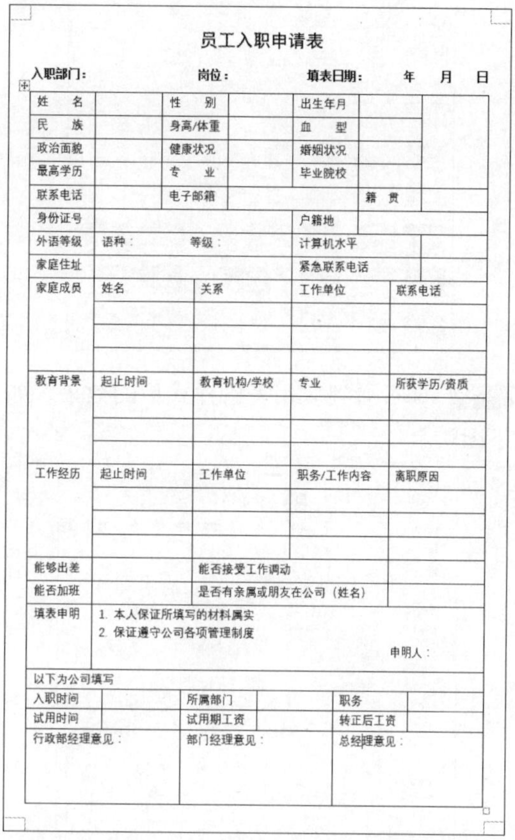

员工入职申请表

入职部门：		岗位：		填表日期：	年 月 日
姓　名		性　别		出生年月	
民　族		身高/体重		血　型	
政治面貌		健康状况		婚姻状况	
最高学历		专　业		毕业院校	
联系电话		电子邮箱		籍　贯	
身份证号				户籍地	
外语等级	语种：	等级：		计算机水平	
家庭住址				紧急联系电话	
家庭成员	姓名	关系		工作单位	联系电话
教育背景	起止时间	教育机构/学校	专业		所获学历/资质
工作经历	起止时间	工作单位	职务/工作内容		离职原因
能够出差		能否接受工作调动			
能否加班		是否有亲属或朋友在公司（姓名）			
填表申明	1. 本人保证所填写的材料属实 2. 保证遵守公司各项管理制度			申明人：	
以下为公司填写					
入职时间		所属部门		职务	
试用时间		试用期工资		转正后工资	
行政部经理意见：		部门经理意见：		总经理意见：	

| **提示** |

　　将鼠标指针放在表格右下角，当鼠标指针变为形状时，按住鼠标左键拖曳，可快速调整整个表格的大小。

5. 表格的美化

　　表格创建完成后，可以对表格进行美化操作，如设置表格样式、设置表格框线、添加底纹等，具体操作步骤如下。

第 1 步 单击表格左上角的【全选】按钮，选择整个表格，单击【表格工具-设计】选项卡【表格样式】组中的【其他】按钮，在弹出的下拉列表中选择一种边框样式，如下图所示。

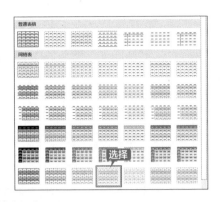

第2步 即可看到应用表格样式后的效果，如下图所示。

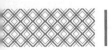

第3步 在【表格工具-设计】选项卡【边框】组中取消显示内边框，如下图所示。

第4步 单击【表格工具-设计】选项卡【边框】组中的【笔样式】下拉按钮，在弹出的下拉列表中选择【双实线,1/2pt】样式,设置【笔画粗细】为"0.5磅"，如下图所示。

第5步 然后在不同分类项目下方绘制边框，如下图所示。

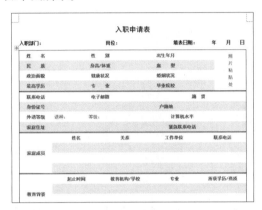

第6步 再次单击【笔样式】下拉按钮，在弹出的下拉列表中选择【虚线】样式,设置【笔画粗细】为"0.5磅"，如下图所示。

第7步 其他需要分割的区域添加虚线框线，最后为整个表格添加边框线，最终效果如下图所示。

第 8 步 选择倒数第 4 行，如下图所示。

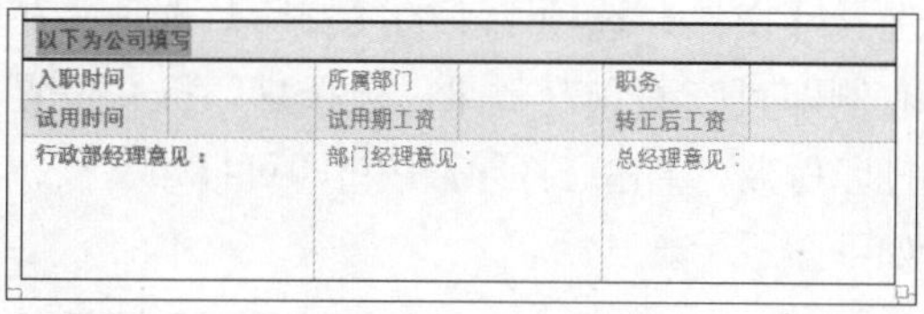

以下为公司填写
入职时间
所属部门
职务
试用时间
试用期工资
转正后工资
行政部经理意见：
部门经理意见：
总经理意见：

第 9 步 单击【表格工具-设计】选项卡【表格样式】组中的【底纹】下拉按钮，在弹出的下拉列表中选择一种底纹颜色，如下图所示。

单击
底纹
边框样式
笔颜色
主题颜色
标准色
无颜色(N)
其他颜色(M)...

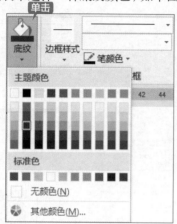

第 10 步 更改单元格底纹颜色后的效果如下图所示。

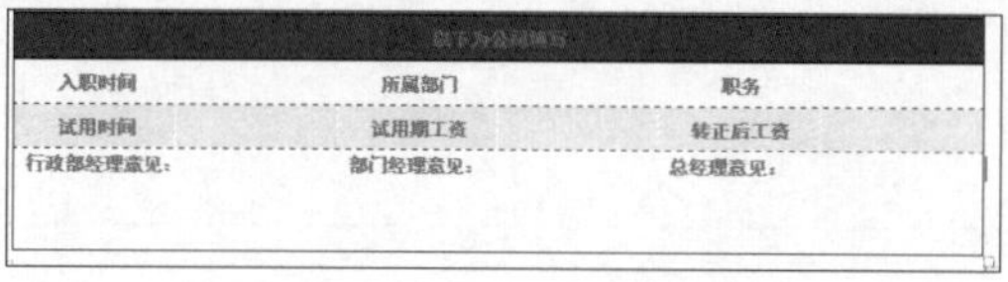

以下为公司填写
入职时间
所属部门
职务
试用时间
试用期工资
转正后工资
行政部经理意见：
部门经理意见：
总经理意见：

提示

底纹颜色与字体颜色相近，会看不清文字内容，可以更改字体的颜色。

6. 设置字体及对齐方式

设置表格内容的字体及对齐方式，是增强表格可读性的常用方法。

第 1 步 选择整个表格，设置所有文字的【字体】为“黑体”，【字号】为“五号”，【字体颜色】为“黑色”，并取消【加粗】效果，如下图所示。

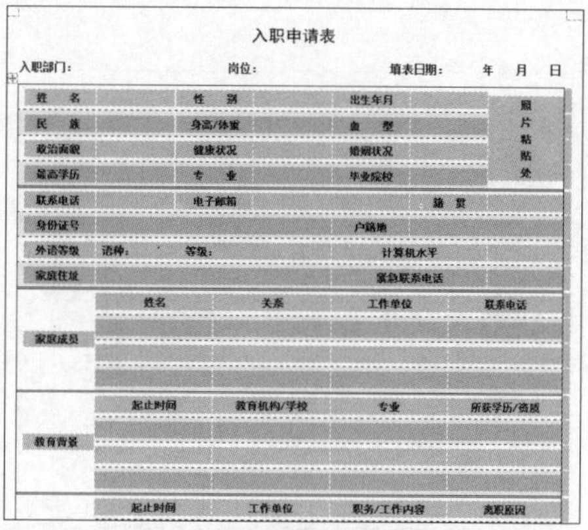

入职申请表

第 2 步 更改倒数第 4 行中文字的【字体颜色】为“白色”，并应用【加粗】效果，如下图所示。

以下为公司填写

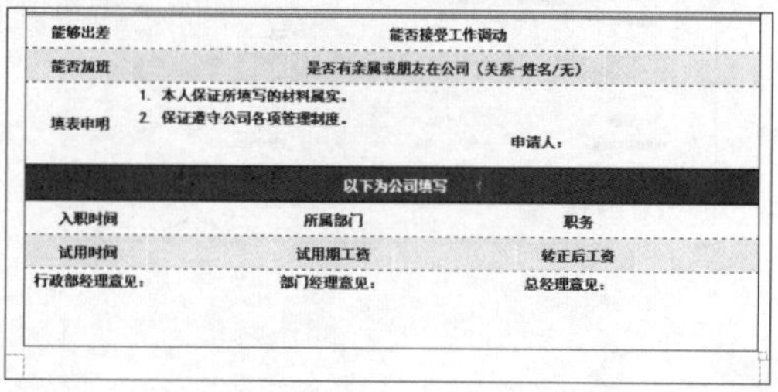

第 3 步 选择整个表格，在【表格工具-布局】选项卡【对齐方式】组中单击【水平居中】按钮，效果如下图所示。

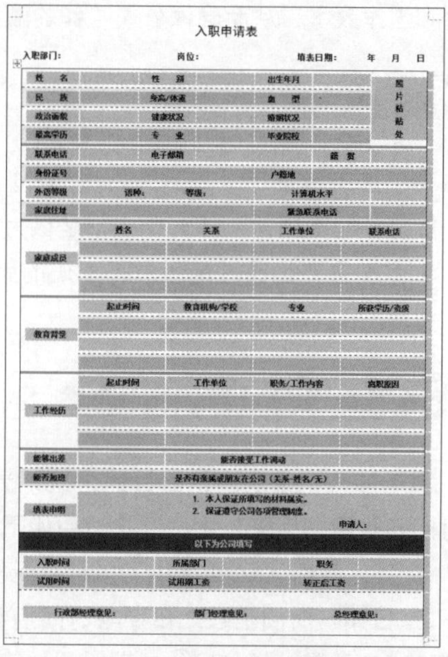

入职申请表

第 4 步 调整最后一行和倒数第 5 行的【对齐方式】为“靠上两端对齐”，最终效果如下

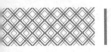

图所示。

第5步 至此，就完成了入职申请表的制作。选择【文件】选项卡下的【打印】选项，在右侧即可查看预览效果，选择打印机并设置打印份数，单击【打印】按钮即可打印文档，如下图所示。

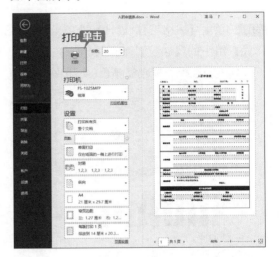

15.3 制作员工加班情况记录表

在工作过程中记录好员工的加班时间并计算出合理的加班工资，有助于提高员工的工作积极性和工作效率，从而确保公司工作的顺利完成。

15.3.1 设计思路

员工加班情况记录表是人力资源部门统计公司员工工资绩效的重要标准之一，以方便算出员工加班补助费用，在任何企业都是极为常用的。

本案例主要是通过记录员工加班的起始时间计算加班的时长，然后根据时长计算出员工的加班费用。

15.3.2 知识点应用分析

员工加班记录表的最终目的是统计员工加班信息，计算出员工的加班费用。因此，其重点是时间和费用的换算，本案例将运用如下知识点。

① 美化表格。Excel 提供了多种单元格样式及表格样式，如标题样式、主题样式、数字格式等。

② 日期与时间函数。日期与时间函数主要用来获取相关的日期和时间信息，本案例将使用WEEKDAY 函数计算加班的星期时间，使用 HOUR 和 MINUTE 函数计算加班的时长。

③ 逻辑函数。本案例主要使用 IF 函数，根据特定的加班标准，计算员工应得的加班补助。

制作完成员工加班情况记录表后最终效果如下图所示。

员工加班记录表							
员工编号	姓名	部门	加班日期	星期	开始时间	结束时间	加班费
1001	张XX	财务部	2019/3/7	星期四	18:00	19:30	30
1001	张XX	财务部	2019/3/8	星期五	18:00	20:00	40
1001	张XX	财务部	2019/3/9	星期六	18:00	20:50	75
1002	王XX	营销部	2019/3/7	星期四	18:00	19:40	40
1002	王XX	营销部	2019/3/14	星期四	18:00	21:30	70
1002	王XX	营销部	2019/3/15	星期五	18:00	20:50	60
1002	王XX	营销部	2019/3/16	星期六	18:00	19:10	37.5
1003	李XX	企划部	2019/3/8	星期五	18:00	20:00	40
1003	李XX	企划部	2019/3/9	星期六	18:00	21:10	87.5
1003	李XX	企划部	2019/3/10	星期日	18:00	22:10	112.5
1004	赵XX	企划部	2019/3/17	星期日	18:00	20:15	62.5
1004	赵XX	企划部	2019/3/18	星期一	18:00	21:30	70
1005	钱XX	企划部	2019/3/17	星期日	18:00	22:10	112.5
1005	钱XX	企划部	2019/3/18	星期一	18:00	23:00	100
1006	孙XX	财务部	2019/3/16	星期六	18:00	21:50	100

15.3.3 案例实战

员工加班情况记录表的具体制作步骤如下。

1. 设置单元格样式

第 1 步 打开"素材\ch15\员工加班情况记录表.xlsx"文档，选择 A1：H1 单元格区域，单击【开始】选项卡【样式】组中的【单元格样式】按钮 单元格样式，在弹出的下拉列表中选择一种样式，如下图所示。

第 2 步 即可看到添加单元格样式后的效果，如下图所示。

第 3 步 设置【字体】为"宋体"，【字号】为"18"，效果如下图所示。

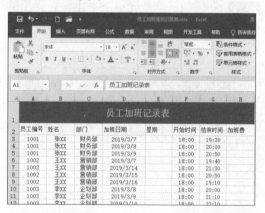

第 4 步 选择 A2：H17 单元格区域，单击【开始】选项卡【样式】组中的【套用表格格式】下拉按钮，在弹出的下拉列表中选择一种样式，如下图所示。

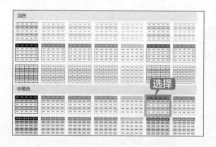

第 5 步 弹出【套用表格式】对话框，选中【表

包含标题】复选框，单击【确定】按钮，如下图所示。

第6步 添加表格样式后的效果如下图所示。

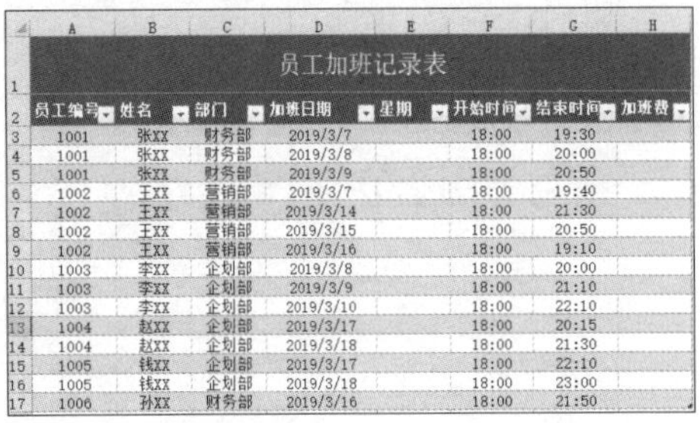

取消表格筛选及设置表格行高、列宽的操作步骤如下。

第1步 在标题任意单元格上右击，在弹出的快捷菜单中选择【表格】→【转换为区域】命令，如下图所示。

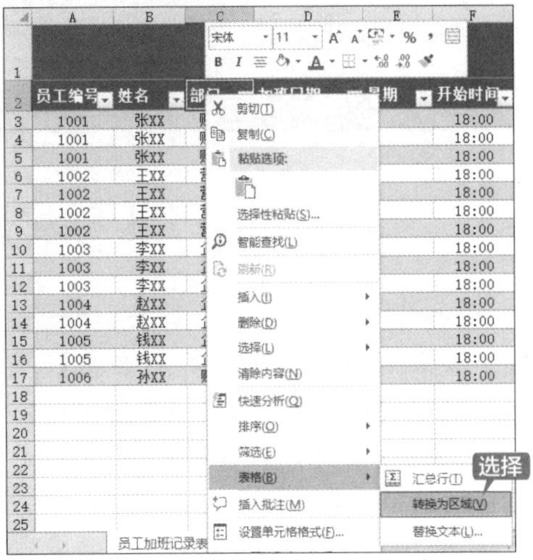

第2步 弹出【Microsoft Excel】提示框，单击【是】按钮，如下图所示。

第3步 即可看到将可筛选表格转化成区域后的效果，如下图所示。

第4步 选择 A2:H17 单元格区域，单击【开始】选项卡【字体】组中的【边框】下拉按钮，在弹出的下拉列表中选择【所有框线】选项，为表格添加边框，如下图所示。

第5步 根据需要调整表格中文本的字体样式及表格的行高和列宽，效果如下图所示。

2. 计算加班时间

第1步 选择 E3 单元格，在编辑栏中输入公式"=WEEKDAY(D3,1)"，按【Enter】键计算出结果，如下图所示。

提示

公式"=WEEKDAY(D3,1)"的含义为返回 D3 单元格日期默认的星期数，此时单元格格式为常规，显示为"2"，通常情况下星期是从星期日开始计数，数值为"1"，如果数值为"2"，则表示当前星期为"星期一"。

第2步 更改"星期"列单元格格式的【分类】为"日期"，设置【类型】为"星期三"，单击【确定】按钮，如下图所示。

第3步 E3 单元格显示为"星期四"，利用快速填充功能填充其他单元格，如下图所示。

3. 计算加班费

第1步 选择 H3 单元格，在编辑栏中输入公式"=(HOUR(G3−F3)+IF(MINUTE(G3−F3)=0,0,IF(MINUTE(G3−F3)>30,1,0.5)))*IF(OR(E3=7,E3=1),"25","20")"，按【Enter】键即可显示出该员工的加班费，如下图所示。

提示

公式"=(HOUR(G3−F3)+IF(MINUTE(G3−F3)=0,0,IF(MINUTE(G3−F3)>30,1,0.5)))*IF(OR(E3=7,E3=1),"25","20")"用来计算员工的基本工资，"HOUR(G3−F3)"表示计算员工加班的小时数。"IF(MINUTE(G3−F3)>30,1,0.5)"表示如果加班的分钟大于 30 则返回 1 小时，否则返回 0.5 小时。"IF(MINUTE(G3−F3)=0,0,IF(MINUTE(G3−F3)>30,1,0.5))"表示如果加班分钟数为 0，则返回 0 小时，否则返回 0.5 小时或 1 小时。"IF(OR(E3=7,E3=1),"25","20")"表示如果加班的日期为星期六或星期天则每小时 25 元，其他时间加班每小时 20 元。

第2步 利用快速填充功能计算出其他员工的加班工资，如下图所示。

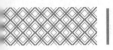
A	B	C	D	E	F	G	H
员工加班记录表							
员工编号	姓名	部门	加班日期	星期	开始时间	结束时间	加班费
1001	张XX	财务部	2019/3/7	星期四	18:00	19:30	30
1001	张XX	财务部	2019/3/8	星期五	18:00	20:00	40
1001	张XX	财务部	2019/3/9	星期六	18:00	20:50	75
1002	王XX	营销部	2019/3/7	星期四	18:00	19:40	40
1002	王XX	营销部	2019/3/14	星期四	18:00	21:30	70
1002	王XX	营销部	2019/3/15	星期五	18:00	20:50	60
1002	王XX	营销部	2019/3/16	星期六	18:00	19:10	37.5
1003	李XX	企划部	2019/3/8	星期五	18:00	20:00	40
1003	李XX	企划部	2019/3/9	星期六	18:00	21:10	87.5
1003	李XX	企划部	2019/3/10	星期日	18:00	22:10	112.5
1004	赵XX	企划部	2019/3/17	星期日	18:00	20:15	62.5
1004	赵XX	企划部	2019/3/18	星期一	18:00	21:30	70
1005	钱XX	企划部	2019/3/17	星期日	18:00	22:10	112.5
1005	钱XX	企划部	2019/3/18	星期一	18:00	23:00	100
1006	孙XX	财务部	2019/3/16	星期六	18:00	21:50	100

第 3 步 最后根据需要再次调整表格的样式,

最终效果如下图所示。

A	B	C	D	E	F	G	H
员工加班记录表							
员工编号	姓名	部门	加班日期	星期	开始时间	结束时间	加班费
1001	张XX	财务部	2019/3/7	星期四	18:00	19:30	30
1001	张XX	财务部	2019/3/8	星期五	18:00	20:00	40
1001	张XX	财务部	2019/3/9	星期六	18:00	20:50	75
1002	王XX	营销部	2019/3/7	星期四	18:00	19:40	40
1002	王XX	营销部	2019/3/14	星期四	18:00	21:30	70
1002	王XX	营销部	2019/3/15	星期五	18:00	20:50	60
1002	王XX	营销部	2019/3/16	星期六	18:00	19:10	37.5
1003	李XX	企划部	2019/3/8	星期五	18:00	20:00	40
1003	李XX	企划部	2019/3/9	星期六	18:00	21:10	87.5
1003	李XX	企划部	2019/3/10	星期日	18:00	22:10	112.5
1004	赵XX	企划部	2019/3/17	星期日	18:00	20:15	62.5
1004	赵XX	企划部	2019/3/18	星期一	18:00	21:30	70
1005	钱XX	企划部	2019/3/17	星期日	18:00	22:10	112.5
1005	钱XX	企划部	2019/3/18	星期一	18:00	23:00	100
1006	孙XX	财务部	2019/3/16	星期六	18:00	21:50	100

15.4 制作员工入职培训 PPT

员工入职培训是企业或公司为了培养新入职员工的需要,采用各种方式对新入职员工进行有目的、有计划的培养和训练的管理活动,使新员工能了解自己的职责,熟悉公司业务,从而更快地融入公司环境,更好地胜任之后的工作或晋升更高的职务。

15.4.1 设计思路

制作员工入职培训 PPT 首先需要介绍公司的发展规模及公司的工作模式等,使新员工能够快速地了解公司,之后需要介绍公司的管理、团队及新员工如何工作、学习等内容。

员工入职培训 PPT 主要由以下几点构成。

① 幻灯片首页,介绍制作幻灯片的名称、目的。

② 公司简介部分幻灯片页面,向新员工介绍公司的基本情况。

③ 新员工学习、工作等幻灯片页面,帮助新员工熟悉工作环境,以便更快地融入公司。

④ 结束页面。

15.4.2 知识点应用分析

制作员工入职培训 PPT 涉及以下知识点。

① 设计幻灯片模板。

② 输入文本并设置字体和段落样式。

③ 插入并美化图片、插入 SmartArt 图形。

④ 插入并美化图表。

⑤ 使用艺术字。

⑥ 设置动画和切换效果。

制作完成员工入职培训 PPT 后最终效果如下图所示。

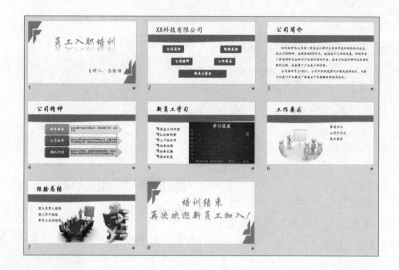

15.4.3 案例实战

制作员工入职培训 PPT 的具体操作步骤如下。

1. 设计幻灯片模板

第1步 启动 PowerPoint 2019，新建一个空白演示文稿，将其保存为"员工入职培训 PPT.pptx"文档，单击【视图】选项卡【母版视图】组中的【幻灯片母版】按钮，如下图所示。

第2步 进入幻灯片母版试图，选择第 1 张幻灯片，单击【插入】选项卡【图像】组中的【图片】按钮，如下图所示。

第3步 在弹出的【插入图片】对话框中选择要插入的图片，单击【插入】按钮，如下图所示。

第4步 调整插入的图片位置，将其置于底层，调整文本框的大小及位置，如下图所示。

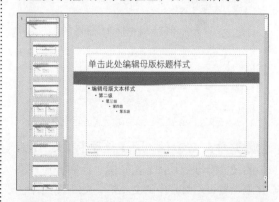

第5步 选择第 2 张幻灯片，选中【幻灯片母版】选项卡【背景】组中的【隐藏背景图形】复选框，取消显示第 2 张幻灯片页面中的背景，

如下图所示。

第6步 单击【插入】选项卡【图像】组中的【图片】按钮，弹出【插入图片】对话框，选中"图片1.png"和"图片2.png"，单击【插入】按钮，如下图所示。

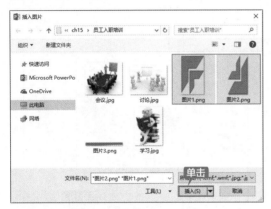

第7步 调整插入的图片位置，如下图所示。

第8步 单击【幻灯片母版】选项卡【关闭】组中的【关闭母版视图】按钮，返回普通视图并删除首页幻灯片中的文本框，如下图所示。

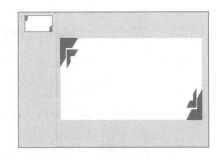

2. 设计员工培训首页幻灯片

第1步 单击【插入】选项卡【文本】组中的【艺术字】按钮，在弹出的下拉列表中选择一种艺术字样式，如下图所示。

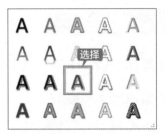

第2步 在插入的艺术字文本框中输入"员工入职培训"文本内容，并设置【字号】为"100"，【字体】为"华文行楷"，并适当调整艺术字文本框的位置，如下图所示。

第3步 选择插入的艺术字文本，单击【开始】选项卡【字体】组中的【字体颜色】下拉按钮，在弹出的下拉列表中选择【取色器】选项，如下图所示。

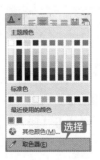

第4步 将鼠标指针放置在插入的图片上并且单击，选择颜色，即可看到设置颜色后的效果，如下图所示。

第5步 选中艺术字，单击【格式】选项卡【艺术字样式】组中的【文字效果】下拉按钮，在弹出的下拉列表中选择一种映像样式，如下图所示。

第6步 绘制横排文本框，并在该文本框中输入"主讲人：马经理"文本内容，设置【字体】为"华文行楷"，【字号】为"44"，拖曳该页面文本框至合适的位置，如下图所示。

3. 设计目录幻灯片页面

第1步 新建"仅标题与内容"幻灯片，输入标题文本"XX科技有限公司"，设置标题文本【字号】为"60"，【字体】为"楷体"，如下图所示。

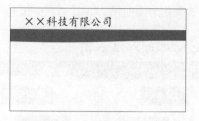

第2步 单击【插入】选项卡【插图】组中的【形状】下拉按钮，在弹出的下拉列表中选择【对角圆角矩形】形状，如下图所示。

第3步 在幻灯片中绘制矩形图形，在绘制的矩形图形上右击，在弹出的快捷菜单中选择【编辑文字】选项，如下图所示。

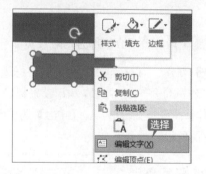

第4步 在形状中输入文字，设置其【字体】为"华文行楷"，【字号】为"32"，"加粗"效果，如下图所示。

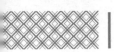

第5步 使用同样的方法，插入其他形状并输入文字，然后根据需要调整形状的大小及布局，效果如下图所示。

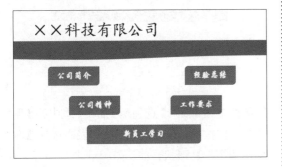

第6步 选择所有形状，在【绘图工具-格式】选项卡【形状样式】组中根据需要设置插入形状的填充颜色，并设置形状轮廓颜色为"无轮廓"，效果如下图所示。

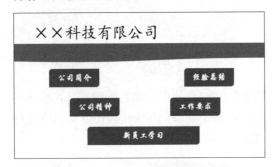

4. 设计公司介绍部分幻灯片页面

第1步 新建"仅标题"幻灯片，在标题处输入"公司简介"文本内容，并设置标题文本【字体】为"华文行楷"，【字号】为"60"，如下图所示。

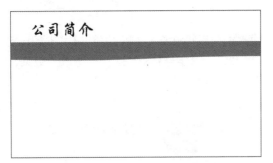

第2步 打开"素材\ch15\公司信息.txt"文档，将公司简介部分内容复制到内容文本框中，并设置其字体和段落格式，效果如下图所示。

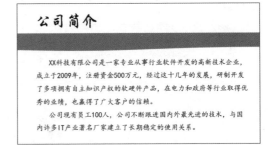

第3步 使用同样的方法，新建"仅标题"幻灯片，在标题处输入"公司精神"，并设置字体样式，如下图所示。

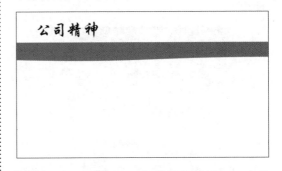

第4步 单击【插入】选项卡【插图】组中的【SmartArt】按钮 ，在弹出的【选择 SmartArt 图形】对话框中选择【列表】选项卡中的【垂直箭头列表】图形样式，单击【确定】按钮，如下图所示。

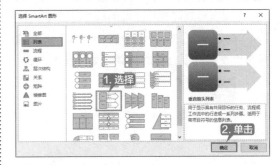

第5步 完成 SmartArt 图形的插入，根据打开的"公司信息.txt"文档，在图形中输入相关内容，并调整 SmartArt 图形的大小、位置及样式，效果如下图所示。

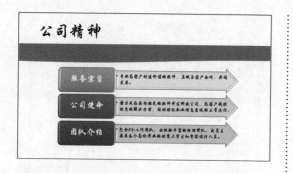

5. 设计员工学习部分幻灯片页面

第1步 新建"仅标题"幻灯片，输入标题"新员工学习"，并设置标题样式，如下图所示。

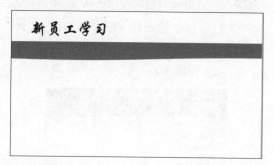

第2步 在新添加的幻灯片中绘制横排文本框并输入相关内容，如下图所示。

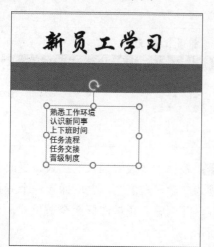

第3步 选择输入的内容，单击【开始】选项卡【段落】组中的【项目符号】下拉按钮，在弹出的下拉列表中选择【项目符号和编号】选项，如下图所示。

第4步 弹出【项目符号和编号】对话框，单击【自定义】按钮，如下图所示。

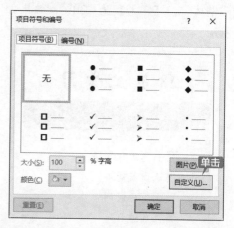

第5步 弹出【符号】对话框，选择要使用的符号，单击【确定】按钮，如下图所示。

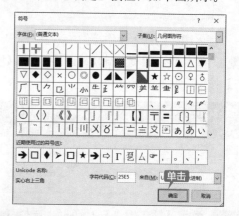

第6步 返回【项目符号和编号】对话框，单击【颜色】下拉按钮，在下拉列表中选择一种项目符号颜色，单击【确定】按钮，如下图所示。

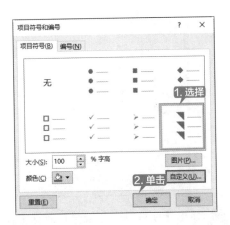

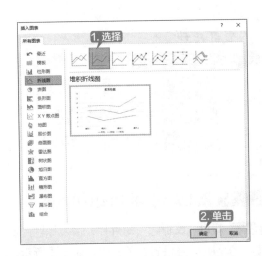

第7步 再次选中输入的内容，设置其【字体】为"楷体"，【字号】为"30"，效果如下图所示。

第3步 在弹出的【Microsoft PowerPoint 中的图表】窗口中输入如下图所示的内容，然后关闭【Microsoft PowerPoint 中的图表】窗口，如下图所示。

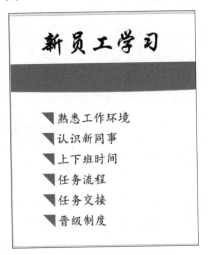

第4步 即可看到插入图表后的效果，如下图所示。

插入图表的具体操作操作如下。

第1步 单击【插入】选项卡【插图】组中的【图表】按钮，如下图所示。

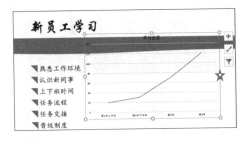

第5步 根据需要设置插入的图表，更改图表标题为"学习进度"，之后插入一个五角星图标，并调整五角星图标至合适位置，如下图所示。

第2步 弹出【插入图表】对话框，选择【堆积折线图】选项，单击【确定】按钮，如下图所示。

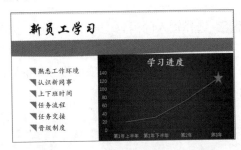

下面介绍创建其他幻灯片，具体操作步骤如下。

第 1 步 新建"仅标题"幻灯片，输入标题"工作要求"，并设置标题样式，如下图所示。

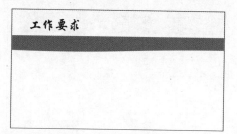

第 2 步 插入文本框并输入相关内容，设置【字体】为"楷体"且加粗，设置【字号】为"30"，根据需要调整文本框位置，如下图所示。

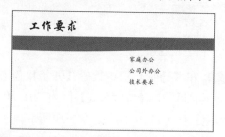

第 3 步 插入"素材\ch15\讨论.jpg"图片，并调整图片位置及样式，最终效果如下图所示。

第 4 步 新建"仅标题"幻灯片，输入标题"经验总结"，然后输入幻灯片正文内容并插入图片，最终效果如下图所示。

6. 制作结束幻灯片页面

第 1 步 单击【开始】选项卡【幻灯片】组中的【新建幻灯片】按钮，在弹出的下拉列表中选择【标题幻灯片】选项，新建标题幻灯片，如下图所示。

第 2 步 删除文本占位符，单击【插入】选项卡【文本】组中的【艺术字】按钮，在弹出的下拉列表中选择一种艺术字样式。在插入的艺术字文本框中输入"培训结束"文本，按【Enter】键再次输入"再次欢迎新员工加入！"文本内容，设置【字号】为"96"，【字体】为"华文行楷"，并根据需要设置字体颜色，如下图所示。

7. 添加动画和切换效果

第 1 步 选择第 1 张幻灯片，单击【切换】选项卡【切换到此幻灯片】组中的【其他】按钮，在弹出的下拉列表中选择一种切换样式，如选择【细微】下的【推入】切换效果样式，如下图所示。

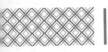
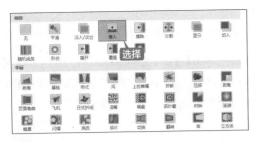

第2步 单击【切换】选项卡【切换到此幻灯片】组中的【效果选项】按钮，在弹出的下拉列表中选择【自右侧】选项，设置切换效果的效果选项，如下图所示。

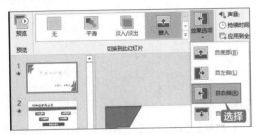

第3步 在【计时】组中设置【持续时间】为"02.50"，单击【应用到全部】按钮，将设置的切换效果应用至所有幻灯片，如下图所示。

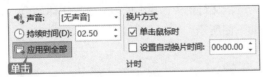

第4步 选择第1张幻灯片中的标题文本，单击【动画】选项卡【动画】组中的【其他】按钮，在弹出的下拉列表中选择一种动画样式，如选择【进入】下的【飞入】动画效果，如下图所示。

第5步 单击【动画】选项卡【动画】组中的【效果选项】按钮，在弹出的下拉列表中选择【自左上部】选项，设置动画转换的效果，如下图所示。

第6步 在【计时】组中设置【开始】为"上一动画之后"，【持续时间】值为"01.50"，【延迟】值为"00.50"，如下图所示。

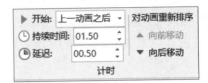

第7步 即可为所选内容添加动画效果，在其前方将显示动画序号。使用同样的方法为其他文本内容、SmartArt图形、自选图形、图表及图片等添加动画效果，最终效果如下图所示。

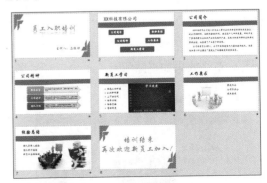

第16章

Word/Excel/PPT 2019
在行政文秘中的应用

📖 本章导读

　　行政文秘涉及相关制度的制定和执行推动、日常办公事务管理、办公物品管理、文书资料管理、会议管理等，经常需要使用 Office 办公软件。本章主要介绍 Word/Excel/PPT 2019 在行政办公中的应用，包括排版公司奖惩制度文件、制作工作进度计划表、制作年会方案 PPT 等。

✈ 思维导图

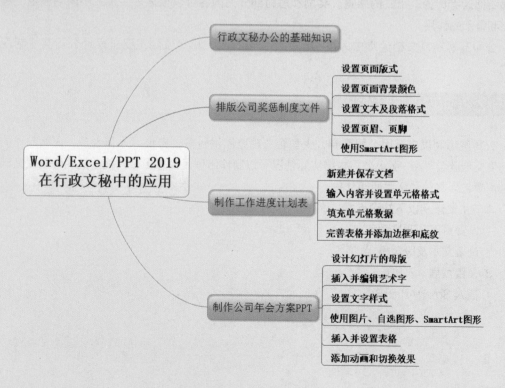

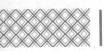

16.1 行政文秘办公的基础知识

行政文秘岗位需要掌握公关与文秘专业的基本理论与基本知识，能进行文章写作、文字编辑和新闻写作，有较强的公关能力，并从事信息宣传、文秘服务、日常办公管理及公共关系等工作。

行政文秘办公通常需要掌握文档编辑软件 Word、数据处理软件 Excel、 文稿演示软件 PowerPoint、网页制作软件及压缩工具软件等。

16.2 排版公司奖惩制度文件

公司奖惩制度可以有效地调动员工的积极性，做到赏罚分明。

16.2.1 设计思路

公司奖惩制度是公司为了维护正常的工作秩序，保证工作能够高效有序进行而制订的一系列奖惩措施。基本上每个公司都有自己的奖惩制度，其内容根据公司情况的不同而各不相同。

制作公司奖惩制度时可以分为奖励和惩罚两部分内容，需要对各部分进行详细的划分，并用通俗易懂的语言进行说明。设计公司奖惩制度版式时，样式不可过多，要格式统一、样式简单，能够给阅读者严谨、正式的感觉。奖励和惩罚部分的内容可以根据需要设置不同的颜色，起到鼓励和警示的作用。

公司奖惩制度文档通常由人事部门制作，而行政文秘岗位则主要是设计公司奖惩制度的版式。

16.2.2 知识点应用分析

公司奖惩制度内容因公司而异，大型企业规范制度较多，岗位、人员也多，因此制作的奖惩制度文档就会复杂，而小公司根据实际情况可以制作出满足需求但相对简单的奖惩制度文档，但都需要包含奖励和惩罚两部分。

本节主要涉及以下知识点。

① 设置页面及背景颜色。

② 设置文本及段落格式。

③ 设置页眉、页脚。

④ 插入 SmartArt 图形。

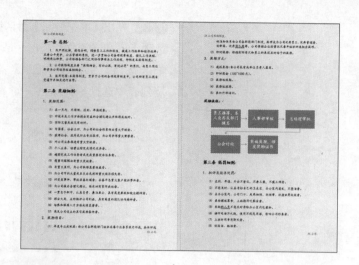

16.2.3 案例实战

排版公司奖惩制度文件的具体操作步骤如下。

1. 设计页面版式

第1步 新建一个空白 Word 文档，命名为"公司奖惩制度.docx"文件，然后单击【布局】选项卡【页面设置】组中的【页面设置】按钮 ，弹出【页面设置】对话框，选择【页边距】选项卡，设置页边距的【上】边距值为"2.16厘米"，【下】边距值为"2.16厘米"，【左】边距值为"2.84厘米"，【右】边距值为"2.84厘米"，如下图所示。

第2步 选择【纸张】选项卡，设置【纸张大小】为"A4"，如下图所示。

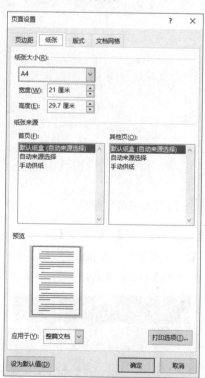

第3步 选择【文档网格】选项卡，设置【文字排列】的【方向】为"水平"，【栏数】为"1"，单击【确定】按钮，如下图所示。

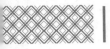

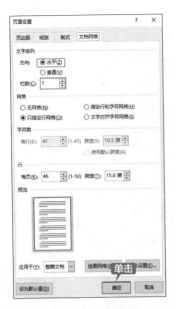

第4步 即可完成页面大小的设置，如下图所示。

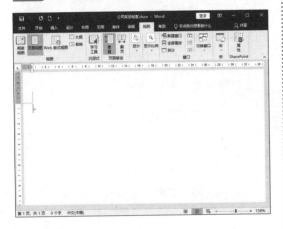

2. 设置页面背景颜色

第1步 单击【设计】选项卡【页面背景】组中的【页面颜色】下拉按钮，在弹出的下拉列表中选择【填充效果】选项，如下图所示。

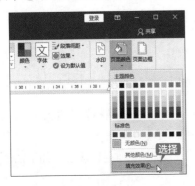

第2步 弹出【填充效果】对话框，选择【渐变】选项卡，在【颜色】选项区域中选中【单色】单选按钮，单击【颜色1】下拉按钮，在下拉列表中选择一种颜色，如下图所示。

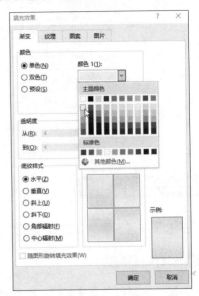

第3步 在下方向右侧拖曳【深浅】滑块，调整颜色深浅，选中【底纹样式】选项区域中的【垂直】单选按钮，在【变形】区域选择右下角的样式，单击【确定】按钮，如下图所示。

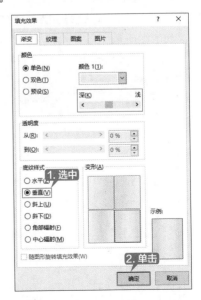

第4步 即可完成页面背景颜色的设置，效果如下图所示。

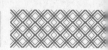

3. 输入文本并设计字体样式

第1步 打开"素材\ch16\奖罚制度.txt"文档，复制其内容，然后将其粘贴到 Word 文档中，如下图所示。

第2步 选择"第一条 总则"文本，设置其【字体】为"楷体"，【字号】为"三号"，添加"加粗"效果，如下图所示。

第3步 设置"第一条 总则"的段落间距样式，设置【段前】为"1行"，【段后】为"0.5行"，【行距】为"1.5倍行距"，如下图所示。

第4步 双击【开始】选项卡【剪贴板】组中的【格式刷】按钮 ✎，复制其样式，并将其应用至其他类似段落中，如下图所示。

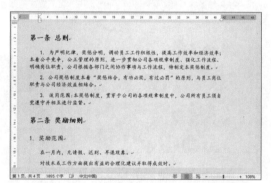

第5步 选择"1.奖励范围"文本，设置其【字体】为"楷体"，【字号】为"四号"，【段前】为"0行"，【段后】为"0.5行"，并设置其【行距】为"1.2倍行距"，如下图所示。

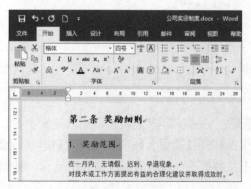

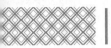

第6步 使用格式刷将样式应用至其他相同的段落中，如下图所示。

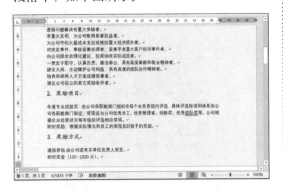

第7步 选择正文文本，设置其【字体】为"楷体"，【字号】为"小四"，【首行缩进】为"2字符"，【段前】为"0.5行"，并设置其【行距】为"单倍行距"，效果如下图所示。

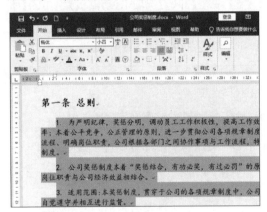

下面设置其他段落样式的具体操作步骤如下。

第1步 使用格式刷将样式应用于其他正文中，如下图所示。

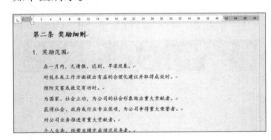

第2步 选择"1. 奖励范围"下的正文文本，单击【开始】选项卡【段落】组中的【项目编号】下拉按钮，在弹出的下拉列表中选择一种编号样式，如下图所示。

第3步 为所选内容添加编号后的效果如下图所示。

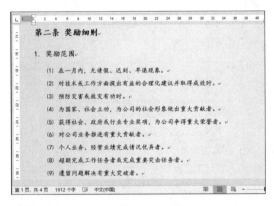

第4步 使用同样的方法，为其他正文内容设置编号，如下图所示。

4. 添加封面

第1步 将鼠标光标定位在文档最开始的位置，按【Ctrl+Enter】组合键，插入空白页面，依次输入"××公司""奖""惩""制""度"文本，输入文本后按【Enter】键换行，效果如下图所示。

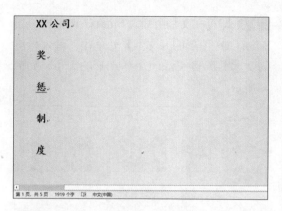

第2步 设置其【字体】为"楷体",【字号】为"72",并将其居中显示,调整行间距使文本内容占满这个页面,如下图所示。

5. 设置页眉及页脚

第1步 单击【插入】选项卡【页眉和页脚】组中的【页眉】按钮 📄 页眉▼,在弹出的下拉列表中选择【空白】选项,如下图所示。

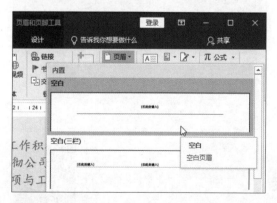

第2步 在页眉中输入内容,这里输入"××公司奖惩制度"。设置【字体】为"楷体",【字号】为"五号",并设置其"左对齐",

如下图所示。

第3步 使用同样的方法为文档插入页脚内容"××公司",设置页脚【字体】为"楷体",【字号】为"五号",并设置其"右对齐"。设置的效果如下图所示。

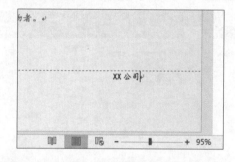

第4步 选中【页眉和页脚工具-设计】选项卡【选项】选项区域中的【首页不同】复选框,取消首页的页眉和页脚。单击【关闭页眉和页脚】按钮关闭页眉和页脚,如下图所示。

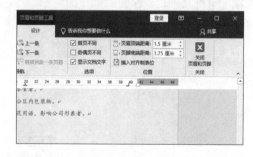

6. 插入 SmartArt 图形

第1步 将鼠标光标定位至"第二条 奖励细则"的内容最后并按【Enter】键另起一行,然后按【Backspace】键,在空白行输入文字"奖励流程:",设置【字体】为"楷体",【字号】为"14",【字体颜色】为"黑色",并设置"加粗"效果,如下图所示。

第2步 在"奖励流程："内容后按【Enter】键，单击【插入】选项卡【插图】组中的【SmartArt】按钮 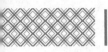 SmartArt，如下图所示。

第3步 弹出【选择 SmartArt 图形】对话框，选择【流程】选项卡，然后选择【重复蛇形流程】选项，单击【确定】按钮，如下图所示。

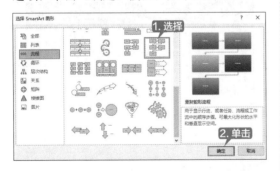

第4步 即可在文档中插入 SmartArt 图形，在 SmartArt 图形的【文本】处单击，输入相应的文字并调整 SmartArt 图形的大小，如下图所示。

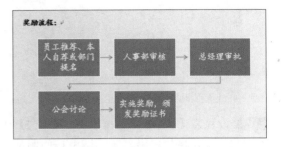

第5步 按照同样的方法，为文档添加"惩罚流程"SmartArt 图形，在 SmartArt 图形中输入相应的文本并调整大小后如下图所示。

第6步 至此，公司奖罚制度排版完成。最终效果如下图所示。

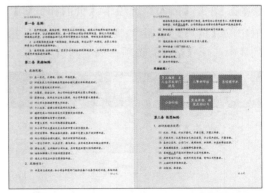

16.3 制作工作进度计划表

工作进度计划表主要是利用 Excel 表格将工作计划以表格的形式完整、清晰地展现各阶段的进度情况。

16.3.1 设计思路

在日常的行政管理工作中，经常会用到工作进度计划表，方便控制工作进度和时间等。而工作进度计划表是否合理，则影响着工作的效率与质量。在进度计划表中，都需以"工作进度"为中心来安排。

在制作工作进度计划表时，可以根据需要，如根据时间对工作分成不同的阶段或环节，再结合各阶段的工作重点内容在表格中进行设计。最后也可以进行修饰，让表格更美观。

16.3.2 知识点应用分析

工作进度计划表主要包括以下几点。

① 计划表的表头。主要是各时间阶段。

② 计划表的类别。主要是根据工作内容划分类别，如市场调研、产品策划、广告设计、完成前期销售市场、项目包装等。

③ 计划表的阶段。主要根据时间进行阶段划分，如正常进行、完成待审核、预计完成时间、已结束、遇到问题及项目暂停等。

使用 Excel 2019 制作工作进度计划表时主要涉及的知识点包括以下几点。

① 输入文本。

② 设置字体格式。

③ 设置单元格格式。

④ 添加边框和底纹。

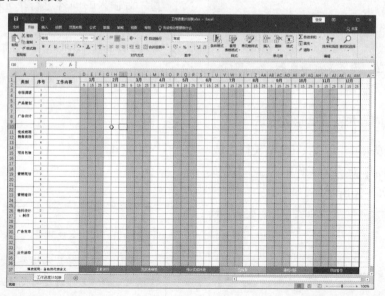

16.3.3 案例实战

制作工作进度计划表的具体操作步骤如下。

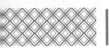

1. 新建并保存文档

第1步 打开 Excel 2019 应用软件，新建一个空白工作簿，将其保存为"工作进度计划表.xlsx"工作簿文件，如下图所示。

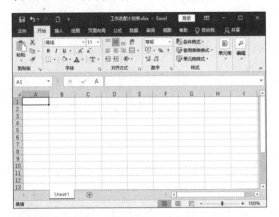

第2步 为工作表命名为"工作进度计划表"，如下图所示。

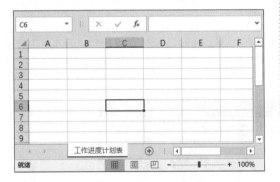

2. 输入内容并设置单元格格式

第1步 输入表头部分。在 A1:F2 单元格区域，分别输入"类别、序号、工作内容、1月、5、15 和 25"，如下图所示。

第2步 分别对表头部分进行单元格合并，如下图所示。

第3步 输入类别部分。在 A3:A32 单元格区域中输入如下图所示的内容。

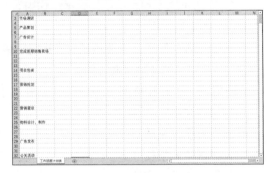

第4步 对输入的内容进行单元格合并，如下图所示。

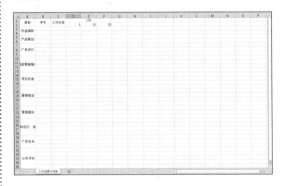

> **提示**
>
> 为方便读者学习和操作，也可直接打开"素材\ch16\工作进度计划表.xlsx"工作簿进行操作。

第5步 对 A10 和 A25 单元格进行强制换行，可以完整显示表格内容，如下图所示。

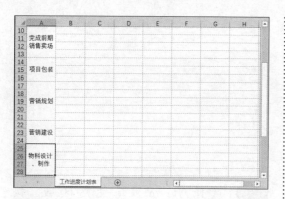

第6步 分别对 A 列、B 列和 C 列设置列宽为
"8""6""14",并将 D~F 列的列宽设置
为"3",如下图所示。

第7步 设置表头部分的字体为"等线",字
号为"11",并添加"加粗"效果,设置对
齐方式为"居中对齐"。设置第 2 行的日期
字体为"等线",字号为"9",对齐方式为
"居中",如下图所示。

第8步 设置 A3:A36 单元格区域的字体为"华
文中宋",字号为"10",如下图所示。

3. 填充单元格数据

第1步 选择 D1 单元格,向右填充月份至 12
月份,并调整列宽,如下图所示。

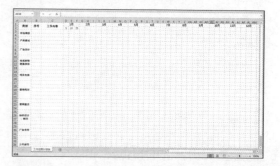

第2步 选择 D2:F2 单元格区域,向右填充至
AM 列,并单击【自动填充选项】按钮 ,
在弹出的菜单中选择【复制单元格】选项,
如下图所示。

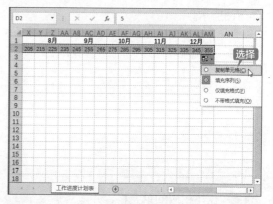

第3步 即可为单元格填充月份,如下图所示。

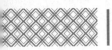
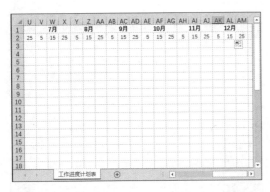

第 4 步 使用填充的方法，为 B 列输入序号，如下图所示。

4. 完善表格并添加边框和底纹

第 1 步 分别在 A37、D37、J37、P37、V37、AB37 和 AH37 单元格中输入"填表说明：各色块代表含义、正常进行、完成待审核、预计完成时间、已结束、遇到问题、项目暂停"，如下图所示。

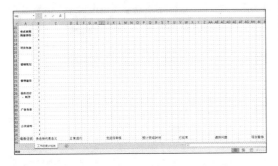

第 2 步 合并相应的单元格，并适当调整第 37 行的行高，如下图所示。

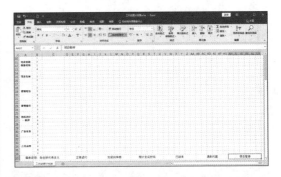

第 3 步 选择 A1：AM37 单元格区域，按【Ctrl+1】组合键，打开【设置单元格格式】对话框，选择【边框】选项卡，在【直线】选项区域中设置线型和颜色，并在【预置】选项区域中设置添加边框的位置，单击【确定】按钮，如下图所示。

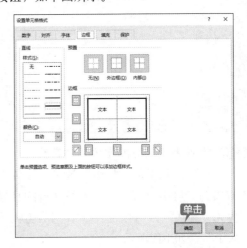

第 4 步 返回工作表即可看到添加边框的效果，如下图所示。

第 5 步 选择 A1：AM2 单元格区域，单击【开始】选项卡【字体】组中的【填充颜色】按钮，在弹出的下拉列表中选择要添加的颜色，如"金色，个性色 4，淡色 80%"，如下图所示。

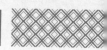

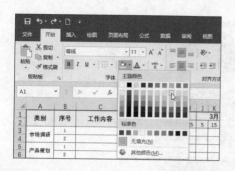

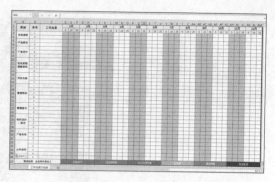

第6步 使用同样的方法，为其他单元格区域设置填充颜色，例如第 37 行在设置填充颜色时，可以根据颜色适当调整字体及字体颜色，以更好显示表格字体，如下图所示。

至此，就完成了工作进度计划表的制作，最后只要按【Ctrl+S】组合键保存制作完成的表格即可。

16.4 制作公司年会方案 PPT

通过年会可以总结一年的运营情况、鼓励团队士气、增加同事之间的感情，因此，制作一份优秀的公司年会方案 PPT 就显得尤为重要。

16.4.1 设计思路

年会就是公司和组织一年一度的"家庭盛会"，主要目的是激扬士气、营造组织气氛、深化内部沟通、促进战略分享、增进目标认同，并展望美好未来。年会也标志着一个公司和组织一年工作的结束。公司年会会伴随着企业员工表彰、企业历史回顾、企业未来展望等重要内容。一些优秀企业和组织还会邀请有分量的上下游合作伙伴共同参与这一全公司同庆的节日，增加企业之间的沟通，促进企业之间的共同进步。

制作年会方案 PPT 就需要充分考虑年会的形式，不仅需要考虑年会活动的地点和时间、现场的控制和布置、年会的预算、物品的管理等，还需要充分考虑年会举办的致辞、节目、游戏、邀请的人员等，达到鼓舞士气、活跃现场的作用。

16.4.2 知识点应用分析

制作公司年会方案 PPT 主要涉及以下知识点。

① 设计幻灯片的母版。

② 插入并编辑艺术字。

③ 设置文字样式。

④ 插入图片、自选图形、SmartArt 图形。

⑤ 设计表格。

⑥ 设置演示文稿的切换及动画效果。

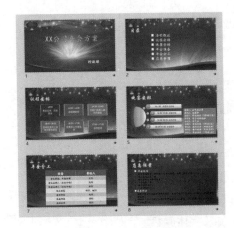

16.4.3 案例实战

制作公司年会方案 PPT 的具体操作步骤如下。

1. 设计幻灯片的母版

第1步 新建一个演示文稿，并保存为"公司年会方案PPT.pptx"，单击【视图】选项卡【母版视图】组中的【幻灯片母版】按钮，切换至幻灯片母版视图，如下图所示。

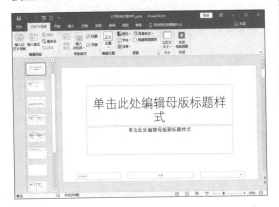

第2步 在左侧的窗格中选择第 1 张幻灯片，单击【插入】选项卡【图像】组中的【图片】按钮，弹出【插入图片】对话框。选择"素材\ch16\背景1.jpg"图片，单击【插入】按钮，选择插入的图片并调整图片的大小和位置，效果如下图所示。

第3步 选择插入的图片，单击【格式】选项卡【排列】组中的【下移一层】下拉按钮，在弹出的下拉列表中选择【置于底层】选项，如下图所示。

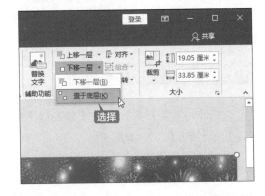

第4步 即可将图片置于幻灯片页面的底层，然后将标题文本框中的内容，设置其【字体】为"华文行楷"，【字号】为"54"，【字体颜色】为"白色"，并调整标题文本框的

位置，效果如下图所示。

设置幻灯片背景的具体操作步骤如下。

第1步 在左侧窗格中选择第2张幻灯片，选中【幻灯片母版】选项卡【背景】组中的【隐藏背景图形】复选框，隐藏插入的背景图形，如下图所示。

第2步 单击【幻灯片母版】选项卡【背景】组中的【背景样式】下拉按钮，在弹出的下拉列表中选择【设置背景格式】选项，如下图所示。

第3步 打开【设置背景格式】窗格，在【填充】下选中【图片或纹理填充】单选按钮，然后单击【文件】按钮，如下图所示。

第4步 打开【插入图片】对话框，选择"素材\ch16\背景2.jpg"图片，单击【插入】按钮，插入图片后的效果如下图所示。单击【幻灯片母版】选项卡【关闭】组中的【关闭母版视图】按钮，返回普通视图，如下图所示。

2. 设计首页效果

第1步 删除幻灯片首页的占位符，单击【插入】选项卡【文本】组中的【艺术字】按钮，在弹出的下拉列表中选择一种艺术字样式，如下图所示。

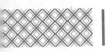
第2步 即可在幻灯片中插入艺术字文本框，在"请在此放置你的文字"文本框中输入"××公司年会方案"文本，然后设置其【字体】为"楷体"、【字号】为"80"，并拖曳文本框至合适位置，如下图所示。

第3步 单击【插入】选项卡【文本】组中的【文本框】下方的下拉按钮，在弹出的下拉列表中选择【绘制横排文本框】选项，如下图所示。

第4步 在幻灯片中拖曳鼠标绘制出文本框，输入"行政部"文本，并设置其【字体】为"楷体"，【字号】为"40"，【颜色】为"白色"，并添加"加粗"效果，如下图所示。

至此，幻灯片的首页已经设置完成。

3. 设置目录页幻灯片

第1步 单击【开始】选项卡【幻灯片】组中的【新建幻灯片】下拉按钮，在弹出的下拉列表中选择【仅标题】选项，如下图所示。

第2步 插入了"仅标题"幻灯片。在【单击此处添加标题】文本框中输入"目录"文本，如下图所示。

第3步 插入横排文本框，并输入相关内容，设置【字体】为"楷体"，【字号】为"40"，【字体颜色】为"白色"，效果如下图所示。

第4步 选择输入的目录文本，添加项目符号，并设置颜色为"白色"，即可看到添加项目符号后的效果，如下图所示。

4. 制作活动概述幻灯片

第1步 插入"仅标题"幻灯片，输入标题为"活动概述"，如下图所示。

第2步 打开"素材\ch16\活动概述.txt"文档，复制其内容，然后将其粘贴到幻灯片页面中，并根据需要设置字体样式，效果如下图所示。

5. 制作议程安排幻灯片

第1步 插入"仅标题"幻灯片，输入标题为"议程安排"，如下图所示。

第2步 插入【重复蛇形流程】SmartArt 图形，并根据需要输入相关内容并设置字体样式，如下图所示。

第3步 选择最后一个形状并右击，在弹出的快捷菜单中选择【添加形状】→【在后面添加形状】选项，即可插入新形状，输入相关内容。至此，所有流程输入完毕，如下图所示。

第4步 选中重复蛇形流程图，单击【SmartArt 工具-设计】选项卡【SmartArt 样式】组中的【更改颜色】按钮，在弹出的下拉列表中选择一种颜色样式，如下图所示。

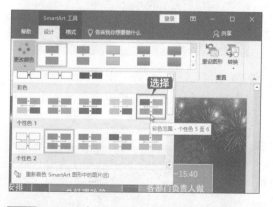

第5步 再次选中 SmartArt 图形，单击【SmartArt 样式】组右下角的【其他】按钮，在弹出的下

拉列表中选择一种样式，应用于重复蛇形流程图，如下图所示。

第6步 根据需要调整 SmartArt 图形的大小，并调整箭头的样式及粗细，效果如下图所示。

6. 制作晚宴安排幻灯片

第1步 插入"仅标题"幻灯片，输入标题为"晚宴安排"，如下图所示。

第2步 绘制图形，打开"素材\ch16\晚宴安排.txt"文档，根据文档内容在图形中输入内容，如下图所示。

7. 制作其他幻灯片

第1步 插入"仅标题"幻灯片，输入标题为"年会准备"，打开"素材\ch16\年会准备.txt"文档，将其内容复制到"年会准备"幻灯片页面，并根据需要设置字体样式，如下图所示。

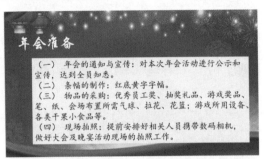

第2步 插入"仅标题"幻灯片，输入标题为"年会分工"，如下图所示。

第3步 单击【插入】选项卡【表格】组中的【表格】下拉按钮，在弹出的下拉列表中选择【插入表格】选项，如下图所示。

第4步 弹出【插入表格】对话框，设置【列数】为"2"，【行数】为"8"，单击【确定】按钮，如下图所示。

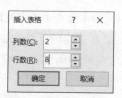

第 5 步 即可插入一个 8 行 2 列的表格，输入相关内容，如下图所示。

第 6 步 根据需要调整表格的行高，设置表格中文本的格式，并设置表格内容"垂直居中"对齐，如下图所示。

第 7 步 插入"仅标题"幻灯片，输入标题为"应急预案"，打开 "素材\ch16\应急预案.txt" 文档，将其内容复制到"应急预案"幻灯片页面，并根据需要设置字体格式，如下图所示。

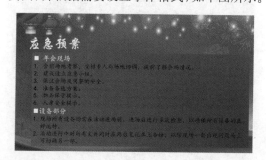

8. 制作结束页幻灯片

第 1 步 单击【开始】选项卡【幻灯片】组中的【新建幻灯片】按钮，在弹出的下拉列表中选择【空白】选项，新建"空白"页面，如下图所示。

第 2 步 单击【插入】选项卡【文本】组中的【艺术字】按钮，在弹出的下拉列表中选择一种艺术字样式。在插入的艺术字文本框中输入"谢谢大家！"文本，并设置【字号】为"96"，【字体】为"楷体"，如下图所示。

9. 添加动画和切换效果

第 1 步 选择第 1 张幻灯片，单击【切换】选项卡【切换到此幻灯片】组中的【其他】按钮，在弹出的下拉列表中选择一种切换样式，例如选择【细微】下的【覆盖】切换效果样式，如下图所示。

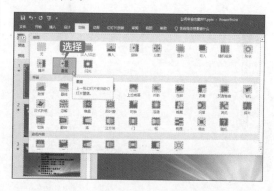

第2步 单击【切换】选项卡【切换到此幻灯片】组中的【效果选项】按钮，在弹出的下拉列表中选择【自底部】选项，设置切换效果的效果选项，如下图所示。

第3步 在【计时】组中设置【持续时间】为"02.50"，单击【应用到全部】按钮，将设置的切换效果应用至所有幻灯片，如下图所示。

第4步 选择第一张幻灯片中的标题文本，单击【动画】选项卡【动画】组中的【其他】按钮，在弹出的下拉列表中选择一种动画样式，例如，选择【进入】下的【飞入】动画效果，如下图所示。

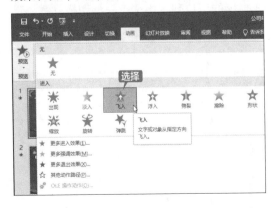

第5步 单击【动画】选项卡【动画】组中的【效果选项】按钮，在弹出的下拉列表中选择【自顶部】选项，设置动画转换的效果，如下图所示。

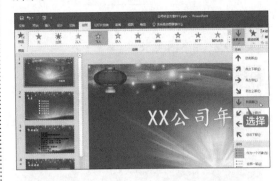

第6步 在【动画】选项卡【计时】组中设置【开始】为"上一动画之后"，【持续时间】为"01.50"，【延迟】为"00.50"，如下图所示。

第7步 即可为所选内容添加动画效果，在其前方将显示动画序号。使用同样的方法为其他文本内容、SmartArt 图形、自选图形、表格等添加动画效果。最终效果如下图所示。

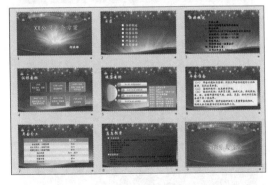

至此，就完成了公司年会方案PPT的制作。

第17章

Word/Excel/PPT 2019 在财务管理中的应用

本章导读

本章主要介绍 Word/Excel/PPT 2019 在财务管理中的应用，主要包括使用 Word 制作报价单、使用 Excel 制作现金流量表、使用 PowerPoint 制作财务支出分析报告 PPT 等。通过本章的学习，读者可以掌握 Word/Excel/PPT 2019 在财务管理中的应用。

思维导图

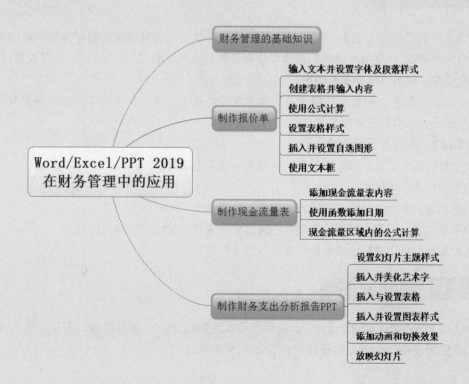

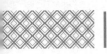

17.1 财务管理的基础知识

　　财务管理是利用价值形式对再生产过程进行的管理，是组织或企业进行资金运动管理、处理财务关系的一项综合性经济管理工作，其目的就是以最少的资金占用和消耗，获得最大的经济利益。

　　在财务管理应用中通常会遇到余额调节表、企业财务收支分析表、会计科目表、记账凭证、日记账、员工工资管理、损益表、资产负债表、现金流量表等表格的编制。使用 Office 办公软件可以在财务管理领域制作财务报告文档、各类分析报表及数据展示演示文稿。如 Word 编排文本、数据的优越性不仅表现在效率上，还表现在美观上，它可以使财务报告图文并茂。使用 Excel 则可以根据需要操纵的数据，得到所需数据的核心部分。它的计算功能省去了测试数据时的大量计算工作。使用 PowerPoint 可以制作出精美的数据分析展示 PPT，不仅美观，还能直观地反映出公司最近一段时间或各季度的财务状况。

17.2 制作报价单

　　报价单的作用就是向询价企业汇报需购买商品的准确价格信息，以便让客户及时了解所购买商品的价格，并做好购买货款准备，完成销售任务。

17.2.1 设计思路

　　报价单主要用于供应商给客户的报价，类似价格清单，是货物供应商根据询价单位的请求给出反馈的文档格式,需要清晰地表明询价单位询价的商品的单价、总价、发货方式、可发货日期、发票等详细信息，供询价单位参考使用。

　　此外，在报价单上方需要填写报价方和询价单位的基本信息，在询价单的底部需要有报价商家（单位或个人）的公章及签名等。

　　可按照以下几部分设计报价单。

　　① 报价单位基本信息，如单位名称、联系人、联系电话等。

　　② 询价单位的基本信息。

　　③ 询价商品的单价、总价、发货方式以及日期等信息。

　　④ 提示等内容，主要介绍报价事项、结算方式等需要反馈给询价单位的信息。

　　⑤ 报价单位信息，最好加盖单位公章，增加可信度。

17.2.2 知识点应用分析

　　可以使用 Word 2019 制作报价单，主要涉及以下知识点：① 设置字体、字号；② 设置段落样式；③ 绘制表格；④ 设置表格样式；⑤ 绘制文本框。

17.2.3 案例实战

制作报价单的具体操作步骤如下。

1. 输入基本信息

第1步 新建 Word 文档，并将其另存为"报价单.docx"文档，然后在文档中输入"报价单"文本，并设置其【字体】为"楷体"，【字号】为"36"，并将其设置为"居中"显示，如下图所示。

第2步 选择输入的文本，打开【段落】对话框，在【间距】选项区域中设置其【段前】为"1行"，

【段后】为"0.5行"，单击【确定】按钮，如下图所示。

第3步 即可看到设置段落样式后的效果，根据需要输入询价单位的基本信息。可以打开"素材 \ch17\ 报价单资料 .docx"文档将第一部分内容复制到"报价单 .docx"文档中，如下图所示。

第4步 根据需要设置字体和字号及段落样式，效果如下图所示。

2. 制作表格

第1步 在文档中插入一个"7×7"的表格，根据需要输入相关信息，如下图所示。

第2步 根据需要，合并表格中的第7列和第6、第7行单元格，如下图所示。

第3步 将鼠标光标定位至第6行第2列的单元格中，单击【表格工具－布局】选项卡【数据】组中的【公式】按钮，弹出【公式】对话框，在【公式】文本框中输入"=SUM(ABOVE)"，SUM 函数可在【粘贴函数】下拉列表框中选择。在【编号格式】下拉列表框中选择【0】选项，各选项设置完毕后单击【确定】按钮，便可计算出结果，如下图所示。

> **提示**
>
> 【公式】文本框：显示输入的公式，公式"=SUM(ABOVE)"表示对表格中所选单元格上面的数据求和。【编号格式】下拉列表框用于设置计算结果的数字格式。

第4步 在第7行第2列的单元格中输入"97500"的大写"玖万柒仟伍佰元整"，效果如下图所示。

第5步 根据需要调整表格的列宽和行高并设置表格内字体的大小，将表格中的内容居中显示，如下图所示。

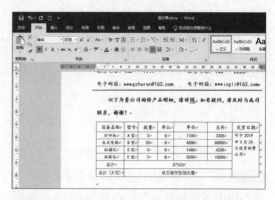

第3步 在表格下方绘制文本框，并将"素材\ch17\报价单资料.docx"文档中表格下的"备注"内容复制到绘制的文本框内，如下图所示。

3. 输入其他内容

第1步 将鼠标光标定位在表格上方文本的最后，按【Enter】键换行。在鼠标光标所在位置绘制一条横线，在【绘图工具－格式】选项卡【形状样式】组中根据需要设置线条的形状轮廓颜色及粗细，效果如下图所示。

第4步 选择插入的文本框，单击【绘图工具－格式】选项卡【形状样式】组中的【形状轮廓】按钮，在弹出的下拉列表中选择【无轮廓】选项，如下图所示。

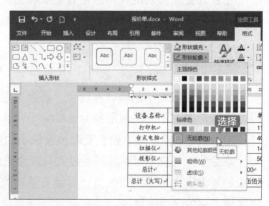

第2步 在横线下方输入"以下为贵公司询价产品明细，请详阅。如有疑问，请及时与我司联系，谢谢！"文本，并根据需要设置字

第5步 即可看到将文本框设置为"无轮廓"后的效果，根据需要设置文本框中字体的样式，如下图所示。

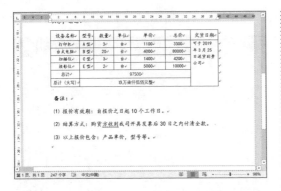

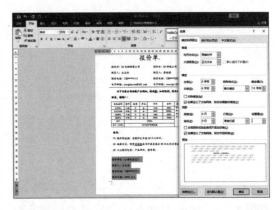

第6步 将"素材\ch17\报价单资料.docx"文档中的其他内容复制粘贴到"报价单.docx"文档最后的位置，选择新粘贴的内容并右击，在弹出的快捷菜单中选择【段落】选项，打开【段落】对话框，在【缩进】选项区域中设置【缩进值】为"15 字符"，单击【确定】按钮，如下图所示。

第7步 至此，就完成了报价单的制作，如下图所示。只需要将制作完成的文档反馈给询价单位即可。

17.3 制作现金流量表

企业现金流量表的作用通常有：反映企业现金流入和流出的原因；反映企业偿债能力；反映企业未来获利能力，即企业支付股息的能力。

17.3.1 设计思路

作为现金流量编制基础的现金，其意义包含现金和现金等价物。其中现金是指库存现金和可以随意存取而不受任何限制的各种银行存款；现金等价物是指期限短、流动性强、容易变换成已知金额的现金，并且价值变动风险较小的短期有价证券等。

现金收入与支出可称为现金流入与现金流出，现金流入与现金流出的差额称为现金净流量。企业的现金收支可分为三大类，即经营活动产生的现金流量表、投资活动产生的现金流量、筹资活动产生的现金流量。

要制作现金流量表，首先需要在工作表中根据需要输入各个项目的名称及 4 个季度对应的数据区域。然后将需要计算的区域添加底纹效果，并设置数据区域的单元格格式，如会计专用格式。最后使用公式计算现金流量区域，如现金净流量、现金及现金等价物增加净额等。

17.3.2 知识点应用分析

本节的项目现金流量表的制作，主要涉及以下知识点。

1. 工作表美化

Excel 2019 自带了许多单元格样式，用户可以快速应用，且起到美化作用。对于一些较为正式的表格，还可以增加边框，使内容显得更加整齐。同时使用冻结窗格的方法，使工作表看起来更整洁。

2. 使用 NOW( ) 函数

使用 NOW( ) 函数可以添加当前时间，从而实时记录工作表编辑者添加内容的时间。

3. 使用 SUM 函数

SUM 求和函数是最常用的函数，在本案例中可以用于合计现金流的流入和流出金额。

17.3.3 案例实战

制作现金流量表的具体操作步骤如下。

1. 制作现金流量表内容

第1步 启动 Excel 2019 应用程序，双击 "Sheet1" 工作表标签，进入标签重命名状态，输入 "现金流量表" 名称，按【Enter】键确认输入，如下图所示。

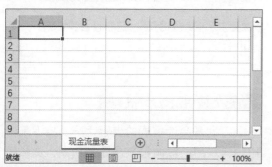

第2步 按【F12】键打开【另存为】对话框，选择文档保存的位置，在 "文件名" 文本框

中输入 "现金流量表.xlsx"，单击【保存】按钮，即可保存整个工作簿，如下图所示。

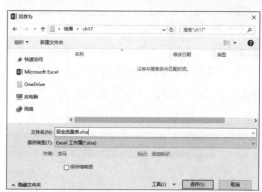

第3步 在 "现金流量表" 工作表中输入其中的各个项目，其现金流量表是以一年中的 4 个季度的现金流量为分析对象，A 列中为现金流量表的各个项目，B 列至 E 列为 4 个季度对应的数据区域，如下图所示。

第4步 接下来为"现金流量表"工作表中相应的单元格设置字体的格式并为其填充背景颜色，然后再为整个工作表添加边框和设置底纹效果，最后根据需要适当地调整列宽，设置数据的显示方式等操作，如下图所示。

第5步 选中B4:E30单元格区域，单击【开始】选项卡【数字】组中的【会计数字格式】按钮，为其应用会计专用货币格式，如下图所示。

第6步 由于表格中的项目较多，需要滚动窗

口查看或编辑时，标题行或标题列会被隐藏，这样非常不利于数据的查看，因此对于大型表格来说，可以通过冻结窗格的方法来使标题行或标题列始终显示在屏幕上，这里只需要选定B4单元格，然后在【视图】选项卡的【窗口】组中单击【冻结窗格】下拉按钮，从弹出的下拉列表中选择【冻结窗格】选项，如下图所示。

第7步 窗格冻结后，无论向右还是向下滚动窗口时，被冻结的行和列始终显示在屏幕上，同时工作表中还将显示水平和垂直冻结线，如下图所示。

2. 使用函数添加日期

日期是会计报表的要素之一，接下来介绍如何利用函数向报表中添加日期，具体操作步骤如下。

第1步 选中E2单元格，单击编辑栏中的【插入函数】按钮 fx，打开【插入函数】对话框，单击【转到】按钮，如下图所示。

第2步 弹出【函数参数】对话框,在【TEXT】选项区域中的【Value】文本框中输入"NOW()",在【Format_text】文本框中输入"e 年"",单击【确定】按钮,关闭【函数参数】对话框,如下图所示。

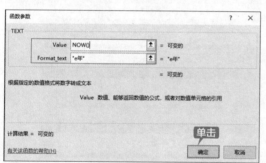

第3步 此时 E2 单元格中显示了当前公式的运算结果为"2018 年",如下图所示。

3. 现金流量区域内的公式计算

下面介绍如何计算现金流量表中的相关项目,在进行具体操作之前,首先要了解现金流量表中各项的计算公式。

- 现金流入 – 现金流出 = 现金净流量
- 经营活动产生的现金流量净额 + 投资产生的现金流量净额 + 筹资活动产生的现金流量净额 = 现金及现金等价物增加净额
- 期末现金合计 – 期初现金合计 = 现金净流量

在实际工作中,当设置好现金流量表的格式后,可以通过总账筛选或汇总相关数据,来填制现金流量表,在 Excel 中可以通过函数实现,具体操作步骤如下。

第1步 在"现金流量表"工作表的 B5:E7、B9:E12、B16:E19、B21:E23、B27:E29、B31:E33 单元格区域中分别输入表格内容,输入大量数据后的显示效果,如下图所示。

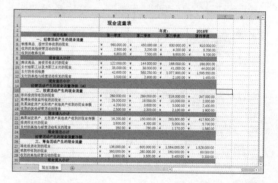

|提示|

读者可以直接复制"素材\ch17\现金流量表.xlsx"中的数据。

第2步 选中 B8:E8 单元格区域,然后在编辑栏中输入公式"=SUM(B5:B7)",然后按【Ctrl+Enter】组合键,如下图所示。

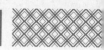

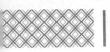

第3步 即可算出 B8:E8 单元格区域各季度的现金流入总和，如下图所示。

第4步 同理，在 B13:E13 单元格区域中，输入 "=SUM(B9:B12)" 求和公式，按【Ctrl+Enter】组合键后，计算出经营活动产生的现金流出小计，如下图所示。

第5步 根据"现金净流量 = 现金流入 – 现金流出"的计算公式，选择 B14:E14 单元格区

域，输入公式 "=B8–B13"，按【Ctrl+Enter】组合键后，即可计算出经营活动产生的现金流量净额，如下图所示。

第6步 采用同样的方法，分别设置公式计算投资与筹资活动产生的现金流入小计、现金流出小计和现金净流量，其计算结果如下图所示。

17.4 制作财务支出分析报告 PPT

本节使用 PowrPoint 2019 制作财务支出分析报告 PPT，达到完善企业财务制度、改进各部门财务管理的目的。

17.4.1 设计思路

财务支出分析报告 PPT 可以让企业领导看到企业近期的财务支出情况，能够促进公司制度的改革，制作出合理的财务管理制度。在制作财务支出分析报告 PPT 时，还需要对各部门的财务情况进行简单的分析，不仅要使各部门能够清楚地了解各自的财务情况，还要了解其他部门的财务情况。

财务支出分析报告 PPT 主要包括以下几点。

① 首页介绍幻灯片的名称、制作者信息。

② 各部门财务情况页面，列出需要对比时期内各部门的财务支出情况，最好以表格的形式列举，便于查看。

③ 对比幻灯片页面，可以根据需求从多角度进行对比，如可以按照各部门各季度的财务支出情况对比、每季度各个部门的财务支出情况对比。

④ 分析页面介绍通过各部门财务支出情况的对比可以发现什么样的问题，以及如何避免这些问题，从而健全企业的财务管理制度。

17.4.2 知识点应用分析

制作财务支出分析报告 PPT 主要涉及以下知识点。

① 插入艺术字。

② 插入与设置表格。

③ 插入并设置图表。

④ 设置动画及切换效果。

⑤ 放映幻灯片。

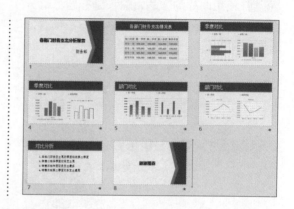

17.4.3 案例实战

使用 PowerPoint 2019 制作财务支出分析报告 PPT 的具体操作步骤如下。

1. 设置幻灯片首页

第1步 打开"素材\ch17\财务支出分析报告 PPT.pptx"文档，在"单击此处添加标题"文本框中单击，如下图所示。

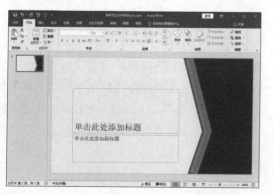

第2步 在文本框中输入"各部门财务支出分析报告"文本，并选择输入的内容，单击【绘图工具 – 格式】选项卡【艺术字样式】组中的【其他】按钮，在弹出的艺术字列表中，选择一种艺术字样式，如下图所示。

第3步 应用艺术字样式后，设置【字体】为"华文中宋"，【字号】为"54"，效果如下图所示。

第4步 使用同样的方法，输入副标题"财务部"，设置字体样式，并调整到合适位置，如下图所示。

2. 设计财务支出情况页面

第1步 单击【开始】选项卡【幻灯片】组中的【新建幻灯片】按钮，在弹出的下拉列表中选择【标题和内容】选项，如下图所示。

第2步 新建"标题和内容"幻灯片。在标题文本框中输入"各部门财务支出情况表"文本，并设置其【字号】为"48"，如下图所示。

第3步 单击【插入】选项卡【表格】组中的【表格】按钮，在弹出的下拉列表中选择【插入表格】选项，弹出【插入表格】对话框，设置【列数】为"5"，【行数】为"5"，单击【确定】按钮，如下图所示。

第4步 完成表格的插入，输入相关内容（可以打开"素材\ch17\部门财务支出表.xlsx"文档，按照表格内容输入），如下图所示。

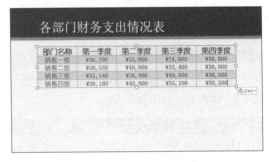

第5步 选择绘制的表格，单击【表格工具－设计】选项卡【表格样式】组中的【其他】按钮，在下拉列表中选择一种样式，即更改表格的样式，并适当地调整表格的大小，如下图所示。

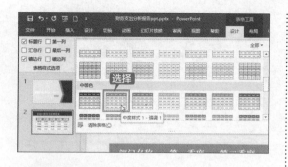

3. 设置季度对比页面

第1步 新建"比较"幻灯片，在标题占位符中输入"季度对比"，在下方的文本框中分别输入"销售一部"和"销售二部"，并分别设置文字字体样式，如下图所示。

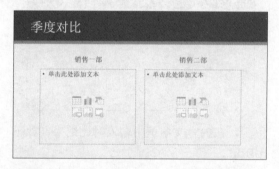

第2步 单击下方左侧文本占位符中的【插入图表】按钮，弹出【插入图表】对话框，选择要插入的图表类型，单击【确定】按钮，如下图所示。

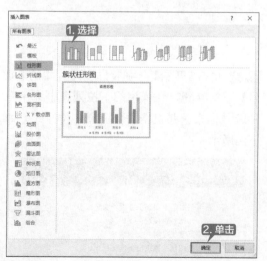

第3步 弹出【Microsoft PowerPoint 中的图

表】窗口，在其中根据第2张幻灯片中的内容输入相关数据，如下图所示。

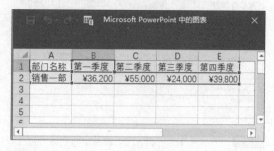

第4步 关闭【Microsoft PowerPoint 中的图表】窗口，即可看到插入图表后的效果，如下图所示。

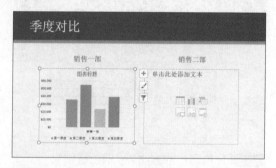

第5步 选择图表，单击【图表工具－设计】选项卡【图标布局】组中的【添加图表元素】按钮，在弹出的下拉列表中选择【图表标题】→【无】选项，如下图所示。

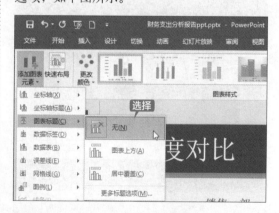

第6步 单击【图表工具－设计】选项卡【图表样式】组中的【其他】按钮，在弹出的图表样式中，选择要应用的图表样式，如下图所示。

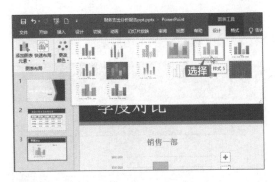

第7步 即可应用图表样式，使用同样的方法，创建销售二部图表，并设置图表样式，如下图所示。

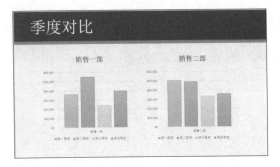

第8步 使用同样的方法，分别创建销售三部、销售四部季度对比、第一、第二季度部门对比，第三、第四季度部门对比图表，并根据需要设置图表样式，如下图所示。

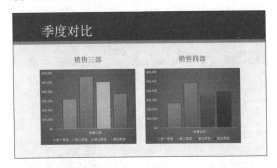

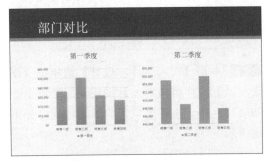

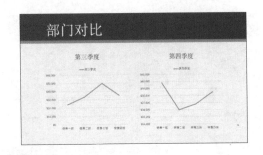

4. 设置其他页面

第1步 新建"标题和内容"幻灯片，输入标题"对比分析"，并设置字体样式，如下图所示。

第2步 在内容文本框中输入对比结果，如下图所示。

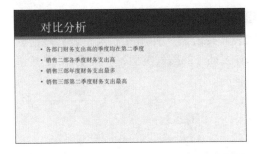

第3步 单击【开始】选项卡【段落】组中的【编号】下拉按钮，在弹出的下拉列表中选择一种编号样式，并根据需要设置字体样式，如下图所示。

第4步 新建【空白】幻灯片,插入艺术字文本框,输入"谢谢观看!"文本,并根据需要设置字体样式。完成结束页幻灯片的制作,如下图所示。

5. 添加切换效果

第1步 选择要设置切换效果的幻灯片,这里选择第1张幻灯片。单击【切换】选项卡【切换到此幻灯片】组中的【其他】按钮,在弹出的下拉列表中选择【淡入／淡出】切换效果,即可自动预览该效果,如下图所示。

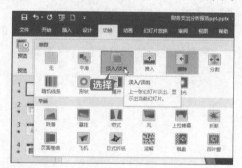

第2步 在【切换】选项卡【计时】组的【持续时间】微调框中设置【持续时间】为"01.50",如下图所示。

第3步 使用同样的方法,为其他幻灯片设置不同的切换效果,也可以单击【计时】组中

的【应用到全部】按钮将设置的切换效果应用至所有幻灯片,如下图所示。

6. 添加动画效果

第1步 选择第1张幻灯片中要创建进入动画效果的文字。单击【动画】选项卡【动画】组中的【其他】按钮,在弹出的下拉列表的【进入】下选择【飞入】选项,创建进入动画效果,如下图所示。

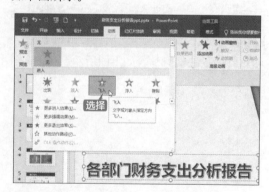

第2步 添加动画效果后,单击【动画】组中的【效果选项】按钮,在弹出的下拉列表中选择【自顶部】选项,如下图所示。

第3步 在【动画】选项卡【计时】组中设置【开始】为"单击时"，设置【持续时间】值为"02.00"，如下图所示。

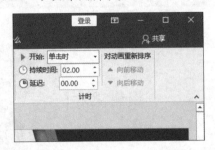

第4步 参照第 1 ~ 3 步为其他幻灯片中的内容设置不同的动画效果，如下图所示。

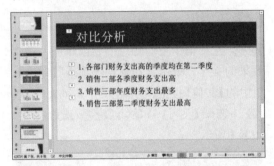

第5步 完成幻灯片制作之后，按【F5】键，即可开始放映幻灯片，如下图所示。

第6步 放映结束后可根据预览效果对制作的幻灯片进行调整，最终效果如下图所示。

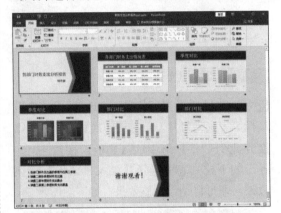

至此，完成了财务支出分析报告 PPT 的制作。将制作完成的幻灯片进行保存即可。

第18章

Word/Excel/PPT 2019 在市场营销中的应用

本章导读

本章主要介绍 Word/Excel/PPT 2019 在市场营销中的应用，主要包括使用 Word 制作产品使用说明书、使用 Excel 分析员工销售业绩、使用 PowerPoint 制作市场调查 PPT 等。通过本章的学习，读者可以掌握 Word/Excel/PPT 2019 在市场营销中的应用。

思维导图

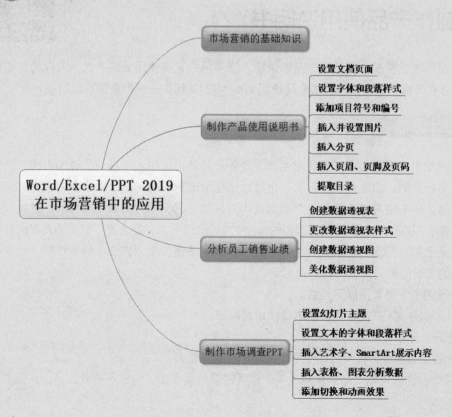

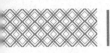

18.1 市场营销的基础知识

市场营销又称为市场学、市场行销或行销学。市场营销是在创造、沟通、传播和交换产品中，为顾客、客户、合作伙伴及整个社会带来价值的活动、过程和体系。以顾客需要为出发点，根据经验获得顾客需求量、购买力的信息及商业界的期望值，有计划地组织各项经营活动，通过相互协调一致的产品策略、价格策略、渠道策略和促销策略，为顾客提供满意的商品和服务而实现企业目标的过程。

① 价格策略主要是指产品的定价，主要考虑成本、市场、竞争等，企业根据这些情况来给产品进行定价。

② 产品策略主要是指产品的包装、设计、颜色、款式、商标等，制作特色产品，让其在消费者心目中留下深刻的印象。

③ 渠道策略是指企业选用何种渠道使产品流通到顾客手中。企业可以根据不同的情况选用不同的渠道。

④ 促销策略主要是指企业采用一定的促销手段来达到销售产品、增加销售额的目的。

在市场营销领域可以使用 Word 制作市场调查报告、市场分析及策划方案等。使用 Excel 可以对统计的数据进行分析、计算，以图表的形式直观显示。使用 PowerPoint 可以制作营销分析、推广方案 PPT 等。

18.2 制作产品使用说明书

产品使用说明书主要是介绍公司产品的说明，便于用户正确使用公司产品，可以起到宣传产品、扩大消息和传播知识的作用，本节就使用 Word 2019 制作一份产品使用说明书。

18.2.1 设计思路

产品使用说明书主要指关于那些日常生产、生活产品的说明书。产品使用说明书的产品可以是生产消费品行业的，如电视机、耳机；也可以是生活消费品行业的，如食品、药品等。主要是对某一产品的所有情况的介绍或某产品的使用方法的介绍，如介绍其组成材料、性能、存储方式、注意事项、主要用途等。产品说明书是一种常见的说明文，是生产厂家向消费者全面、明确地介绍产品名称、用途、性质、性能、原理、构造、规格、使用方法、保养维护、注意事项等内容而写的准确简明的文字材料。

产品使用说明书主要包括以下几点。

① 首页：可以是 XX 产品使用说明书或使用说明书。

② 目录部分：显示说明书的大纲。

③ 简单介绍或说明部分：可以简单地介绍产品的相关信息。

④ 正文部分：详细说明产品的使用说明，根据需要分类介绍；内容不需要太多，只需要抓

住重点部分介绍即可，最好能够图文结合。

⑤ 联系方式部分：包含公司名称、地址、电话、电子邮件等信息。

18.2.2 知识点应用分析

制作产品使用说明书主要使用以下知识点。

① 设置文档页面。

② 设置字体和段落样式

③ 添加项目符号和编号。

④ 插入并设置图片。

⑤ 插入分页。

⑥ 插入页眉、页脚及页码。

⑦ 提取目录。

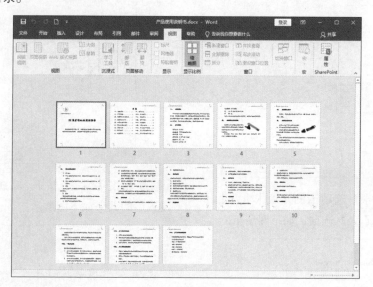

18.2.3 案例实战

使用 Word 2019 制作产品使用说明书的具体操作步骤如下。

1. 设置页面大小

第1步 打开"素材\ch18\使用说明书.docx"
文档，并将其另存为"产品使用说明书.docx"，
如下图所示。

第 2 步 单击【布局】选项卡【页面设置】组中的【页面设置】按钮，弹出【页面设置】对话框，在【页边距】选项卡下设置【上】和【下】的边距为"1.3 厘米"，【左】和【右】的边距为"1.4 厘米"，设置【纸张方向】为"横向"，如下图所示。

第 3 步 在【纸张】选项卡的【纸张大小】下拉列表中选择【A6】选项，如下图所示。

第 4 步 在【版式】选项卡的【页眉和页脚】选项区域中选中【首页不同】复选框，并设置页眉和页脚的"距边界"距离均为"1厘米"，如下图所示。

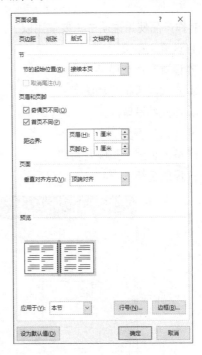

第 5 步 单击【确定】按钮，完成页面的设置，设置后的效果如下图所示。

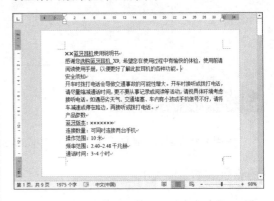

2. 设置标题样式

第 1 步 选择第 1 行的标题行，单击【开始】选项卡【样式】组中的【其他】按钮，在弹出的下拉列表中选择【标题】样式，如下图所示。

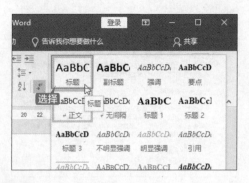

第2步 设置其【字体】为"华文行楷",【字号】为"二号",效果如下图所示。

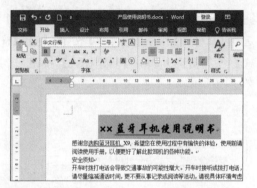

第3步 将鼠标光标定位在"安全须知"段落内,单击【开始】选项卡【样式】组中的【其他】按钮▽,在弹出的下拉列表中选择【创建样式】选项,如下图所示。

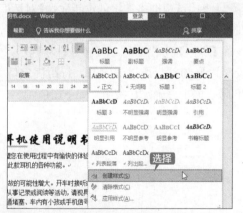

第4步 弹出【根据格式化创建新样式】对话框,在【名称】文本框中输入样式名称"一级标题",单击【修改】按钮,如下图所示。

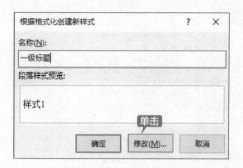

第5步 弹出【根据格式化创建新样式】对话框,在【样式基准】下拉列表中选择【无样式】选项,设置【字体】为"楷体",【字号】为"小四",单击左下角的【格式】按钮,在弹出的列表中选择【段落】选项,如下图所示。

第6步 弹出【段落】对话框,在【常规】选项区域中设置【大纲级别】为"1级",在【间距】选项区域中设置【段前】为"1行"、【段后】为"1行"、【行距】为"单倍行距",单击【确定】按钮,返回【根据格式化创建新样式】对话框,单击【确定】按钮,如下图所示。

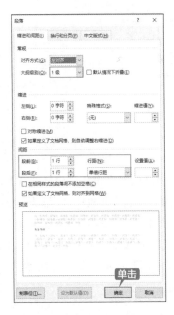

第7步 设置样式后的效果如下图所示。

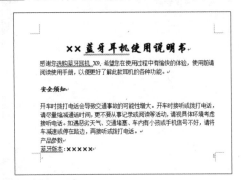

第8步 选择设置后的"安全须知"文本，单击【开始】选项卡【段落】组中的【编号】下拉按钮，在弹出的列表中选择要添加的编号样式，即可应用，如下图所示。

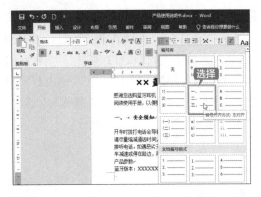

第9步 使用【格式刷】按钮，为其他标题应用"一级标题"样式，如下图所示。

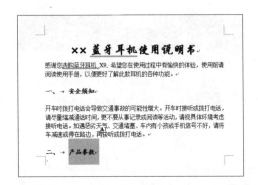

3. 设置正文字体及段落样式

第1步 选中第1段正文文字，单击【开始】选项卡【样式】组中的【样式】按钮，打开【样式】任务窗格，单击【新建样式】按钮，如下图所示。

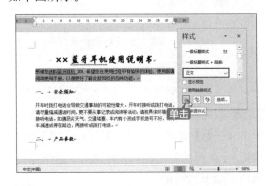

第2步 弹出【根据格式化创建新样式】对话框，在【名称】文本框中输入"正文样式"标题，设置【字体】为"楷体"、【字号】为"五号"，段落设置为首行缩进2字符，行距固定值为20磅。单击【确定】按钮，如下图所示。

第3步 即可为第1段文本内容设置段落格式，如下图所示。

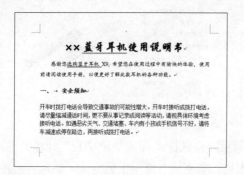

第4步 选择第2段文本内容，在【样式】窗格中选择【正文样式】样式，即可应用该样式，如下图所示。

第5步 使用同样的方法为其他文本内容应用正文样式，另外在设置过程中，如果有需要用户特别注意的地方，可以将其用特殊的字体或者颜色显示出来，如文中的"注意""提示"及"警告"文字，将其【字体颜色】设置为"红色"，并将其加粗显示，如下图所示。

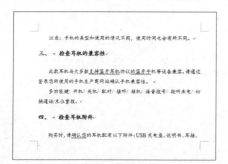

4. 添加项目符号和编号

第1步 如选中"六、耳机的基本操作"标题

下方的"开/关机"文本，单击【开始】选项卡【段落】组中的【编号】下拉按钮，在弹出的下拉列表中选择一种编号样式，如下图所示。

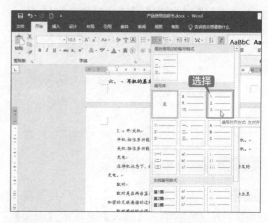

第2步 使用同样的方法为其他相关文本添加编号，如下图所示。

第3步 选中"开/关机"下的两段文本内容，单击【开始】选项卡【段落】组中的【项目符号】下拉按钮，在弹出的下拉列表中选择一种项目符号样式，如下图所示。

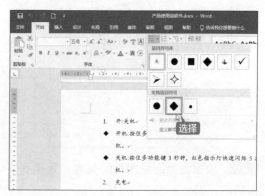

第4步 即可添加项目符号，并可根据文本情况适当调整段落格式，最终效果如下图所示。

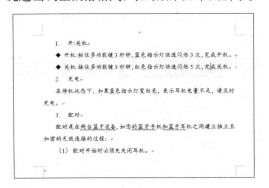

5. 插入并设置图片

第1步 将鼠标光标定位至"二、产品参数"标题下方，然后单击【插入】选项卡【图像】组中的【图片】按钮，将"素材\ch18\1.png"插入文档中，如下图所示。

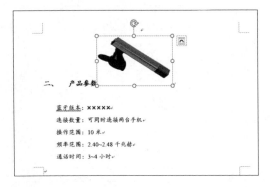

第2步 选中插入的图片，单击图片右侧显示的【布局选项】按钮，在弹出的列表中选择【四周型】选项，如下图所示。

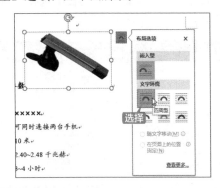

第3步 根据需要调整图片的位置，效果如下图所示。

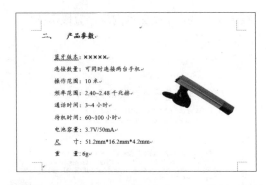

第4步 将鼠标光标定位至"五、对耳机进行充电"文本后，使用上述方法，插入"素材\ch18\2.png"图片，并适当地调整图片的布局类型、大小及位置等，效果如下图所示。

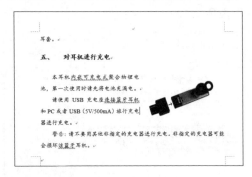

6. 插入分页、页眉和页脚

第1步 制作产品使用说明书时，需要将某些特定的内容单独一页显示，这时就需要插入分页符。将鼠标光标定位在第1段正文文本后，按【Ctrl+Enter】组合键，将前面部分内容单独在一页显示，如下图所示。

第2步 设置第一页标题的"大纲级别"为"正文"，并调整第一页的标题及内容文字的位置，

调整位置后效果如下图所示。

第3步 在第1页左上角位置插入"素材\ch18\LOGO.png"图片，设置【环绕文字】为"浮于文字上方"，并调整至合适的位置和大小，如下图所示。

第4步 在图片下方绘制文本框，输入文本"××蓝牙耳机有限公司"，设置【字体】为"楷体"，【字号】为"小五"，并将文本框的【形状轮廓】设置为"无颜色"，如下图所示。

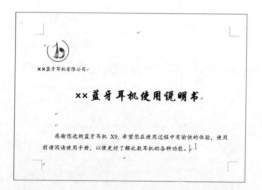

第5步 使用同样的方法，在其他需要单独一页显示的内容前插入分页符，如下图所示。

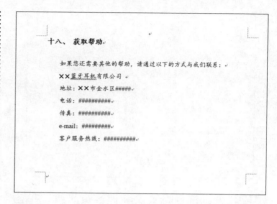

第6步 将鼠标光标定位在第2页的页眉的位置并双击，进入页眉和页脚编辑状态，在页眉的【标题】文本域中输入"产品使用说明书"，设置【字体】为"楷体"，【字号】为"小五"，将其设置为"左对齐"，如下图所示。

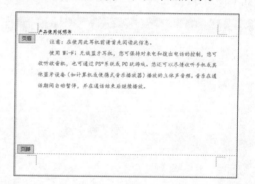

第7步 选中【页眉和页脚工具－设计】选项卡【选项】组中的【奇偶页不同】复选框，设置奇偶页不同的页眉和页脚，如下图所示。

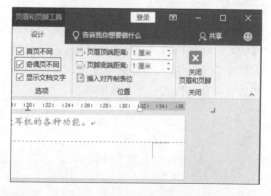

第8步 将鼠标光标定位在偶数页页眉位置，插入空白页眉，并输入相关内容，效果如下图所示。

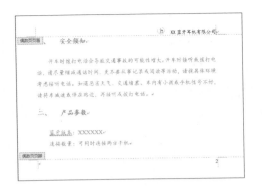

第9步 分别选择奇数页和偶数页页脚，单击【插入】选项卡【页眉和页脚】组中的【页码】按钮，在弹出的下拉列表中选择【页面底端】→【普通数字3】选项，然后单击【关闭页眉和页脚】按钮完成页眉和页脚设置，如下图所示。

7. 提取目录

第1步 将鼠标光标定位在第2页最后，按【Ctrl+Enter】键创建一个空白页，并在插入的空白页中输入"目录"文本，并根据需要设置字体的样式，如下图所示。

第2步 按【Enter】键换行，并清除新行的样式。单击【引用】选项卡【目录】组中的【目录】按钮，在弹出的下拉列表中选择【自定义目录】选项，如下图所示。

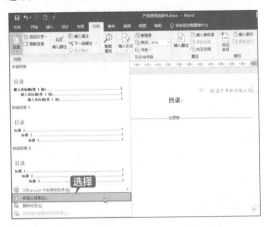

第3步 弹出【目录】对话框，在【常规】选项区域设置【格式】为"正式"，设置【显示级别】为"2"，单击【确定】按钮，如下图所示。

第4步 提取说明书目录后的效果如下图所示。

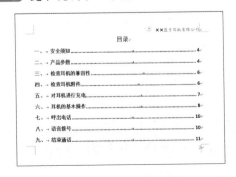

第 5 步 选择目录内容，设置其【字体】为"等线"，【字号】为"小五"，并单击【布局】选项卡【页面设置】组中的【栏】按钮，在弹出的列表中选择【两栏】选项，如下图所示。

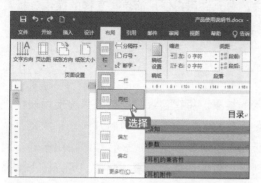

第 6 步 即可以分栏的形式显示，并根据情况调整目录及目录内容的段落行距，使显示更整齐直观，如下图所示。

更新目录的操作步骤如下。

第 1 步 检查说明书文档，根据需要对文档进行调整，尽量避免将标题显示在页面最底端，选择目录并右击，在弹出的快捷菜单中选择【更新域】选项，如下图所示。

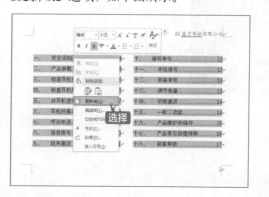

第 2 步 弹出【更新目录】对话框，选中【只更新页码】单选按钮，单击【确定】按钮，如下图所示。

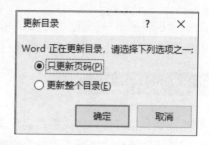

第 3 步 即可看到更新目录后的效果，如下图所示。

第 4 步 按【Ctrl+S】组合键保存制作完成的产品使用说明书文档。最后效果如下图所示。

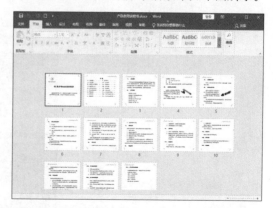

至此，就完成了产品使用说明书的制作。

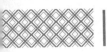

 18.3 分析员工销售业绩

数据透视表是一种快捷、强大的数据分析方法，它允许用户使用简单、直接的操作分析数据库和表格中的数据。本节就来介绍使用数据透视表分析员工销售业绩的操作。

18.3.1 设计思路

销售业绩是指开展销售业务后实现销售净收入的结果。将销售人员的销售情况使用表格进行统计，然后利用数据透视表动态地改变它们的版面布置，以便按照不同的方式分析数据，也可以重新安排行号、列标和页字段。每一次改变版面布置时，数据透视表会立即按照新的布置重新计算数据。另外，如果原始数据发生更改，则可以更新数据透视表。例如，可以按季度来分析每个员工的销售业绩，可以将员工的姓名作为列标放在数据透视表的顶端，将季度名称作为行号放在表的左侧，然后对每一个员工以季度计算销售数量，放在每个行和列的交会处。

员工销售业绩表中需要详细记录每位员工每段时间的销售情况。为了便于使用数据透视表对销售数据进行分析，最好将数据按照季度或者姓名、员工编号等以一维数据表的形式排列。

18.3.2 知识点应用分析

本节主要涉及以下知识点。
① 创建数据透视表。
② 更改数据透视表样式。
③ 创建数据透视图。
④ 美化数据透视图。

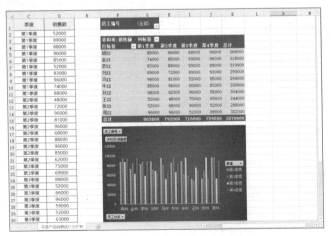

18.3.3 案例实战

使用 Excel 2019 的数据透视表分析员工销售业绩的具体操作步骤如下。

1. 创建数据透视表

第1步 打开"素材\ch18\销售业绩统计表.xlsx"工作表，选择数据区域的任意一个单元格，单击【插入】选项卡【表格】组中的【数据透视表】按钮，如下图所示。

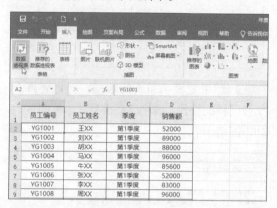

第2步 弹出【创建数据透视表】对话框，在【请选择要分析的数据】选项区域中选中【选择一个表或区域】单选按钮，单击【表/区域】文本框后的 ⬆ 按钮，如下图所示。

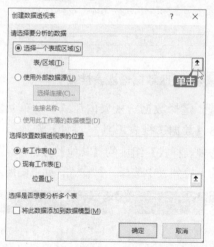

第3步 选择 A2:D41 单元格区域，单击 ⊞ 按钮，如下图所示。

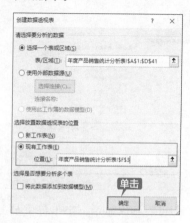

第4步 返回【创建数据透视表】对话框，在【选择放置数据透视表的位置】选项区域中选中

【现有工作表】单选按钮，并选择要放置数据透视表的位置 F3 单元格，单击【确定】按钮，如下图所示。

第5步 弹出数据透视表的编辑界面，工作表中会出现数据透视表，在其右侧是【数据透视表字段】任务窗格，如下图所示。

第6步 在【数据透视表字段】窗格中将【员工编号】拖曳至【筛选】字段列表中，将【季度】拖曳至【列】字段列表中，将【员工姓名】拖曳至【行】字段列表中，将【销售额】拖曳至【Σ值】字段列表中，即可看到创建的数据透视表，如下图所示。

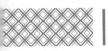

第7步 单击【列标签】后的下拉按钮▼，在弹出的下拉列表中仅选中【第1季度】和【第2季度】两个复选框。单击【确定】按钮，如下图所示。

第8步 即可看到仅显示上半年每位员工的销售情况，如下图所示。

筛选单一员工销售额的具体操作步骤如下。

第1步 单击筛选项【员工编号】后的下拉按钮▼，在弹出的下拉列表中选中【选择多项】复选框，然后选中要搜索的员工编号前的复选框，单击【确定】按钮，如下图所示。

第2步 即可看到筛选出编号为YG1006至

YG1010员工上半年的销售情况，如下图所示。

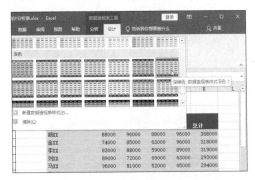

第3步 如果要显示所有的数据，只需要再次执行同样的操作，选中【全部】复选框即可，如下图所示。

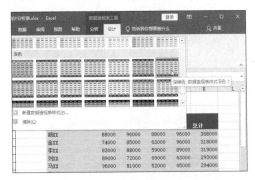

2. 更改数据透视表样式

第1步 选择数据透视表内任意一个单元格，单击【数据透视表工具－设计】选项卡【数据透视表样式】组中的【其他】按钮▼，在弹出的下拉列表中选择一种样式，如下图所示。

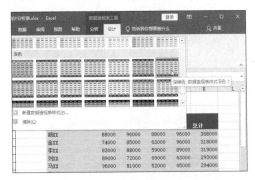

第2步 即可将选择的数据透视表样式应用到数据透视表中，如下图所示。

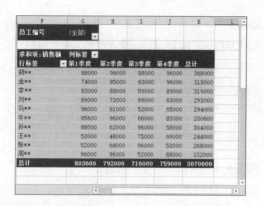

第3步 单击【数据透视表工具－分析】选项卡【活动字段】组中的【字段设置】按钮，弹出【值字段设置】对话框，在【计算类型】列表框中选择【最大值】类型，单击【确定】按钮，如下图所示。

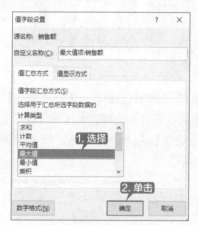

第4步 即可在【总计】行和列中分别显示第1季度或员工销售业绩的最大值，如下图所示。

3. 创建数据透视图

第1步 选择数据透视表中的任意一个单元格，

单击【插入】选项卡【图表】组中的【数据透视图】下拉按钮，在弹出的下拉列表中选择【数据透视图】选项，如下图所示。

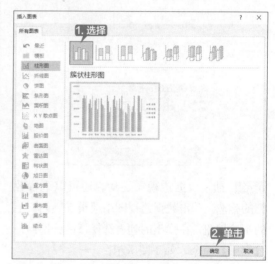

第2步 弹出【插入图表】对话框，选择【柱形图】下的【簇状柱形图】选项，单击【确定】按钮，如下图所示。

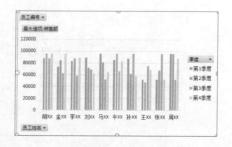

第3步 即可根据数据透视表创建数据透视图，根据情况调整数据透视图的大小及位置，如下图所示。

第4步 在【数据透视图字段】窗格中单击【求

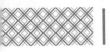

和项】后的下拉按钮，在弹出的列表中选择【值字段设置】选项，如下图所示。

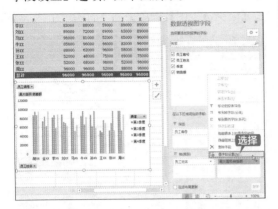

第5步 弹出【值字段设置】对话框，更改【值字段汇总方式】的【计算类型】为"求和"，单击【确定】按钮，如下图所示。

第6步 插入数据透视图之后，还可以进行数据的筛选。单击数据透视图中【员工姓名】后的下拉按钮，在弹出的列表选择【值筛选】→【大于】命令，如下图所示。

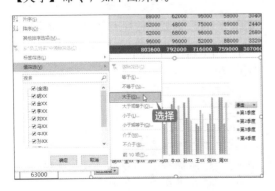

第7步 弹出【值筛选】对话框，设置值为"300000"，单击【确定】按钮，如下图所示。

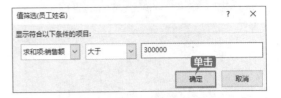

第8步 即可仅显示出年销售额大于"300000"的员工及各季度销售额，如下图所示。

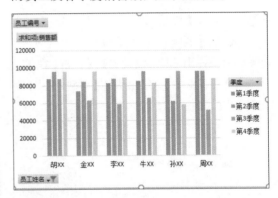

第9步 单击数据透视图中【员工姓名】后的下拉按钮，在弹出的列表中选择【值筛选】→【清除筛选】命令，即可显示所有数据，如下图所示。

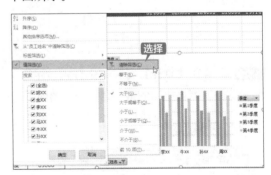

4. 美化数据透视图

第1步 选择插入的数据透视图，单击【数据透视图工具－设计】选项卡【图表样式】组中的【更改颜色】按钮，在弹出的下拉列表中选择一种颜色样式，如下图所示。

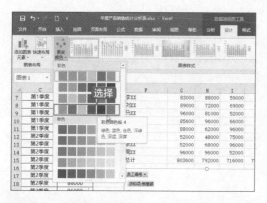

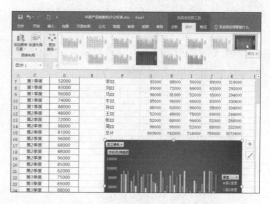

数据透视图的样式，如下图所示。

第 2 步 即可将选择的颜色应用到数据透视图中，如下图所示。

至此，就完成了使用数据透视表分析员工销售业绩的操作，最后只需要将制作完成的工作表进行保存即可，如下图所示。

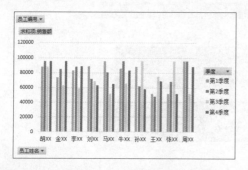

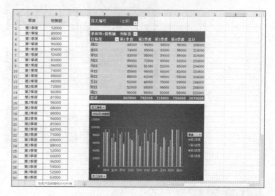

第 3 步 单击【数据透视图工具 – 设计】选项卡【图表样式】组中的【其他】按钮，在弹出的下拉列表中选择一种样式，即可更改

18.4 制作市场调查 PPT

制作市场调查 PPT 能给企业的市场经营活动提供有效的导向作用，是市场营销部门经常制作的 PPT 类型。

18.4.1 设计思路

市场调查就是收集、记录、整理和分析市场对商品的需求状况的行为。换句话说，就是用市场经济规律去分析，进行深入细致的调查研究，透过市场现象揭示市场运行的规律。市场调查 PPT 是市场调查人员以演示文稿的形式，反映市场调查内容及工作过程，并提供调查结论和建议的报告。市场调查 PPT 是市场调查研究成果的集中体现，其撰写得好与否将直接影响整个市场调查研究工作的成果质量。一份好的市场调查 PPT，能给企业的市场经营活动提供有效的导向作用，能为企业的决策提供客观依据。

一份好的市场调查 PPT 主要包括调查目的、调查对象及其情况、调查方式（如问卷式、访谈法、观察法、资料法等）、调查时间、调查内容、调查结果、调查体会七部分内容。

18.4.2 知识点应用分析

制作市场调查 PPT 主要包括以下知识点。

① 设置幻灯片主题。

② 设置文本的字体和段落样式。

③ 插入并设置艺术字。

④ 插入表格。

⑤ 插入图表。

⑥ 插入 SmartArt 图形。

⑦ 设置切换及动画效果。

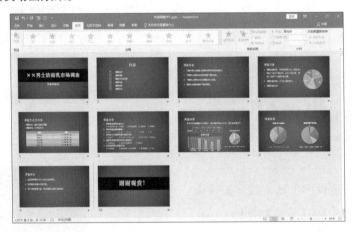

18.4.3 案例实战

制作市场调查 PPT 的具体操作步骤如下。

1. 设置幻灯片主题

第1步 启动 PowerPoint 2019，进入新建界面，在模板和主题列表中，选择要应用的模板和主题，如这里选择【红色射线演示文稿（宽屏）】选项，如下图所示。

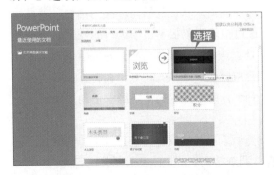

第2步 即可创建相应的演示文稿，如下图所示。

第3步 单击【设计】选项卡【变体】组中的【其他】按钮▽，在弹出的下拉列表中选择【颜色】→【蓝色Ⅱ】主题色，如下图所示。

第4步 即可改变幻灯片主题颜色，效果如下图所示。

2. 制作幻灯片首页

第1步 在左侧幻灯片窗格中选择第 2 ～ 12 张幻灯片，按【Delete】键，将所选幻灯片删除，如下图所示。

第2步 选择第 1 张幻灯片，在【标题布局】文本占位符中输入标题"××男士洁面乳市场调查"文本，如下图所示。

第3步 选择输入的标题文本，单击【绘图工具－格式】选项卡【艺术字样式】组中的【其他】按钮，在弹出的下拉列表中选择一种艺术字样式，如下图所示。

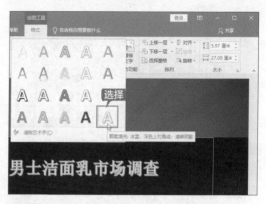

第4步 即可为文字应用艺术字样式，并设置【字体】为"汉仪中宋简"，【字号】为"66"，效果如下图所示。

第5步 在【副标题】文本占位符中输入"市场营销部"文本，并根据需要设置文字的样式并调整文本占位符的位置，效果如下图所示。

3. 制作目录幻灯片

第1步 单击【开始】选项卡【幻灯片】组中的【新建幻灯片】按钮，在弹出的下拉列表中选择【仅标题】选项，如下图所示。

第2步 新建"仅标题"幻灯片。在标题文本占位符中输入"目录"文本，设置【字体】为"微软雅黑"，【字号】为"48"，设置对齐方式为"居中"对齐，并根据需要调整标题文本框的位置，如下图所示。

第3步 绘制横排文本框，并输入目录内容，可以打开"素材\ch18\市场调查.txt"文档，将"目录"下的内容复制到目录幻灯片中，如下图所示。

第4步 设置目录文本的【字体】为"幼圆"，【字号】为"24"，【行距】为"1.5倍行距"，如下图所示。

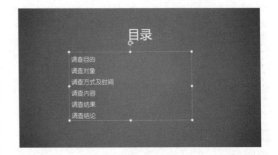

第5步 单击【插入】→【插图】→【图标】按钮，在弹出的【插入图标】对话框中选择要插入的图标，如在【商业】类别中选择一种图标，并单击【插入】按钮，如下图所示。

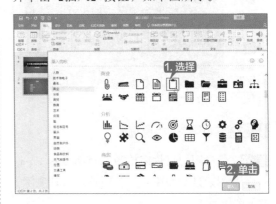

第6步 插入图标后，设置图标的大小和填充颜色，效果如下图所示。

第7步 使用同样的方法在其他内容前添加图标，并调整位置，效果如下图所示。

4. 制作调查目的和调查对象页面

第1步 新建"标题和内容"幻灯片，输入标题"调查目的"，如下图所示。

第2步 在打开的"市场调查.txt"文档中将"调查目的"下的内容复制到幻灯片中，并设置【字体】为"幼圆"，【字号】为"24"，【行距】为"1.5倍行距"，并根据需要调整文本框的位置，如下图所示。

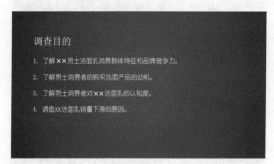

第3步 新建"标题和内容"幻灯片，输入标题"调查对象"。根据需要设置标题样式，然后输入"市场调查.txt"文档中的相关内容，如下图所示。

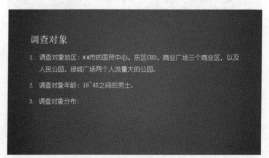

第4步 单击【插入】选项卡【插图】组中的【图表】按钮，如下图所示。

第5步 弹出【插入图表】对话框，在左侧列表中选择【饼图】选项，在右侧选择一种饼图样式，单击【确定】按钮，如下图所示。

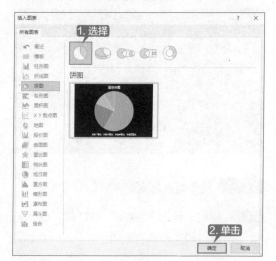

第6步 即可在"调查对象"幻灯片中插入饼图图表，并打开【Microsoft PowerPoint 中的图表】窗口，在其中输入下图所示的内容，然后单击【关闭】按钮将其关闭，如下图所示。

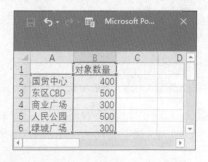

第7步 即可完成饼图的插入，单击【图表工具－设计】选项卡【图表布局】组中的【快速布局】下拉按钮，在弹出的下拉列表中选

择【布局1】样式，如下图所示。

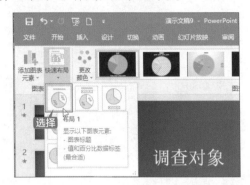

第8步 删除图表标题，并调整文本框和图表的位置，效果如下图所示。

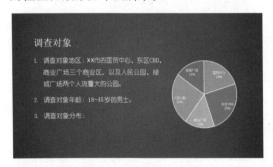

5. 制作调查方式及时间幻灯片

第1步 新建"标题和内容"幻灯片，输入标题"调查方式及时间"。根据需要设置标题样式，然后输入"市场调查.txt"文档中"调查方式及时间"的相关内容，如下图所示。

第2步 插入一个2×6的表格，并输入相关内容，然后适当地调整表格的大小，如下图所示。

第3步 选择表格内容，分别对表头和表格内容设置字体和字号，然后调整表格的行高和列宽，效果如下图所示。

第4步 选择插入的表格，在【表格工具－设计】选项卡【表格样式】组中更改表格的样式，并根据需要调整表格中文本的字体大小，效果如下图所示。

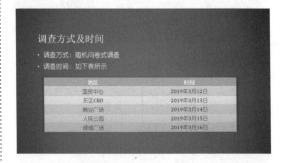

6. 制作其他幻灯片

第1步 新建"标题和内容"幻灯片，输入标题"调查内容"，并输入"市场调查.txt"文档中的相关内容，设置字体样式，效果如下图所示。

第2步 使用同样的方法制作"调查结果"幻灯片，效果如下图所示。

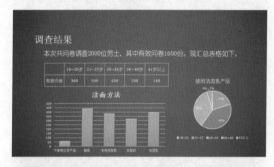

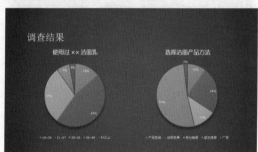

第3步 制作"调查结论"幻灯片，效果如下图所示。

第4步 新建"标题"幻灯片，插入艺术字"谢谢观赏！"，并根据需要调整字体、字号及字体样式等，效果如下图所示。

7. 添加切换和动画效果

第1步 选择要设置切换效果的幻灯片，这里选择第1张幻灯片，单击【切换】选项卡【切换到此幻灯片】组中的【其他】按钮，在弹出的下拉列表中选择【华丽】下的【百叶窗】效果，即可自动预览该效果，如下图所示。

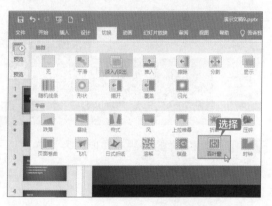

第2步 单击【切换】选项卡【切换到此幻灯片】组中的【效果选项】按钮，在弹出的下拉列表中选择【水平】选项，设置"水平百叶窗"切换效果，如下图所示。

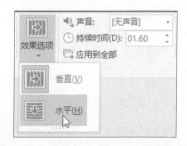

第3步 在【切换】选项卡【计时】组的【持续时间】微调框中设置【持续时间】为"02.25"。单击【计时】组中的【应用到全部】按钮将设置的切换效果应用至所有幻灯片，如下图所示。

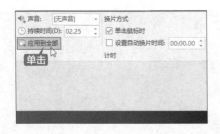

第4步 选择第1张幻灯片中要创建进入动画效果的文字。单击【动画】选项卡【动画】组中的【其他】按钮，在弹出的下拉列表中选择【进入】下的【飞入】选项，创建进入动画效果，如下图所示。

第5步 使用同样的方法为其他内容设置动画

效果，如下图所示。

第6步 至此，就完成了市场调查 PPT 幻灯片的制作，效果如下图所示。按【F12】键保存演示文稿即可，如下图所示。

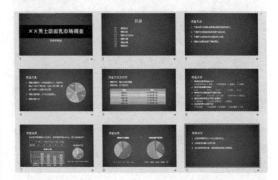

第**5**篇

办公秘籍篇

本篇主要介绍 Office 的办公秘籍。通过本篇的学习，读者可以掌握办公中必备的技能及 Office 组件间的协作等操作。

第19章

办公中必备的技能

● **本章导读**

打印机是自动化办公中不可缺少的组成部分，是重要的输出设备之一。具备办公管理所需的知识与经验，能够熟练操作常用的办公器材是十分必要的。本章主要介绍连接并设置打印机、打印 Word 文档、打印 Excel 表格、打印 PowerPoint 演示文稿的方法。

● **思维导图**

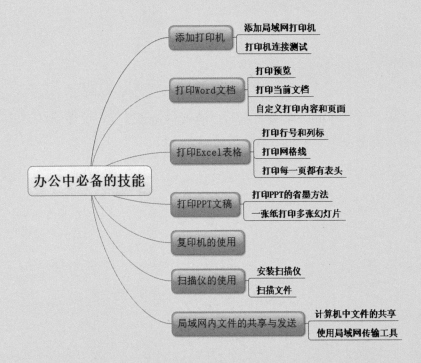

19.1 添加打印机

打印机是自动化办公中不可缺少的一个组成部分，是重要的输出设备之一。通过打印机，用户可以将在计算机中编辑好的文档、图片等资料打印输出到纸上，从而方便将资料进行存档、报送及做其他用途。

19.1.1 添加局域网打印机

连接打印机后，计算机如果没有检测到新硬件，可以通过安装打印机的驱动程序的方法添加局域网打印机，具体操作步骤如下。

第1步 在【开始】按钮上右击，在弹出的快捷菜单中选择【控制面板】选项，打开【控制面板】窗口，单击【硬件和声音】下的【查看设备和打印机】链接，如下图所示。

第2步 弹出【设备和打印机】窗口，单击【添加打印机】按钮，如下图所示。

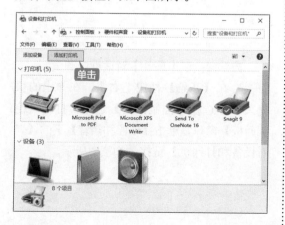

第3步 即可打开【添加设备】对话框，系统会自动搜索网络内的可用打印机，选择搜索到的打印机名称，单击【下一步】按钮，如下图所示。

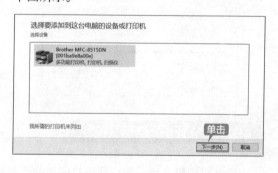

| 提示 |

如果需要安装的打印机不在列表内，可单击下方的【我所需的打印机未列出】链接，在打开的【按其他选项查找打印机】对话框中选择其他的打印机，如下图所示。

第4步 将会弹出【添加设备】对话框，进行打印机连接，如下图所示。

第5步 即可提示打印机安装完成。如果需要打印测试页看打印机是否安装完成，单击【打印测试页】按钮，即可打印测试页。单击【完成】按钮，就完成了打印机的安装，如下图所示。

第6步 在【设备和打印机】窗口中，用户可以看到新添加的打印机，如下图所示。

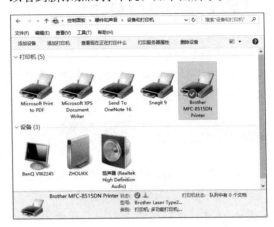

> **提示**
>
> 如果有驱动光盘，直接运行光盘，双击 Setup.exe 文件即可。

19.1.2 打印机连接测试

安装打印机之后，需要测试打印机的连接是否有误，最直接的方式就是打印测试页。

方法 1：安装驱动过程中测试

安装启动的过程中，在提示打印机安装成功界面单击【打印测试页】按钮，如果能正常打印，就表示打印机连接正常，单击【完成】按钮完成打印机的安装，如下图所示。

> **提示**
>
> 如果不能打印测试页，表明打印机安装不正确，可以通过检查打印机是否已开启、打印机是否在网络中及重装驱动来排除故障。

方法 2：在【属性】对话框中测试

第1步 在【开始】按钮上右击，在弹出的快捷菜单中选择【控制面板】选项，打开【控制面板】窗口，单击【硬件和声音】下的【查看设备和打印机】链接，如下图所示。

第3步 弹出【属性】对话框，在【常规】选项卡下单击【打印测试页】按钮，如果能够正常打印，就表示打印机连接正常，如下图所示。

第2步 弹出【设备和打印机】窗口，在要测试的打印机上右击，在弹出的快捷菜单中选择【打印机属性】命令，如下图所示。

19.2 打印 Word 文档

文档打印出来可以方便用户进行备档或传阅。本节讲述 Word 文档打印的相关知识。

19.2.1 打印预览

在进行文档打印之前，最好先使用打印预览功能查看即将打印文档的效果，以免出现错误，浪费纸张。

打开"素材\ch19\ 培训资料.docx"文档。选择【文件】→【打印】选项，在右侧即可显示打印预览效果，如下图所示。

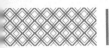

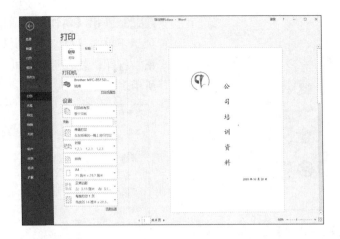

19.2.2 打印当前文档

当用户在打印预览中对所打印文档的效果感到满意时，就可以对文档进行打印，具体操作步骤如下。

第1步 在打开的"培训资料.docx"文档中选择【文件】→【打印】选项，在右侧【打印机】下拉列表中选择打印机，如下图所示。

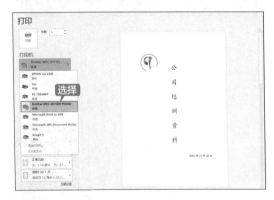

第2步 在【设置】选项区域中单击【打印所有页】下拉按钮，在弹出的下拉列表中选择【打印所有页】选项，如下图所示。

第3步 在【份数】微调框中设置需要打印的份数，如这里输入"3"，单击【打印】按钮即可打印当前文档，如下图所示。

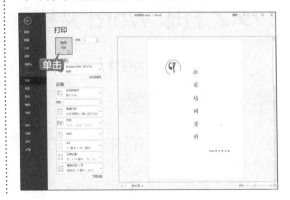

19.2.3 自定义打印内容和页面

打印文本内容时，并没有要求一次至少要打印一张。有的时候可以只打印所需要的，而不打印那些无用的内容。

1. 自定义打印内容

第1步 在打开的"培训资料.docx"文档中选择要打印的文档内容，如下图所示。

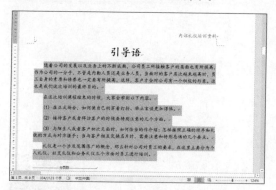

第2步 选择【文件】→【打印】选项，在右侧【设置】选项区域中单击【打印所有页】下拉按钮，在弹出的下拉列表中选择【打印选定区域】选项。设置要打印的份数，单击【打印】按钮 即可进行打印，如下图所示。

| 提示 |

打印后，就可以看到仅打印出了所选择的文本内容。

2. 打印当前页面

第1步 在打开的文档中，将光标定位至要打印的 Word 页面，如下图所示。

第2步 选择【文件】选项卡，在左侧选择【打印】选项，在右侧【设置】选项区域中单击【打印所有页】下拉按钮，在弹出的下拉列表中选择【打印当前页面】选项，单击【打印】按钮 即可进行打印，如下图所示。

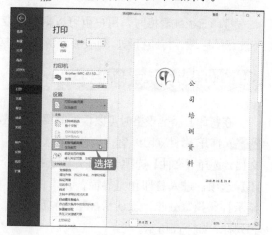

3. 打印连续或不连续页面

在打开的文档中，选择【文件】选项卡，在左侧选择【打印】选项，在下方的【页数】文本框中输入要打印的页码，如"2～4，6"，即表示打印第2～4页和第6页内容，此时【页码】文本框上侧的选项则变为【自定义打印范围】，单击【打印】按钮即可打印所选页码内容，如下图所示。

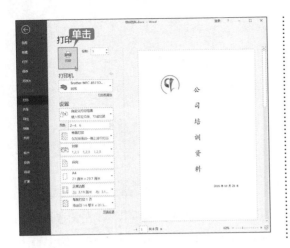

提示

连续页码可以使用英文半角连接符，不连续的页码可以使用英文半角逗号分隔。

19.3 打印Excel表格

打印 Excel 表格时，用户也可以根据需要设置 Excel 表格的打印方法，如在同一页面打印不连续的区域、打印行号、列表或者每页都打印标题行等。

19.3.1 打印行号和列标

在打印 Excel 表格时可以根据需要将行号和列标打印出来，具体操作步骤如下。

第1步 打开"素材\ch19\客户信息管理表.xlsx"文档，选择【文件】选项卡，在左侧选择【打印】选项，进入打印预览界面，在右侧即可显示打印预览效果。默认情况下不打印行号和列标，如下图所示。

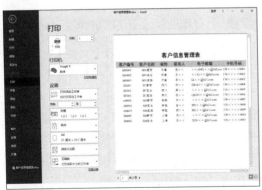

第2步 单击【设置】选项区域中的【页面设置】超链接，弹出【页面设置】对话框，在【工作表】选项卡下【打印】选项区域中选中【行和列标题】复选框，单击【确定】按钮，

如下图所示。

第3步 在预览区域即可看到添加行和列标题后的打印预览效果，如下图所示。

	A	B	C	D	E	F
1				客户信息管理表		
2	客户编号	客户名称	省份	联系人	电子邮箱	手机号码
3	HN001	HN商贸	河南	张××	××ANG××@163.cor	138×××0001
4	HN002	HN实业	河南	王××	××G××@163.com	138×××0002
5	HN003	HN装饰	河南	李××	LI××@163.com	138×××0003
6	SC001	SC商贸	四川	赵××	ZHAO××@163.com	138×××0004
7	SC002	SC实业	四川	周××	×××@163.com	138×××0005
8	SC003	SC装饰	四川	钱××	QIAN××@163.com	138×××0006
9	AH001	AH商贸	安徽	朱××	×××@163.com	138×××0007
10	AH002	AH实业	安徽	金××	JIN××@163.com	138×××0008
11	AH003	AH装饰	安徽	胡××	HU××@163.com	138×××0009
12	SH001	SH商贸	上海	马××	×××@163.com	138×××0010
13	SH002	SH实业	上海	孙××	SUN××@163.com	138×××0011

19.3.2 打印网格线

在打印 Excel 表格时默认情况下不打印网格线，如果表格中没有设置边框，可以在打印时将网格线显示出来，具体操作步骤如下。

第1步 在打开的素材文件中，再次打开【页面设置】对话框，在【工作表】选项卡【打印】选项区域中选中【网格线】单选按钮，单击【确定】按钮，如下图所示。

第2步 在预览区域即可看到添加网格线后的

打印预览效果，如下图所示。

	A	B	C	D	E	F
1				客户信息管理表		
2	客户编号	客户名称	省份	联系人	电子邮箱	手机号码
3	HN001	HN商贸	河南	张××	××ANG××@163.cor	138×××0001
4	HN002	HN实业	河南	王××	××G××@163.com	138×××0002
5	HN003	HN装饰	河南	李××	LI××@163.com	138×××0003
6	SC001	SC商贸	四川	赵××	ZHAO××@163.com	138×××0004
7	SC002	SC实业	四川	周××	×××@163.com	138×××0005
8	SC003	SC装饰	四川	钱××	QIAN××@163.com	138×××0006
9	AH001	AH商贸	安徽	朱××	×××@163.com	138×××0007
10	AH002	AH实业	安徽	金××	JIN××@163.com	138×××0008
11	AH003	AH装饰	安徽	胡××	HU××@163.com	138×××0009
12	SH001	SH商贸	上海	马××	×××@163.com	138×××0010
13	SH002	SH实业	上海	孙××	SUN××@163.com	138×××0011

| 提示 |

选中【单色打印】复选框可以以灰度的形式打印工作表。选中【草稿质量】复选框可以节约耗材、提高打印速度，但打印质量会降低。

19.3.3 打印每一页都有表头

如果工作表中内容较多，那么除了第 1 页外，其他页面都不显示标题行。设置每页都打印标题行的具体操作步骤如下。

第1步 在打开的素材文件中，单击【文件】→【打印】页面中打印预览区域下的【下一页】按钮，可以看到第2页不显示标题行，如下图所示。

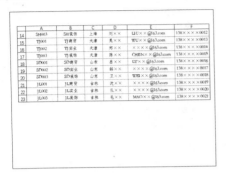

第2步 返回工作表操作界面，单击【页面布局】选项卡【页面设置】组中的【打印标题】按钮，如下图所示。

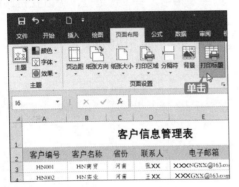

第3步 打开【页面设置】对话框，在【工作表】选项卡【打印标题】选项区域中单击【顶端标题行】右侧的按钮，如下图所示。

第4步 弹出【页面设置－顶端标题行:】对话框，选择第1行至第2行，单击按钮，如下图所示。

第5步 返回【页面设置】对话框，单击【打印预览】按钮，如下图所示。

第6步 在打印预览界面选择"第2页"，即可看到第2页上方显示的标题行，如下图所示。

| 提示 |

使用同样的方法还可以在每页都打印左侧标题列。

19.4 打印PPT文稿

常用的 PPT 演示文稿打印主要包括打印当前幻灯片、灰度打印及在一张纸上打印多张幻灯片等。

19.4.1 打印 PPT 的省墨方法

幻灯片通常是彩色的，并且内容较少。在打印幻灯片时，以灰度的形式打印可以省墨。设置灰度打印 PPT 演示文稿的具体操作步骤如下。

第1步 打开"素材\ch19\推广方案.pptx"文档，如下图所示。

第2步 选择【文件】选项卡，在左侧选择【打印】选项，在【设置】选项区域中单击【颜色】下拉按钮，在弹出的下拉列表中选择【灰度】选项，如下图所示。

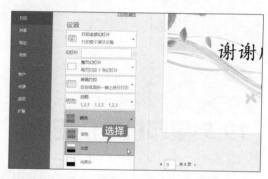

第3步 此时可以看到右侧的预览区域幻灯片以灰度的形式显示，如下图所示。

19.4.2 一张纸打印多张幻灯片

在一张纸上打印多张幻灯片，可以节省纸张，具体操作步骤如下。

第1步 在打开的"推广方案.pptx"演示文稿中选择【文件】选项卡，在左侧选择【打印】选项，在【设置】选项区域中单击【整页幻灯片】下拉按钮，在弹出的下拉列表中选择【6张水平放置的幻灯片】选项，设置每张纸打印 6 张幻灯片，如下图所示。

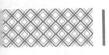

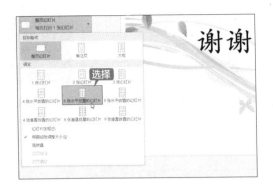

第2步 此时可以看到右侧的预览区域一张纸上显示了6张幻灯片，如下图所示。

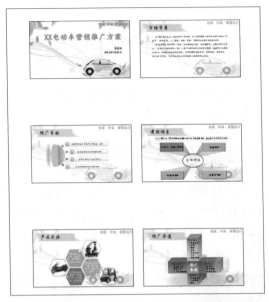

19.5 复印机的使用

复印机是从书写、绘制或印刷的原稿得到等倍、放大或缩小的复印品的设备。复印机复印的速度快，操作简便，与传统的铅字印刷、蜡纸油印、胶印等的主要区别是无须经过其他制版等中间手段，而能直接从原稿获得复印品，复印份数不多时较为经济。复印机发展的总体趋势为从低速到高速、从黑白过渡到彩色（数码复印机与模拟复印机的对比）。至今，复印机、打印机、传真机已融为一体。

19.6 扫描仪的使用

扫描仪的作用是将稿件上的图像或文字输入计算机中。如果是图像，则可以直接使用图像处理软件进行加工；如果是文字，则可以通过 OCR 软件，把图像文本转化为计算机能识别的文本文件，这样可以节省把字符输入计算机中的时间，大大提高输入速度。

目前，许多类型的办公和家用扫描仪均配有 OCR 软件，如紫光的扫描仪配备了紫光

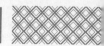

OCR，中晶的扫描仪配备了尚书 OCR，Mustek 的扫描仪配备了丹青 OCR 等。扫描仪与 OCR 软件共同承担着从文稿的输入到文字识别的全过程。

通过扫描仪和 OCR 软件，就可以对报纸、杂志等媒体上刊载的有关文稿进行扫描，随后进行 OCR 识别（或存储成图像文件，留待以后进行 OCR 识别），将图像文件转换成文本文件或 Word 文件进行存储。

1. 安装扫描仪

扫描仪的安装与安装打印机类似，但不同接口的扫描仪安装方法不同。如果扫描仪的接口是 USB 类型的，用户需要在【设备管理器】中查看 USB 装置是否工作正常，然后再安装扫描仪的驱动程序，之后重新启动计算机，并用 USB 连线把扫描仪接好，随后计算机就会自动检测到新硬件。

查看 USB 装置是否正常的具体操作步骤如下。

第1步 在计算机桌面的【此电脑】图标上右击，在弹出的快捷菜单中选择【属性】命令，如下图所示。

第2步 弹出【系统】窗口，单击【设备管理器】链接，如下图所示。

第3步 弹出【设备管理器】窗口，展开【通用串行总线控制器】列表，查看 USB 设备是否正常工作，如果有问号或叹号都是不能正常工作的提示，如下图所示。

> **| 提示 |**
>
> 如果扫描仪是并口类型的，在安装扫描仪之前，用户需要进入 BIOS，在【I/O DeviceConfiguration】下把并口的模式设置为【EPP】，然后连接好扫描仪，并安装驱动程序即可。安装扫描仪驱动的方法和安装打印机的驱动方法类似，这里就不再赘述。

2. 扫描文件

扫描文件先要启动扫描程序，再将要扫描的文件放入扫描仪中，运行扫描仪程序。

单击【开始】按钮，在弹出的开始菜单中选择【所有应用】→【Windows 附件】→【Windows 传真和扫描】命令，打开【Windows 传真和扫描】对话框，单击【新扫描】按钮即可，如下图所示。

19.7 局域网内文件的共享与发送

　　组建局域网，无论是什么规模什么性质的，最重要的就是实现资源的共享与传送，这样可以避免使用移动硬盘进行资源传递带来的麻烦。本节主要讲解如何共享文件夹资源及在局域网内使用传输工具传输文件。

19.7.1 计算机中文件的共享

　　将文件夹设置为共享文件夹，同一局域网的其他用户可直接访问该文件夹。共享文件夹的具体操作步骤如下。

第1步 选择需要共享的文件夹并右击，在弹出的快捷菜单中选择【属性】命令，如下图所示。

第2步 弹出【属性】对话框，选择【共享】选项卡，单击【共享】按钮，如下图所示。

第3步 弹出【选择要与其共享的用户】对话框，单击【添加】左侧的下拉按钮，选择要与其共享的用户。本实例选择每一个用户【Everyone】选项，然后单击【添加】按钮，

再单击【共享】按钮，如下图所示。

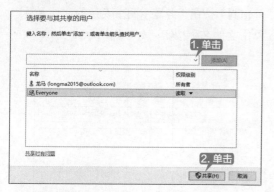

| 提示 |

文件夹共享之后，局域网内的其他用户可以访问该文件夹，并能够打开共享文件夹内部的文件。此时，其他用户只能读取文件，不能对文件进行修改。如果希望同一局域网内的用户可以修改共享文件夹中文件的内容，那么可以在添加用户后，选择该组用户并右击，在弹出的快捷菜单中选择【读取/写入】选项，如下图所示。

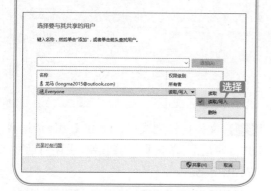

第4步 打开【你的文件夹已共享】对话框，单击【完成】按钮，成功将文件夹设为共享文件夹，如下图所示。

第5步 同一局域网内的其他用户就可以在【此电脑】的地址栏中输入"\\ZHOUKK-PC"（共享文件的存储路径），系统自动跳转到共享文件夹的位置，如下图所示。

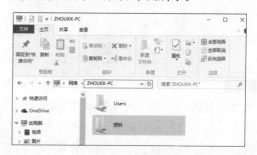

| 提示 |

在"\\ZHOUKK-PC"中，"\\"是指路径引用的意思，"ZHOUKK-PC"是指计算机名，而"\"是指根目录，如"L:\软件"就是指本地磁盘（L:）下的"软件"文件夹。地址栏中输入的"\\ZHOUKK-PC"会根据计算机名称的不同而不同。用户还可以直接输入计算机的IP地址，如果共享文件夹的计算机IP地址为192.168.1.105，则可以直接在地址栏中输入"\\192.168.1.105"。

19.7.2 使用局域网传输工具

共享文件夹允许同局域网的其他用户访问，虽然可以达到文件共享的作用，但是存在诸多不便因素，如其他用户可能会不小心改写了文件、修改文件不方便等。而在日常办公中，传输文件工具也较为常用，如利用飞鸽传书工具在局域网内可以快速传输文件，使用起来非常简单。使用飞鸽传书工具在局域网传输文件的具体操作步骤如下。

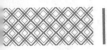
1. 发送文件

使用飞鸽传书工具发送文件的具体操作步骤如下。

第1步 在桌面上双击飞鸽传输图标，打开飞鸽传书页面，如下图所示。

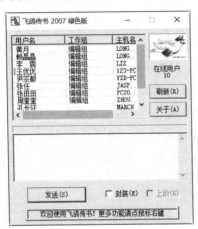

第2步 选择需要传书的文件，将其拖曳到飞鸽传书页面窗口中，选择需要传输到的同事姓名，单击【发送】按钮，即可将文件传输到该同事。同事收到文件后，会弹出"信封已经被打开"的提示，单击【确定】按钮，即可完成文件的传输，如下图所示。

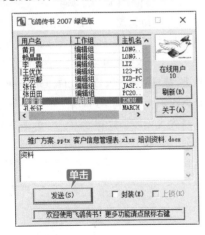

2. 接收文件

使用飞鸽传书工具接收文件的具体操作步骤如下。

第1步 接收文件时，首先会弹出飞鸽传书的

【收到消息】对话框，显示发送者信息。单击【打开信封】按钮，会显示同事发送的文件名称，单击文件名称按钮，如下图所示。

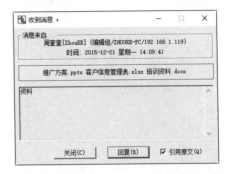

第2步 打开【保存文件】对话框，选择将要保存的文件路径，单击【保存】按钮，如下图所示。

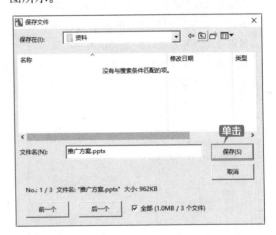

第3步 文件传输完成后，弹出【文件传送成功！】对话框，单击【关闭】按钮，关闭对话框，如下图所示。

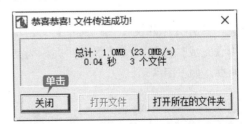

┃ 提示 ┃┄┄┄┄┄┄┄┄

单击【打开文件】按钮，可以直接打开同事传送的文件。

◇ 节省办公耗材——双面打印文档

打印文档时，可以将文档在纸张上双面打印，节省办公耗材。设置双面打印文档的具体操作步骤如下。

第1步 打开"培训资料.docx"文档，选择【文件】选项卡，在界面左侧选择【打印】选项，进入打印预览界面，如下图所示。

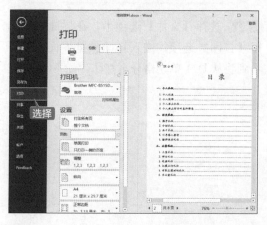

第2步 在【设置】选项区域中单击【单面打印】下拉按钮，在弹出的下拉列表中选择【双面打印】选项。然后选择打印机并设置打印份数，单击【打印】按钮，即可双面打印当前文档，如下图所示。

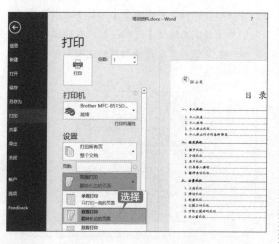

| 提示 |

双面打印包含【翻转长边的页面】和【翻转短边的页面】两个选项。选择【翻转长边的页面】选项，打印后的文档便于按长边翻阅；选择【翻转短边的页面】选项，打印后的文档便于按短边翻阅。

◇ 将打印内容缩放到一页上

打印 Word 文档时，可以将多个页面上的内容缩放到一页上打印，具体操作步骤如下。

第1步 打开"培训资料.docx"文档，选择【文件】选项卡，在界面左侧选择【打印】选项，进入打印预览界面，如下图所示。

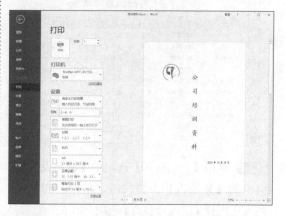

第2步 在【设置】选项区域中单击【每版打印1页】下拉按钮，在弹出的下拉列表中选择【每版打印8页】选项。然后设置打印份数，单击【打印】按钮，即可将8页的内容缩放到一页上打印，如下图所示。

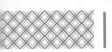

◇ 在某个单元格处开始分页打印

打印 Excel 报表时，系统自动的分页可能将需要在一页显示的内容分在两页，用户可以根据需要设置在某个单元格处开始分页打印，具体操作步骤如下。

第1步 打开"素材\ch19\客户信息管理表.xlsx"文档，如果需要从前 11 行及前 3 列处分页打印，选择 D12 单元格，如下图所示。

第2步 单击【页面布局】选项卡【页面设置】组中的【分隔符】下拉按钮，在弹出的下拉列表中选择【插入分页符】选项，如下图所示。

第3步 单击【视图】选项卡【工作簿视图】组中的【分页预览】按钮，进入分页预览界面，即可看到分页效果，如下图所示。

提示

拖曳中间的蓝色分隔线，可以调整分页的位置，拖曳底部和右侧的蓝色分隔线，可以调整打印区域。

第4步 选择【文件】选项卡，在界面左侧选择【打印】选项，进入打印预览界面，即可看到将从 D11 单元格分页打印，如下图所示。

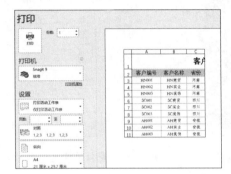

提示

如果需要将工作表中所有行或列，甚至是工作表中的所有内容在同一个页面打印，可以在打印预览界面单击【设置】选项区域中的【自定义缩放】下拉按钮，在弹出的下拉列表中根据需要选择相应的选项即可，如下图所示。

第 20 章
Office 组件间的协作

本章导读

在办公过程中，经常会遇到如在 Word 文档中使用表格等相似的情况，而 Office 组件之间可以很方便地进行相互调用，提高工作效率。使用 Office 组件间的协作进行办公，会发挥 Office 办公软件的强大功能。

思维导图

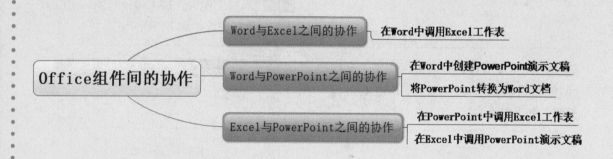

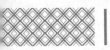

20.1 Word 与 Excel 之间的协作

在 Word 2019 中可以创建 Excel 工作表，这样不仅可以使文档的内容更加清晰、表达的意思更加完整，还可以节约时间。在 Word 文档中插入 Excel 表格的具体操作步骤如下。

第1步 打开"素材\ch20\公司年度报告.docx"文档，将鼠标光标定位于"二、举办多次促销活动"文本上方，单击【插入】选项卡【文本】组中的【对象】按钮 对象，如下图所示。

第2步 弹出【对象】对话框，单击【由文件创建】选项卡下的【浏览】按钮，如下图所示。

第3步 弹出【浏览】对话框，选择"素材\ch20\公司业绩表.xlsx"文档，单击【插入】按钮，如下图所示。

第4步 返回【对象】对话框，可以看到插入文档的路径，单击【确定】按钮，如下图所示。

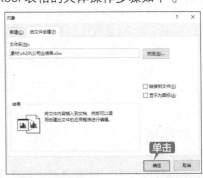

第5步 插入工作表的效果如下图所示。

第6步 双击工作表，进入编辑状态，可以对工作表进行修改，如下图所示。

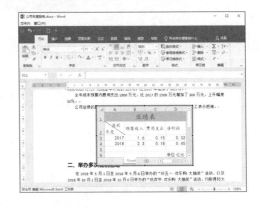

> **| 提示 |** ::::::::
>
> 除了在 Word 文档中插入 Excel 工作表，也可以在 Word 中新建 Excel 工作表，还可以对工作表进行编辑。

20.2 Word 与 PowerPoint 之间的协作

Word 和 PowerPoint 各自具有鲜明的特点，两者结合使用，会大大提高办公效率。

20.2.1 在 Word 中创建演示文稿

在 Word 2019 中插入演示文稿，可以使 Word 文档内容更加生动直观，具体操作步骤如下。

第1步 打开"素材\ch20\旅游计划 .docx"文档。将光标定位于"行程规划："文本下方，单击【插入】选项卡【文本】组中的【对象】按钮 对象，如下图所示。

第2步 弹出【对象】对话框，选择【新建】选项卡【对象类型】列表框中的【Microsoft PowerPoint Presentation】选项，单击【确定】按钮，如下图所示。

第3步 即可在文档中新建一个空白的演示文稿，效果如下图所示。

第4步 对插入的演示文稿进行编辑，效果如下图所示。

第5步 双击新建的演示文稿即可进入放映状态，效果如下图所示。

20.2.2 将 PowerPoint 转换为 Word 文档

用户可以将 PowerPoint 演示文稿中的内容转化到 Word 文档中，以方便阅读、打印和检查，具体操作步骤如下。

第1步 打开要转换的 PPT 演示文稿，选择【文件】选项卡，选择左侧的【导出】选项，在【导出】界面中单击【创建讲义】下的【创建讲义】按钮，如下图所示。

第2步 弹出【发送到 Microsoft Word】对话框，选中【Microsoft Word 使用的版式】选项区

域中的【空行在幻灯片下】单选按钮，然后选中【将幻灯片添加到 Microsoft Word 文档】选项区域中的【粘贴】单选按钮，单击【确定】按钮，即可将演示文稿中的内容转换为 Word 文档，如下图所示。

20.3 Excel 和 PowerPoint 之间的协作

在文档的编辑过程中，Excel 和 PowerPoint 之间可以很方便地进行相互调用，制作出更专业高效的文件。

20.3.1 在 PowerPoint 中调用 Excel 工作表

在 PowerPoint 中调用 Excel 工作表的具体操作步骤如下。

第1步 打开"素材\ch20\调用 Excel 工作表.pptx"文档，选择第 2 张幻灯片，然后单击【开始】选项卡【幻灯片】组中的【新建幻灯片】按钮，在弹出的下拉列表中选择【仅标题】选项。新建一张"标题"幻灯片，在【单击此处添加标题】文本框中输入"各店销售情况"，并根据需要设置标题样式，效果如下图所示。

第2步 单击【插入】选项卡【文本】组中的【对象】按钮，弹出【插入对象】对话框，选中【由文件创建】单选按钮，然后单击【浏览】按钮，选择"素材\ch20\销售情况表.xlsx"文档，并单击【确定】按钮，如下图所示。

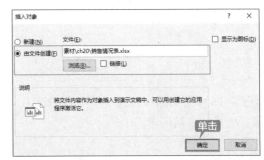

第3步 此时即可在演示文稿中插入 Excel 表格，双击表格，进入 Excel 工作表的编辑状态，单击 B9 单元格，输入"=SUM(B3:B8)"，按【Enter】键计算总销售额，如下图所示。

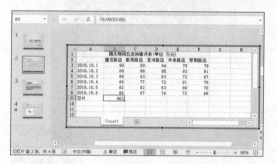

第4步 使用快速填充功能填充 C9:F9 单元格区域，计算出各店总销售额，如下图所示。

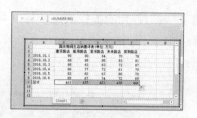

第5步 退出编辑状态，适当调整图表大小，完成在 PowerPoint 中调用 Excel 报表的操作，最终效果如下图所示。

20.3.2 在 Excel 2019 中调用 PowerPoint 演示文稿

在 Excel 2019 中调用 PowerPoint 演示文稿的具体操作步骤如下。

第1步 打开"素材\ch20\公司业绩表.xlsx"工作表，单击【插入】选项卡【文本】组中的【对象】按钮，如下图所示。

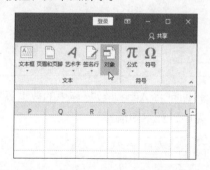

第2步 弹出【对象】对话框，单击【由文件创建】选项卡下的【浏览】按钮，选择"素材 \ch20\公司业绩分析.pptx"文档，单击【插入】按钮，即可看到插入的文件，单击【确定】按钮，如下图所示。

第3步 即可在 Excel 中插入演示文稿，右击插入的幻灯片，在弹出的快捷菜单中选择【Presentation 对象】→【编辑】选项，如下图所示。

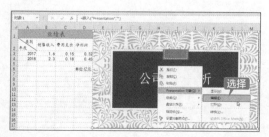

第4步 进入幻灯片的编辑状态，可以对幻灯片进行编辑操作，编辑结束，在任意位置单击，完成幻灯片的编辑操作，如下图所示。

第5步 退出编辑状态后，双击插入的幻灯片，即可放映插入的幻灯片，如下图所示。

◇ 在 Excel 2019 中导入 Access 数据

在 Excel 中导入 Access 数据的具体操作步骤如下。

第1步 在 Excel 2019 中单击【数据】选项卡下【获取和转换数据】组中的【获取数据】按钮，在弹出的列表中选择【自数据库】→【从 Microsoft Access 数据库】选项，如下图所示。

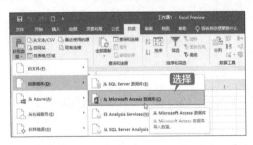

第2步 弹出【导入数据】对话框，选择"素材 \ch20\ 通讯录 .accdb"文件，单击【导入】按钮，如下图所示。

第3步 弹出【导航器】对话框，选择要导入的数据，单击【加载】按钮，如下图所示。

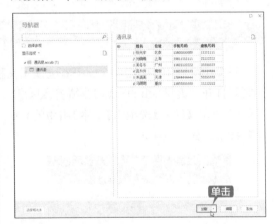

第4步 即可将 Access 数据库中的数据添加到工作表中，如下图所示。

第1招 把人脉信息"记"得滴水不漏

目前，人脉管理日益受到现代人的普遍关注和重视。随着移动办公的发展，越来越多的人脉数据会被记录在手机中，掌管好手机中的人脉信息就显得尤为重要。随着网络中的人脉管理应用越来越多，我们在面对繁杂的人脉管理工具时到底该如何选择实用的应用工具呢？

下面就介绍管理人脉信息的方法，包括名片管理与备份、永不丢失的通讯录、合并重复的联系人、记住客户邮箱、记住客户生日、记住客户的照片和公司门头，以及记住客户的地址、实现快速导航 7 个招式，让你轻轻松松把人脉信息记得滴水不漏。

第1式：名片管理与备份

名片管理在扩展及维护人脉资源的过程中起着非常重要的作用，下面为商务办公人士推荐一款简单、实用的手机名片管理应用——名片全能王。

名片全能王是一款基于智能手机的名片识别软件，它既能利用手机自带相机拍摄名片图像，快速扫描并读取名片图像上的所有联系信息，也能自动判别联系信息的类型，按照手机联系人格式标准存入电话本和名片中心。下面以 Android 版为例，介绍其使用方法。

下载地址如下。

Android 版扫码下载：

iOS 版 APP Store 下载：

1. 添加名片

添加名片是名片管理最常用的功能，名片全能王不仅提供了手动添加名片的功能，还可以扫描收到的名片，应用会自动读取并识别名片上的信息，便于用户快速存储名片信息。

❶ 安装并打开【名片全能王】应用，进入主界面，即可看到已经存储的名片，点击下方中间的 🔘 按钮。

❷ 进入拍照界面，将要存储的名片放在摄像头下，移动手机，使名片在正中间显示，点击【拍照】按钮 🔘。

|提示|:::::::

（1）拍摄名片时，如果是其他语言名片，需要设置正确的识别语言（可以在【通用】界面中设置识别语言）。

（2）保证光线充足，名片上不要有阴影和反光。

（3）在对焦后进行拍摄，尽量避免抖动。

（4）如果无法拍摄清晰的名片图像，可以使用系统相机拍摄识别。

❸ 拍摄完成，进入【核对名片信息】界面，在上方将显示拍摄的名片，在下方将显示识别的信息，如果识别不准确，可以手动修改内容。核对完成后点击【保存】按钮。

❹ 点击【完成】按钮，即可完成名片的添加。

❺ 进入【名片夹】界面，点击【分组】按钮。

❻ 进入【分组】界面，点击【新建分组】按钮。

3

❼ 弹出【新建分组】对话框，输入分组名称，点击【确认】按钮。

❽ 点击上步新建的【快递公司】组，即可进入【快递公司】组界面，点击右上角的【选项】按钮。

❾ 在弹出的下拉列表中选择【从名片夹中添加】选项。

❿ 选择要添加的名片，点击【添加】按钮，即可完成名片的分组。

2. 管理名片

添加名片后，重新编组名片、删除名片、修改名片信息等都是管理名片的常用操作。❶在【名片夹】界面中点击【管理】按钮。

❷在弹出的界面中可以对选择的名片执行排序方式、批量操作及名片管理等操作。

第2式：永不丢失的通讯录

如果手机丢失或损坏，就不能正常获取通讯录中联系人的信息。可以在手机中下载"QQ同步助手"应用，将通讯录备份至网络，发生意外时，只需使用同一账号登录"QQ同步助手"，然后将通讯录恢复到新手机中，即可让你的通讯录永不丢失。

下载地址如下。

Android 版扫码下载：

iOS 版 APP Store 下载：

❶下载、安装并打开【QQ同步助手】主界面，选择登录方式，这里选择【QQ 快速登录】选项。

❷在弹出的界面中点击【授权并登录】按钮。

❸登录完成，返回【QQ 同步助手】主界面，点击上方的【同步】按钮。

❹即可开始备份通讯录中的联系人，并显示备份进度。

❺备份完成，在电脑（或手机）中打开浏览器，在地址栏中输入网址"https://ic.qq.com"，在页面完成验证后，单击【确定】按钮，即可查看到备份的通讯录联系人。

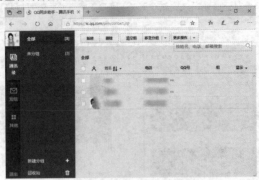

❻如果要恢复通讯录，只要再次使用同一账号登录"QQ 同步助手"，在主界面中点击【我的】按钮，在进入的界面中点击【号码找回】按钮。

❼在弹出的界面中选择【回收站】选项卡即可找回最近删除的联系人，选择【时光机】选项卡可以还原通讯录到某个时间点的状态。

|提示|

使用"QQ同步助手"应用还可以将短信备份至网络中。

第3式：合并重复的联系人

有时通讯录中某些联系人会有多个电话号码，就在通讯录中保存多个相同的姓名，有时同一个联系方式会对应多

个联系人。这些情况会使通讯录变得臃肿杂乱，影响联系人的准确、快速查找。这时，使用QQ同步助手就可以将重复的联系人进行合并，解决通讯录中联系人重复的问题。

❶打开【QQ同步助手】主界面，点击【我的】→【通讯录管理】按钮。

❷打开【通讯录管理】界面，选择【合并重复联系人】选项。

❸ 打开【合并重复联系人】界面，即可看到联系人名称相同的姓名列表，点击下方的【自动合并】按钮。

❹ 即可将名称相同的联系人合

并在一起，点击【完成】按钮。

❺ 弹出【合并成功】界面，如果需要合并重复联系人的通讯录，则点击【立即同步】按钮，即可完成合并重复联系人的操作。否则，点击【下次再说】按钮。

第 4 式：记住客户邮箱

在手机通讯录中不仅可以记录客户的电话号码，还可以记录客户的邮箱。

❶ 在通讯录中打开要记录邮箱的联系人信息界面，点击下方的【编辑】按钮。

❷ 打开【编辑联系人】界面，在【工作】文本框中输入客户的邮箱地址，点击右上角的【确定】按钮。

❸ 返回联系人信息界面，即可看到保存的客户邮箱。

| 提示 | : : : : : :

除了将客户邮箱记录在通讯录外，还可以使用邮件应用记录客户的邮箱。

第5式：记住客户生日

记住客户的生日，并且在客户生日时给客户发送祝福，可以有效地增进与客户的关系。手机通讯录中可以添加生日项，用来记录客户的生日信息，具体操作步骤如下。

❶ 在通讯录中打开要记录生日的联系人信息界面，点击下方的【编辑】按钮，打开【编辑联系人】界面，点击下方的【添加更多项】按钮。

❷ 打开【添加更多项】列表，选择【生日】选项。

提示

如果要添加农历生日，可以执行相同的操作，选择【农历生日】选项，即可添加客户的农历生日。

❸ 在打开的选择界面中选择客户的生日，点击【确定】按钮。

❹ 返回客户信息界面，即可看到已经添加了客户的生日，软件系统将会在客户生日的前三天发出提醒。

第 6 式：记住客户的照片和公司门头

客户较多，特别是面对新客户时，如果记不住客户的长相或公司门头，特别是在客户面前称呼有误，就会影响在客户心中的形象，甚至会影响与客户建立的良好关系。通讯录提供了客户照片及公司的功能，可以为客户拍张照片保存在通讯录中。利用手机的通讯录功能记录客户照片和公司门

头的具体操作步骤如下。

❶ 在通讯录中打开要记住照片和公司门头的联系人信息界面，点击下方的【编辑】按钮，打开【编辑联系人】界面，点击客户姓名左侧的【头像】按钮。

❷ 打开【头像】选择界面，可以通过拍摄获取客户照片，也可以从图库中选择客户照片。这里通过拍摄获取一张客户照片。

❸ 拍摄照片后，进入【编辑联系人头像】界面，在屏幕上拖曳选择框选择要显示的客户照片区域，选择完成后点击【应用】按钮。

❹ 返回联系人信息界面，即可看到记录的客户照片，点击该照片，还可以放大显示。

❺ 在头像右侧的【公司】文

本框中可以输入客户公司的门头。编辑完成后点击右上角的【确定】按钮，完成记住客户照片和公司门头的操作。

第7式：记住客户的地址、实现快速导航

当要去会见新客户时，如果担心记不住客户的地址，可以在通讯录中记录客户的地址，不仅方便导航，还能增加客户的好感。利用手机的通讯录功能记录客户地址信息的具体操作步骤如下。

❶ 在通讯录中打开要记录地址的联系人信息界面，点击下方

13

的【编辑】按钮,打开【编辑联系人】界面,点击下方的【添加更多项】按钮。

❷ 打开【添加更多项】界面,选择【地址】选项。

❸ 即可添加【地址】文本框,然后在文本框中输入客户的地址,点击【确定】按钮,即可完成记录客户地址的操作,然后就可以通过记录的地址实现快速导航。

14

第 2 招　用手机管理待办事项，保你不加班

在工作和生活中，会遇到很多需要解决的事项，一些事项需要在一个时间段内，或者在特定的时间点解决，而其他的事项则可以推迟。为了避免遗漏和延期待解决的事项，就需要对等待办理的事项进行规划。

下面就介绍几种管理待办事项的软件，可以使用这些软件将一段时间内需要办理的事项按先后缓急进行记录，然后有条不紊地逐个办理，在提高工作效率的同时，可以有效地防止待办事项的遗漏。这样，就能够在工作时间内完成任务，保你不加班。

第 1 式：随时记录一切——印象笔记

印象笔记既是一款多功能笔记类应用，也是一款优秀的跨平台的电子笔记应用。使用印象笔记不仅可以对平时工作和生活中的想法和知识记录在笔记内，还可以将需要按时完成的工作事项记录在笔记内，并设置事项的定时或预定位置提醒。同时笔记内容可以通过账户在多个设备之间进行同步，做到随时随地对笔记内容进行查看和记录。

下载地址如下。

Android 版扫码下载：

iOS 版 APP Store 下载：

1. 创建新笔记

使用印象笔记应用可以创建拍照、附件、工作群聊、提醒、手写、文字笔记等多种新笔记种类，下面介绍创建新笔记的操作。

❶ 下载、安装、打开并注册印象笔记，即可进入【印象笔记】主界面，点击下方的【点击创建新笔记】按钮 ➕。

❷ 显示可以创建的新笔记类型，这里选择【文字笔记】选项。

❸ 打开【添加笔记】界面，可以看到【笔记本】标志 ▤，并显示此时的笔记本名称为"我的第一个笔记本"，点击 ▤ 按钮。

❹ 弹出【移动 1 条笔记】界面，点击【新建笔记本】按钮📒。

❺ 弹出【新建笔记本】界面，输入新建笔记本的名称"工作笔记"，点击【好】按钮。

❻ 完成笔记本的创建，返回【添加笔记】界面，输入文字笔记内容。选择输入的内容，点击上方的 A 按钮，可以在打开的编辑栏中设置文字的样式。

❼ 点击笔记本名称后的【提醒】按钮⏰，选择【设置日期】选项。

❽ 弹出【添加提醒】界面，设置提醒时间，点击【保存】按钮。

❾ 返回【新建笔记】界面，点击左上角的【确定】按钮✓，完成笔记的新建及保存。

2. 新建、删除笔记本

使用印象笔记应用记录笔记时，为了避免笔记内容混乱，可以建立多个笔记本，如工作笔记、生活笔记、学习笔记等，方便对笔记进行分类管理，创

建新笔记时可以先选择笔记本，然后在笔记本中按照创建新笔记的方法新建笔记。

❶ 在【印象笔记】主界面中点击左上角的【设置】按钮，在打开的列表中选择【笔记本】选项。

❷ 即可进入【笔记本】界面，在下方显示所有的笔记本，长按要删除或重命名的笔记本。例如，这里长按【我的第一个笔记本】选项，打开【笔记本选项】界面，在其中即可执行共享、离线保存、重命名笔记本、移至新笔记本组、添加快捷方式及删除等操作，这里选择【删除】选项。

❸ 弹出【删除：我的第一个笔记本】界面，在下方的横线上输入"删除"文本，点击【好】按钮，即可完成笔记本的删除。

❹ 删除笔记本后，点击【新建笔记本】按钮。

❺ 弹出【新建笔记本】界面，输入新笔记本的名称，点击【好】按钮。

❻ 完成笔记本的创建，使用同样的方法创建其他笔记本。然后打开笔记本，即可在笔记本中添加笔记。

3. 搜索笔记

如果创建的笔记较多，可以使用印象笔记应用提供的搜索功能快速搜索并显示笔记，具体操作步骤如下。

❶ 打开【生活笔记】笔记本，点击➕按钮，选择【提醒】选项。

❷ 创建一个生日提醒笔记，并根据需要设置提醒时间。

❸ 返回【所有笔记】界面，点击界面上方的【搜索】按钮🔍。

❹ 输入要搜索的笔记类型，即可快速定位并在下方显示满足条件的笔记。

第 2 式：让你有一个清晰的计划——Any.DO

Any.DO 是一款优秀的专

门为记录待办事项而设计的应用，可以快速添加任务、记录时间、设定提醒，同时还可以对事件的优先级进行调节。

Any.DO 特色鲜明、操作便捷、UI 设计简洁，可以使用户更加快捷地添加和查看待办事项，将用户的任务计划记录得滴水不漏。

下载地址如下。

Android 版扫码下载：

iOS 版 APP Store 下载：

1. 选择整理项目

使用 Any.DO 管理任务时，首先要选择整理的项目，然后注册 Any.DO 账号，具体操作步骤如下。

❶ 下载、安装并打开 Any.DO 应用，在显示的界面中选择登录方式进行注册登录。

❷ 登录完成后，即可开始新建任务。

2. 添加任务

Any.DO 可以方便地添加任务，并根据需要设置任务提

21

醒及备注等。

❶ 在【Any.DO 应用】主界面中点击要添加任务的项目类型,这里点击【所有任务】按钮,进入【所有任务】界面,可以看到显示了【今日】【明日】【即将来临】和【以后再说】4 个时间项。点击右下角的【添加】按钮，或时间项后的十按钮,这里点击【今日】后的十按钮。

| 提示 |::::::

【所有任务】界面中显示了所有的任务。

❷ 在打开的界面中输入任务的内容,选择下方的【提醒我】选项。

❸ 点击下方的【早上】【下午】【晚间】【自定义】按钮来设置事件时间。

❹ 返回【所有任务】界面,即可看到添加的任务。

❺ 使用同样的方法，添加明日的任务，选择添加的任务。

❻ 在弹出的界面中点击【添加提醒】按钮。

❼ 打开【添加提醒】界面，在其中设置提醒时间，以及重复、位置等选项。

❽ 设置完成后，点击【保存】

按钮。

顶部的 ⠿ 按钮。

❾ 返回【所有任务】界面，即可看到为任务设置的提醒时间。

❷ 进入【我的列表】界面，即可看到默认的分组列表，选择【Personal】选项。

3. 管理任务

在 Any.DO 添加任务后，用户可以根据需要管理任务，如移动任务位置、删除任务、编辑任务及查看当前任务等。

❶ 在【所有任务】界面中点击

❸ 进入【Personal】界面，即可看到添加的任务。如果要将

其中的任务移动至其他的分组中，可选择一个任务，这里选择"小李生日，买礼物"任务。

❹ 在弹出的界面中点击【Personal】按钮。

❺ 在弹出的【选择列表】界面中选择【Work】选项。

❻ 打开【Work】界面，即可看到移动后的项目，而【Personal】界面移动过的任务已经不存在。

❼ 点击顶部的 ::: 按钮，进入【我的列表】界面，点击【所有任务】列表。

❽ 进入【所有任务】界面，选择要编辑的任务，并长按，即可进入任务的编辑状态，完成编辑后，在任意位置点击屏幕即可完成编辑操作。

❾ 如果任务中包含已过期的任务，可以摇动手机，自动将已经过期的任务标记为完成。如果要将其他任务标记为完成，可以向右滑动该任务。例如，在今天的任务上从左至右滑动，即可在该任务上方显示删除线，并且该任务会以灰色显示，表明此任务已完成。

| 提示 |

再次从右向左滑动，可以重新将任务标记为未完成。

第3招 重要日程一个不落

日程管理无论是对个人还是对企业来说都是很重要的，做好日程管理，个人可以更好地规划自己的工作、生活，企业能确保各项工作及时有效推进，保证在规定时间内完成既定任务。做好日程管理可以借助一些日程管理软件，也可以使用手机自带的软件，下面就介绍如何使用手机自带的日历、闹钟、便签等应用进行重要日程提醒。

第1式：在日历中添加日程提醒

日历是工作、生活中使用非常频繁的手机自带应用之一，它具有查看日期、记录备忘事件，以及定时提醒等人性化功能。下面就以安卓手机自带的日历应用为例，介绍在日历中添加日程提醒的具体操作步骤。

❶ 打开【日历】应用，点击底部的【新建】按钮 ⊕。

❷ 打开【日历】界面，在事件名称文本框内输入事件的名称，选择【开始时间】选项。

❸ 打开【开始时间】界面，选择事件的开始时间，点击【确定】按钮。

❹ 返回【日历】界面，选择【结束时间】选项，在【结束时间】

界面中设置事件的结束时间，并点击【确定】按钮。

❺ 返回【日历】界面，点击【更多选项】按钮，即可在该页面中根据需要对事件进行其他设置，这里选择【提醒】选项。

❻ 弹出【提醒】界面，选择提醒的开始时间为"5 分钟前"。

❼ 返回【日历】界面，点击【确定】按钮，即可完成日程提醒的设置。

❽ 返回日历首界面，即可看到添加的日程提醒。

❾ 当到达提醒时间后，即可自动发出提醒，在通知栏即可看到提醒内容。

❿ 如果要在其他日期中创建提醒，只需选择要创建提醒的日期，点击【新建】按钮 ⊕，即可使用同样的方法添加其他提醒。

第 2 式：创建闹钟进行日程提醒

闹钟的作用就是提醒，如可以设置起床闹钟、事件闹钟，避免用户错过重要事件。使用闹钟对重要日程进行提醒的操作简单，效果显著，可以有效地避免错过重要事件的时间，使用闹钟进行日程提醒的操作步骤如下。

❶ 打开【闹钟】应用，点击【添加闹钟】按钮 ⊕。

❹ 返回【设置闹钟】界面，选择【备注】选项，在弹出的【备注】对话框内输入需要提醒的内容，点击【确定】按钮。

❷ 弹出【设置闹钟】界面，选择【重复】选项。

❺ 返回【设置闹钟】界面，即可看到设置闹钟的详细内容，确认无误后点击【确定】按钮。

❸ 在弹出的下拉列表中选择一种闹钟的重复方式，这里选择【只响一次】选项。

31

❻ 返回【闹钟】界面，在该界面可以看到已成功添加的闹钟。当到达闹钟设置的时间后，系统会发出闹钟提醒。

第 3 式：建立便签提醒

便签提醒的特点在于可以快速创建并对事件进行一些简单的描述，可以对工作中需要注意的问题、下一步的计划、待办的事项和重要的日程进行提醒。下面介绍使用便签创建提醒的具体操作步骤。

❶ 打开【便签】应用，点击【新建便签】按钮 + 。

❷ 在弹出的便签编辑页面输入便签的内容，点击【更多】按钮 ⋯ 。

❸ 弹出更多选项界面，打开【提醒】选项后的开关，在弹出的【设置日期和时间】界面中设置提醒的时间，点击【确定】按钮。

❺ 返回【便签】主界面，即可看到新添加的便签，并在便签后面看到设置的提醒时间。

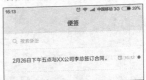

❹ 在更多选项界面中选中任意一个颜色按钮，为便签设置一种颜色，点击【关闭】按钮×。

第 4 招 不用数据线，电脑与手机文件互传

将手机中的文件传到电脑中，传统的方法是使用数据线。随着手机应用软件的不断发展，手机应用市场出现了众多的应用，通过它们可以不使用数据线就实现电脑与手机文件的互传，下面介绍几款实用的传输文件应用。

第 1 式：使用 QQ 文件助手

QQ 软件使用十分广泛，而 QQ 文件助手是 QQ 软件的重要

功能之一，因此使用 QQ 文件助手进行传输文件也十分便捷。使用 QQ 文件助手进行无数据线传输文件时，需要在手机和电脑中登录同一个 QQ 账号，最好能在同一 Wi-Fi 环境下进行文件传输，可以大大提高传输速度，具体操作步骤如下。

❶ 打开手机中的【QQ】应用，在应用的主界面中点击【联系人】按钮，进入【联系人】界面，选择【设备】选项卡下的【我的电脑】选项。

❷ 在弹出的【我的电脑】界面中，点击下方的【图片】按钮。

❸ 在弹出的【最近照片】界面中选择想要发送的图片，点击右下角的【发送】按钮。

❹ 即可完成在手机中发送图片文件的操作。

❺ 在电脑端即可接收图片文件，用户可以对图片进行保存等设置。

| 提示 |

如果需要在电脑端发送文件到手机，可以直接将要发送的文件拖曳至设备窗口中即可在手机中接收到文件。

第2式：使用云盘

云盘是互联网存储工具，也是互联网云技术的产物，通过互联网为企业和个人提供信息的储存、读取、下载等服务，具有安全稳定、海量存储的特点。比较知名且好用的云盘服务商有百度网盘、天翼云、金山快盘、微云等。

云盘的特点如下。

(1) 安全保密：密码和手机绑定、空间访问信息随时告知。

(2) 超大存储空间：不限单个文件大小，支持大容量独享存储。

(3) 好友共享：通过提取码轻松分享。

使用云盘存储更方便，用户无须把储存重要资料的实体磁盘带在身上，同样可以通过互联网，轻松从云端读取自己所存储的信息。不仅可以防止成本失控，还能满足不断变化的业务重心及法规要求所形成的多样化需求。下面以百度网盘为例，介绍使用云盘在电脑和手机中互传文件的具体操作步骤。

下载地址如下。

Android 版扫码下载：

iOS 版 APP Store 下载：

❶ 打开并登录百度网盘应用，在弹出的主界面中点击右上角的 ➕ 按钮。

❷ 在弹出的【选择上传文件类型】界面中选择【上传图片】选项。

❸ 选择任一图片，点击右下角的【上传】按钮。

❹ 此时，即可将选中的图片上传至云盘。

❺ 打开并登录电脑端的【百度网盘】应用,即可看到上传的

图片,选择该图片,单击【下载】按钮  。

❻ 弹出【设置下载存储路径】对话框,选择图片存储的位置,单击【下载】按钮,即可把图片下载到电脑中。

第5招 在哪都能找到你

现在的智能手机通过将多种位置数据结合分析,可以做到很精确的定位,通过软件即可将位置信息发送给朋友,下面就介绍几种发送位置信息的方式。

第1式:使用微信共享位置

需要将自己的位置信息告诉好友时,可以使用微信自带的位置共享功能将自己即时的位置信息发送给好友,帮助好友最快速地找到自己。

❶ 在微信中选择一个好友,进入与该好友的微信聊天界面,点击【添加】按钮 ⊕,在弹出的功能列表中选择【位置】选项。

❷ 在弹出的界面中选择【发送位置】选项。

❸ 弹出【位置】界面，选择需要发送的准确位置。

❹ 点击右上角的【发送】按钮，即可将位置信息发送给对方。

第 2 式：使用 QQ 发送位置信息

与微信的位置共享类似，使用 QQ 也可以将自己的即时位置发送给好友，具体操作步骤如下。

❶ 打开 QQ 应用，选择需要发送位置的好友，打开聊天界面，点击左下角的【添加】按钮⊕。

❷ 在弹出的功能列表中选择
【位置】选项。

❹ 即可将位置信息发送给好友。

❸ 弹出【选择位置】界面，选
择准确的位置信息，点击右上
角的【发送】按钮。

第 6 招 甩掉纸和笔，一字不差高效速记

　　在智能手机普及的今天，对信息的记录有越来越多的方式可
以选择，不带纸和笔也可以高效记录信息。

第 1 式：在通话中，使用电话录音功能

　　在通话过程中，可以使用手机的通话录音功能对通话语音进
行录制。如果手机没有通话录音功能，也可以下载【通话录音】
软件实现通话录音，下面就介绍通话录音的具体操作步骤。
❶ 安装并打开【通话录音】应用，然后拨打电话，这里拨打

10086 电话。

❷ 在拨打电话时即可开始电话录音。

❸ 电话完成后，打开【通话录音】应用，在主界面中点击【通话录音】按钮。

❹ 弹出【通话录音】界面，即可查看录音的文件。

❺ 选择录音文件，即可打开该文件的详细信息，点击【播放】按钮，即可播放该电话录音内容。

第 2 式：在会议中，使用手机录音功能

在有些场合，如在会议中使用手机录音可以更高效地进行信息的记录，防止信息的遗漏。通过手机录音可以对语音和相应的气氛进行再现，对信息的还原度较高。使用手机进行录音非常方便，具体操作步骤如下。

❶ 打开手机中的【录音机】应用，在【录音机】主界面中点击【录制】按钮●。

❷ 即可开始录制语音，录制完成后，点击【停止录制】按钮◎后再点击【完成】按钮。

❸ 即可完成录音并保存到手机中。

第 7 招　轻松搞定手机邮件收发

邮件作为使用最广泛的通信手段之一，在移动手机上也可以发挥巨大的作用。通过电子邮件可以发送文字、图像、声音等多种形式，同时也可以使用邮箱订阅免费的新闻等信息。

随着智能手机的发展，在手机端也可以实现邮件的绝大部分功能，更加方便了用户的使用，下面就以【网易邮箱大师】应用为例进行介绍。

下载地址如下。

Android 版扫码下载：

iOS 版 APP Store 下载：

第 1 式：配置你的手机邮箱

使用手机邮箱的第一步就是添加邮箱账户并配置邮箱信息，配置手机邮箱信息的具体操作步骤如下。

❶ 安装并打开【网易邮箱大师】应用，进入主界面，输入要添加的邮箱账户和密码，点击【添加】按钮。

❷ 邮箱添加完成后，可根据需要选择继续添加邮箱或点击【下一步】链接，这里点击【下一步】链接。

❸ 在弹出的界面中选择登录方式，登录完成后，在弹出的界面中点击【进入邮箱】链接，即可完成手机邮箱的配置。

❹ 进入邮箱主界面，此时即可完成手机邮箱的配置。

第2式：收发邮件

接收和发送电子邮件是邮箱最基本的功能，在手机邮箱内接收和发送邮件的具体操作步骤如下。

❶ 当邮箱接收到新邮件时，会在手机屏幕上弹出提示消息。点击屏幕上的提示，即可打开接收的邮件。

❷ 返回邮箱的【收件箱】界面，点击右上角的【添加】按钮╋，在弹出的下拉列表中选择【写邮件】选项。

❸ 弹出【写邮件】界面，在【收件人】文本框中输入收件人的名称，在【主题】文本框中输入邮件的主题，在下方的文本框中输入"1号文件已复印20份，下午分发。"文本。

❹ 点击右上角的【发送】按钮，在弹出的【输入发件人名称】界面中输入发件人名称，点击【保存并发送】按钮，即可发送邮件。

第3式：查看已发送邮件

对于已发送的邮件，可以在发件箱内查看其发送状态，具体操作步骤如下。

❶ 在【网易邮箱大师】的主界面中，点击左上角的三按钮，在弹出的下拉列表中选择【已发送】选项。

❷ 打开【已发送】界面，即可查看已发送的邮件。

第 4 式：在手机上管理多个邮箱

有些邮箱客户端支持多个账户同时登录，可以同时接收和管理多个账户的邮件（如网易邮箱大师），具体操作步骤如下。

❶ 打开【网易邮箱大师】应用，进入主界面，点击左上角的三按钮，在弹出的下拉列表中选择【添加邮箱】选项。

❷ 弹出【添加邮箱】界面，在界面中输入用户名与密码，并点击【添加】按钮。

❸ 在弹出的界面中点击【进入

邮箱】链接。

❹ 即可进入该邮箱的主界面。

❺ 点击界面左上角的三按钮，

在弹出的下拉列表中，可以查看已登录的账户，并看到当前账户为新添加的账户。

❻ 选中另一个账户。

❼ 即可更改邮箱的当前状态，

并进入当前邮箱的主界面。

第8招 给数据插上翅膀——妙用云存储

将数据存放在云端，可以节省手机空间，防止数据丢失，使用时下载至手机即可。下面以百度网盘为例，介绍使用云存储的方法。

第1式：下载百度网盘上已有的文件

使用手机上的百度网盘应用，可以下载存储在百度网盘上的文件。

❶ 打开并登录百度网盘应用，在弹出的主界面中点击右上角的＋按钮。

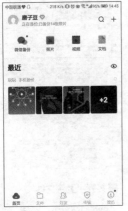

❷ 在弹出的界面中选择【上传文档】选项。

❸ 弹出【选择文档】界面，选择其中任一文档，点击【上传】按钮。

❹ 上传完成后，返回首页，点击【文档】按钮。

❺ 即可看到上传的文档，选择该文档。

⑥ 弹出【选择打开的方式】界面，选择一种应用，点击【确定】按钮。

⑦ 即可打开该文档。

第 2 式：上传文件

手机上的图片、文档等，也可以上传至百度网盘保存。
❶ 返回【百度网盘】应用的主界面，点击右上角的 ＋ 按钮，在弹出的界面中选择【上传文档】选项。

❷ 在弹出的【选择文档】界面中，选择任一文档，并点击左下角的【我的百度网盘】按钮，为文档选择保存位置。

❸ 弹出【选择上传位置】界面，点击右上角的【新建文件夹】按钮 新建文件夹。

❹ 在弹出的【新建文件夹】界面中，输入"PPT 文件"文本，点击【创建】按钮 ，即可完成新建文件夹的创建。

❺ 文件夹创建完成后，点击【上传至：PPT 文件】按钮，即可开始上传文档至指定文件夹。

❻ 上传完成后，打开文件夹，即可查看上传的文件。

第 9 招 在手机中查看办公文档疑难解答

目前，人脉管理日益受到现代人的普遍关注和重视。随着移动办公的发展，越来越多的人脉数据会被记录。但是在用手机进行移动办公时，可能会出现文件打不开，或者文档打开后出现乱码等情况。当出现类似情况时，可以尝试使用下述的方法。

第 1 式：Word/Excel/PPT 打不开怎么办

在手机中打开 Word/Excel/PPT 文档时，需要下载 Office 软件，安装完成后，即可打开 Word/Excel/PPT 文档。下面以 WPS Office 为例进行介绍。

下载地址如下。

Android 版扫码下载：

iOS 版 APP Store 下载：

❶ 安装 "WPS Office" 软件，并进行设置与登录。然后在 "WPS Office" 主界面中点击【打开】按钮。

❷ 在弹出的界面中选择一个

需要打开的文件，这里选择【DOC】选项。

❸ 进入【所有文档】界面，选择要打开的文档。

❹ 即可打开该文档。

iOS 版 APP Store 下载

❶ 在"应用宝"中搜索"Anyview 阅读"并进入安装界面，点击【安装】按钮即可进行安装。

第 2 式：文档显示乱码怎么办

在查看各种类型的文档时，如果使用不合适的应用，就会出现打开的文档显示为乱码的问题，因此应选择合适的应用查看特定格式的文档。

1. TXT 文档

查看 TXT 格式的文档时，为了避免文档显示乱码，可以下载、安装阅读 TXT 文档的软件，如 Anyview 阅读器等。

下载地址如下。

Android 版扫码下载：

❷ 应用安装完成后，点击【打开】按钮进入该应用，即可查看 TXT 格式的文档。

2. PDF 文档

在手机上阅读 PDF 文档时,为了避免文档显示混乱,可以使用 PDF 阅读器,如 Adobe Acrobat DC。

下载地址如下。

Android 版扫码下载:

iOS 版 APP Store 下载:

❶ 在"应用宝"应用中搜索"Adobe Acrobat DC"并进入安装界面,点击【允许】按钮。

❷ 即可开始安装该应用。

❸ 应用安装完成后，点击【打开】按钮。

❹ 进入【Adobe Acrobat DC】应用后即可显示主界面，在【最近】选项卡下显示最近打开的 PDF 文档，在【本地】选项卡下将显示本地手机中存储的 PDF 文件。

❺ 只需点击 PDF 文件即可打开该文件，这里点击【最近】选项卡下的"快速入门 .pdf"文件，即可显示该 PDF 文档的内容。

第 3 式：压缩文件打不开怎么办

在"应用宝"应用中下载解/压缩软件，如 ZArchiver 等，就可以在手机上解压或压缩软件了。

下载地址如下。

Android 版扫码下载：

iOS 版 APP Store 下载：

❶ 下载、安装并打开 ZArchiver 应用，进入主界面。

❷ 在手机的文件管理中找到压缩文件，选择要解压的文件，在弹出的快捷菜单中选择【解压到 ./< 压缩文档名称 >./】选项。

❸ 即可解压该文档，解压后即可查看该文档。

第10招　随时随地召开多人视频会议

　　相较于传统会议来说，视频会议不仅节省了出差费用，还避免了旅途劳累，在数据交流和保密性方面也有很大的提高，只要有电脑和电话就可以随时随地召开多人视频会议。具体来讲，多人视频会议具有以下优点。

　　(1) 无须出行，只需坐在会议室或笔记本电脑前就能实现远程异地开会，减少旅途劳累，环保节约。

　　(2) 多人视频会议可以实现高效的办公沟通，能快速有效地促进交流。

　　(3) 优化企业管理体系。多人视频会议可以根据公司组织架构实现不同管理层及不同部门间的交流管理。

❶ 安装并打开【QQ】应用，进入主界面，单击界面右上角的█按钮。

❷ 在弹出的下拉列表中选择【创建群聊】选项。

❸ 弹出【创建群聊】界面，选择需要加入的好友，点击【立即创建】按钮。

❹ 即可创建一个讨论组。

❺ 点击界面右下角的【添加】按钮⊕，在弹出的下拉列表中选择
【视频电话】选项。

❻ 即可将讨论组的成员添加到视频通话中，邀请的成员加入后，点击【摄像头】按钮，即可开始进行视频会议。

| 提示 |

　　在视频通话过程中，点击【通话成员】按钮，在弹出的界面中即可添加新成员。